H. Mühle/S. Claus (Hrsg.)

Reaktionsverhalten von agrarischen Ökosystemen homogener Areale

UFZ – Umweltforschungszentrum Leipzig–Halle GmbH

Das Umweltforschungszentrum Leipzig–Halle wurde zu Beginn des Jahres 1992 vom Bundesministerium für Bildung, Wissenschaft, Forschung und Technologie (BMBF), dem Freistaat Sachsen und dem Land Sachsen-Anhalt gegründet. Es ist eine von 16 Großforschungseinrichtungen in Deutschland, die erste, die sich ausschließlich mit Umweltforschung befaßt.

Am UFZ werden in interdisziplinärer Forschung Theorien und Methoden erarbeitet und weiterentwickelt, die der Regenerierung stark belasteter und der Erhaltung naturnaher Landschaften dienen. Daraus sollen Empfehlungen für die Praxis abgeleitet und somit Entscheidungen von Behörden und Unternehmen – etwa über Sanierungsmaßnahmen oder die Entwicklung von Umwelttechnologien – erleichtert werden. Die Verflechtung ökonomischer, ökologischer, sozialer und rechtlicher Aspekte gewinnt dabei zunehmend an Bedeutung.

Die Komplexität unserer Umwelt findet im UFZ ihren Ausdruck in einem sehr breit gefächerten Forschungsspektrum. Es gibt auf der einen Seite zwölf wissenschaftliche Sektionen, deren Aufgaben vor allem im weiten Feld der Grundlagenforschung liegen. Auf der anderen Seite stehen vier landschaftsbezogene Projektbereiche, die die Arbeiten der Wissenschaftler aus den Sektionen in interdisziplinär angelegten Verbundprojekten fachlich und administrativ koordinieren.

Die Vielschichtigkeit ökologischer Probleme erfordert jedoch nicht nur fachübergreifende Zusammenarbeit im Rahmen des UFZ selbst, sondern auch mit Behörden, Universitäten und anderen Forschungseinrichtungen auf nationaler und internationaler Ebene. So wurde gemeinsam mit der Universität Leipzig ein Umweltmedizinisches Zentrum gegründet. Die Verbindung zur Industrie soll durch ein Umweltbiologisches Zentrum (UbZ) gestärkt werden, eine Gemeinschaftseinrichtung mit der DECHEMA Frankfurt a. M. Große Aufmerksamkeit gilt ebenso der Zusammenarbeit mit Wissenschaftlern Osteuropas. Es bestehen bereits enge Kontakte zu Universitäten und Forschungseinrichtungen in Estland, Polen, Rußland, der Tschechischen Republik sowie Ungarn.

Reaktionsverhalten von agrarischen Ökosystemen homogener Areale

Methoden der Beschreibung, Messung und Quantifizierung

Herausgegeben von
Prof. Dr. Heidrun Mühle
Prof. Dr. Stephan Claus

 Springer Fachmedien Wiesbaden GmbH

Prof. Dr. Heidrun Mühle
UFZ-Umweltforschungszentrum Leipzig–Halle GmbH
Projektbereich Agrarlandschaften

Prof. Dr. Stephan Claus
Martin-Luther-Universität Halle–Wittenberg
Institut für Bodenkunde und Pflanzenernährung
Agro-Ökosystemforschung Quedlinburg

Gedruckt auf chlorfrei gebleichtem Papier.

Die Deutsche Bibliothek – CIP-Einheitsaufnahme

Reaktionsverhalten von agrarischen Ökosystemen homogener Areale :
Methoden der Beschreibung ; Messung und Quantifizierung /
hrsg. von Heidrun Mühle ; Stephan Claus. –
Springer Fachmedien Wiesbaden GmbH
 ISBN 978-3-8154-3529-8   ISBN 978-3-663-07864-7 (eBook)
 DOI 10.1007/978-3-663-07864-7
NE: Mühle, Heidrun [Hrsg.]

Umschlaggestaltung: E. Kretschmer, Leipzig

Vorwort

Der Inhalt dieses Buches umfaßt Ergebnisse, die in dem Forschungsvorhaben "Stabilität und Belastbarkeit von agrarischen Ökosystemen homogener Areale" erzielt worden sind. Dieses Vorhaben wurde mit Mitteln des Bundesministers für Forschung und Technologie unter dem Förderkennzeichen 0339499 in dem Zeitraum vom 01.01.1993 bis zum 30.04.1996 - einschließlich der kostenneutralen Verlängerung - gefördert. Die Verantwortung für den Inhalt dieser Veröffentlichung liegt bei den Herausgebern und den Autoren.

An diesem Verbundprojekt waren Forschungsgruppen mehrerer Institutionen beteiligt: Projektgruppe "Agro-Ökosystemforschung Quedlinburg" der Martin-Luther-Universität Halle-Wittenberg, Institut für Pflanzenzüchtung und Pflanzenschutz der Martin-Luther-Universität Halle-Wittenberg, Institut für integrierten Pflanzenschutz Kleinmachnow der Biologischen Bundesanstalt für Land- und Forstwirtschaft Braunschweig, Institut für Rhizosphärenforschung und Pflanzenernährung des Zentrums für Agrarlandschafts- und Landnutzungsforschung (ZALF) e.V. Müncheberg. Außerdem wirkten Forschungsgruppen mit aus der Sektion Bodenforschung Bad Lauchstädt des Umweltforschungszentrums Leipzig-Halle GmbH und des Instituts für Folgenabschätzung im Pflanzenschutz Kleinmachnow der Biologischen Bundesanstalt für Land- und Forstwirtschaft Braunschweig.

In enger interdisziplinärer Zusammenarbeit wurden Modelle zur Charakterisierung des Reaktionsverhaltens agrarischer Ökosysteme entwickelt, aktualisiert, abgestimmt und zu einem Modellkomplex vernetzt. Die für die Validisierung der Modelle erforderlichen umfangreichen Daten konnten als Ergebnisse modellrelevanter, sowohl im Freiland als auch in Klimakammern ausgeführter Experimente bereitgestellt werden. Mit den ausführlichen Diskussionen in den Statusseminaren, die sich vor allem auf neue Aspekte der Forschungsarbeiten konzentrierten, konnte die Zusammenarbeit im Verbundprojekt wirkungsvoll unterstützt werden.

Ohne die Unterstützung und Hilfe anderer wäre das Buch nicht entstanden. Dafür sagen die Herausgeber verbindlichsten Dank
- dem Bundesministerium für Bildung, Wissenschaft, Forschung und Technologie für die finanzielle Unterstützung des Forschungsvorhabens,
- dem Projektträger Biologie-Energie-Ökologie des Bundesministeriums für Bildung, Wissenschaft, Forschung und Technologie für die hilfreiche Begleitung des Forschungsvorhabens und
- der Geschäftsführung des Umweltforschungszentrums Leipzig-Halle GmbH für die Unterstützung bei der Herausgabe dieses Buches.

Gleichzeitig danken die Herausgeber den Projektpartnern und Autoren sowie allen Mitarbeiterinnen und Mitarbeitern für die gute Zusammenarbeit.

Ein besonderer Dank gebührt Herrn J. Weiß, Redaktion Mathematik und Naturwissenschaften der B.G. Teubner Verlagsgesellschaft mbH, Leipzig, für die Geduld und das verständnisvolle Entgegenkommen den Herausgebern und Autoren gegenüber.

Quedlinburg, Juni 1996   Die Herausgeber

Inhalt

1 Stabilität und Belastbarkeit von Ökosystemen

H. MÜHLE, S. CLAUS

Die konventionelle Landwirtschaft verursacht Belastungen, die sowohl die agrarischen Ökosysteme selbst als auch benachbarte Ökosysteme in ihrer Struktur und ihren Funktionen beeinträchtigen. Diese Tendenz setzte im vergangenen Jahrhundert mit der Entwicklung der Agrikulturchemie und mit der Mechanisierung der Landwirtschaft ein. Die intensive Verwendung von Dünge- und Pflanzenschutzmitteln sowie der Einsatz moderner Technik ermöglichten seit Mitte dieses Jahrhunderts hohe Erträge auf den landwirtschaftlich genutzten Flächen. Die Landwirtschaft wurde seitdem einseitig auf die Produktion bei Vernachlässigung anderer Aspekte ausgerichtet. Der Schutz und die Erhaltung wesentlicher Eigenschaften der Landschaft, so z.B. der Regulationsfunktion oder der Bewahrung der biologischen Vielfalt, war ursprünglich eine Gratisleistung der Landwirtschaft an die Gesellschaft. Es wurde auf die schonende Bewirtschaftung der Böden, auf Reinhaltung der Gewässer und überhaupt auf den sorgsamen Umgang mit den natürlichen Ressourcen geachtet, um die eigenen Lebensgrundlagen zu erhalten und unter diesen Umständen ein gutes betriebliches Ergebnis zu erreichen.

Gegenwärtig befindet sich die Landwirtschaft in einer zwiespältigen Situation. Einerseits gilt es, landwirtschaftliche Produkte in beträchtlichen Mengen und mit hoher Qualität zu erzeugen, andererseits werden von der Landwirtschaft ökologische Leistungen erwartet, die sich nicht vermarkten lassen. Da mit dem Schutz der natürlichen Ressourcen kaum Gewinne zu erzielen sind, wirtschaftet die Mehrzahl der Agrarbetriebe nach wie vor einseitig produktionsorientiert. Um die Landwirtschaft dennoch ökologisch verträglich zu gestalten ist es notwendig, die mit landwirtschaftstypischen Stoffen verursachten Belastungen agrarischer Ökosysteme zu quantifizieren, damit verbunden die Stabilität agrarischer Ökosysteme zu ermitteln und Grenzen für ihre Belastbarkeit festzulegen. Damit würde im Sinne des vorsorgenden Umweltschutzes ein Beitrag zur nachhaltigen Landbewirtschaftung geleistet.

In diesem Zusammenhang ist festzuhalten, daß agrarische Ökosysteme keine „natürlichen" Ökosysteme sind. Sie bleiben nicht sich selbst überlassen, sondern unterliegen ständigen steuernden Eingriffen durch die Landwirte. Mit den angewendeten Bewirtschaftungsmaßnahmen werden agrarische Ökosysteme zielgerichtet beeinflußt. Im besonderen durch Aussaat und Ernte unterscheiden sich agrarische Ökosysteme von anderen. Auf den bewirtschafteten Flächen werden weitgehend artenreine Kulturen angebaut, wenn auch in der Fruchtfolge von Fläche zu Fläche wechselnd, und mit der Ernte werden große Teile der gebildeten Biomasse den Flächen - und damit dem agrarischen Ökosystem - ständig wieder entzogen. Dieser Entzug wiederum wird durch agrotechnische Maßnahmen, wie Fruchtfolge oder Düngung, immer wieder ausgeglichen, so daß in bezug auf die Bewirtschaftung nahezu gleiche Anfangsbedingungen für die einzelnen Vegetationsperioden geschaffen werden. Wird die Bewirtschaftung ausgesetzt, indem bisher bewirtschaftete Flächen stillgelegt werden, also brach fallen, so entstehen innerhalb weniger Jahre völlig andere Ökosysteme. Anders formuliert: Mit dem Aussetzen der Steuerung wird aus dem in einem „künstlichen" Gleichgewicht gehaltenen agrarischen Ökosystem ein naturnäheres Ökosystem. Ohne steuernde Bewirtschaftungsmaßnahmen wird das System instabil; es geht ziemlich schnell in ein System anderer Struktur mit anderen Stabilitätseigenschaften über.

Inwieweit Ökosysteme belastbar sind und wo ihre Stabilitätsgrenzen liegen, ist nicht nur für naturnähere, sondern auch für agrarische Ökosysteme schwierig zu beurteilen. Da sich der Zustand eines Ökosystems nicht mit Hilfe einer einzelnen hochaggregierten Meßgröße, die die Qualität aller Einzelkomponenten des Systems gleichzeitig erfaßt, beschreiben läßt, werden Indikatoren (MATHES & WIEDEMANN 1993, SRU 1994) vorgeschlagen, die sich unter Berücksichtigung des jeweiligen Ökosystem-Typs zur Charakterisierung des ökosystemaren Zustandes eignen. Unter Indikatoren werden Größen verstanden, die die Abweichung eines Zustandes (Ist) von einem gewünschten oder von einem „Normal"-Zustand (Soll) ausdrücken. Bei der Anwendung der Indikatoren soll gleichzeitig geprüft werden, welche natürlichen oder anthropogenen Einflüsse das Zusammenwirken von Strukturen, Funktionen oder Prozessen innerhalb des betrachteten Ökosystems so stören, daß die verursachten Störungswirkungen vom System nicht mehr kompensiert werden können.

In bezug auf den Begriff „Belastbarkeit" erweist sich der kategoriale Rahmen zur Beurteilung von Belastung und Belastbarkeit von Böden als hilfreich, der vom Wissenschaftlichen Beirat der Bundesregierung Globale Umweltveränderungen (WBGU) im Jahresgutachten 1994 „Welt im Wandel: Die Gefährdung der Böden" empfohlen wurde. Entsprechend dem Konzept der kritischen Belastungswerte für ein Ökosystem werden Begriffe eingeführt, die hier im Zusammenhang mit den Untersuchungen des Reaktionsvermögens eines agrarischen Ökosystems zu einigen der diskutierten Simulationsszenarien führten. Auszugsweise, gekürzt und in bezug auf agrarische Ökosysteme dargestellt handelt es sich um die folgenden Begriffe:

- Kritische Einträge (critical loads): Einträge von Nährstoffen, im besonderen von Stickstoff; Einträge von Pestiziden, Insektiziden, Fungiziden in Pflanzenbestände und in den Boden. Diskutierbar mit Szenarien für die Bewirtschaftung.

- Kritische Einwirkungen (critical impacts): Einwirkung extremer natürlicher Umgebungszustände, gekennzeichnet durch meteorologische Zustandsgrößen (Strahlung, Temperatur, Feuchtigkeit, CO_2-Konzentration der Luft; allgemein „Wetter"). Diskutierbar mit Szenarien für den zeitlichen Verlauf von Umgebungsgrößen in den Vegetationsperioden.

- Kritische Eingriffe (critical operations): Physikalische Eingriffe in das agrarische Ökosystem durch agrotechnische Maßnahmen (Bodenbearbeitung, Pflanzenschutz, Ernten). Diskutierbar mit Szenarien für die Bewirtschaftung.

- Kritische Austräge (critical losses): Austräge aus dem agrarischen Ökosystem sowohl in den Boden in Richtung des Grundwassers als auch vom Boden und von den Pflanzenbeständen in benachbarte Ökosysteme; Stoff- und Energieflüsse (Wärmestrahlung, Transpiration, Spurengase). Diskutierbar mit Szenarien für Stoff- und Energieflüsse.

- Kritische Zustände (critical states): Verursacht durch die genannten Einträge, Einflüsse und Eingriffe können kritische, das Reaktionsvermögen des agrarischen Ökosystems verändernde Zustände eintreten. Diskutierbar mit Szenarien, in denen Teilgebiete des Zustandsraumes der Einwirkungen durchmustert werden.

Nicht alle der hier aufgeführten kritischen Größen können an agrarischen Ökosystemen homogener Areale überprüft werden. Die Untersuchung des Einflusses variierter meteorologischer Größen sowie der Ein- und Austräge unterschiedlicher Stickstoffmassen in das bzw. aus dem System ist mit Hilfe von Simulationen gut möglich. Speziell für Böden sind aus der Literatur (TLL 1994) Angaben für kritische Stickstoffbelastungen bekannt. So werden für eine Stickstoffbilanz Abweichungen aus einem Bereich von -50...+50 kg·ha^{-1} N als Beginn einer kritischen Belastung angegeben.

Die Interaktionen zwischen der Veränderung von abiotischen und biotischen Umweltkomponenten und den daraus resultierenden Belastungen des Ökosystems, insbesondere in ihrer langfristigen Dynamik, sind oft nur lückenhaft bekannt (PLACHTER 1990). Daher ist eine modellgestützte Darstellung von Ökosystemen, die die Dynamik der Prozesse und deren Vernetzung berücksichtigt, unerläßlich. Auf dieser Grundlage, die über die Anwendung einfacher oder auch aggregierter Indikatoren hinausgeht, kann die Stabilität und Belastbarkeit dynamischer Systeme eingeschätzt werden. Derartige Indikatoren können jedoch als Kriterien bzw. als Grenzwerte für einzelne Systemkomponenten oder für das gesamte System dienen, die nach einem bestimmten Szenarium erreicht, über- oder unterschritten werden.
Während sich gewisse Kategorien zum Beurteilen der Belastbarkeit eines Ökosystems, im besonderen auch für agrarische Ökosysteme formulieren lassen, ist die Situation in bezug auf die Stabilität von Ökosystemen weitaus schwieriger. Im Falle agrarischer Ökosysteme erheben sich auf Grund der Tatsache, daß diese zielgerichtet gesteuerte Ökosysteme sind, die Fragen, ob sich diese Systeme trotz der Bewirtschaftungsmaßnahmen instabil verhalten können oder ob sie sich durch einseitig produktions- und ertragsorientierte Wirtschaftsweisen destabilisieren lassen.
Wegen der Variabilität biologischer Systeme ist es schwierig, deren Stabilität zu kennzeichnen. Die vielen miteinander vernetzten physiologischen Prozesse, die in biologischen Systemen ablaufen, werden stark von den Zuständen der Umgebung, im besonderen von der Temperatur beeinflußt. Im Unterschied zu technischen Systemen unterliegen biologische Systeme außerdem ständigen strukturellen Ände-

rungen, die sich u.a. in der Aufeinanderfolge verschiedener Phasen der Entwicklung ihrer Komponenten äußern können.

Bei Pflanzen sind diese Phasen, wie Keimen, Sprossen, Blühen, Reifen und Altern, deutlich erkennbar. Parallel zu den morphologischen Änderungen laufen pflanzeninterne Prozesse ab, die für bestimmte Entwicklungsphasen charakteristisch sind. Bei der Simulation der Auswirkungen variierter Umwelteinflüsse oder Standorte auf Getreidepflanzen ist am Verlauf sowohl wesentlicher einzelner pflanzeninterner Zustandsgrößen als auch integraler Größen wie „Trockenmasse Sproß", „Trockenmasse Korn" oder „Gesamtstickstoff" zu sehen, ob und wenn ja in welchem Maß die Werte von denen einer gewählten Standardvariante abweichen. Anhand der Abweichungen können Aussagen zur „Belastbarkeit" oder „Stabilität" des Systems gemacht werden. Dabei ist stets zu beachten, daß die Pflanzen Komponenten des Ökosystems „Boden - Pflanzenbestand - Atmosphäre" sind, das in einem regen, durch die Umweltbedingungen angetriebenen Stoff- und Energieaustausch steht.

Stabilitätsbegriffe werden auch zur Charakterisierung artenreicherer Biozönosen, als es ein herkömmliches agrarisches Ökosystem darstellt, herangezogen. Unter Stabilität artenreicher Pflanzengesellschaften, die als besonders stabil gelten, wird ein Fluktuieren um einen mittleren Zustand oder auch die Rückkehr nach einer störungsbedingten zeitweisen Veränderung verstanden (DIERSCHKE 1994). Allerdings zeigen sich in bezug auf den Inhalt und die Anwendung des Begriffes „Stabilität" in ökologischen Untersuchungen erhebliche Diskrepanzen, wie die mehr als 140 verschiedenen Definitionen für die Begriffe Stabilität, Stabilitätseigenschaften sowie die Vorschläge zu deren Messung belegen (GRIMM et al. 1992, GRIMM 1994, GRIMM 1995). GRIMM et al. (1992) schlagen vor, sich auf wenige, klar definierte Begriffe zu beschränken (Tab. 1.1).

Diese Begriffe können durchaus für Stabilitätsbetrachtungen sehr unterschiedlicher Systeme verwendet werden, und es wird zu prüfen sein, ob sie auch die mehr oder weniger stabilen Zustände der hier vorgestellten agrarischen Ökosysteme homogener Areale treffend beschreiben. Denn bei den agrarischen Ökosystemen wird ein möglichst konkurrenzloses Wachstum der Kulturpflanzen angestrebt, um einen hohen, ökonomisch nutzbaren Ertrag zu erzielen. Im konventionellen Landbau werden Unkräuter und Schädlinge mit Hilfe von Chemikalien unterdrückt; selbst in ökologisch wirtschaftenden landwirtschaftlichen Betrieben wird darauf geachtet, daß die Kulturarten auf den Ackerschlägen dominieren. Bezogen auf Agrarflächen ist Stabilität nicht mit Artenvielfalt verknüpft. Agrarische Ökosysteme sollten daher nach anderen Stabilitätskriterien beurteilt werden, die sich z.B. auf den zeitlichen Verlauf von stoffwechsel- oder entwicklungsphysiologisch begründeten Zustandsvektoren beziehen. Störungen des Systems müßten sich in diesen Verläufen ausprägen.

Bevor etwas in diesem Sinne über die Stabilität eines Systems ausgesagt werden kann, ist dieses zunächst genauer zu spezifizieren und es muß versucht werden,

Stabilitätsbegriff	Definition der Stabilitätseigenschaft	Meßgrößen
Konstanz	Unveränderter Zustand	Standardabweichung, jährliche Variabilität
Resistenz	Unveränderter Zustand trotz potentiell störender externer Einflüsse	Sensitivität, Pufferkapazität
Resilienz	Rückkehr zu einem Referenz-Zustand bzw. einer Referenz-Dynamik nach einer zeitweiligen externen Störung	Rückkehrzeit
Persistenz	Zeitliches Fortbestehen von Populationen	Mittlere Extinktionszeit, niedrige positive Größe der Zustandsvariablen

Tab. 1.1: Die wichtigsten Stabilitätsbegriffe, Stabilitätseigenschaften und Meßgrößen in der Ökologie (GRIMM et al. 1992)

Kenntnisse über dessen Reaktionsvermögen gegenüber Störungen zu erhalten. Deshalb wurden die auf einem Feldstück in einer Fruchtfolge wachsenden und sowohl den natürlichen Umgebungseinflüssen des Standortes als auch den Interaktionen mit Schädlingen ausgesetzten Pflanzenbestände als agrarisches Ökosystem „Boden-Pflanzenbestand-Schädlinge-Nützlinge-Atmosphäre" interpretiert und dessen Verhalten und dessen Zustandsänderungen in bezug auf modellrelevante Aspekte experimentell untersucht. Auf den experimentellen Ergebnissen aufbauend wurde ein detailliertes Modell für Getreidepflanzen entwickelt, das zusammen mit dem Bodenprozeßmodell CANDY (U. FRANKO) und dem Modell GTLAUS für die Interaktionen „Getreideblattlaus-Marienkäfer" (D. ROSSBERG, B. FREIER) ein formalisiertes Abbild des agrarischen Ökosystems darstellt. Mit Hilfe dieses Komplexes von Modellen wird versucht, das Reaktionsvermögen des konkreten agrarischen Ökosystems zu charakterisieren. In dem Komplex von Modellen für den Boden, für die Pflanzenbestände und für die Interaktionen zwischen Schädlingen und Pflanzen sowie zwischen Schädlingen und Nützlingen werden die Systemzustände mit Vektoren von Zustandsgrößen erfaßt. Die zeitlichen Änderungen des agrarischen Ökosystems werden in bezug auf diese Zustandsgrößen mit einem System von Differentialgleichungen (Dgln) beschrieben, dessen Struktur sich während der Simulationen von Vegetationsperioden ändert infolge:

— der Ankopplung der Dgln für die Pflanzen an die des Bodens in einer gesteuerten Folge pflanzeninterner Kompartimente und Flußobjekte sowie des Löschens der Objekte und damit der Reduktion des Systems der Dgln,

— des Wechsels der Kulturpflanzenarten im Verlaufe der Fruchtfolge,

— der Ankopplung des Systems von Dgln für das Interaktive Modell „Schädling-Nützling" an die des Pflanzenmodells sowie Entfernen dieser Dgln,

— des Wechsels der Szenarien beim Simulieren einer Folge von Vegetationsperioden.

Der Verlauf der Lösungen des Systems von Dgln hängt ab:

— von den Anfangswerten der Zustandsgrößen in den einzelnen Teilmodellen,

— vom Zustand der Umgebung des agrarischen Ökosystems, im besonderen vom Wetter, gekennzeichnet durch den zeitlichen Verlauf der meteorologischen Einflußgrößen,

— von den gewählten Szenarien für die Bewirtschaftungsmaßnahmen und - in Erweiterung des Geltungsbereiches der Modelle - auch von dem gewählten Standort.

Damit ist umrissen, wodurch der Verlauf der Prozesse, die sich innerhalb des agrarischen Ökosystems und in Wechselwirkungen mit der Umgebung vollziehen, beeinflußt und verändert werden kann.

Gestützt auf das mit Dgln formalisierte Modell des agrarischen Ökosystems kann auf Grundbegriffe der Stabilität dynamischer Systeme zurückgegriffen werden. Ein dynamisches System wird - sehr vereinfacht und anschaulich dargestellt - in bezug auf den Vektor seiner Zustandsgrößen als stabil bezeichnet,

• wenn die zeitlichen Verläufe von zwei Zustandsvektoren, die von benachbarten Anfangsvektoren starten, auch im weiteren Zeitverlauf benachbart bleiben, sich also „nicht zu weit" voneinander entfernen (Resistenz) oder

• wenn der Zustandsvektor nach Einwirkungen einer äußeren Störung auf das System, z.B. infolge einer starken Änderung der Umgebungsgrößen, zwar ausgelenkt, aber „nach kurzer Zeit" wieder in seine Ausgangslage - oder in dessen Nähe - zurückkehrt (Resilienz).

Dabei ist in den Fallstudien mit dem Modell zu klären, was im einzelnen unter „nicht zu weit" und „nach kurzer Zeit" verstanden werden soll.

Für die Fallstudien wird ein zeitlicher Verlauf „zulässiger" Umgebungsgrößen als Normalzustand der Umgebung im Verlauf einer oder mehrerer Vegetationsperioden angenommen. Dazu kann z.B. der Witterungsverlauf verwendet werden, der in einer bestimmten Vegetationsperiode registriert wurde, oder ein Witterungsverlauf, der dem Verlauf der im langjährigen Mittel an dem betreffenden Standort beobachteten Zustandsgrößen der Umgebung nahekommt. Diesem Normalzustand der Umgebung entspricht zu gegebenen Anfangswerten ein zeitlicher Verlauf (Trajektorie) der Zustandsgrößen, der als Normalverlauf (Normaltrajektorie) für die Vergleiche herangezogen wird. In Fallstudien mit gleichbleibenden Anfangsbedingungen für die Zustandsgrößen einschließlich des Bewirtschaftungsszenariums, aber abweichenden Umgebungsgrößen, ist zu erwarten, daß sich unterschiedliche Reaktionen des agrarischen Ökosystems zeigen. Durch die Wahl extremer Umgebungsverläufe, die sich z.B. aus langjährigen Zeitreihen der Umgebungsgrößen des Standortes ergeben oder aus Verlaufsabschnitten unterschiedlicher Jahre zusammensetzen, kann versucht werden, mit dem Modell auch extreme Reaktionen zu „provozieren".

Das für den Einfluß der Umgebungsbedingungen Gesagte läßt sich auf unterschiedliche Bewirtschaftungsszenarien übertragen. Auch hier ist eine „Normalbewirtschaftung" zum Vergleich festzulegen.

Im vorliegenden Buch wird dazu ein Instrumentarium in Form eines komplexen Modells dargestellt, das die Simulation der Reaktionen des betrachteten agrarischen Ökosystems bei variierten Umgebungsbedingungen ermöglicht. Die einzelnen Modelle werden skizziert und die experimentellen und meßmethodischen Voraussetzungen für die Entwicklung und Anwendung der Modelle für Simulationen beschrieben. Die Ergebnisse der Simulationsstudien werden im nachfolgenden diskutiert.

2 Entwicklung modular aufgebauter dynamischer mathematischer Modelle zur Charakterisierung und Quantifizierung von Prozessen in agrarischen Ökosystemen auf homogenen Arealen

2.1 Modell für Wachstum und Entwicklung von Kulturpflanzen unter Berücksichtigung wesentlicher Zustandsgrößen des C- und N-Haushaltes der Pflanzen

S. CLAUS, P. WERNECKE

Allgemeine Übersicht über Aufbau und Wirkungsweise der Pflanzenmodelle

Für die Simulation der Zustandsänderungen von Pflanzenbeständen des betrachteten agrarischen Ökosystems werden dynamische Modelle mit variabler Struktur verwendet, die sich programmtechnisch aus Objekten für die erforderlichen Kompartimente und den diese verbindenden Flüssen zusammensetzen. Da diese Objekte untereinander und mit einem übergeordneten Verwaltungsobjekt EssControl Nachrichten austauschen können, sind Modelle realisierbar, die ihre innere Struktur in bezug auf die Anzahl der Kompartimente und der verbindenden Flüsse während eines Simulationslaufes in Abhängigkeit von modellinternen Zustandsgrößen, wie der Ontogenese, ändern können. Damit lassen sich die Modelle zusätzlich zu extern vorzugebenden Kommandos oder aus Datenbanken abzurufenden Szenarien auch über Zustände der Pflanzenbestände selbst steuern, indem das Objekt EssControl sowohl auf Nachrichten von außen als auch auf solche von den Kompartimenten reagiert. Im hierzu entwickelten Modellierungssystem ESS (Ecological System Simulation) werden für die Kulturpflanzenarten Winterweizen, Wintergerste und Winterraps die Objekte für Kompartimente und Flüsse mit Objekttypen realisiert, die von einem Basisobjekt abgeleitet sind und sich wie in Abb. 2.1.1 dargestellt hierarchisch anordnen lassen.

Der Basistyp TEssBaseObject enthält verschiedene Größen vom Ordinaltyp zum Kennzeichnen der abzuleitenden Objekte. Jedes Kompartiment- oder Flußobjekt läßt sich damit beim Generieren so kennzeichnen, daß es später bei den Rechenprozessen und den erforderlichen organisatorischen Operationen immer eindeutig identifiziert werden kann. Weiterhin enthält der Grundtyp TEssBaseObject zwei Pointer, die beim Generieren - falls erforderlich - mit Zeigern auf ein Objekt des Typs TEssEnviron und ein Objekt des Typs TEssOnto belegt werden. Außerdem sind einige Methoden enthalten, die von abgeleiteten Objekten beim Ausführen numerischer Operationen während der Simulation genutzt werden können. Die Objekt-

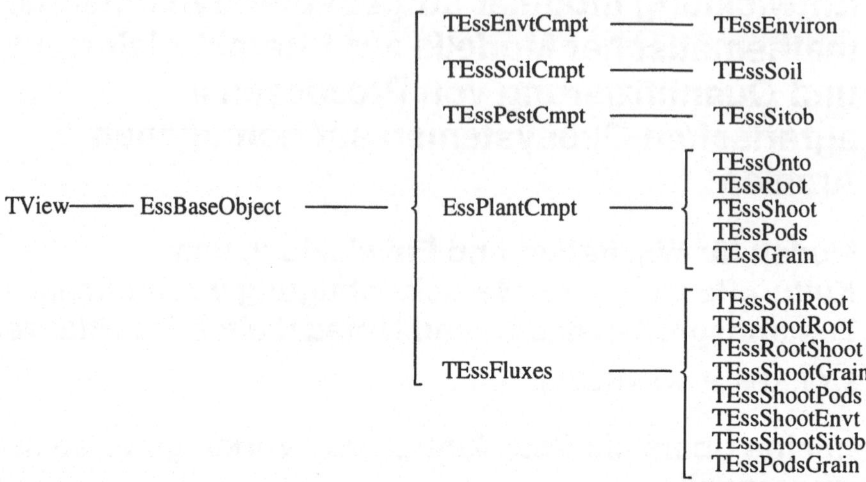

Abb. 2.1.1:   Hierarchische Ordnung der im Modellierungssystem definierten und in der Programmiersprache Borland Pascal (BORLAND 1992a) realisierten Objekttypen. Abkürzungen: T verweist auf „type", Cmpt auf „compartment", Envt bzw. Environ auf „environment". TView bezeichnet ein in der Programmiersprache vordefiniertes Objekt, das im besonderen alle Methoden enthält, mit denen sich die abgeleiteten Objekte auf dem Bildschirm selbst darstellen können

typen TEssPlantCmpt und TEssSoilCmpt enthalten jeweils die Vektoren der Zustandsgrößen (y), ihrer zeitlichen Ableitungen (yPkt) und ihrer Anfangswerte (yAnf), den Vektor für die Modellparameter, die Methoden zum Lösen der Differentialgleichungen für die Zustandsgrößen sowie Methoden sowohl für den Zugriff auf die Parameter- und Resultattabellen als auch auf andere externe Dateien. Ein Objekt vom Typ TEssFluxes erhält beim Generieren zusätzlich zwei Pointer übermittelt, die auf die zu verbindenden Kompartimente hinweisen. Damit ist der Zugriff auf die Zustandsgrößen beider Kompartimente möglich, und die erforderlichen Flüsse lassen sich berechnen. Im folgenden wird zwischen einem Pointer, der auf ein Objekt zeigt, und dem Objekt selbst nicht unterschieden. Aus dem Kontext sind die Bezüge immer erkennbar, so daß auch in der Schreibweise von Objektgrößen meist auf die explizite Darstellung der Bindung an den Objektpointer verzichtet werden kann.

Während eines Simulationslaufes wird ein konkretes Modell beispielsweise für Pflanzenbestände von Winterweizen sukzessiv folgendermaßen aufgebaut (Abb. 2.1.2). Zu einem ausgewählten Szenarium (vgl. Kap. 2.8) mit den Standortcharakteristika und den in der betreffenden Vegetationsperiode einzuhaltenden agrotechnischen Maßnahmen generiert das System ESS zunächst das Objekt Environ und

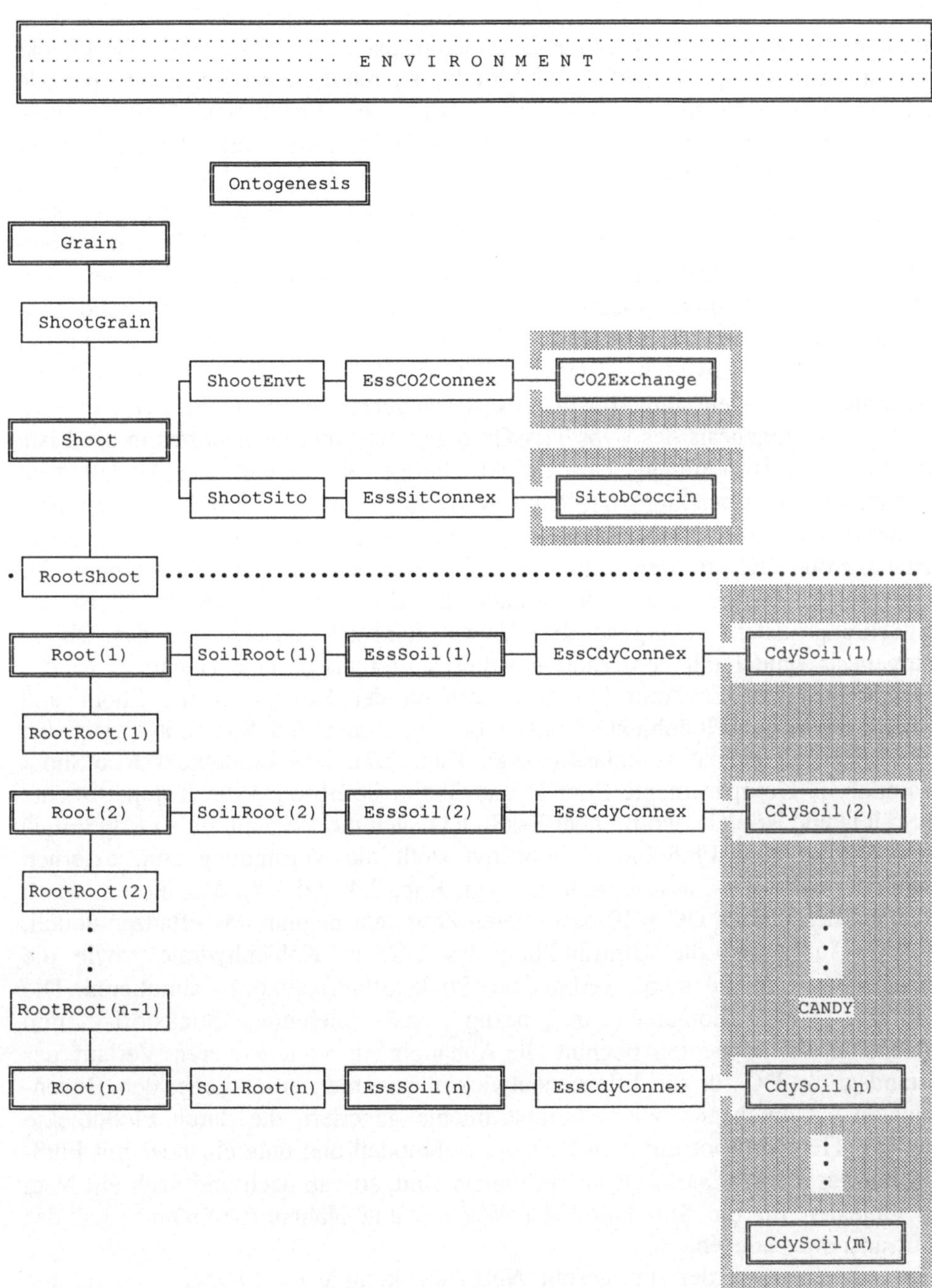

Abb. 2.1.2: Schematische Übersicht über das Pflanzenmodell, verbunden mit den externen Modellen: Bodenprozeßmodell „CANDY", CO2-Gasaustauschmodell „CO2Exchange", Interaktionsmodell Getreideblattlaus-Marienkäfer „SitobCoccin"

nimmt es als erstes Objekt in die Liste CmptList der Objekte auf. Das Objekt Environ bestimmt den Zeittakt für die Simulation, wählt die der Vegetationsperiode zugeordnete Tabelle mit dem zeitlichen Verlauf der Umgebungsgrößen aus dem Bestand dieser Tabellen aus und stellt dann die Einflußgrößen für jeden Zeittakt der Simulation bereit. Danach werden Bodenkompartimente EssSoil auf der Pflanzenseite generiert und in die Objektliste aufgenommen. Diese Kompartimente sind über ein Interface mit den korrespondierenden Objekten CdySoil für die Bodenschichten des Bodenprozeßmodells CANDY verbunden und ermöglichen den Datenaustausch für unterschiedliche Zeittakte (vgl. Kap. 2.7). Anschließend wird das Bodenprozeßmodell CANDY (vgl. Kap. 2.2) mit den im Szenarium festgelegten Anfangswerten gestartet. Ist der in der Tabelle der agrotechnischen Maßnahmen des Szenariums für die Aussaat angegebene Termin erreicht, so wird ein Objekt Ontogenesis des Typs TEssOnto generiert und als nächstes in die Liste der Objekte aufgenommen. Das Objekt Ontogenesis enthält das Modell zum Beschreiben der Entwicklung der Winterweizenpflanzen (vgl. Kap. 2.5). Beginnend mit dem Startwert Null berechnet das Modell die monoton nicht abnehmende Zustandsgröße DC, die den Entwicklungszustand der Pflanzen entsprechend der Skala von ZADOKS et al. (1974) darstellt. Mit dem Wert DC = 10 ist der Entwicklungszustand „Aufgang der Weizenpflanzen" erreicht, und das Objekt Ontogenesis sendet mit dem Eintreten dieses Ereignisses eine Nachricht an das Verwaltungsobjekt EssControl, das Generieren der Kompartimente Shoot und Root(1) sowie der Flußobjekte RootShoot, ShootEnvt und SoilRoot(1) aus den betreffenden Typen zu veranlassen (vgl. Kap. 2.7). Das Flußobjekt RootShoot verbindet die Kompartimente Root(1) und Shoot, SoilRoot(1) die Kompartimente EssSoil(1) und Root(1), womit über EssSoil(1) auch die Verbindung zu CdySoil(1) hergestellt ist. Das Flußobjekt ShootEnvt stellt die Verbindung zum externen Modell für den CO_2-Gasaustausch her (vgl. Kap. 2.4 und 2.7). Mit diesem durch Erreichen des Wertes DC = 10 bestimmten Zeitpunkt beginnt das Pflanzenmodell, die CO_2-Aufnahme, die Umwandlung des CO_2 in Kohlenhydrate sowie die Transpiration und die damit verbundene Stickstoffaufnahme zu simulieren. Die Synthese von Biomasse in bezug auf mehrere Stickstoff- und Kohlenhydratkomponenten beginnt. In Abhängigkeit vom weiteren Verlauf der Zustandsgröße DC für die Pflanzenentwicklung werden zusätzliche, den Bodenschichten entsprechende Wurzelkompartimente generiert, die durch Flußobjekte vom Typ TEssSoilRoot mit dem Bodenprozeßmodell und untereinander mit Flußobjekten des Typs TEssRootRoot verbunden sind, so daß nach und nach ein Netz von Objekten für die Simulation der Wasser- und Nährstoffaufnahme und des Stofftransportes entsteht.

Im einzelnen werden in diesem Netz des komplexen Pflanzenmodells die folgenden Prozesse abgebildet:

- Wasseraufnahme aus dem Boden in die Wurzeln, Wassertransport im Xylem, Transpiration,

- Aufnahme des Stickstoffs (Ammonium, Nitrat) und Weitertransport des Nitrats mit dem Wasserstrom aus den Wurzeln in den Sproß über das Xylem,

- Reduktion des Ammoniums und bedingt auch des Nitrats in den Wurzeln bis zu Strukturstickstoffverbindungen (Proteinen), Einbeziehung der vom Sproß über das Phloem gelieferten Kohlenhydrate, Berechnung der Biomasse (Trockenmasse der Wurzeln),

- Reduktion des Nitrats im Sproß bis zu Strukturstickstoffverbindungen (Proteinen) unter Einbeziehung der primär gebildeten Kohlenhydrate,

- CO_2-Aufnahme und Umwandlung in primäre Kohlenhydrate (Glukose), Berechnung der Biomasse des Sprosses (Trockenmasse) und des Stickstoffgehaltes, der als wesentliche Steuergröße wiederum dem Modell für die CO_2-Aufnahme übergeben wird,

- Transport translozierbarer Kohlenhydrate und translozierbarer organischer N-Verbindungen aus dem Sproß in die Wurzeln,

- Exsudation von Stickstoff- und Kohlenhydratmassen aus den Wurzeln in den Boden.

Die Geschwindigkeit, mit der diese Prozesse ablaufen, wird wesentlich vom Zustand der äußeren Umgebung des Ökosystems bestimmt. Dieser Zustand wird mit meteorologischen Größen gekennzeichnet, deren Werteverläufe in den Vegetationsperioden - bereitgestellt vom Objekt Environ - über spezielle, objektspezifische Wirkungsfunktionen in die Prozeßgleichungen eingekoppelt werden.

Für die sich in diesen Prozessen ändernden Massen sind Bilanzen aufzustellen, die sich aus den in Kompartimenten zu berechnenden Umsatzraten und den in Flußobjekten zu berechnenden Transportraten zusammensetzen. Demzufolge werden die Änderungsvektoren yPkt der Zustandsgrößen beim Durchlaufen der Objektliste zum Lösen der Differentialgleichungen zunächst in den Kompartimenten über die Umsatzraten berechnet

$$yPkt = Umsatzraten \qquad (2.1.1)$$

und in den nachgeordneten Flußobjekten mit den Transportraten unter Berücksichtigung der Flußrichtung komplettiert:

$$yPkt = yPkt + Transportraten. \qquad (2.1.2)$$

Das Berechnen der Umsatz- und Transportraten sowie das Zusammenstellen der Dgln nach (2.1.1) und (2.1.2) erfolgt in den objektspezifischen, mit Rates bezeichneten Methoden. Bei diesem Verfahren wird vorausgesetzt, daß die Objekte beim Generieren in einer bestimmten Reihenfolge in die Objektliste eingebracht wurden. Bevor ein verbindendes Flußobjekt erzeugt und in die Liste der Objekte eingeordnet werden kann, müssen erst die beiden zu verbindenden Kompartimente generiert und in der Objektliste sein.

Erreichen die Pflanzen mit fortschreitender Entwicklung das Stadium „Ährenschieben", dann beginnt mit dem Schwellen der Ähren die Umlagerung von Massen aus dem Sproß in die Ähren und damit in die angelegten Karyopsen. In das Modell übertragen heißt das: Wenn die Zustandsgröße DC für die Entwicklung der Pflanzen das Intervall (55 ..58) erreicht, dann löst das Objekt Ontogenesis über eine Nachricht an das Verwaltungsobjekt EssControl das Generieren des Kompartiments Grain und des verbindenden Flußobjektes ShootGrain aus. Die Simulation der Kornfüllungsphase beginnt und wird erst abgeschlossen, wenn entweder ein im Szenarium vorgegebener Erntetermin erreicht ist oder wenn das Objekt Ontogenesis den Wert DC = 92 errechnet. In dieser Phase werden im Modell folgende Prozesse simuliert:

- Umwandlung (Abbau) der bis dahin gebildeten Strukturstickstoffverbindungen (Proteine) wieder in translozierbare Stickstoffverbindungen,

- Umwandlung von Reservekohlenhydraten in translozierbare Kohlenhydrate,

- Umlagerung der translozierbaren Verbindungen aus dem Sproß in die Körner über das Phloem mit hoher Transportrate,

- Synthese von Strukturstickstoffverbindungen, Stärke und Gerüstsubstanz im Korn, Bildung der Korntrockenmasse.

Mit dem Ende der Vegetationsperiode werden die Werte für die in den Wurzeln akkumulierten und noch vorhandenen Massen organischer Substanz an die zugehörigen, schichtbezogenen Variablen des Bodenprozeßmodells übergeben. Der Wert für die Masse des Strohs, dargestellt durch die zum Erntezeitpunkt noch vorhandene Sproßtrockenmasse, kann entsprechend den agrotechnischen Maßnahmen, die über das Szenarium an das Verwaltungsobjekt EssControl mitgeteilt werden, ebenfalls an die korrespondierende Größe des Bodenprozeßmodells übergeben werden. Damit sind die Ernte-Wurzel-Rückstände der Pflanzen im Bodenprozeßmodell CANDY für die weitere Simulation erfaßt. Nach diesen Aktionen werden die Objekte für die Pflanzen aus der Liste CmptList entfernt und gelöscht. Die Simulation kann entsprechend den agrotechnischen Maßnahmen des Szenariums mit einer anderen Fruchtart in der Fruchtfolge weiter fortgesetzt werden.

An das Pflanzenmodell für Winterweizen ist außerdem das Schädling-Nützling-Modell „Getreideblattlaus - Marienkäfer" angekoppelt (vgl. Kap. 2.6 und 2.7), so daß sich Zustandsänderungen des tritrophischen Systems „Pflanze-Schädlinge-Nützlinge" simulieren und im besonderen der von den Blattläusen durch Entzug von Phloemsaft verursachte Verlust translozierbarer organischer Substanzen berechnen lassen.

Mit den genannten Typen von Objekten lassen sich Pflanzenmodelle durch Verketten von Kompartimenten mit Hilfe von Flußobjekten detailliert aufbauen und im besonderen das Hineinwachsen von Wurzeln in den Boden übersichtlich simulieren. In den folgenden Abschnitten wird dazu die inhaltliche Seite der Kompartimente und Flußobjekte dargestellt und ausgeführt, wie sich in den Objekten die Prozesse formalisieren lassen.

Das hier mit Bezug auf das Simulationssystem ESS skizzierte Verfahren, Pflanzenbestände in Ökosystemen mit Hilfe dynamischer Generierung von Objekten nicht nur für Kompartimente sondern auch für Flüsse zu modellieren, kann als Erweiterung des in CropSyst (VAN EVERT & CAMPBELL 1994) implementierten Systems von Objekten interpretiert werden.

Formalisierung der Kompartimente

Zum Beschreiben der mit dem Wachstum der Pflanzen und der Bildung ihrer Biomasse verbundenen Assimilations-, Synthese- und Zerfallsprozesse sind in den Objekten für die Kompartimente sowohl geeignete Zustandsgrößen zu definieren als auch Methoden, mit denen sich die Raten für die Zustandsänderungen des Kompartiments berechnen lassen. In den Pflanzenkompartimenten für Wurzel, Sproß und Korn werden Zustandsgrößen verwendet, die sich auf Klassen biochemisch-analytisch bestimmbarer Stickstoffverbindungen und Kohlenhydrate beziehen. Eine Übersicht über die Zustandsgrößen und über die an den Pflanzen in Zeitreihenversuchen (Parzellen- und Gefäßversuche im Freiland, Gefäßversuche in Klimakammern) experimentell bestimmten Größen vermittelt die Tab. 2.1.1.

Zwischen den Größen, die als Massen bezogen auf die Grundfläche des Pflanzenbestandes festgelegt sind, bestehen die folgenden Beziehungen:

$$
\begin{aligned}
y[am] &= N\_amn; & y[ni] &= N\_nitr; \\
y[tn\ ] &= N\_frei; & y[sn] &= N\_kjel - N\_frei; \\
y[tk\ ] &= KH\_nm; & y[rk] &= KH\_hyd - KH\_nm; \\
y[gs\ ] &= KH\_fas.
\end{aligned}
\tag{2.1.3}
$$

Aus dem Vektor y der Zustandsgrößen werden während der Simulation in jedem Zeittakt weitere Größen, wie die Trockenmasse Tm, die Masse Nm des Stickstoffs in organischen Verbindungen und dessen Massengehalt cNm, berechnet. Für die drei Typen von Kompartimenten gilt:

Root:
$$
\begin{aligned}
NmRoot &= y[sn] + y[tn] + y[ni] + y[am] \\
TmRoot &= ConvSnr \cdot y[sn] + ConvTnr \cdot y[tn] + ConvNir \cdot y[ni] + ConvAmr \cdot y[am] \\
&\quad + y[tk] + y[rk] + y[gs] \\
cNm &= NmRoot / TmRoot
\end{aligned}
$$

Shoot:
$$
\begin{aligned}
NmShoot &= y[sn] + y[tn] + y[ni] \\
TmShoot &= ConvSns \cdot y[sn] + ConvTns \cdot y[tn] + ConvNis \cdot y[ni] \\
&\quad + y[tk] + y[rk] + y[gs] \\
cNm &= NmShoot / TmShoot
\end{aligned}
\tag{2.1.4}
$$

Zustandsgrößen in Kompartimenten

Kürzel	Bedeutung	Dimension	Kompartiment
am	N-Masse im Ammonium	kg·ha^{-1}	CdySoil, EssSoil, Root
ni	N-Masse im Nitrat	kg·ha^{-1}	CdySoil, EssSoil, Root, Shoot
tn	N-Masse in translozierbaren organischen Stickstoffverbindungen	kg·ha^{-1}	Root, Shoot, Grain
sn	N-Masse in Strukturstickstoffverbindungen (Proteinen)	kg·ha^{-1}	Root, Shoot, Grain
tk	Masse der translozierbaren Kohlenhydrate (Glukose)	dt·ha-1	Root, Shoot, Grain
rk	(Stärke, Fruktosane)	dt·ha^{-1}	Root, Shoot, Grain
gs	Masse der Gerüstsubstanz (Zellulose, Pektine, Hemisubstanzen)	dt·ha^{-1}	Root, Shoot, Grain

Biochemisch-analytisch bestimmbare Stoffgruppen

Kürzel	Bedeutung	Dimension	Materialprobe
N_amn	N-Masse im Ammonium	kg·ha^{-1}	Boden, Wurzeln
N_nitr	N-Masse im Nitrat	kg·ha^{-1}	Boden, Wurzeln, Sproß
N_ages	Gesamt-N-Masse in alpha-amino-N-Verbindungen	kg·ha^{-1}	Wurzeln, Sproß, Korn
N_frei	N-Masse in freien alpha-amino-N-Verbindungen (Aminosäuren)	kg·ha^{-1}	Wurzeln, Sproß, Korn
N_kjel	Gesamt-N-Masse in organischenVerbindungen (nach Kjeldahl)	kg·ha^{-1}	Wurzeln, Sproß, Korn
KH_nm	niedermolekulare Kohlenhydrate	dt·ha^{-1}	Wurzeln, Sproß, Korn
KH_hyd	leicht hydrolysierbare Kohlenhydrate	dt·ha^{-1}	Wurzeln, Sproß, Korn
KH_fas	Gerüstsubstanz bestimmt als neutrale Detergenzfaser	dt·ha^{-1}	Wurzeln, Sproß, Korn

Tab. 2.1.1: Übersicht über die in Kompartimenten für Getreidepflanzen verwendeten Zustandsgrößen und die ihnen entsprechenden Stickstoff- und Kohlenhydratmassen in biochemisch-analytisch bestimmbaren Stoffgruppen. Für die Zustandsgrößen ist als Kürzel nur der Index im Zustandsvektor angegeben

$$
\begin{aligned}
&\text{Grain:}\\
&\text{NmGrain} = \qquad\qquad y[sn] \qquad\qquad + y[tn]\\
&\text{TmGrain} = \ \ \text{ConvSng} \cdot y[sn] \ + \ \text{ConvTng} \cdot y[tn]\\
&\qquad\qquad\qquad\quad + y[tk] \qquad\qquad + y[rk] \qquad\qquad + y[gs]\\
&\text{cNm} \quad\ = \ \text{NmGrain} / \text{TmGrain}.
\end{aligned}
$$

Mit den Koeffizienten ConvAmr, ..., ConvTng werden in den Kompartimenten die Stickstoffmassen auf die Masse der anorganischen Verbindung bzw. der betreffenden Klasse organischer Verbindungen und gleichzeitig von der Dimension kg·ha^{-1} auf die Dimension dt·ha^{-1} der anderen Massen umgerechnet. Zum Berechnen der Umsatz- und der Transportraten werden in den Objekten durchweg dimensionslose Relativgrößen

$$yRel[index] = y[index] \, / \, yNorm[index], \quad index = amn \dots gs, \qquad (2.1.5)$$

verwendet, wobei die Normgrößen yNorm dem Variationsbereich der jeweiligen Zustandsgrößen entsprechend fest vorgegeben werden.

Das Verfahren, die Kompartimente zu formalisieren, wird exemplarisch für den Sproß dargestellt. Auf notwendige Änderungen und Ergänzungen für die Kompartimente Root und Grain wird hingewiesen.

Im Kompartiment Shoot wird die Kette der Reduktionen vom Nitrat zu den Strukturstickstoffverbindungen über die Kaskade „Nis $\Rightarrow$ Tns $\Rightarrow$ Sns" der Pools vom Nitratstickstoff, über die N-Masse in den translozierbaren organischen Stickstoffverbindungen bis zur N-Masse in den Proteinen mit dem folgenden System von Differentialgleichungen (Dgln) beschrieben:

$$
\begin{aligned}
\text{Shoot:} & & & & & & (2.1.6)\\
yPkt[ni] &= - &\text{NisToTns}\\
yPkt[tn] &= &\text{NisToTns} &- \text{TnsToSns} &+ \text{SnsToTns}\\
yPkt[sn] &= & &+ \text{TnsToSns} &- \text{SnsToTns.}
\end{aligned}
$$

Die Syntheseraten werden aus den Zustandsgrößen berechnet gemäß

$$
\begin{aligned}
\text{NisToTns} &= \text{SynNis} \cdot \text{Pts} \cdot yRel[ni] \cdot \text{Reduct} & (2.1.7)\\
\text{TnsToSns} &= \text{SynTns} \cdot \text{Pts} \cdot yRel[tn]
\end{aligned}
$$

und die Zerfallsrate der Strukturstickstoffverbindungen gemäß

$$\text{SnsToTns} = \text{LysSns} \cdot \text{ScLysShoot} \cdot \text{UcTeLysTeLu} \cdot yRel[sn]. \qquad (2.1.8)$$

Die Größe Pts bezeichnet das Synthesepotential

$$\text{Pts}\,(y[sn], y[tk], \text{DcShoot}, \text{TeLu}) = \text{ScSynShoot} \cdot \text{UcSynTeLu} \cdot \text{sqrt(SnPot, TkPot)}$$
$$(2.1.9)$$

und der Faktor Reduct eine von der Zustandsgröße y[tn] abhängende Funktion, die die Hemmung der Reaktion „Nis $\Rightarrow$ Tns" durch das entstehende Syntheseprodukt y[tn] beschreibt. Das Synthesepotential Pts wird über die Teilpotentiale SnPot und TkPot

$$
\begin{aligned}
\text{SnPot} &= \text{aSn} \cdot yRel[sn] \, / \, (\text{hSn} + yRel[sn]) & (2.1.10)\\
\text{TkPot} &= \text{aTk} \cdot yRel[tk] \, / \, (\text{hTk} + yRel[tk])
\end{aligned}
$$

als limitierende Funktionen der Zustandsgrößen y[sn] und y[tk] der im Sproß vorhandenen Massen an Strukturstickstoffverbindungen und translozierbaren Kohlenhydraten bestimmt. Mit der Steuercharakteristik ScSynShoot, die von der Zustandsgröße DcShoot des Entwicklungszustandes des Sprosses abhängt, wird die Intensität und die Dauer der Synthese von Strukturstickstoffverbindungen beschrieben. Die kompartimentspezifischen Temperaturcharakteristiken UcLysTeLu,

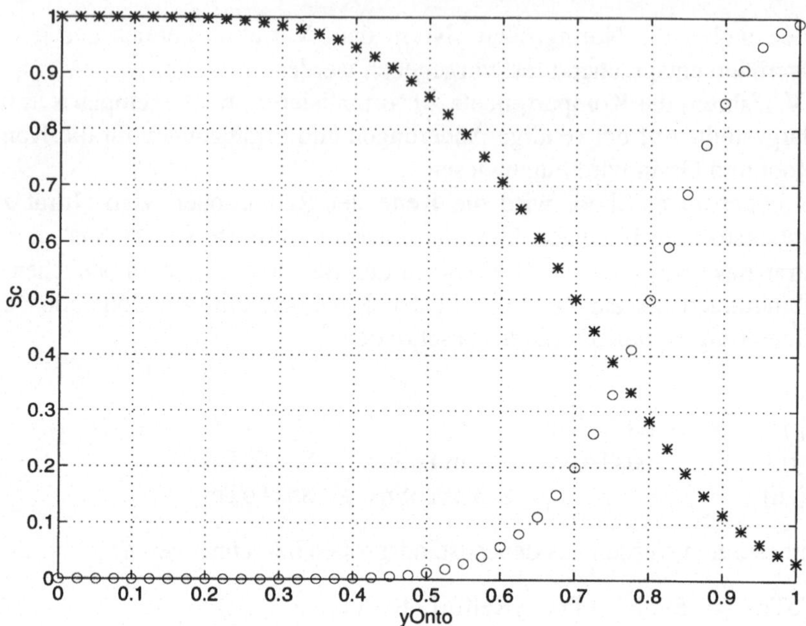

Abb. 2.1.3:   Verlauf der Steuercharakteristiken ScSynShoot und ScLysShoot, die den Wechsel zwischen Synthese- und Zerfallsprozeß für die Masse des Strukturstickstoffs im Sproß steuern. Beide Funktionen sind auf den Maximalwert 1 normiert.

Abszisse: Normierte Zustandsgröße yOnto für die Ontogenese des Sprosses , $0 \leq$ yOnto ≤ 1;

                Beginn der Kornfüllung: $0,55 \leq$ yOnto $\leq 0,58$.

Ordinate: *** Sc = ScSynShoot; ooo Sc = ScLysShoot

UcSynTeLu kennzeichnen als modifizierte Arrhenius-Funktionen (MÜLLER et al. 1993) den Einfluß der Lufttemperatur TeLu auf die Kinetik des Synthese- und Zerfallsprozesses. Der Zerfallsprozeß wird wesentlich von der Zustandsgröße DcShoot über die Steuercharakteristik ScLysShoot bestimmt. Beide Steuercharakteristiken (Abb. 2.1.3) regeln den Wechsel zwischen dem anfänglich überwiegenden Syntheseprozeß und dem mit der Kornfüllungsphase massiv einsetzenden Zerfallsprozeß der Strukturstickstoffverbindungen in translozierbare organische Stickstoffverbindungen, die in die Körner umgelagert werden.

Zum Beschreiben des Umsatzes der translozierbaren Kohlenhydrate in Reservekohlenhydrate und in Gerüstsubstanz werden im Kompartiment Shoot die folgenden Dgln verwendet:

Shoot: (2.1.11)

$$yPkt[tk\,] \quad = RksToTks + GssToTks$$
$$- \ GleqRks \cdot TksToRks \quad - \ GleqGss \cdot TksToGss$$
$$- \ GleqNis \cdot NisToTns \quad - \ GleqSns \cdot TnsToSns$$

$$yPkt[rk] \quad = \quad TksToRks \; - \; RksToTks$$
$$yPkt[gs] \quad = \quad TksToGss \; - \; GssToTks,$$

in denen sowohl die Synthese der Reservestärke und der Gerüstsubstanz als auch deren Abbau mit Beginn der Kornfüllungsphase beschrieben wird. Die experimentellen Ergebnisse zeigen, daß auch die Masse der Gerüstsubstanz auf Grund des Gehaltes an Hemisubstanzen während der Kornfüllungsphase abnimmt.

In der ersten dieser Gleichungen wird zusätzlich der Anteil translozierbarer Kohlenhydrate berücksichtigt, der für die Reduktion der Stickstoffverbindungen und für die Synthese von Reservestärke und Gerüstsubstanz als Energieäquivalent und als Substrat erforderlich ist und von dem wiederum ein Teil als CO_2 veratmet wird. Die mit Gleq bezeichneten Koeffizienten sind modifizierte Glukoseäquivalente nach PENNING DE VRIES (1972, 1975), PENNING DE VRIES et al. (1974) und JOHNSON (1990). Für die einzelnen Umsatzraten gilt in Analogie zu den Stickstoffkomponenten:

$$TksToRks \; = \; SynRks \cdot Pts \cdot yRel[tk] \qquad\qquad\qquad (2.1.12)$$
$$RksToTks \; = \; LysRks \cdot ScLysShoot \cdot UcLysTeLu \cdot sqr(\,yRel[rk]\,)$$
$$TksToGss \; = \; SynGss \cdot Pts \cdot yRel[tk]$$
$$GssToTks \; = \; LysGss \cdot ScLysShoot \cdot UcLysTeLu \cdot yRel[gs].$$

In den Kompartimenten Root und Grain werden analoge Gleichungen für die Umsatzraten verwendet. Dabei wird in den Objekten Root zusätzlich die Reduktion des Ammoniums zu den translozierbaren organischen Stickstoffverbindungen mit dem Term AmnToTnr berücksichtigt, so daß sich insgesamt die folgenden Gleichungen ergeben:

Root: $\qquad\qquad\qquad\qquad\qquad\qquad\qquad\qquad\qquad\qquad\qquad (2.1.13)$

$$yPkt[am] \quad = -AmrToTnr$$
$$yPkt[ni\ ] \quad = -NirToTnr$$
$$yPkt[tn\ ] \quad = AmrToTnr \, + \, NirToTnr \; - \; TnrToSnr \; + \; SnrToTnr$$
$$yPkt[sn\ ] \quad = \qquad\qquad\qquad\qquad\qquad\quad + \; TnrToSnr \; - \; SnrToTnr$$
$$yPkt[tk\ ] \quad = RkrToTkr \; - \; GleqRkr \cdot TkrToRkr \quad - \quad GleqGrr \cdot TkrToGsr$$
$$\qquad\qquad\qquad\qquad - \; GleqAmr \cdot AmrToTnr \; - \; GleqNir \cdot NirToTnr$$
$$\qquad\qquad\qquad\qquad - \; GleqSnr \cdot TnrToSnr$$
$$yPkt[rk\ ] \quad = TkrToRkr \; - \; RkrToTkr$$
$$yPkt[gs\ ] \quad = TkrToGsr.$$

Der schnelle Umsatz des Ammoniums wird durch eine hohe Umsatzrate AmrToTnr berücksichtigt. Außerdem wird postuliert, daß sich die Umsatzrate NirToTnr mit steigender Ammoniummasse verringert. Damit kann die im Kompartiment Root verfügbare Stoffwechselenergie, ausgedrückt durch die Masse der translozierbaren Kohlenhydrate, für die schnelle Reduktion des Ammoniums eingesetzt werden.

Da die Ergebnisse aus Gefäßversuchen zeigen, daß die Masse der Gerüstsubstanz in den Wurzeln zum Ende der Vegetationsperiode nicht abnimmt, wird auch kein Term GsrToTkr für eine Massenabnahme formuliert.

Im Kompartiment Grain werden entsprechende Dgln formuliert, wobei nur die Zustandsgrößen y[tn] und y[sn] für die Stickstoffmassen zu berücksichtigen sind (Gleichung 2.1.4). Die mit den anorganischen Stickstoffkomponenten verbundenen Terme für die Umsatzraten entfallen.

Dem allgemeinen Aufbau von Bilanzgleichungen (2.1.1) und (2.1.2) des vorhergehenden Abschnittes entsprechend sind die Gleichungen für die kompartimentinternen Umsatzraten durch Transportterme zu ergänzen, die sich auf die folgenden Flüsse und Flußobjekte beziehen:

- SoilRoot: Aufnahme des Stickstoffs aus den Bodenschichten hauptsächlich mit dem Wasserstrom,

- RootRoot: Transport von Nitrat-Stickstoff von einer Wurzelschicht aufsteigend zur nächsten Schicht und Transport translozierbarer organischer N-Verbindungen sowie translozierbarer Kohlenhydrate zwischen den Wurzelschichten,

- RootShoot: Zufluß von Nitrat-Stickstoff über das Xylem aus den Wurzeln in den Sproß,

- ShootEnvt: Zufluß translozierbarer Kohlenhydrate über die Photosynthese,

- RootShoot: Abfluß von Stickstoff in Form der translozierbaren organischen N-Verbindungen und von translozierbaren Kohlenhydraten über das Phloem in die Wurzeln und schließlich

- ShootGrain: Umlagerung translozierbarer organischer Substanzen vom Sproß in die Körner.

Sind in den genannten Flußobjekten die Transportterme berechnet, so werden die zugehörigen Dgln (yPkt) für die zu verbindenden Kompartimente und damit auch die Bilanzgleichungen vervollständigt. Einzelheiten zum Berechnen der Transportterme werden in den Abschnitten über die Stickstoffaufnahme, den Transport translozierbarer Substanzen im Phloem sowie im Zusammenhang mit der Kopplung der Modelle (vgl. Kap. 2.7) dargestellt.

Wasseraufnahme, Wassertransport und Transpiration

Mit den Kompartimenten für die Wurzelschichten, die mit den Bodenschichten korrespondierend in den Boden hineinwachsen, und dem Kompartiment für den Sproß läßt sich der Wassertransport in übersichtlicher Weise abbilden. Wird die für Getreidepflanzen weitgehend zutreffende Annahme akzeptiert, daß die Dynamik der Wasserspeicherung gegenüber der des Wassertransportes durch die Pflanzen vernachlässigbar ist, so kann für ein Modell des Wassertransportes das einfache Schema (Abb. 2.1.4) in Analogie zu einem elektrischen Widerstandsnetz zugrunde gelegt werden. Danach sind die Pflanzen in das Potentialgefälle zwischen der um-

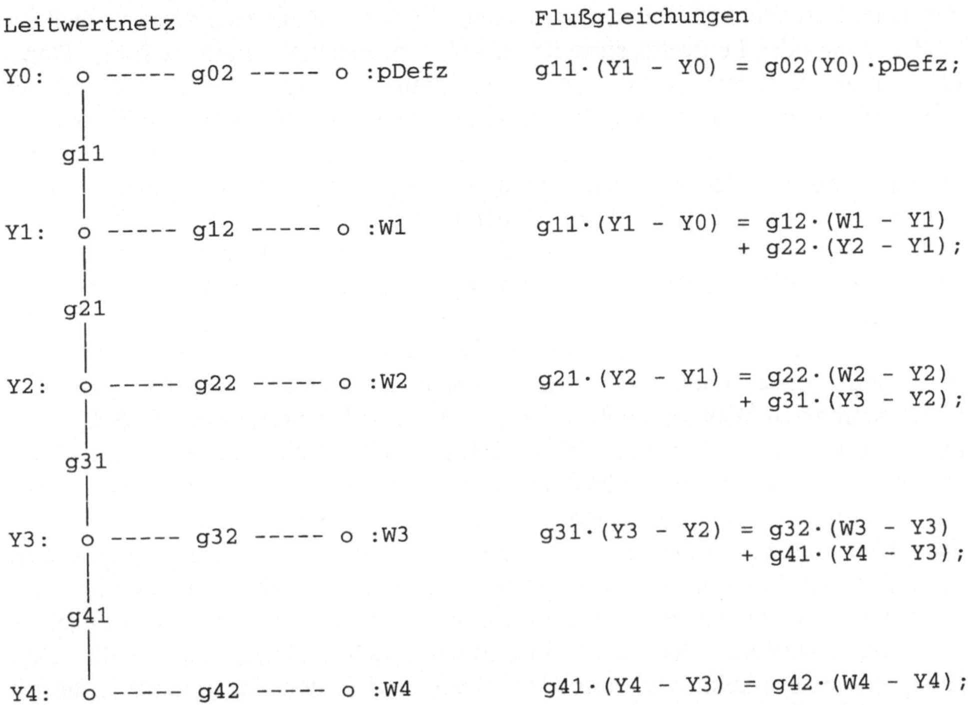

Gleichungssystem

Y0	Y1	Y2	Y3	Y4	R
g11	-g11				g02·pDefz
-g11	g11+g12+g21	-g21			g12·W1
	-g21	g21+g22+g31	-g31		g22·W2
		-g31	g31+g32+g41	-g41	g32·W3
			-g41	g41+g42	g42·W4

Abb. 2.1.4: Leitwertnetz und Flußgleichungen für das Modell des Wasserstromes vom Boden durch die Pflanzen in die umgebende Luft. Durch Umordnen der Flußgleichungen ergeben sich die Gleichungen zum Bestimmen der Wasserpotentiale Yi, i = 0,..,4, der Pflanzen.
Es bezeichnet: gij, i= 1,..,4, j = 1,2, die Leitwerte (reziproke Widerstände); pDefz das Wasserdampfdruckdefizit der Luft; Wi, i=1,..,4, die Wasserpotentiale in den entsprechenden Bodenschichten. Anzahl nRoot der Wurzeln gleich 4 angenommen

gebenden Luft und dem Boden eingespannt. Über die sich in der Pflanze gemäß der Widerstände oder Leitwerte einstellenden Wasserpotentiale ergibt sich der Transpirationsstrom. Dieser Ansatz als Serien-Parallel-Schaltung für ein Modell des Wassertransportes, den auch andere Autoren (BRAUD et al. 1993, HECTOR et al. 1993) verwenden, wird hier wegen des zusätzlich zu modellierenden Stoffaustausches zwischen den Wurzelschichten bevorzugt. Unterschiede ergeben sich daraus, wie die Widerstände und das Widerstandsnetz im einzelnen formuliert werden. Ein Spezialfall der Serien-Parallel-Schaltung, eine Sternschaltung, wird im Modell AMBETI von BRADEN (1995) zum Beschreiben des Wassertransportes verwendet.

In Abb. 2.1.4 ist die Situation für den Fall dargestellt, daß vier Wurzelschichten im Boden gebildet sind. In den Kompartimenten EssSoil(1),.., EssSoil(4) werden die zugeordneten Wasserpotentiale W1,..., W4 aus den Werten der Bodenfeuchte mit einer vom Bodenprozeßmodell CANDY bereitgestellten Funktion berechnet; sie sind damit als „untere Randbedingungen" für das Leitwertnetz in jedem Zeittakt als vorgegeben zu betrachten. Als „obere Randbedingung" ist das Dampfdruckdefizit pDefz der Luft aus den Tabellen der Umgebungs- oder Einflußgrößen bekannt, die vom Objekt Environ verwaltet und bereitgestellt werden. Die im Schema der Abb. 2.1.4 formulierten Flüsse werden in den Objekten SoilRoot, RootRoot, RootShoot und ShootEnvt berechnet, die jeweils zwei Kompartimente miteinander verbinden. Dazu sind in den Flußobjekten zunächst die Leitwerte wConduct zu bestimmen, die in der Abb. 2.1.4 mit gij, i=1,..., nRoot, j=1,2, bezeichnet wurden. Danach kann das Gleichungssystem für die pflanzeninternen Wasserpotentiale aufgestellt und iterativ gelöst werden. Sowohl zum Berechnen der Wasserpotentiale als auch zum Berechnen der Leitwerte muß auf die betreffenden Objekte zugegriffen werden. Das geschieht in der Weise, daß die Liste CmptList der Objekte durchlaufen und dabei nach den Bodenkompartimenten EssSoil und den genannten Flußobjekten durchmustert wird. Beim Erreichen des jeweiligen Objektes werden die Wasserpotentiale, die Leitwerte oder die hierfür erforderlichen Ausgangsgrößen berechnet und im Vektor W, der Matrix g und in zusätzlichen Datenfeldern zusammengefaßt. Für gleichartige Objekte wird dabei automatisch der gleiche numerische Algorithmus verwendet. Ist die Liste der Objekte durchlaufen, so kann die Prozedur mit dem Lösungsalgorithmus für das tridiagonale Gleichungssystem den Lösungsvektor Y für die Wasserpotentiale der Pflanze iterativ bestimmen. Die Komponenten des Vektors Y werden dann in einem analogen Durchmusterungsverfahren der Variablen wPot für das Wasserpotential in den zugehörigen pflanzlichen Kompartimenten zur weiteren Berechnung der gesuchten Wasserflüsse übergeben. Da die Objektliste CmptList als Objekt aus dem in der Programmiersprache Borland Pascal (BORLAND 1992a) vordefinierten Objekttyp TCollection abgeleitet ist, sind in CmptList dessen effiziente Methoden verfügbar, beispielsweise die Wiederholmethode ForEach zum Durchmustern der Listeneinträge.

Der im Flußobjekt ShootEnvt zu berechnende Leitwert wConduct, der dem Wert g02 der Abb. 2.1.4 entspricht, wird aus dem Modell für den Energie- und Wasseraustausch von Pflanzen (vgl. Kap. 2.3) übernommen und mit dem Wirkfaktor gWirk verallgemeinert. Dem Flußobjekt ShootEnvt wurde beim Generieren u. a. der Pointer zum Kompartiment Shoot übergeben, so daß in ShootEnvt auf den Blattflächenindex Lai und den Transpirationsindex Tai (CLAUS et al. 1995) zurückgegriffen werden kann, die beide vom Kompartiment Shoot bereitgestellt werden. Es gilt:

$$\text{wConduct} = \text{cCanopy} \cdot \text{UcSnow} \cdot \text{Lai} \cdot \text{Tai} / (\text{rBound} + \text{gWirk} \cdot \text{rStoma})$$

$$(2.1.14)$$

worin rBound den Grenzschichtwiderstand bezeichnet und rStoma den Spaltöffnungswiderstand, der sich aus Teilwiderständen additiv zusammensetzt, die einerseits das Öffnen der Spaltöffnungen mit der Globalstrahlung und andererseits das Schließen mit zunehmendem Dampfdruckdefizit der Luft unter Berücksichtigung der Canopy-Temperatur TeCpy beschreiben:

$$\text{rStoma} = \text{rStomaP(pDefz, TeCpy)} + \text{rStomaR(Glob)}. \qquad (2.1.15)$$

Die Temperatur TeCpy wird mit einer modifizierten Formel nach JACKSON (JACKSON et al. 1988, PIGLA & CLAUS 1993, CLAUS et al. 1995) berechnet. Mit der von der Schneehöhe abhängenden Reduktionsfunktion UcSnow wird der Einfluß der Schneebedeckung auf die Transpiration berücksichtigt. Mit dem Wirkfaktor gWirk wird der steuernde Einfluß des Wasserpotentials wPot des Sprosses auf das Verhalten der Spaltöffnungen im Modell realisiert:

$$\text{gWirk} = 1 + (\text{wPot/pWirkKrit})^{\text{eWirkKrit}} \qquad (2.1.16)$$

mit
pWirkKrit $<$ 0
eWirkKrit $>$ 1.

In dieser Gleichung bezeichnet pWirkKrit das kritische Bezugswasserpotential und eWirkKrit den zugehörigen kritischen Exponenten. Mit abnehmendem Wasserpotential wPot und damit zunehmendem Wasserstreß, dem die Pflanzen unterliegen, wird der Anteil des stomatären Widerstandes merklich erhöht und die Transpiration gedrosselt. Dadurch wird im Kontext des gesamten Modells sowohl der vom CO_2-Modell berechnete Fluß des Kohlenstoffeintrages verringert als auch der mit dem Wasserstrom gekoppelte Fluß mineralischer Stickstoffverbindungen, deren Masse vom Bodenprozeßmodell angeboten wird. Kurz formuliert wird damit im Modell abgebildet: Zunehmender Wasserstreß vermindert den C- und N-Eintrag in die Pflanzen. Das Wasserpotential des Sprosses stellt in diesem Prozeß eine „natürliche" Streßvariable dar, die mehrere Autoren in ihren Modellen verwenden. Während BRADEN (1982, 1995) im Modell AMBETI einen rampenförmigen Anstieg des vom Wasserpotential des Sprosses abhängenden Wirkfaktors postuliert, wird hier der Ansatz (2.1.16) für den Wirkfaktor gWirk verwendet, der von CAMPBELL (1985) vorgeschlagen und sowohl von FLERCHINGER & PIERSON (1991) als auch von BRAUD et al. (1993) übernommen bzw. wieder aufgenommen wurde. Ein anderer Ansatz, in dem die vom Sproßwasserpotential verursachte Zunahme des Spaltöffnungswiderstandes mit einer Polstelle beschrieben wird, stammt von BICHELE et al. (1981). In dem hier darzustellenden Zusammenhang wurde das kritische Wasserpotential aus Werten abgeleitet, die mit der Scholander-Bombe an Sproßteilen von Weizenpflanzen im Verlaufe von Strahlungstagen gemessen wurden (HÖRMANN & PIGLA 1995). Durch Fallstudien mit dem komplexen Modell über mehrere Vegetationsperioden wurden die kritischen Werte eingegrenzt.

Die Leitwerte wConduct in den Flußobjekten SoilRoot für die Wasseraufnahme der Wurzeln aus dem Boden werden von Zustandsgrößen abgeleitet, die in den Wurzelkompartimenten definiert sind. Da die Wurzelkompartimente alle aus dem gleichen Objekttyp TEssRoot generiert werden, lassen sich die Leitwerte in einfacher Weise und einheitlich formulieren. Es wird angesetzt:

$$\text{wConduct} \; = \; \text{wSpecCond} \cdot \text{UcTeBo} \cdot \text{UcBoFe} \cdot \text{Rai}. \tag{2.1.17}$$

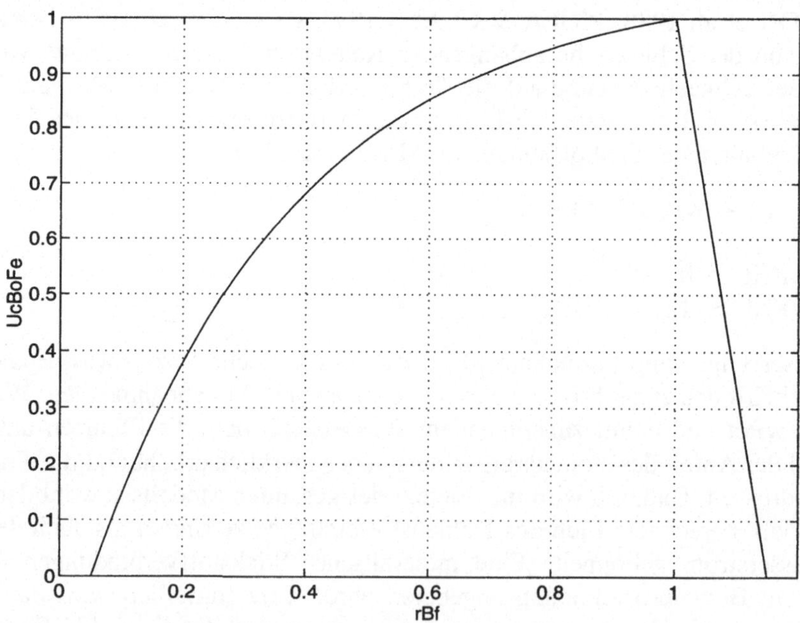

Abb. 2.1.5: Die Funktion UcBoFe der auf den Welkepunkt (rBf=0) und auf die Feldkapazität (rBf=1) bezogenen relativen Bodenfeuchtigkeit rBf kennzeichnet den Einfluß der Bodenfeuchte der betreffenden Bodenschicht auf den Leitwert für die Wasseraufnahme. Die Werte für Welkepunkt, Feldkapazität und Wasersättigung (Porenvolumen) werden vom Bodenprozeßmodell CANDY für jede Bodenschicht übermittelt.

Die für die Wasseraufnahme wirksame Wurzelfläche, ausgedrückt durch den Wurzelflächenindex Rai (Root-Area-Index) als Wurzelfläche pro Bestandsgrundfläche in der Bodenschicht, wird im Kompartiment Root aus der Trockenmasse der Wurzeln berechnet:

$$\text{Rai} = \text{RaiMax} \cdot (1 - \exp(-\text{alog2} \cdot (\text{TmRoot} / \text{HalfTmRoot}))), \qquad (2.1.18)$$

worin RaiMax den für die Wurzelkompartimente gültigen maximalen Flächenindex, HalfTmRoot den Halbwertskoeffizienten und alog2 = ln(2) bezeichnen. Der Wert für RaiMax wurde aus den Angaben von KERSEBAUM (1993) zur Wurzelverteilung abgeschätzt. Die Abhängigkeit des Leitwertes von der Temperatur und der Feuchte der betreffenden Bodenschicht, deren Werte vom Bodenprozeßmodell CANDY übernommen werden (vgl. Kap. 2.7), wird von den beiden Umgebungscharakteristiken UcBoFe (Abb. 2.1.5) und der modifizierten Arrhenius-Funktion UcTeBo beschrieben. Der Koeffizient wSpecCond bezeichnet den spezifischen Leitwert. Mit dem Pointer für das Wurzelkompartiment Root, der dem Flußobjekt SoilRoot beim Generieren übergeben wird, kann auf die im Kompartiment Root berechneten Größen, wie hier Rai zugegriffen werden.

Die Leitwerte wConduct für den Transport des Wassers, aufsteigend von einer Wurzelschicht zur nächsten, werden in den Flußobjekten RootRoot des Typs TEssRootRoot in analoger Weise berechnet, wobei der Querschnittsflächenindex Xai der sich vereinigenden Xylemstränge proportional zum Flächenindex Rai vom Kompartiment Root der jeweils tiefer gelegenen Wurzelschicht berechnet und bereitgestellt wird.

In dem Leitwert wConduct, der den Übergang von der obersten Wurzelschicht Root(1) in den Sproß kennzeichnet und der in dem Flußobjekt RootShoot vom Typ TEssRootShoot zu berechnen ist, wird die Höhe Height des Pflanzenbestandes mit berücksichtigt. Für diesen Leitwert gilt:

$$\text{wConduct} = \text{wSpecCond} \cdot \text{UcTeLu} \cdot \text{Xai} / \text{Height}. \qquad (2.1.19)$$

Die Höhe Height des Pflanzenbestandes wird in Abhängigkeit von der bis zu diesem Zeitpunkt gebildeten Sproßtrockenmasse TmShoot im Kompartiment Shoot berechnet. Der Einfluß der Umgebungstemperatur auf den Prozeß des Wassertransportes in diesem Abschnitt des Xylems wird mit der im Flußobjekt RootShoot definierten Temperaturcharakteristik (modifizierte Arrhenius-Funktion) UcTeLu beschrieben. Dabei wird unter Berücksichtigung der Höhe Height des Pflanzenbestandes eine gemittelte Temperatur TeFlux verwendet, die aus der Lufttemperatur Tair und aus der Temperatur der obersten Bodenschicht TeBo[1] folgendermaßen berechnet wird:

$$\text{TeFlux} = (1 - \text{qHeight}) \cdot \text{TeBo[1]} + \text{qHeight} \cdot \text{Tair}; \qquad (2.1.20)$$
$$\text{qHeight} = \text{Height} / \text{HeightMax}.$$

Damit sind alle Leitwerte definiert. Das tridiagonale System von Gleichungen (Abb. 2.1.4) für die Wasserpotentiale der Pflanze, dessen erste Gleichung wegen der Abhängigkeit des Leitwertes g02 vom Wasserpotential Y0 nicht linear ist, kann für jeden Zeittakt iterativ gelöst werden. Anschließend läßt sich in jedem der Flußobjekte der Wasserfluß wFlux aus dem Leitwert und den zugehörigen Potentialdifferenzen den Flußgleichungen entsprechend berechnen. Dabei zeigte sich in Simulationsstudien mit dem Gesamtmodell, daß durchaus negative, von den Wurzel- in die Bodenkompartimente gerichtete Wasserflüsse auftreten können. Auf diese Erscheinung und entsprechende Untersuchungen von VAN BAVEL et al. (1984) weisen auch BRAUD et al. (1993) hin. Obwohl sich das Wassertransportmodell so abändern läßt, daß dieser Effekt nicht mehr auftreten kann, wird in dem hier skizzierten gekoppelten „Pflanzen-Boden"-Modell dieser Effekt und die damit mögliche Anfeuchtung des Bodens in der Wurzelumgebung durch die Pflanzen akzeptiert, solange nicht gesicherte experimentelle Befunde dem widersprechen.

Stickstoffaufnahme und Transport anorganischer Stickstoffverbindungen

In den Flußobjekten SoilRoot wird die Stickstoffaufnahme der Pflanzen aus dem Boden in die Wurzeln wie folgt nachgebildet: Beladen des Wasserstromes mit Nitrat- und Ammoniumionen, Eintrag bzw. Austausch von Nitrat und Ammonium durch Diffusion und Aufnahme durch aktiven Transport, der Stoffwechselenergie benötigt, also translozierbare Kohlenhydrate veratmet.

Von diesen Prozessen stellt der des Beladens im allgemeinen den mit der größten Zuflußrate dar. Für die Aufnahmeraten von Nitrat und Ammonium mit dem Wasserstrom werden folgende Gleichungen aufgestellt:

SoilRoot: (2.1.21)
AmnWater = aLoadWat · qAmnSoil · Activity · wFlux
NitWater = nLoadWat · qNitSoil · Activity · wFlux.

Darin bezeichnen qAmnSoil, qNitSoil den Stickstoffgehalt von Ammonium und Nitrat in der Bodenlösung, aLoadWater, nLoadWater die Beladungskoeffizienten, 0 ≤ aLoadWater, nLoadWater ≤1, wFlux den im Flußobjekt SoilRoot berechneten Wert für den Wasserfluß und Activity eine im Kompartiment Root bereitgestellte Größe zum Kennzeichen der Membrandurchlässigkeit für die Ionen. Diese vom Entwicklungszustand der Wurzeln abhängende Größe entspricht dem Komplement (1 - Sigma) des Reflexionskoeffizienten Sigma. Für negative Wasserflüsse (vgl. vorhergehenden Abschnitt) wird Activity auf Null gesetzt und damit postuliert, daß die Wurzeln - gekoppelt mit diesem Prozeß - keinen Stickstoff in den Boden abgeben.

Den passiven, auf Diffusion beruhenden N-Aufnahmeprozeß beschreiben die Gleichungen

SoilRoot: (2.1.22)
$$\text{AmnPas} = \text{aSpecPas} \cdot \text{UcTeBo} \cdot \text{UcBoFe} \cdot \text{Rai} \cdot (\text{qAmnSoilRel} - \text{yRel[am]})$$
$$\text{NitPas} = \text{nSpecPas} \cdot \text{UcTeBo} \cdot \text{UcBoFe} \cdot \text{Rai} \cdot (\text{qNitSoilRel} - \text{yRel[ni]}),$$

worin qAmnSoilRel, qNitSoilRel und yRel[am], yRel[ni] durch Bezug auf jeweils feste Normwerte relativierte Größen im Kompartiment Soil für den Stickstoffgehalt in der Bodenlösung bzw. im Kompartiment Root für die Stickstoffmassen in den anorganischen Stickstoffkomponenten Ammonium und Nitrat darstellen, die an Stelle von Konzentrationen dieser Substanzen als Masse pro Volumen in den Kompartimenten verwendet werden. Die Koeffizienten aSpecPas und nSpecPas bezeichnen die spezifischen Transportraten für Ammonium und Nitrat. Die den Einfluß von Bodentemperatur und Bodenfeuchte beschreibenden Umgebungscharakteristiken UcTeBo und UcBoFe, sowie der Wurzelflächenindex Rai des Flußobjektes SoilRoot sind aus Gleichung (2.1.17) des vorhergehenden Abschnittes bekannt.

Für den nicht zu vernachlässigenden Prozeß der aktiven N-Aufnahme wird mit den gleichen Funktionen UcTeBo und UcBoFe angesetzt:

SoilRoot: (2.1.23)
$$\text{AmnAct} = \text{aSpecAct} \cdot \text{UcTeBo} \cdot \text{UcBoFe} \cdot \text{Rai} \cdot \text{Ptr}$$
$$\cdot \text{qAmnSoil} / (\text{hQsa} + \text{qAmnSoil})$$
$$\text{NitAct} = \text{nSpecAct} \cdot \text{UcTeBo} \cdot \text{UcBoFe} \cdot \text{Rai} \cdot \text{Ptr}$$
$$\cdot \text{qNitSoil} / (\text{hQsn} + \text{qNitSoil})$$

mit dem Synthesepotential Ptr, das analog zur Gleichung (2.1.9) aus den entsprechenden Zustandsgrößen des Kompartimentes Root berechnet wird. Die Koeffizienten aSpecAct und nSpecAct bezeichnen die spezifischen Aufnahmeraten, hQsa und hQsn die Halbwertskonstanten in bezug auf den angenommenen Sättigungsprozeß.

Im Flußobjekt SoilRoot wird der Prozeß der Exsudation organischer Substanzen ausgehend von den im Kap. 3.5 dargelegten Vorstellungen und erzielten Ergebnissen folgendermaßen abgebildet:

SoilRoot: (2.1.24)
$$\text{TnrExs} = \text{aTnrExs} \cdot \text{UcTeBo} \cdot \text{UcBoFe} \cdot \text{ScExsRoot} \cdot \text{Rai} \cdot \text{yRel[tn]}$$
$$\text{TkrExs} = \text{aTkrExs} \cdot \text{UcTeBo} \cdot \text{UcBoFe} \cdot \text{ScExsRoot} \cdot \text{Rai} \cdot \text{yRel[tk]}.$$

In diesen Gleichungen wird mit der Steuercharakteristik ScExsRoot die Zunahme der Exsudationsrate in Abhängigkeit vom Entwicklungszustand der Wurzeln in der betreffenden Bodenschicht berücksichtigt. Temperatur- und Feuchteeinfluß werden mit den gleichen Funktionen wie in den Gleichungen (2.1.22) und (2.1.23) beschrieben.

Mit den zusammengefaßten Raten für die Aufnahme des Stickstoffs aus dem Boden

$$\text{AmnFlux} = \text{AmnWater} + \text{AmnPas} + \text{AmnAct} \qquad (2.1.25)$$
$$\text{NitFlux} = \text{NitWater} + \text{NitPas} + \text{NitAct}$$

können die Dgln (2.1.13) für die Zustandsgrößen im Kompartiment Root mit den Transportraten aus dem Flußobjekt SoilRoot weiter vervollständigt werden. Für die Bilanz zwischen den beiden Kompartimenten Root und Soil ist anzusetzen:

Root: (2.1.26)

$$\begin{aligned}
yPkt[am] &= yPkt[am] + AmnFlux \\
yPkt[ni\ ] &= yPk\,[ni\ ] + NitFlux \\
yPkt[tn\ ] &= yPkt[tn\ ] - TnrExs \\
yPkt[tk\ ] &= yPkt[tk\ ] - TkrExs \quad - GleqAmrAct \cdot AmnAct \\
&\qquad\qquad\qquad\qquad\qquad - GleqNitAct \cdot NitAct
\end{aligned}$$

Soil:

$$\begin{aligned}
yPkt[am] &= yPkt[am\ ] - AmnFlux \\
yPkt[ni\ ] &= yPk\,[ni\ ] - NitFlux \\
yPkt[opn] &= yPkt[opn] + TnrExs \\
yPkt[opc] &= yPkt[opc] + TkrExs.
\end{aligned}$$

In den Gleichungen des Kompartimentes Root wird bei der Zustandsgröße mit dem Index tk „Masse der translozierbaren Kohlenhydrate" zusätzlich der als Energieäquivalent für den aktiven Prozeß der N-Aufnahme erforderliche Anteil translozierbarer Kohlenhydrate berücksichtigt. Der im Kompartiment Root durch die Exsudation zu berücksichtigende Verlust von Masse an organischen Substanzen wird im Kompartiment Soil der korrespondierenden Bodenschicht den Komponenten der aktiven organischen Substanz AOS zugeteilt (vgl. Kap. 2.2).

Der Weitertransport des aufgenommenen nitratgebundenen Stickstoffs durch die Wurzelschichten wird mit den Flußobjekten RootRoot und schließlich dessen Übergang vom obersten Wurzelkompartiment Root(1) in das Sproßkompartiment Shoot mit dem Flußobjekt RootShoot abgebildet. Diese Flußobjekte erfüllen in dem netzartigen Pflanzenmodell eine doppelte Funktion: Zum einen beschreiben sie den mit dem Wasserstrom im Xylem aufwärts gerichteten Transport des Stickstoffs und zum anderen den vom Sproß abwärts in die Wurzeln gerichteten Transport translozierbarer organischer Substanzen, hauptsächlich von Kohlenhydraten. Die mit den Flußobjekten verbundene Formalisierung dieses im Phloem abwärts gerichteten Stoffstroms wird im nächsten Abschnitt skizziert.

Mit der folgenden Gleichung wird in den Flußobjekten RootRoot das Beladen des aufwärts gerichteten Wasserstroms mit nitratgebundenem Stickstoff postuliert:

RootRoot: (2.1.27)

$$NitWater = nLoadWat \cdot yRel[ni] \cdot Max(0, wFlux),$$

worin der Koeffizient nLoadWat die spezifische Beladungskapazität, die Zustandsgröße yRel[ni] die normierte Masse des nitratgebundenen Stickstoffs des Wurzelkompartimentes, das sich auf die tiefer gelegene Wurzelschicht bezieht, und wFlux den im Flußobjekt RootRoot berechneten Wasserfluß bezeichnen. Zusammen mit den Gleichungen (2.1.26) komplettiert diese Rate für den Stickstofftransport im

Xylem die Dgln (2.1.13) für den anorganisch gebundenen Stickstoff in den Wurzelkompartimenten. In analoger Schreibweise wie für die Gleichungen (2.1.26) wird die Massenbilanz formuliert:

FromRoot:

$$yPkt[ni] = yPkt[ni] - NitWater \qquad (2.1.28)$$

IntoRoot:

$$yPkt[ni] = yPkt[ni] + NitWater.$$

Die Bezeichnung FromRoot weist auf das Kompartiment Root der tiefer gelegenen Wurzelschicht hin und IntoRoot auf das unmittelbar darüberliegende Wurzelkompartiment. Die beiden zugehörigen Pointer werden beim Generieren der Flußobjekte RootRoot aus den Pointern der jeweils zu verbindenden Wurzelkompartimente abgeleitet.

Im Flußobjekt RootShoot wird der Transport des mit dem Nitrat verbundenen Stickstoffs in einer den Gleichungen (2.1.26) und (2.1.27) entsprechenden Weise formuliert. Als Zielkompartiment wird Shoot und als Ausgangskompartiment das der obersten Wurzelschicht entsprechende Kompartiment Root gesetzt.

Transport translozierbarer organischer Substanzen

In einem Pflanzenmodell, in dem die Wurzeln als Kompartimente explizit abgebildet werden, ist nicht nur die in der Kornfüllungsphase ablaufende Umlagerung translozierbarer organischer Substanzen vom Sproß in die Körner zu modellieren, sondern im besonderen Maße auch der ständige Transport dieser Substanzen vom Sproß in die Wurzeln. Dieser mit dem Phloem verbundene Transportprozeß wird wesentlich von dem wechselseitigen Sink der um die Substanzen konkurrierenden Kompartimente bestimmt. Im Folgenden werden zunächst zwei Funktionen TkDiff und TnDiff angegeben, mit denen sich in den Flußobjekten RootRoot, RootShoot und ShootGrain die jeweilige Richtung der im Phloem fließenden Stoffströme festlegen läßt. Für die Stoffströme translozierbarer Kohlenhydrate, Index tk, und translozierbarer organischer Stickstoffverbindungen, Index tn, die sich zwischen den beiden Kompartimenten K1 und K2 ausbilden, wird im verbindenden Flußobjekt K1K2 angesetzt:

$$pTk1 = aTk11 \cdot Sc1 \cdot K1^\wedge.y[tk] / (1 + aTk12 \cdot Pot1) \qquad (2.1.29)$$
$$pTk2 = aTk21 \cdot Sc2 \cdot K2^\wedge.y[tk] / (1 + aTk22 \cdot Pot2)$$

```
if      (pTk1 - pTk2) <> 0
then    TkDiff = (pTk1 - pTk2) / ( pTk1 + pTk2)
else    TkDiff =   0
```

$$pTn1 = aTn11 \cdot Sc1 \cdot K1^\wedge.y[tn] / (1 + aTn12 \cdot Pot1)$$
$$pTn2 = aTn21 \cdot Sc2 \cdot K2^\wedge.y[tn] / (1 + aTn22 \cdot Pot2)$$

```
if        (pTn1 - pTn2) <> 0
then      TnDiff = (pTn1 - pTn2) / ( pTn1 + pTn2)
else      TnDiff =   0,
```

worin aTkij, aTnij (i,j=1,2; aTki1 > 0; aTni1 > 0; aTki2 $\geq$ 0; aTni2 $\geq$ 0) im Flußobjekt K1K2 enthaltene Koeffizienten bezeichnen. Sowohl die aktuellen Werte der Steuercharakteristiken Sc1, Sc2 als auch die der Synthesepotentiale Pot1, Pot2 werden über die im Flußobjekt K1K2 bekannten Pointer K1^, K2^ den bezeichneten Kompartimenten K1 bzw. K2 entnommen. Aus den symmetrischen Differenzen TkDiff, TnDiff (-1 $\leq$ TkDiff $\leq$ 1; -1 $\leq$ TnDiff $\leq$ 1) ergeben sich die unterschiedlichen Flußrichtungen: Positive Differenz bedeutet Fluß von K1 in K2; negative Differenz die Gegenrichtung von K2 nach K1. Dabei ist zu beachten, daß die Flüsse für die Kohlenhydrate und die organischen Stickstoffverbindungen nicht gleichgerichtet sein müssen. In den Leitbündeln des Phloems sind verschieden gerichtete Ströme in getrennten Strängen möglich (ESCHRICH 1984, 1992). Mit den Steuercharakteristiken kann die Flußrichtung in einem gewissen Umfang entwicklungsabhängig gesteuert werden.

Angewendet auf den Prozeß der Verlagerung von Assimilaten aus dem Sproß in die Wurzeln läßt sich dieser Transport im Flußobjekt folgendermaßen abbilden. Mit Bezug auf die in RootShoot entsprechend den Gleichungen (2.1.29) für die translozierbaren Kohlenhydrate y[tk] und die translozierbaren organischen Stickstoffverbindungen y[tn] zu berechnenden Differenzen TkDiff und TnDiff wird gesetzt:

$$
\begin{array}{llll}
\text{if} & \text{TkDiff} & > 0 & \\
\text{then} & \text{TksToTkr} & = \text{aPhloemTks} \cdot \text{UcTeLu} \cdot \text{TkDiff} & \text{(2.1.30)}\\
\text{else} & \text{TksToTkr} & = \text{aPhloemTkr} \cdot \text{UcTeLu} \cdot \text{TkDiff} & \\
\text{if} & \text{TnDiff} & > 0 & \\
\text{then} & \text{TnsToTnr} & = \text{aPhloemTns} \cdot \text{UcTeLu} \cdot \text{TnDiff} & \\
\text{else} & \text{TnsToTnr} & = \text{aPhloemTnr} \cdot \text{UcTeLu} \cdot \text{TnDiff}. &
\end{array}
$$

Die Koeffizienten aPhloemTks, aPhloemTkr und aPhloemTns, aPhloemTnr bestimmen die Geschwindigkeit der Umlagerung, die über die in RootShoot (2.1.19, 2.1.20) definierte Funktion UcTeLu als von der Temperatur der umgebenden Luft bzw. des Bodens beeinflußt angenommen wird. Die sich während der Simulation jeweils einstellende Transportrichtung für die Kohlenhydrate und die Stickstoffverbindungen wird entscheidend davon bestimmt, wie schnell die transportierten Substanzen auf der Seite des Sink entweder in Gerüstsubstanz, Strukturstickstoffverbindungen und Stärke umgewandelt oder in benachbarte Kompartimente weitergeleitet werden. Der Umlagerungsprozeß ist beendet, wenn die Triebkraft für die Umlagerung, dargestellt durch die normierten symmetrischen Differenzen TkDiff und TnDiff, den Wert Null erreicht oder ein zu starker Streß den Transport verhindert.

Die Massenbilanz für die translozierten Stoffe wird wie in (2.1.26) mit den Transportraten in folgender Weise ergänzt:

Root: (2.1.31)
yPkt[tn] = yPkt[tn] + TnsToTnr
yPkt[tk] = yPkt[tk] + TksToTkr + GleqNsNr · Min(0, TnsToTnr)
                                  + GleqKsKr · Min(0, TksToTkr)
Shoot:
yPkt[tn] = yPkt[tn] - TnsToTnr
yPkt[tk] = yPkt[tk] - TksToTkr - GleqNsNr · Max(0, TnsToTnr)
                                  - GleqKsKr · Max(0, TksToTkr).

Darin wird der Energieaufwand für das Beladen des Phloems auf der Seite der
Quelle mit den zugehörigen Glukoseäquivalenten erfaßt.

Das mit den Gleichungen (2.1.29) und (2.1.30) für das Flußobjekt RootShoot
angegebene Verfahren, den Transport von Substanzen im Phloem zu beschreiben,
läßt sich sinngemäß auf die anderen Flußobjekte RootRoot und ShootGrain zum
Beschreiben des Transportes von translozierbaren Substanzen zwischen benachbarten Wurzelschichten und vom Sproß in die Körner während der Kornfüllungsphase
übertragen. Wegen des starken Sink der Körner verläuft die Umlagerung ausschließlich vom Sproß in die Körner, so daß kein Rückfluß erfolgt. Die Prozeßgleichungen lassen sich dementsprechend vereinfachen.

Stoffaustausch des Sprosses mit der Umgebung

Während in den vorangegangen Abschnitten neben den pflanzeninternen Stoff-
umsetzungen und -verlagerungen im besonderen die Aufnahme des Stickstoffes aus
dem Boden einschließlich der Exsudation skizziert worden sind, soll in diesem Abschnitt auf den primären Kohlenstoffeintrag als Folge des CO_2-Gasaustausches eingegangen werden. Außerdem soll auf den Verlust translozierbarer organischer Substanzen hingewiesen werden, der durch Blattläuse verursacht wird, die den Pflanzen Phloemsaft entziehen.

Der umfangreiche Komplex der CO_2-Aufnahme eines Pflanzenbestandes wird in
einem externen CO_2-Gasaustauschmodell abgebildet (vgl. Kap. 2.4). Da sich die
Photosyntheseraten aus Prozessen ergeben, die im Verlaufe eines Tages auf äußere
Einflüsse schnell reagieren und die im Modell mit einem System nichtlinearer Gleichungen der Zustandsgrößen abgebildet werden müssen, lassen sich die Raten nur
sehr ungenau aus Tagesmittelwerten der äußeren Einflußgrößen abschätzen, die
z.B. für das Bodenprozeßmodell ausreichend sind. Wie der Vergleich zwischen den
in Experimenten ermittelten Ergebnissen und den mit dem Modell berechneten
zeigt, stellt der Zeittakt von einer Stunde einen guten Kompromiß zum Erfassen des
jeweiligen Tagesverlaufes der Photosyntheseraten dar. Die im CO_2-Gasaustausch-
modell berechneten stündlichen Werte der Raten von Photosynthese, Photorespiration und Dunkelatmungs werden in einem Interface dem Pflanzenmodell übergeben. Umgekehrt werden dem CO_2-Modell über das Interface die Werte der äußeren
Einflußgrößen (CO_2-Konzentration der Luft, Luft- bzw. Bestandstemperatur, Luft-

feuchte, Bestrahlungsstärke der photosynthetisch aktiven Strahlung) sowie die mit der Transpiration verbundenen Größen (Leitwert der Spaltöffnungen, berechnetes Wasserpotential des Sprosses) vom Pflanzenmodell zugewiesen.

Mit den im Interface bereitgestellten Werten der CO_2-Raten kann im Flußobjekt ShootEnvt der primäre Kohlenstoffeintrag in einfacher Weise realisiert werden. Es wird dort gesetzt:

ShootEnvt: (2.1.32)
GlucToShoot = ConvertCO2ToGluc · (fCO2Photo - fCO2Light).

Die nicht negative Rate GlucToShoot kennzeichnet den Eintrag der photosynthetisch gebildeten und als Glukose angenommenen Kohlenhydrate. In Gleichung (2.1.32) werden nur die Photosyntheserate und die Lichtatmungsrate, aber nicht die Dunkelatmungsrate berücksichtigt, weil innerhalb des Pflanzenmodells der mit Synthesen und Transporten verbundene Verbrauch von Kohlenhydraten zur Energieerzeugung - und damit zur temperaturabhängigen CO_2-Freisetzung - in den Massenbilanzgleichungen explizit berücksichtigt wird. Die ergänzende Gleichung für die Massenbilanz der translozierbaren Kohlenhydrate im Flußobjekt ShootEnvt lautet dann:

ShootEnvt:
yPkt[tk] = yPkt[tk] + GlucToShoot.   (2.1.33)

Damit ist die Massenbilanz für die translozierbaren Kohlenhydrate im Kompartiment Shoot bis auf den von Insekten verursachten Masseverlust vollständig formuliert. Es sind alle Raten berücksichtigt: der Eintrag von außen, der Abfluß in den Wurzelbereich, die internen Umsetzungen und die Verluste bei Synthesen und Transporten.

Das in Kapitel 2.6 dargestellte Modell für die Wechselwirkungen zwischen Blattläusen als Parasiten der Pflanzen und ihren natürlichen Antagonisten, den Marienkäfern, beschreibt den Verlauf der Abundanzen von Larven und Imagines beider Arten während einer Vegetationsperiode der Weizenpflanzen. Aus der tritrophischen Beziehung „Pflanzen ⇐ Blattläuse ⇐ Marienkäfer" ergibt sich im besonderen der Bedarf an Phloemsaft, der von den Blattläusen vor allem während der Kornfüllungsphase im Verlaufe eines Tages von den Pflanzen gefordert wird.

Mit den Zustandsgrößen für die translozierbaren Kohlenhydrate und die translozierbaren organischen Stickstoffverbindungen des Sprosses wird dieser Entzug in dem Flußobjekt ShootSitob abgebildet. Unter der Voraussetzung, daß der Phloemsaft aus den genannten Stoffkomponenten besteht, wird für den Entzug der Trockenmasse formuliert:

ShootSitob: (2.1.34)
TnsToSito = AntTns · Demand · TnsReduct
TksToSito = AntTks · Demand · TksReduct.

Der vom externen Modell „Getreideblattlaus - Marienkäfer" berechnete und hier auf den Tag bezogene „Demand" geforderter Substanzmasse wird über die Anteile AntTns, AntTks in Entzüge der betreffenden Stoffkomponenten umgerechnet. Die Anteile ergeben sich aus:

$$AntTns = y[tn] / (y[tk] + ConvDim \cdot y[tn]) \qquad (2.1.35)$$
$$AntTks = y[tk] / (y[tk] + ConvDim \cdot y[tn]).$$

Mit den Funktionen TnsReduct, TksReduct ($0 \leq$ TnsReduct ≤ 1; $0 \leq$ TksReduct ≤ 1) wird die Abhängigkeit des Entzuges von der jeweiligen Zustandsgröße y[tn] oder y[tk] des Kompartiments Shoot berücksichtigt. Nimmt eine der beiden Zustandsgrößen den Wert Null an, so wird die zugehörige Entzugskomponente TnsToSito oder TksToSito auf Null gesetzt.

Der einerseits im Kompartiment Shoot entstehende Massenverlust und der Massengewinn andererseits im Kompartiment Sitob werden wie folgt berücksichtigt:

Sitob: $\qquad\qquad\qquad\qquad\qquad\qquad\qquad\qquad\qquad$ (2.1.36)
$$yPkt[tn] = yPkt[tn] + TnsToSito$$
$$yPkt[tn] = yPkt[tn] + TksToSito$$
Shoot:
$$yPkt[tn] = yPkt[tn] - \qquad\qquad TnsToSito$$
$$yPkt[tk] = yPkt[tk] - ConvDim \cdot TksToSito.$$

In allen Gleichungen wird mit dem Koeffizienten ConvDim die Dimension der betreffenden Größen von kg $\cdot$ha^{-1} in dt $\cdot$ha^{-1} umgerechnet. Dabei ist zu berücksichtigen, daß die oben verwendete Größe Demand in der Dimension kg $\cdot$ha$^{-1} \cdot$d^{-1} verwendet wird.

Da ein Blattlausbefall der Pflanzenbestände des Weizens in den Vegetationsperioden nicht ausgeschlossen werden kann, werden die Objekte Sitob und ShootSitob immer mit generiert. Über die Szenarien erhält das Verwaltungsobjekt EssControl die Information, ob Maßnahmen zur Schädlingsbekämpfung im externen Schaderregermodell berücksichtigt werden oder nicht. Außerdem kann in den Szenarien festgelegt werden, daß die Fallstudien ohne angekoppeltes Schaderregermodell durchzuführen sind.

Interne Steuerung des Modells

Das Verwaltungsobjekt EssControl ist eine Nachkomme des Objektes TGroup, das in der Programmiersprache Borland Pascal bereitgestellt wird. EssControl erbt damit die Methoden, andere Objekte in einer Liste so zu verwalten, daß Nachrichten mit diesen Objekten ausgetauscht werden können. Diese Methoden werden bei dem ereignisgesteuerten Erzeugen und Löschen von Kompartiment- und Flußobjekten genutzt. Damit ist das Erzeugen neuer oder das Löschen vorhandener Objekte nicht nur über das Verwaltungsobjekt EssControl direkt, sondern auch über die schon in der internen Liste geführten Objekte möglich. Neue Objekte werden vorbereitend für den Nachrichtenaustausch ebenfalls in die interne Liste aufgenommen.

Wie in den vorangegangenen Abschnitten angedeutet, sind die verschiedensten Methoden der Objekte zum Berechnen der Umsatz- und Transportraten aufzurufen, die Änderungen der Zustandsgrößen in mehreren Schritten über die Massenbilanzgleichungen zu berechnen und das Gesamtsystem von Dgln zu lösen. Außerdem müssen die externen Modelle zum Berechnen ihrer Größen aufgefordert und die berechneten Werte über die vereinbarten Schnittstellen den Objekten des Pflanzenmodells zur Verfügung gestellt werden. Diese Organisation wird mit speziell entwickelten Methoden des Verwaltungsobjektes EssControl geleistet:

– Vorbereitung eines Zeitschrittes von einem Tag:

  • Übernahme der Werte der schichtbezogenen Zustandsgrößen aus dem Bodenprozeßmodell CANDY,

  • Bereitstellen der erforderlichen stündlichen Werte meteorologischer Umgebungsgrößen für das CO_2-Gasaustauschmodell,

  • Bereitstellen der erforderlichen stündlichen Werte meteorologischer Umgebungsgrößen für das Schädling-Nützling-Modell und Aufrufen dieses Modells zur Übernahme der geforderten Masse an Phloemsaft,

– Integration des Systems von Dgln mit einer Zeitschrittweite von einer Stunde:

  • Aufrufen der Objekte zum Berechnen der Umsatz- und Transportraten,

  • Übergabe der Kenngrößen für die Transpiration an das CO_2-Gasaustauschmodell, Aufrufen dieses Modells und Übernahme der CO_2-Werte,

  • Ausführen der Integrationsschritte,

– Abschluß des Zeitschrittes von einem Tag

  • Übergabe der schichtbezogenen Wasser- und Nährstoffentzüge sowie der Werte der erforderlichen meteorologischen Umgebungsgrößen des laufenden Tages an das Bodenprozeßmodell CANDY, Aufrufen dieses Modells,

  • Übergabe der Masse entzogenen Phloemsaftes an das Schädling-Nützling-Modell

  • Bereitstellen des Datensatzes meteorologischer Umgebungsgrößen für den nächsten Tag.

Der für diese Operationen erforderliche Zusammenhalt der generierten Einzelobjekte wird mit der eigens als Nachkomme von TCollection eingeführten Objektliste CmptList erreicht. In diese Liste werden - wie oben erwähnt - die Kompartiment- und Flußobjekte beim Generieren in einer bestimmten Reihenfolge eingeordnet. Zum Aufrufen objektgebundener Methoden während der Simulation wird diese Liste durchmustert, die für den Rechenalgorithmus benötigten Objekte werden über ihre Kenngrößen identifiziert und die Methoden ausgeführt. Die Bedingungen für die Durchmusterung sind unterschiedlich. Zum Berechnen der Umsatzraten in

Kompartimenten und der Transportraten in Flußobjekten wird z.B. in allen Objekten die Prozedur Rates aufgerufen und ausgeführt. Zum Lösen der Dgln dagegen werden die nur in den Kompartimentobjekten vorhandenen Integrationsalgorithmen des verwendeten zweistufigen Eulerverfahrens aufgerufen. In gleicher Weise wird das Verfahren, die Objektliste zu durchmustern, dafür genutzt, die in den Kompartimenten berechneten Werte der Zustandsgrößen auf dem Bildschirm darzustellen oder in Tabellenobjekten abzulegen.

Liste der verwendeten Symbole

Symbol	Definition	Dimension
Activity	Komplement des Reflexionskoeffizienten	1
aLoadWat	Beladungsfaktor für N-Ammonium; $0 \leq aLoadWat \leq 1$	1
AmnAct	Rate für die aktive N-Ammonium-Aufnahme (SoilRoot)	$kg \cdot ha^{-1} \cdot d^{-1}$
AmnFlux	Rate für den gesamten N-Ammonium-Fluß (SoilRoot)	$kg \cdot ha^{-1} \cdot d^{-1}$
AmnPas	Rate der diffusiven N-Ammonium-Aufnahme (SoilRoot)	$kg \cdot ha^{-1} \cdot d^{-1}$
AmnWater	Rate der wfluxgeb. N-Ammonium-Aufnahme (SoilRoot)	$kg \cdot ha^{-1} \cdot d^{-1}$
AmrToTnr	Syntheserate „transloz. org. N-Verbindungen" (Root)	$kg \cdot ha^{-1} \cdot d^{-1}$
AntTks	Anteil „transloz. KH" im Phloemsaft (Trockenmasse)	1
AntTns	Anteil „transloz. org. N" im Phloemsaft (Trockenmasse)	1
aPhloemTkr	Maximale Transportrate für transloz. KH (RootShoot)	$dt \cdot ha^{-1} \cdot d^{-1}$
aPhloemTnr	Maximale Transportrate für transloz. org. N (RootShoot)	$dt \cdot ha^{-1} \cdot d^{-1}$
aPhloemTks	Maximale Transportrate für transloz. KH (RootShoot)	$dt \cdot ha^{-1} \cdot d^{-1}$
aPhloemTns	Maximale Transportrate für transloz. org. N (RootShoot)	$dt \cdot ha^{-1} \cdot d^{-1}$
aSn	Normierungskoeffizient im Teilpotential SnPot	1
aSpecAct	Spezifische Aufnahmerate (N-Ammonium)	$kg \cdot ha^{-1} \cdot d^{-1}$
aSpecPas	Spezifische Transportrate (N-Ammonium)	$kg \cdot ha^{-1} \cdot d^{-1}$
aTk	Normierungskoeffizient im Teilpotential TkPot	1
aTkrExs	Spezifische Exsudationsrate für transloz. KH	$dt \cdot ha^{-1} \cdot d^{-1}$
aTnrExs	Spezifische Exsudationsrate für transloz. org. N	$kg \cdot ha^{-1} \cdot d^{-1}$
cCanopy	Transpirationskoeffizient	$kg \cdot m^{-2} \cdot MPa^{-1} \cdot d^{-1}$
ConvAmr	Faktor „N zu Ammonium" (Root)	1
ConvertCO2ToGluc	Faktor „CO_2 zu Glukose" (ShootEnvt)	1
ConvDim	Faktor von $kg \cdot ha^{-1}$ auf $dt \cdot ha^{-1}$	$dt \cdot kg^{-1}$
ConvNir	Faktor „N zu Nitrat" (Root)	1
ConvNis	Faktor „N zu Nitrat" (Shoot)	1
ConvSng	Faktor „N zu Struktur-N-Verbindungen" (Grain)	1
ConvSnr	Faktor „N zu Struktur-N-Verbindungen" (Root)	1
ConvSns	Faktor „N zu Struktur-N-Verbindungen" (Shoot)	1

Symbol	Definition	Dimension
ConvTng	Faktor „N zu transloz. org. N-Verbindungen" (Grain)	1
ConvTnr	Faktor „N zu transloz. org. N-Verbindungen" (Root)	1
ConvTns	Faktor „N zu transloz. org. N-Verbindungen" (Shoot)	1
DcShoot	DC-Wert für den Entwicklungszustand des Sprosses	1
Demand	von Blattläusen geforderter Trockenmasse „Phloemsaft"	$kg \cdot ha^{-1} \cdot d^{-1}$
eWirkKrit	Exponent zum Wasserpotentialquotient in gWirk	1
fCO2Phot	Brutto-Photosynthese-Rate (ShootEnvt)	$dt \cdot ha^{-1} \cdot d^{-1}$
fCO2Light	Lichtatmungsrate (ShootEnvt)	$dt \cdot ha^{-1} \cdot d^{-1}$
g	Tridiagonalmatrix der Wasserleitwerte	$kg \cdot m^{-2} \cdot MPa^{-1} \cdot d^{-1}$
g02	Canopy-Leitwert für Wasser	$kg \cdot m^{-2} \cdot MPa^{-1} \cdot d^{-1}$
gWirk	Wirkfaktor des Sproßwasserpotentials	1
GleqAmnAct	Glukoseäquivalent „Aufnahme von N-Amm." (SoilRoot)	1
GleqAmr	Glukoseäquivalent „Synthese von transl.org.N" (Root)	1
GleqGss	Glukoseäquivalent „Synthese von Gerüstsubst." (Shoot)	1
GleqKsKr	Glukoseäquivalent „Transport transloz. KH" (RootShoot)	1
GleqNir	Glukoseäquivalent „Synthese von transloz.org.N" (Root)	1
GleqNis	Glukoseäquivalent „Synthese von transloz.org.N" (Shoot)	1
GleqNitAct	Glukoseäquivalent „Aufnahme von N-Nitrat" (SoilRoot)	1
GleqNsNr	Glukoseäquivalent „Transp. transloz. org.N" (RootShoot)	1
GleqRks	Glukoseäquivalent „Synthese von Reserve-KH" (Shoot)	1
GleqSnr	Glukoseäquivalent „Synthese von Sruktur-N" (Root)	1
GleqSns	Glukoseäquivalent „Synthese von Struktur-N" (Shoot)	1
Glob	Globalstrahlung (Bestrahlungsstärke)	$W \cdot m^{-2}$
GlucToShoot	Rate des C-Eintrages als Glukose (ShootEnvt)	$dt \cdot ha^{-1} \cdot d^{-1}$
GssToTks	Umsatzrate „Gerüstsubst. zu transloz. KH" (Shoot)	$dt \cdot ha^{-1} \cdot d^{-1}$
HalfTmRoot	Halbwertskoeffizient zur Berechnung von Rai	$dt \cdot ha^{-1}$
Height	Höhe des Pflanzenbestandes	m
hQsa	Halbwertskoeffizient für Rate AmnAct	1
hQsn	Halbwertskoeffizient für Rate NitAct	1
hSn	Halbwertskoeffizient im Teilpotential SnPot	1
hTk	Halbwertskoeffizient im Teilpotential TkPot	1
Lai	Blattflächenindex	$m^2 \cdot m^{-2}$
LysGss	Maximale Umsatzrate in GssToTks	$dt \cdot ha^{-1} \cdot d^{-1}$
LysRks	Maximale Umsatzrate in RksToTks	$dt \cdot ha^{-1} \cdot d^{-1}$
LysSns	Maximale Zerfallsrate in SnsToTns	$kg \cdot ha^{-1} \cdot d^{-1}$

Symbol	Definition	Dimension
NirToTnr	Syntheserate „N-Nitrat zu transloz. org. N" (Root)	$kg \cdot ha^{-1} \cdot d^{-1}$
NisToTns	Syntheserate „N-Nitrat zu transloz. org. N" (Shoot)	$kg \cdot ha^{-1} \cdot d^{-1}$
NitAct	Rate für die aktive N-Nitrat-Aufnahme	$kg \cdot ha^{-1} \cdot d^{-1}$
NitFlux	Rate für den gesamten N-Nitrat-Fluß (SoilRoot)	$kg \cdot ha^{-1} \cdot d^{-1}$
NitPas	Rate der diffusiven N-Nitrat-Aufnahme (SoilRoot)	$kg \cdot ha^{-1} \cdot d^{-1}$
NitWater	Rate der wfluxgeb. N-Nitrat-Aufnahme (SoilRoot)	$kg \cdot ha^{-1} \cdot d^{-1}$
NitWater	Transportrate für N-Nitrat im Xylem (RootRoot)	$kg \cdot ha^{-1} \cdot d^{-1}$
nLoadWat	Beladungsfaktor für N-Nitrat; $0 \leq aLoadWat \leq 1$	1
NmGrain	Gesamtstickstoffmasse der Körner	$kg \cdot ha^{-1}$
NmShoot	Gesamtstickstoffmasse des Sprosses	$kg \cdot ha^{-1}$
NmRoot	Gesamtstickstoffmasse einer Wurzelschicht	$kg \cdot ha^{-1}$
nRoot	Anzahl der Wurzelschichten	1
nSpecAct	Spezifische Aufnahmerate (N-Ammonium)	$kg \cdot ha^{-1} \cdot d^{-1}$
nSpecPas	Spezifische Transportrate (N-Nitrat)	$kg \cdot ha^{-1} \cdot d^{-1}$
pDefz	Wasserdampdruckdefizit der Luft	MPa
Ptr	Synthesepotential (Wurzelschicht)	1
Pts	Synthesepotential (Sproß)	1
pWirkKrit	Bezugswert für das Sproßwasserpotential	MPa
qAmnSoil	N-Ammonium-Gehalt (Bodenlösung)	1
qAmnSoilRel	N-Ammonium-Gehalt bezogen auf einen Normgehalt	1
qHeight	Relative Höhe des Pflanzenbestandes	1
qNitSoil	N-Nitrat-Gehalt (Bodenlösung)	1
qNitSoilRel	N-Nitrat-Gehalt bezogen auf einen Normgehalt	1
Rai	Wurzelflächenindex (Wurzelschicht)	$m^2 \cdot m^{-2}$
RaiMax	Maximaler Wurzelflächenindex	$m^2 \cdot m^{-2}$
rBound	normierter dimensionsloser Grenzschichtwiderstand	1
Reduct	Reduktionsfunktion; $0 \leq Reduct \leq 1$	1
RkrToTkr	Umsatzrate „Reserve-KH zu transl. KH" (_Root)	$dt \cdot ha^{-1} \cdot d^{-1}$
RksToTks	Umsatzrate „Reserve-KH zu transl. KH" (_Shoot)	$dt \cdot ha^{-1} \cdot d^{-1}$
rStoma	Summe normierter Spaltöffnungswiderstände	1
rStomaP	normierter druckabängiger stomatärer Teilwiderstand	1
rStomaR	normierter strahlungsabhg. stomatärer Teilwiderstand	1
ScExsRoot	Steuercharakteristik; $0 \leq ScExsRoot \leq 1$	1
ScLysShoot	Steuercharakterisitik; $0 \leq ScLysShoot \leq 1$	1
sqrt( )	Quadratwurzelfunktion	1
SnPot	Sn-abhängiges Teilpotential	1

Symbol	Definition	Dimension
SnrToTnr	Zerfallsrate „Struktur-N zu transloz. org. N" (Root)	$kg \cdot ha^{-1} \cdot d^{-1}$
SnsToTns	Zerfallsrate „Struktur-N zu transloz. org. N" (Shoot)	$kg \cdot ha^{-1} \cdot d^{-1}$
SynNis	Maximale Syntheserate in NisToTns	$kg \cdot ha^{-1} \cdot d^{-1}$
SynRks	Maximale Syntheserate in TksToRks	$dt \cdot ha^{-1} \cdot d^{-1}$
SynTns	Maximale Syntheserate in TnsToSns	$kg \cdot ha^{-1} \cdot d^{-1}$
Tai	Transpirationsindex	1
TeLu	Lufttemperatur; Standardmeßfeld, 2m-Wetterhütte	°C
TkDiff	Symm. Differenz der transl. KH (RootShoot)	1
TkPot	Tk-abhängiges Teilpotential	1
TkrExs	Exsudationsrate für transloz. KH	$dt \cdot ha^{-1} \cdot d^{-1}$
TkrToGsr	Syntheserate „Gerüstsubstanz" (Root)	$dt \cdot ha^{-1} \cdot d^{-1}$
TkrToRkr	Syntheserate „Reserve-KH" (Root)	$dt \cdot ha^{-1} \cdot d^{-1}$
TksReduct	Reduktionsfaktor für Blattlaus-Demand „transloz. KH"	1
TksToGss	Syntheserate „Gerüstsubstanz" (Shoot)	$dt \cdot ha^{-1} \cdot d^{-1}$
TksToRks	Syntheserate „Reserve-KH" (Shoot)	$dt \cdot ha^{-1} \cdot d^{-1}$
TksToTkr	Transportrate „transloz. KH im Phloem" (RootShoot)	$dt \cdot ha^{-1} \cdot d^{-1}$
TksToSito	Entzugsrate „transloz. KH" durch Blattläuse	$kg \cdot ha^{-1} \cdot d^{-1}$
TmGrain	Trockenmasse der Körner	$dt \cdot ha^{-1}$
TmShoot	Trockenmasse des Sprosses	$dt \cdot ha^{-1}$
TmRoot	Trockenmasse einer Wurzelschicht	$dt \cdot ha^{-1}$
TnDiff	Symm. Differenz der transloz. org. N (RootShoot)	1
TnrExs	Exsudationsrate für transloz. org. N	$kg \cdot ha^{-1} \cdot d^{-1}$
TnrToSnr	Syntheserate „transloz. org. N zu Struktur-N" (Root)	$kg \cdot ha^{-1} \cdot d^{-1}$
TnsReduct	Reduktionsfaktor für Blattlaus-Demand „transl. org. N"	1
TnsToSns	Syntheserate „transloz. org. N zu Struktur-N" (Shoot)	$kg \cdot ha^{-1} \cdot d^{-1}$
TnsToTnr	Transportrate „transloz. org. N im Phloem" (RootShoot)	$kg \cdot ha^{-1} \cdot d^{-1}$
TnsToSito	Entzugsrate „transloz. org. N" durch Blattläuse	$kg \cdot ha^{-1} \cdot d^{-1}$
UcBoFe	Bodenfeuchtecharakteristik;　　$0 \leq UcBoFe \leq 1$	1
UcSnow	Schneehöhencharakteristik;　　$0 \leq UcSnow \leq 1$	1
UcTeBo	Bodentemperaturcharakteristik; $0 \leq UcTeBo \leq 1$	1
UcTeLu	Lufttemperaturcharakteristik;　$0 \leq UcTeLu \leq 1$	1
W	Vektor der Wasserpotentiale (Bodenschichten)	MPa
wConduct	Wasserleitwerte (Flußobjekte)	$kg \cdot m^{-2} \cdot MPa^{-1} \cdot d^{-1}$
wFlux	Wasserfluß (Flußobjekte)	$kg \cdot m^{-2} \cdot d^{-1}$
wSpecCond	Spezifischer Wasserleitwert (Flußobjekte)	$kg \cdot m^{-2} \cdot MPa^{-1} \cdot d^{-1}$
wPot	Wasserpotential (Kompartimente)	MPa

Symbol	Definition	Dimension
Xai	Flächenindex für Xylemquerschnitt	1
Y	Vektor der Wasserpotentiale in der Pflanze	MPa
y[index]	Zustandsgröße	$kg \cdot ha^{-1}$, $dt \cdot ha^{-1}$
yNorm[index]	Normwert einer Zustandsgröße	$kg \cdot ha^{-1}$, $dt \cdot ha^{-1}$
yPkt[index]	zeitliche Änderung einer Zustandsgröße	$kg \cdot ha^{-1}$, $dt \cdot ha^{-1}$
yRel[index]	normierte dimensionslose Zustandsgröße	1

2.2 Das Bodenprozeßmodell CANDY

U. FRANKO, B. OELSCHLÄGEL

Das Simulationssystem CANDY (CArbon and Nitrogen DYnamics) wurde entwickelt, um die Dynamik des Kohlenstoff- und Stickstoffumsatzes im Boden sowie der Bodentemperatur und des Bodenwassergehaltes als eindimensionale Prozesse für ein Bodenprofil bis zu einer Tiefe von 2 m zu beschreiben. Dieses Profil ist gedanklich aufgeteilt in 20 homogene Bodenschichten von 10 cm Dicke. Das Standardsystem besteht aus einem in eine Bedieneroberfläche eingebetteten Simulationsmodell und umgebenden Datenbanken, die Informationen zu den erforderlichen Parametern, zum Modellantrieb sowie zu Anfangswerten und eventuell vorhandenen ergänzenden Meßreihen enthalten.

Die als homogen angesehenen Schichten eines Bodenprofils werden durch die Parameter Trockenrohdichte, Trockensubstanzdichte, permanenter Welkepunkt, Feldkapazität und Feinanteilgehalt (Ton + Feinschluffgehalt) und einem daraus abgeleiteten Versickerungsparameter λ beschrieben. Gleiche Bodenschichten werden zu Horizonten zusammengefaßt.

Die Simulation der im Boden ablaufenden Prozesse erfolgt für Teilflächen, die hinsichtlich der Angaben zu Startwerten, physikalischen Bodenparametern, Wetter- und Bewirtschaftungsdaten als homogen angesehen werden können.

Zur Kopplung an das ESS-System wurde CANDY aus der 'normalen' Simulationsumgebung gelöst und in Form einer Laufzeitbibliothek (DLL) zur Verfügung gestellt. Über diese Bibliothek steht dem aufrufenden Programm ein Modul zur Beschreibung der Bodenprozeßdynamik in Tagesschritten zur Verfügung.
Innerhalb dieses Moduls werden folgende Teilprozesse beschrieben:
-   Bodenwasserdynamik (Evapotranspiration, Versickerung)
-   Bodentemperaturdynamik (Oberflächentemperatur, Wärmeleitung im Boden)
-   Auswirkung von Bewirtschaftungsmaßnahmen
-   Umsatz (Mineralisierung und Humifizierung) von organischer Substanz und
-   Stickstoffdynamik (Mineralisierung, Immobilisierung, Auswaschung, gasförmige Verluste).

Im Folgenden wird die Modellierung der Bodenprozesse dargestellt.

C-N-Dynamik

Die organische Bodensubstanz (OBS), die in ihren ökosystemaren Wirkungen sehr gut über die Elemente Kohlenstoff (C) und Stickstoff (N) abgebildet werden kann, spielt eine zentrale Rolle bei der Modellierung der Bodenprozesse. Einerseits unterliegt die OBS Umsatzprozessen und beeinflußt so die Nährstofftransformation. Andererseits sind die meisten Bodenparameter vom Kohlenstoffgehalt des Bodens abhängig, so daß die OBS auch auf den Ablauf der Prozesse einwirkt.
Im Modell wird die organische Bodensubstanz in verschiedene Pools aufgeteilt,

die sich in ihren Eigenschaften und zulässigen Umwandlungsreaktionen unterscheiden. So wird die Menge organischer Substanzen (OS) im Boden entweder der organischen Bodensubstanz (OBS) oder der organischen Primärsubstanz (OPS) zugeordnet. Der OPS-Pool enthält alle organischen Dünger sowie Ernte-und Wurzelrückstände. Die OBS ist aus der OPS durch mikrobielle Umsatzprozesse entstanden. Sie wird in einen inerten und einen umsetzbaren Pool gegliedert, wobei der inerte Anteil in den Betrachtungen des OS-Umsatzes unberücksichtigt bleibt.

Die umsetzbare Form teilt sich wiederum in den Pool der aktiven organischen Substanz (AOS) und in den der stabilisierten Form (SOS). Beide unterscheiden sich in den Zeitkonstanten ihrer Autolyse sowie in der Reaktionsabfolge bezüglich der Nähe zum OPS-Pool.

In Abb. 2.2.1 ist der Zusammenhang der einzelnen Fraktionen der organischen Substanz graphisch veranschaulicht.

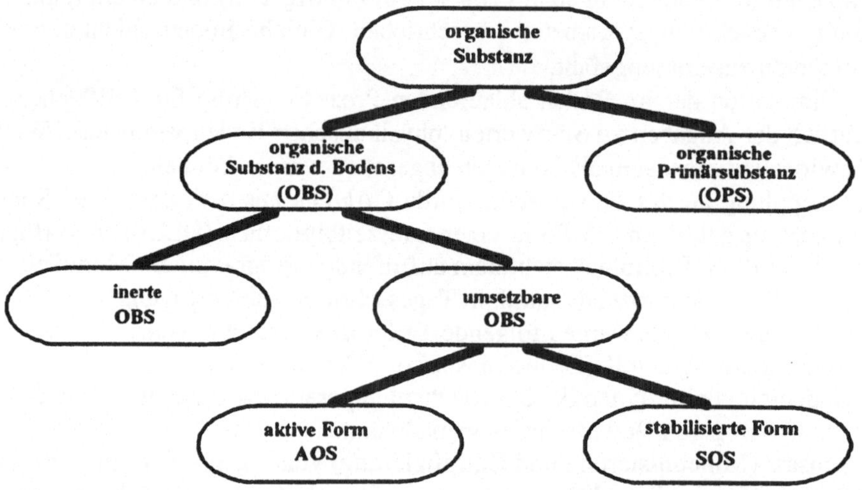

Abb. 2.2.1: Zusammenhang der einzelnen Fraktionen der organischen Substanz im Modell CANDY

Der Bodenstickstoff wird im Modell in den durch das C/N-Verhältnis bestimmten organischen Anteil sowie den anorganischen Anteil Nitrat-N und Ammonium-N unterschieden.

Zustandsgrößen im C-N-Modul zu CANDY sind die Kohlenstoffkonzentrationen in den Pools AOS und SOS, Nitrat-N und Ammonium-N für 20 als homogen angenommene 10 cm dicke Bodenschichten sowie bis zu 6 verschiedene Arten von OPS.

Die modellinterne Beschreibung einzelner Teilprozesse der C-N-Dynamik wird im Folgenden näher erläutert.

Abbau und Umsatz der OS

Die Beschreibung erfolgt im Modell durch die Vorgabe der C-Reaktionen, die N-Reaktionen sind durch das spezifische C/N-Verhältnis der betrachteten OS-Fraktion automatisch an diese gekoppelt. Die C-Umsatzprozesse werden generell als Kinetiken 1. Ordnung angesetzt (Gleichungssystem (2.2.1)):

$$\frac{dC_{OPS}}{dt} = -k_{OPS} \cdot C_{OPS}$$

$$\frac{dC_{REP}}{dt} = \eta \cdot k_{OPS} \cdot C_{OPS}$$

$$\frac{dC_{AOS}}{dt} = \frac{dC_{REP}}{dt} - (k_m + k_s) \cdot C_{AOS} + k_a \cdot C_{SOS}$$

$$\frac{dC_{SOS}}{dt} = k_s \cdot C_{AOS} - k_a \cdot C_{SOS}$$

$$(2.2.1)$$

mit

t:	Zeit (d)
C_{AOS}, C_{SOS}, C_{OPS}:	Kohlenstoffmengen der OS-Fraktionen $(kg \cdot ha^{-1})$
C_{REP}:	reproduktionswirksamer Kohlenstoff $(kg \cdot ha^{-1})$
η:	Synthesekoeffizient
k_{OPS}, k_m, k_a, k_s:	Reaktionskoeffizienten (d^{-1}).

Neben Abbau- und Austauschprozessen der OBS-Fraktionen beschreibt (2.2.1) auch den Reproduktionsfluß (C_{REP}) in die OBS. Dieser Reproduktionsfluß ist Ergebnis des OPS-Umsatzes und wird durch den für jede OPS-Fraktion charakteristischen Wert des Synthesekoeffizienten bestimmt.

Die Interpretation der Gleichungen hängt ab vom gewählten Zeitsystem. Behandelt man das System (2.2.1) in der Kalenderzeit, so sind die Reaktionskoeffizienten als Variable zu betrachten, die von Umwelteinflüssen wie Temperatur und Bodenfeuchte abhängig sind. Die Verringerung der Reaktionsintensität im Vergleich zu optimalen Bedingungen wird durch sogenannte Reduktionsfunktionen ausgedrückt. Bei Bezugnahme auf eine biologische Zeitbasis, die im Folgenden näher beschrieben wird, nehmen diese Reaktionskoeffizienten konstante, für die jeweilige Fraktion charakteristische Werte an, die der Reaktion bei optimalen Umsatzbedingungen entsprechen. Die bekannten Abhängigkeiten von den Umweltgrößen werden verwendet, um die Transformation von der Kalenderzeit zur biologischen Zeitbasis durchzuführen.

Im CANDY-System beschreibt die Reduktionsfunktion R den Einfluß von Bodentemperatur und -feuchte sowie von Durchlüftungsstreß auf die Umsatzreaktionen:

$$R(x) = R(T,\theta,\varepsilon_L) = r_T(T) \cdot r_W(\theta) \cdot r_L(\varepsilon_L) \tag{2.2.2}$$

$$0 \leq R(x); \; r_T(T); \; r_W(\theta); \; r_L(\varepsilon_L) \leq 1$$

mit

- x: Tiefe (cm)
- T: Bodentemperatur (°C)
- θ: volumetrische Bodenfeuchte(VOL%)
- ε_L: relatives Luftvolumen
- r_T: Temperatur-Responsefunktion
- r_W: Feuchte-Responsefunktion
- r_L: Durchlüftungs-Responsefunktion.

Der Temperatureinfluß r_T auf die Reaktionskoeffizienten läßt sich nach FRANKO (1989) durch

$$r_T(T) = \begin{cases} Q_{10}^{\frac{T-35}{10}} & \text{für} \quad T \leq 35\,°C \\[2mm] 1 & \text{für} \quad T > 35\,°C \end{cases} \tag{2.2.3}$$

mit

T: Bodentemperatur in °C
$Q_{10} = 2{,}1$ (VAN'T HOFF-Konstante)

beschreiben.

Der Einfluß der Bodenfeuchte auf die Umsatzaktivität wird in zwei Komponenten gegliedert. Eine Komponente beschreibt die stimulierende Wirkung der Bodenfeuchte. Die zweite Komponente beschreibt den durch die Bodenfeuchte vermittelten Einfluß der Durchlüftung des Bodens.

Der Term zur Beschreibung des Feuchteeinflusses r_W wird nach FREYTAG & LÜTTICH (1985) angesetzt:

$$r_W(\theta) = \begin{cases} 4 \cdot \dfrac{\theta}{PV} \cdot \left(1 - \dfrac{\theta}{PV}\right) & \text{für} \quad \dfrac{\theta}{PV} \leq 0{,}5 \\[4mm] 1 & \text{für} \quad \dfrac{\theta}{PV} > 0{,}5 \end{cases} \tag{2.2.4}$$

mit

   θ: volumetrische Bodenfeuchte (VOL%)

   PV: Porenvolumen (VOL%).

Die Abhängigkeit der mikrobiellen Umsatzprozesse von der Aeration des Bodens hat eine Dämpfung der Umsatzaktivität in tieferen Bodenschichten zur Folge. Dieser Effekt ist um so stärker, je schlechter die Bedingungen für einen Luftaustausch zwischen Boden und Atmosphäre werden. Zur Beschreibung dieses dämpfenden Einflusses r_L in Abhängigkeit vom Bodenluftvolumen ε_L wurde folgender Ansatz gewählt (FRANKO, 1989):

$$r_L = \exp\left(-x \cdot \sqrt{\frac{S \cdot r_T(T) \cdot r_w(\theta)}{\varepsilon_L \cdot (\varepsilon_L - \varepsilon_p)}}\right) \tag{2.2.5}$$

mit

   x: Tiefe (cm)

   S: standortspezifischer Parameter (empirisch berechnet in Abhängigkeit vom Feinanteilgehalt)

   ε_L: relatives Luftvolumen

   ε_p: relatives "pocket"-Volumen (Konstante).

Stickstoffmineralisierung

Die N-Mineralisierung folgt der C-Mineralisierung entsprechend dem C/N-Verhältnis der jeweiligen Fraktionen. Im Fall des OPS-Umsatzes ist zu berücksichtigen, daß neben der OPS-Mineralisierung eine AOS-Synthese stattfindet, die Stickstoff aus dem anorganischen Pool in die AOS-Fraktion überführt. Der resultierende Stickstofffluß setzt sich also aus OPS-Mineralisierung, N-Immobilisierung durch AOS-Synthese und AOS-Autolyse zusammen:

$$\frac{dN}{dt} = \underbrace{\frac{k_{OPS} \cdot C_{OPS}}{\gamma_{OPS}} + \frac{k_{AOS} \cdot C_{AOS}}{\gamma_{AOS}}}_{\text{Mineralisierung}} - \underbrace{\frac{\eta \cdot k_{OPS} \cdot C_{OPS}}{\gamma_{AOS}}}_{\text{Immobilisierung}} \tag{2.2.6}$$

mit

   γ_{OPS}, γ_{AOS}:   C/N-Verhältnisse in den einzelnen Fraktionen der OS.

Durch Zusammenfassung der Terme für die N-Freisetzung aus der OPS und für die N-Immobilisierung in Gleichung 2.2.6 ergibt sich für die Netto-N-Mineralisierung (dN_{min}/dt) aus einer OPS-Fraktion der folgende Ausdruck:

$$\frac{dN_{min}}{dt} = \frac{(\gamma_{AOS} - \gamma_{OPS} \cdot \eta) \cdot k_{OPS} \cdot C_{OPS}}{\gamma_{AOS} \cdot \gamma_{OPS}} \qquad (2.2.7)$$

Die Richtung der N-Transformation (Immobilisierung oder Mineralisierung) wird durch das Produkt aus Synthesekoeffizienten und dem C/N-Verhältnis der OPS-Fraktion bestimmt.

Dabei können folgende Fälle auftreten:

$\gamma_{OPS} \cdot \eta > \gamma_{AOS}$:   Netto-N-Immobilisierung

$\gamma_{OPS} \cdot \eta = \gamma_{AOS}$:   keine Änderung des N_{min} -Pools

$\gamma_{OPS} \cdot \eta < \gamma_{AOS}$:   Netto-N-Mineralisierung.

Gasförmige Stickstoffverluste

Gasförmige Stickstoffverluste entstehen sowohl durch Ammoniakverflüchtigung als auch durch den Prozeß der Denitrifizierung. Unter der Voraussetzung, daß der Ammonium-Pool wesentlich kleiner als der Nitratvorrat ist, wird die Verflüchtigung im Modell nur dann berücksichtigt, wenn Gülle auf die Bodenoberfäche ausgebracht wird und keine Einarbeitung erfolgt.

Die Änderung des Nitrat-N-Pools durch Denitrifizierungsverluste werden nach Gleichung 2.2.8 berechnet:

$$\frac{dN_{NO3}}{dt} = -k_{den} \cdot N_{NO3} \cdot C_{AOS} \cdot R_{den}(T,\theta) \qquad (2.2.8)$$

mit

N_{NO3}:   Nitrat-Stickstoffmenge ($kg \cdot ha^{-1}$)

t: Zeit (d)

C_{AOS}:   Kohlenstoffmenge in der AOS-Fraktion ($kg \cdot ha^{-1}$)

k_{den}:   Reaktionskoeffizient der Denitrifikation

$R_{den}(T,\theta)$:   Reduktionsfunktion (Funktion von Bodentemperatur und -feuchte).

Die Reduktionsfunktion der Denitrifizierung berechnet sich in Abhängigkeit von Bodentemperatur und -feuchte nach

$$R_{den}(x,t) = r_T(T) \cdot r_{w,den}(\theta) \qquad (2.2.9)$$

mit

$r_T(T)$:   Temperatur-Responsefunktion

$r_{w,den}(\theta)$:   Feuchte-Responsefunktion.

Der Temperaturterm r_T (T) der Denitrifikation ist mit dem der Mineralisierung (2.2.3) identisch.

Für den Feuchteterm der Denitrifikation wird der Ansatz

$$\Gamma_{w,den}(\theta) = \begin{cases} \dfrac{\theta - \theta_{krit}}{\theta_{FK} + \theta_{krit}} & \text{für} \quad \theta > \theta_{krit} \\[2em] 0 & \text{für} \quad \theta \leq \theta_{krit} \end{cases} \qquad (2.2.10)$$

mit

$\theta_{krit} = 0{,}627 \cdot \theta_{FK} - 0{,}0267 \cdot \theta_{FK} \cdot \varepsilon_{PV}$

θ:　　　　aktuelle Bodenfeuchte (VOL%)

θ_{FK}:　　　Bodenfeuchte bei Feldkapazität (VOL%)

ε_{PV}:　　　relatives Porenvolumen

verwendet.

Nitrifizierung

Die Simulation der Nitrifizierung erfolgt nach RITCHIE et al. (1986) auf der Grundlage eines reaktionskinetischen Ansatzes vom MICHAELIS-MENTEN-Typ:

$$N_{nit} = v_{nit} \cdot h \cdot \rho_L \cdot \frac{N_{NH4}}{k_h \cdot h \cdot \rho_L + N_{NH4}} \qquad (2.2.11)$$

mit

N_{nit}:　　　täglich in Nitrat umgewandelte N-Menge ($kg \cdot ha^{-1}$)

v_{nit}:　　　max. Nitrifizierungsgeschwindigkeit (ppm)

ρ_L:　　　Lagerungsdichte des Bodens ($g \cdot cm^{-3}$)

N_{NH4}:　　NH4-Menge ($kg \cdot ha^{-1}$)

k_h:　　　Sättigungsparameter (ppm)

h:　　　Höhe der Bodenschicht (cm).

Die Parameterwerte wurden aus dem Modell CERES (RITCHIE et al. 1986) übernommen: $v_{nit} = 40$ $ppm \cdot d^{-1}$ und $k_h = 90$ ppm. Die Berechnung der biologisch wirksamen Zeit (KARTSCHALL 1986) für die Nitrifizierung erfolgt wie für die Ammonifizierung mittels der Reduktionsfunktion aus Gleichung 2.2.9.

Verlagerung und Auswaschung von Nitrat-N

Der Transport des Nitrates im Boden vollzieht sich im Modell gekoppelt an den konvektiven Feuchtetransport. Der Ansatz nach BURNS (1974) wurde um einen Dispersionsparameter erweitert, mit dessen Hilfe die Porengrößenverteilung des Bodens näherungsweise berücksichtigt werden kann.

$$P_{NO3}(x) = \beta \cdot \frac{P(x)}{W(x) + P(x)} \cdot N_{NO3}(x) \qquad (2.2.12)$$

$$\beta = 1 - \frac{\theta_{WP}}{\theta_{FK}}$$

mit

P_{NO3}: pro Tag transportierte Nitratmenge am Tag t in der Tiefe x

P: pro Tag perkolierende Wassermenge (mm)

N_{NO3}: Nitrat-N-Menge $(kg \cdot ha^{-1})$

W: aktueller Bodenwasservorrat in der Rechenschicht (mm)

θ_{WP}: Bodenfeuchte beim permanenten Welkepunkt (VOL%)

θ_{FK}: Bodenfeuchte bei Feldkapazität (VOL%).

Bodentemperaturdynamik

Die Bodentemperatur beeinflußt die Umsatzprozesse der C- und N-Dynamik wesentlich. Deshalb stellt das Temperaturmodul von CANDY Tagesmittelwerte der Bodentemperatur für fortlaufende 10 cm-Schichten von der Erdoberfläche bis zu 2 m Tiefe zur Weiterverwendung bereit. Als Eingabe benötigt es die meteorologischen Beobachtungen der Lufttemperatur sowie die durch das Bodenwassermodul bereitgestellten Bodenfeuchtewerte des aktuellen Tages.

Die physikalische Grundlage des Temperaturmodells von CANDY ist die eindimensionale Wärmeleitungsgleichung:

$$\frac{\delta}{\delta t}\left(c(\theta) \cdot T(x,t) \right) = \frac{\delta}{\delta x}\left(\lambda(\theta) \cdot \frac{\delta T(x,t)}{\delta x} \right) \qquad (2.2.13)$$

mit

x: Ortskoordinate (Bodentiefe), 0 cm < x < 200 cm,
Bodenoberfläche: x = 0 cm

t: Zeit (d), 0 < t < T, T: vom Nutzer gewählter Simulationszeitraum

T: Temperatur (K)

θ: aktuelle Bodenfeuchte (VOL%) (Resultat des Bodenwassermoduls)

c: Wärmekapazität der Bodenschicht $(J \cdot cm^{-3} \cdot K^{-1})$

λ: Wärmeleitfähigkeit der Bodenschicht $(J \cdot cm^{-1} \cdot s^{-1} \cdot K^{-1})$.

Für eine eindeutige Lösung von (2.2.13) müssen eine Anfangstemperaturverteilung sowie Randbedingungen an der Erdoberfläche und in 2 m Tiefe vorgegeben werden.

Hinsichtlich der Randbedingungen wurde dem Konzept von SUCKOW (1986) gefolgt, bei dem die Temperatur $T_{0,5}$ in 5 cm Tiefe als obere Randbedingung gesetzt wird. $T_{0,5}$ wird als gewichtetes Mittel aus den Lufttemperaturmitteln drei aufeinander folgender Tage nach

$$T_{0,5}(t) = K(t) \cdot \{F_0 \cdot T_L(t) + F_1 \cdot T_L(t-1) + F_2 \cdot T_L(t-2)\} \qquad (2.2.14)$$

mit

t:	Tagesnummer
$T_{0,5}$:	Mittelwert der Bodentemperatur in 5 cm Bodentiefe am Tag t
T_L:	Mittelwert der Lufttemperatur am Tag t
F_0, F_1, F_2:	Gewichtsfaktoren
K:	tagesabhängiger Korrekturfaktor

angesetzt.

Die Gewichtsfaktoren F0, F1, und F2 sind prinzipiell standortabhängig und können an entsprechende langjährige Meßreihen der Bodentemperatur in 5 cm Tiefe angepaßt werden. Dennoch wurden in den meisten Fällen mit einem Standardparametersatz gute Ergebnisse erzielt.

Der Korrekturfaktor K(t) wurde postuliert als

$$K(t) = a(t) + b(t) \cdot K^{BR}(t) \qquad (2.2.15)$$

mit

t:	Tagesnummer
$K^{BR}(t)$:	Korrekturfaktor für Boden ohne Pflanzenbestand (Brache)
$a(t), b(t)$:	zeitabhängige Größen, die vom Pflanzenbestand abhängig sind und in einfacher Weise die Dämpfungswirkung durch den Pflanzenwuchs ausdrücken.

Für $K^{BR}(t)$ wurde der Ausdruck

$$K^{BR}(t) = b_0 + b_1 \cdot \cos(\alpha) + b_2 \cdot \cos(2\,\alpha) + a_1 \cdot \sin(\alpha) + a_2 \cdot \sin(2\,\alpha)$$
$$(2.2.16)$$

mit $\alpha = \alpha(t) = 2 \cdot \pi \cdot t / 365$ verwendet.

Die den Einfluß des Pflanzenbestandes auf die Temperatur $T_{0,5}(t)$ beschreibenden Funktionen a(t) und b(t) aus (2.2.15) orientieren sich an wichtigen Wachstumsstadien der Pflanzen (mittlere Werte) sowie aktuellen agrotechnischen Maßnahmen (Aufgang, Ernte). Sie wurden stückweise linear angesetzt, ihre Definitionen sind aus Abb. 2.2.2 ersichtlich.

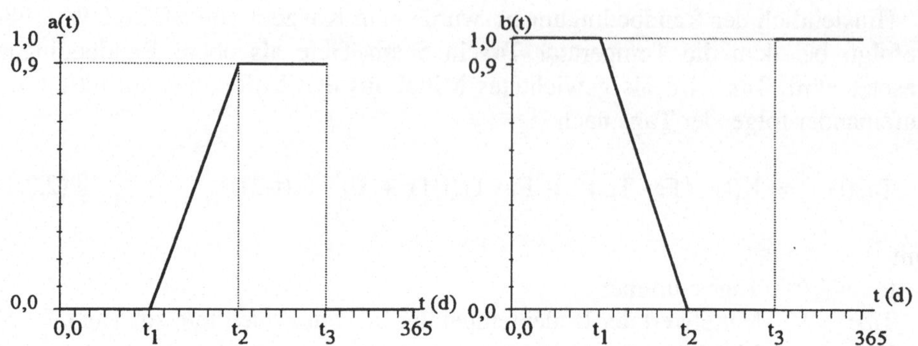

Abb. 2.2.2:   Dämpfungseinflußfunktionen des Pflanzenbestandes im Korrekturfaktor K(t)
t1: Beginn der Bestandswirkung
t2: maximaler Bedeckungsgrad erreicht
t3: Erntetermin

Bei der Kopplung des CANDY-Moduls an das ESS System werden die Größen a(t) und b(t) in Abhängigkeit von den im ESS berechneten Bedeckungsgrad festgesetzt.

Die untere Randbedingung für (2.2.13) folgt aus der Annahme, daß kein Wärmefluß durch die Schicht bei $x_u = 200$ cm stattfindet:

$$\frac{\delta T(x_u, t)}{\delta x} = 0 \qquad (2.2.17)$$

Nach der Festlegung der Anfangs- und Randbedingungen sind in Gleichung (2.2.13) noch die die Wärmeleitung beeinflussenden Funktionen $c(\theta)$ und $\lambda(\theta)$ zu spezifizieren:

$$c(\theta) = \rho_T \cdot c_s + \varepsilon_\theta\, c_w \qquad (\text{J·cm}^{-3}\text{·K}^{-1}) \quad (2.2.18)$$

$$\lambda(\theta) = \frac{(1,26 \cdot \rho_T - 0,71) \cdot 10^{-2}}{1 + (11,5 - 5,0 \cdot \rho_T) \cdot \exp\left\{-50,0 \cdot \left(\frac{\varepsilon_\theta}{\rho_T}\right)^{1,5}\right\}} \qquad (\text{J·cm}^{-1}\text{·s}^{-1}\text{·K}^{-1}) \quad (2.2.19)$$

mit

ε_θ: relativer volumetrischer Wassergehalt
ρ_T: Trockenrohdichte des Bodens (g·cm⁻³)
c_s: spezifische Wärme der festen Bodenbestandteile (J·g⁻¹·K⁻¹)
c_w: Wärmekapazität von Wasser, $c_w = 4,1366$ J·cm⁻³· K⁻¹.

Da das Bodenwassermodul für jeden Simulationstag pro Bodenschicht einen aktuellen Wert von θ liefert, ist eine Auswertung von (2.2.13) in Tagesschritten notwendig. Obwohl die Randbedingungen zu (2.2.13) tagesweise konstant sind, muß wegen der beliebigen Gestalt der Vortageswerte der Bodentemperatur die Berechnung durch ein numerisches Verfahren erfolgen. Die Entscheidung fiel auf ein finites Differenzenverfahren, das auf einem äquidistanten Gitter von 10 cm in Ortsrichtung sowie 0,5 d in Zeitrichtung angesetzt wurde. Die Approximation der partiellen Ableitungen erfolgte in Ortsrichtung durch zentrale Differenzen, in Zeitrichtung durch rückwertige Differenzen (siehe z.B. PATANKAR 1976). Zur Berechnung der Bodentemperaturverteilung des aktuellen Tages muß zweimal ein lineares Gleichungssystem mit Tridiagonalstruktur gelöst werden (siehe z.B. SCHWARZ 1988).

Wasserdynamik

Die Umsatz- und Transportprozesse im Boden werden durch den Umweltfaktor Bodenfeuchte sowie die Wasserbewegung wesentlich beeinflußt. Im Bodenwassermodul werden diese wichtigen Größen aus meteorologischen Daten errechnet.

Zustandsvariablen sind in diesem Modul die volumetrische Bodenfeuchte in den betrachteten Schichten sowie, falls vorhanden, Interzeptionswasser im Pflanzenbestand oder das Wasseräquivalent einer aufliegenden Schneedecke. Anders als in der 'normalen' CANDY-Version wird die Wasserentnahme durch die Pflanze nicht innerhalb dieses Moduls behandelt sondern dem angekoppelten Pflanzenmodell anheimgestellt. Es erfolgt jedoch eine Berechnung der Evaporation für den Anteil der nicht mit Pflanzen bestandenen Bodenoberfläche.

Die hydrologischen Prozesse werden auf der Basis eines Kapazitätskonzeptes betrachtet, wonach eine abwärts gerichtete Wasserbewegung nur durch Überschreiten des schichtspezifischen Feldkapazitätswertes in der Bodenfeuchte möglich wird. Ein Wasseraufstieg kann einzig durch die Prozesse von Evaporation und Transpiration bei einer Bodenfeuchte oberhalb des permanenten Welkepunktes erfolgen.

Das Modul berücksichtigt folgende Teilprozesse:

Versickerung von Bodenwasser durch Gravitationskräfte (GLUGLA, 1969), modelliert durch folgende Differentialgleichung:

$$\frac{dW}{dt} = -\gamma \cdot (W - W_{FK})^2; \qquad W \geq W_{FK} \tag{2.2.20}$$

mit

  t: Zeit (d)

  W: Wassergehalt (mm) der betrachteten Bodenschicht

  W_{FK}: Wassergehalt dieser Schicht bei Feldkapazität (mm)

  γ: Versickerungsparameter (mm^{-1}·d^{-1}).

Interzeption von Niederschlagswasser durch den Pflanzenbestand in Abhängigkeit von der Bestandeshöhe (KOITZSCH & GÜNTHER, 1990):

$$C_i = 0,0025 \cdot \varepsilon \cdot h_{pl} \qquad\qquad (2.2.21)$$

mit

C_i: Interzeptionskapazität (mm)
h_{pl}:   Bestandeshöhe (mm)
ε: Anteil der mit interzeptionsfähigen Pflanzen bedeckten Bodenoberfläche

Berechnung der potentiellen Evapotranspiration und deren Reduktion auf den aktuellen Tageswert nach einem modifizierten TURC-Ansatz (KOITZSCH, 1990):

$$E_p = \begin{cases} 0,0041 \cdot (T_L + 22,7) \cdot (G + 2,09) & \text{für} \quad E_p \geq 0,5 \\ 0 & \text{für} \quad E_p < 0,5 \end{cases}$$

$$ET_p = \min(1 + 0,004 \cdot h_{pl} \, ; \, 1,4) \cdot E_p \qquad\qquad (2.2.22)$$

$$EI_p = 1,3 \cdot E_p$$

mit
T_L: aktuelle Lufttemperatur (°C)
G: aktuelle Globalstrahlung (MJ $\cdot$m^{-2})
E_p: Kesselverdunstung (mm $\cdot$d^{-1})
ET_p: potentielle Evapotranspiration (mm$\cdot$d^{-1})
h_{pl}:   Bestandeshöhe (cm).
EI_p: potentielle Verdunstung von interzepiertem Wasser im Pflanzenbestand (mm $\cdot$d^{-1}).

Der aktuelle Wert der täglichen Verdunstung ET_a (mm$\cdot$d^{-1}) ergibt sich als Summe aus Interzeptionsverdunstung und Evaporation:

$$ET_a = 0,5 \cdot \min(EI_p \, , \, R_i) + (1 - \psi) \cdot H_2 \cdot E_p \qquad\qquad (2.2.23)$$

mit
R_i: interzepierter Niederschlag im Bestand (mm)
ψ: Bedeckungsgrad mit transpirationsfähigen Pflanzen
H_1, H_2:   Reduktionsterme (KOITZSCH et al. 1980), entstehen aus boden- feuchte- und tiefenabhängiger Aufteilung des potentiellen Transpirationsanspruchs.

Die Tiefenabhängigkeit der Reduktion potentieller Verdunstungsansprüche wird durch folgende Entzugsdichtefunktion beschrieben (KOITZSCH 1977, KOITZSCH et al. 1980):

$$g(x) \; = \; g_0 \cdot \frac{1 \; - \; x / x_u}{1 \; + \; \zeta \cdot x / x_u} \qquad\qquad (2.2.24)$$

mit

x: Bodentiefe ($0 \leq x \leq x_u$)

g_0:   Normierungskonstante (Dichteintegral 1)

x_u: aktuelle Wurzeltiefe (cm) bei Transpiration oder 40 cm bei Evaporation

ζ: Parameter, $\zeta \geq -1$.

Schneeakkumulation und Tauen (KOITZSCH & GÜNTHER, 1990):

Im Modell werden Niederschläge bei Lufttemperaturen kleiner/gleich 0,5 °C als Schneefälle gewertet. Sie akkumulieren sich in einem Pool. Bei einer vorhandenen Schneedecke und Lufttemperaturen größer als 0,5 °C wird unter Berücksichtigung des fühlbaren Wärmestroms, des latenten Wärmestroms (Evaporation / Kondensation von Wasserdampf in der Schneedecke) sowie der Wärmeabgabe (durch Abkühlung flüssiger Niederschläge auf die postulierte Schneedeckentemperatur 0 °C) die abschmelzende Wassermenge berechnet.

2.3 Modell zum Energie- und Wasseraustausch von Pflanzenbeständen

U. PIGLA, P. WERNECKE

Energie- und Wasserhaushalt von Pflanzen sind über die Transpiration unlösbar miteinander verbunden. VON WILLERT et al. (1995) zeigen am Beispiel eines Modellblattes unter gemäßigten Klimabedingungen, daß der Anteil der transpirativ verbrauchten Energie bis zu 32% vom Energieüberschuß der Strahlungsbilanz ("net radiation") betragen kann. Der assimilatorisch bedingte Energieaustausch bei maximaler CO_2-Gaswechselrate macht dagegen nur wenig mehr als 1% aus. Eine Vernachlässigung der Abfuhr von Verdunstungswärme in Energiebilanzmodellen führt folglich zu nicht mehr tolerierbaren Fehlern. In Wasserhaushaltsmodellen gilt analog, daß eine korrekte Beschreibung der transpiratorischen Wasserabgabe ohne Berücksichtigung der Energie, die für den Phasenübergang des Wassers verbraucht wird, nicht möglich ist. Diese Aussagen haben auch für Pflanzenbestände Gültigkeit.

Die Transpiration stellt in dieser Verknüpfung eine Größe dar, die von vielen Umwelteinflüssen abhängt. Wegen ihrer unumstrittenen Bedeutung für Wachstum und Entwicklung der Pflanzen sind diese Abhängigkeiten bereits vielfach untersucht worden (BURKE & UPCHURCH 1989, GRANTZ & MEINTZER 1991, JOLLIET & BAILEY 1992). Über Versuche, den Einfluß des Ernährungszustandes der Pflanzen auf die Transpiration nachzugestalten, liegen dagegen vergleichsweise weniger Arbeiten vor.

Im vorliegenden Kapitel wird ein modular aufgebautes dynamisches Modell vorgestellt, welches unter Rücksichtnahme auf die oben dargestellten Zusammenhänge versucht, die Transpiration eines Winterweizen-Pflanzenbestandes während der Ontogenese unter Einbeziehung der Stickstoffernährung dieses Bestandes abzubilden. Bei der Gestaltung und Implementierung der Algorithmen wurde berücksichtigt, daß die Lauffähigkeit des Modells sowohl als Teilmodell in einem komplexen Pflanzenmodell als auch autonom gewährleistet sein mußte, um in separaten Simulationsläufen und Fallstudien die Ausgewogenheit und Plausibilität des Ansatzes in sich prüfen zu können. Da in autonomen Simulationsläufen die vom übergeordneten Komplexmodell bereitgestellten Eingangsgrößen nicht verfügbar sind, waren für diesen Anwendungsfall Modifikationen in der Modellperipherie sowie zum Teil auch ersatzweise Berechnungen von Steuergrößen erforderlich. So wurde z.B. als Ersatz für das die Wasserdampfleitfähigkeit des Blattes steuernde Wasserpotential des Sprosses in der autonomen Modellversion eine Bodenfeuchteabhängigkeit dieses Leitwertes eingebunden; die benötigten und vom Komplexmodell lieferbaren Stickstoffgehalte im Pflanzengewebe mußten in autonomen Simulationsläufen aus experimentellen Daten ermittelt werden.

Die beiden Hauptteile des Kapitels enthalten: Erstens eine Modellbeschreibung anhand der Darstellung und Erläuterung der wichtigsten Modellgleichungen sowie der zugrundeliegenden wesentlichen Annahmen. Dabei wird hier der Darstellung der autonom lauffähigen Modellversion der Vorrang gegeben, da auf die Spezifikationen der Einbindung des Ansatzes in das komplexe Pflanzenmodell bereits in Kapitel 2.1 näher eingegangen wurde. Im zweiten Teil des Kapitels wird gezeigt, nach Erläuterung der Verfahrensweise soweit als nötig, welche Resultate sich bei einer Anwendung des am Standort Quedlinburg eingestellten Modellansatzes auf einem anderen Standort ergeben.

Modellbeschreibung

1. Ausgangspunkt ist zunächst der lokale Transpirationsfluß eines Blattelementes im Bestand, der verwendet wird, um die aktuelle Bestandstranspiration darzustellen. Diese Flußgröße ist definiert als eine Funktion des Flusses an der Bestandesobergrenze. Der den Fluß an der Bestandesobergrenze determinierende latente Wärmefluß wird dem korrespondierenden Term eines Energiebilanz-Blattemperaturmodells entnommen (PIGLA & CLAUS 1993).

2. Für die Berechnung der Bestandstranspiration werden die lokalen Blattelement-Flüsse integriert (MÜLLER et al. 1993, WERNECKE et al. 1993), wobei Blattflächenindex und relativer Stickstoffgehalt in den Transpirationsansatz eingehen. Im Modell sind beide letztgenannte Größen abhängig vom pflanzlichen Entwicklungsstadium, welches mit dem im Kapitel 2.5 vorgestellten Ontogenesemodell berechnet wird.

3. Für die Charakterisierung des Bestandes in bezug auf die potentielle Aktivität der Transpiration wird ein Transpirationsaktivitätsindex definiert. Damit kann die Bestandstranspiration, F_{Best}, geschrieben werden als:

$$F_{Best} = LAI_{Best} \cdot TAI(NIC_{Best}, LAI_{Best}) \cdot F_{loc,OG} \qquad (2.3.1)$$

mit LAI_{Best} : Blattflächenindex des gesamten Bestandes, NIC_{Best} : Bestands-Stickstoffgehalt, TAI : Transpirationsaktivitätsindex, $F_{loc,OG}$: lokaler Transpirationsfluß an der Bestandesobergrenze.

Lokales dynamisches Blatt-Energiebilanzmodell

Grundlage dieses Modells ist die Energiebilanzgleichung eines horizontal orientierten Blattelementes (kurz: Blatt). Transformiert in eine Differentialgleichung für die Blattemperatur lautet sie:

$$\frac{d\,T_{Bl}}{dt} = \frac{Q_R - Q_{Ra} - Q_{Rs} - Q_{Rh} - Q_{Ca} - Q_{Tra}}{C_{Bl} \cdot M_{Bl}} \qquad (2.3.2)$$

mit T_{Bl} : Blattemperatur, Q_R : einfallende Strahlungsenergie, Q_{Ra} : radiativer Energieaustausch "Blatt-Luft", Q_{Rs} : radiativer Energieaustausch "Blatt-Boden", Q_{Rh} : radiativer Energieaustausch "Blatt - hemisphärischer Hintergrund", Q_{Ca} : konvektiver Energieaustausch "Blatt - umgebende Luft", Q_{Tra} : Energieabgabe durch Transpiration, C_{Bl} : spezifische Wärmekapazität eines Blattes und M_{Bl} : Blattmasse. Bezeichner und Dimensionen für alle Größen sind im Anhang zusammengefaßt wiedergegeben.

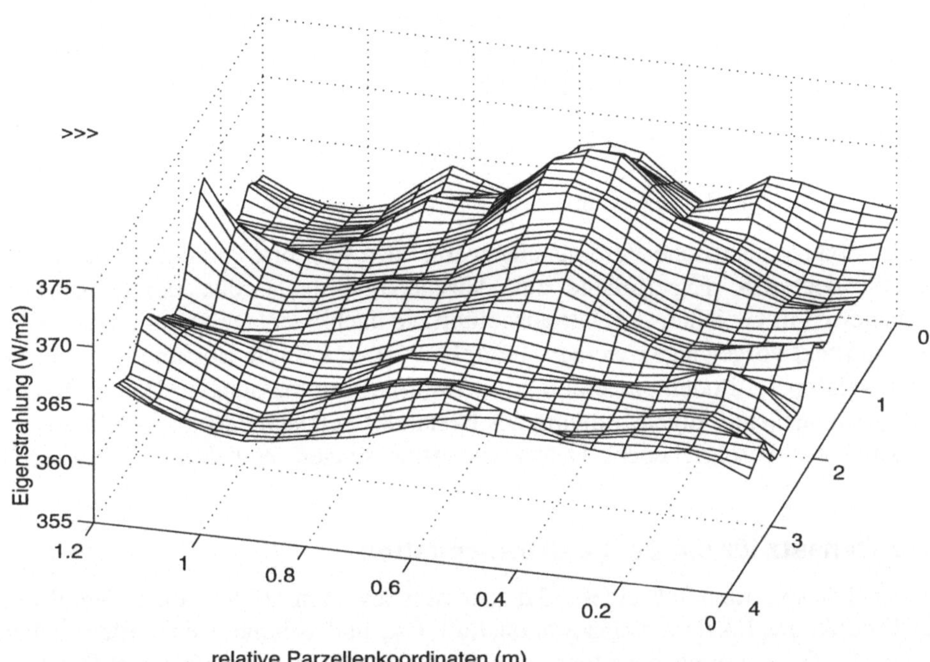

Abb. 2.3.1: Beispiel für die aus einer Thermovisionsmessung errechnete Eigenstrahlungsverteilung einer Winterweizen-Testparzelle am Standort Quedlinburg. Die Berechnung der als isotrop angenommenen Abstrahlung des am 14.04.1994, 11.18 Uhr, aufgenommenen Bestandes erfolgte gemäß dem Gesetz von Stefan-Boltzmann als die pro Fläche und Halbraum ausgestrahlte Leistung. Im Unterschied zu den Abb. 4.3.7 und 4.3.8 in Kap. 4.3 wurden die Profile geglättet und die durch die Kamera-Neigung (ca. 30 Grad zur Horizontalebene) bedingte projektive Verzerrung der Bildkoordinaten rechnerisch korrigiert. Die vertikale Ausdehnung des Pflanzenbestandes wurde hierbei vernachlässigt. Für das Blattwerk wurde ein Emmissionskoeffizient nahe Eins angenommen. Die Aufnahme erfolgte aus östlicher Richtung (s. Pfeilspitzen)

Der transpiratorisch bedingte latente Wärmefluß, Q_{Tra} , läßt sich folgendermaßen schreiben:

$$Q_{Tra} = C_{Tra} \cdot A_{Bl} \cdot g(r_a, r_s, u, T_{Bl}, m_s) \cdot P_{Defiz}(T_{Bl}, T_a, h_a) \qquad (2.3.3)$$

mit P_{Defiz} : Dampfdruckdefizit des Wassers, g : Wasserdampfleitfähigkeit des Blattes bzw. der Spaltöffnungen, A_{Bl} : Blattelement-Bezugsfläche und C_{Tra} : Kalibrationskonstante. Auf die Darstellung der weiteren Bilanzterme wird an dieser Stelle verzichtet, da sie bereits in PIGLA & CLAUS (1993) ausführlich wiedergegeben wurden.

Die Kalibrierung dieses Energiebilanzmodells erfolgte mit Daten des Standortes Quedlinburg (zur Standortcharakterisierung siehe Kap. 3.2; zur Erfassung der modellrelevanten Umweltdaten siehe Kap. 4.2). Dazu wurden einerseits pyrometrisch und mit Thermoelementmessungen bestimmte Blattemperaturen mit den mittels Gleichung (2.3.2) berechneten Temperaturwerten verglichen. Diese Messungen wurden an der Bestandesobergrenze durchgeführt, um den lokalen Transpirationsfluß $F_{loc,OG}$ an der Obergrenze berechnen zu können:

$$F_{loc,OG} = \frac{Q_{Tra}(T_{Bl}, T_a, h_a)}{A_{Bl} \cdot Lambda(T_{Bl})} \tag{2.3.4}$$

mit Lambda : spezifische Verdunstungswärme des Wassers. Parallel hierzu wurden zeitlich begrenzte Experimente zur Abschätzung der Größe möglichst vieler Bilanzterme in Gleichung (2.3.2) ausgeführt. Je nach Sachlage konnte dabei direkt bzw. indirekt vorgegangen werden. Indirekt erfolgte z.B. die Bestimmung von Q_{Rs} durch gekoppelte Bodentemperatur-/Bodenwärmestrommessungen. Die in Q_{Ra}, Q_{Rs} und Q_{Rh} eingehende Eigenstrahlung des Bestandes ließ sich dagegen direkt aus den in Kap. 4.3 beschriebenen Thermovisionsmessungen entnehmen (siehe Abb. 2.3.1).

Modellansatz für die Bestandstranspiration

Der Transpirationsfluß eines Pflanzenbestandes kann als Volumenintegral über das Produkt aus lokalem Transpirationsfluß, F_{loc}, und volumetrischer Blattflächendichte, LAD, geschrieben werden. Die Integration wird dabei über die Bestandsgrundfläche, A_G, und die Bestandshöhe, H, ausgeführt:

$$F_{Best}(DC) = \frac{1}{A_G} \int_{z=0}^{z=H} \int_{A_G} F_{loc}(DC, x, y, z) \cdot LAD(DC, x, y, z)\, dx\, dy\, dz \tag{2.3.5}$$

mit

$$H = H(DC) \text{ und } (x, y) \in A_G \ .$$

Der Bezeichner DC steht hierbei für das entsprechende pflanzliche Entwicklungsstadium. Zu beachten ist, daß $z = 0$ an der Bestandesobergrenze liegt und $z = H$ an der Bodenoberfläche. Analog liefert die Integration von LAD über das Intervall $z = [0, h]$ mit $0 \leq h \leq H$ und über die Grundfläche A_G den Blattflächenindex, LAI, der Bestandsschicht, die im Entwicklungsstadium DC zwischen $z = 0$ und $z = h$ liegt (nähere Angaben zu h werden bei Annahme A2 gemacht):

$$LAI(DC, h) = \frac{A_{Bl}(DC, h)}{A_G} = \frac{1}{A_G} \int_{z=0}^{z=h} \int_{A_G} LAD(DC, x, y, z)\, dx\, dy\, dz \tag{2.3.6}$$

mit $0 \leq h \leq H$. Die Funktion LAI(DC, h) wächst monoton mit h, wobei h hier zunächst die untere Grenze der betrachteten Bestandsschicht charakterisiert. Der Kürze halber sollen künftig folgende identische Bezeichnungen gelten: LAI(DC, H) $\equiv$ LAI(DC)$\equiv$ LAI$_{Best}$. Der besseren Lesbarkeit halber werden einige Funktionsargumente weggelassen.

Um eine geeignete Approximation für die Hauptgleichungen zu erhalten, gelten folgende Annahmen:

A1: Blattflächendichte und lokaler Transpirationsfluß sind unabhängig von ihren (x, y) - Koordinaten, d.h., es wird horizontale Homogenität angenommen:

$$LAD(DC, x, y, z) = LAD(DC, z), \qquad F_{loc}(DC, x, y, z) = F_{loc}(DC, z).$$

Diese Annahme führt zu:

$$F_{Best}(DC) = \int_0^H F_{loc}(DC, z) \cdot LAD(DC, z)\, dz \qquad (2.3.7)$$

und

$$LAI(z) = LAI(DC, z) = \int_0^z LAD(DC, z)\, dz, \quad \text{mit } 0 \leq LAI(z) \leq LAI_{Best}$$

beziehungsweise

$$\frac{dLAI(z)}{dz} = LAD(z) \geq 0 \quad \text{für } 0 \leq z \leq H \qquad (2.3.8)$$

A2: Die volumetrische Blattflächendichte grüner bzw. aktiver Blätter nimmt in einem Weizenbestand von der Bestandesobergrenze nach unten ab. Zerlegt man den Bestand in ein zweischichtiges Gebilde, befinden sich die aktiven Blätter in der oberen Schicht. In der unteren Schicht sind überwiegend gelbe und inaktive Blätter zu finden. Mit fortschreitender Reife der Pflanzen verschiebt sich die Schichtgrenze nach oben, bis schließlich die Bestandsobergrenze erreicht ist. Als ein relatives Maß für die physiologische Aktivität kann dabei der Stickstoffgehalt der Blätter verwendet werden. Aus diesen Betrachtungen heraus wird angenommen, daß der Stickstoffgehalt (NIC) der Blätter in einem Weizenbestand nach einer einfachen Rechteck-Profilfunktion verteilt sein möge:

$$NIC(z) = \begin{cases} NIC_{max} & \text{für } 0 \leq z < h \\ NIC_{min} & \text{für } h \leq z \leq H. \end{cases} \qquad (2.3.9)$$

Ausgangspunkt für die Ermittlung der zunächst unbekannten Tiefe h, die die Lage der Grenze zwischen beiden Bestandsschichten angibt, ist die folgende

Stickstoff-Massenbilanzgleichung bei der ein festes Verhältnis von Blattfläche und Blatttrockenmasse angenommen wird:

$$NIC_{Best} \cdot LAI_{Best} = NIC_{max} \cdot LAI(h) + NIC_{min} \cdot (LAI_{Best} - LAI(h)).$$

Umformung führt zu der impliziten Gleichung:

$$LAI(h) = LAI_{Best} \cdot NIC_{rel} \tag{2.3.10}$$

$$\text{mit} \quad NIC_{rel} = \begin{cases} 0 & 0 \leq NIC_{Best} < NIC_{min} \\[2mm] \dfrac{NIC_{Best} - NIC_{min}}{NIC_{max} - NIC_{min}} & NIC_{min} \leq NIC_{Best} \leq NIC_{max} \\[2mm] 1 & NIC_{max} < NIC_{Best}, \end{cases} \tag{2.3.11}$$

die wegen der Monotonie von $LAI(z)$ und der Bedingungen $0 \leq LAI(h) \leq LAI_{Best}$ und $0 \leq NIC_{rel} \leq 1$ eine eindeutige Lösung h besitzt. Nach Gleichung (2.3.10) ist diese Höhe h eine Funktion von DC und NIC_{Best}. Wie weiter unten gezeigt wird, wird jedoch lediglich die Größe $LAI(h) = LAI_{Best} \cdot NIC_{rel}$ benötigt, so daß eine explizite Berechnung von h entfallen kann.

A3: Der lokale Transpirationsfluß nimmt von der Bestandesobergrenze zum Bestandesgrund hin mit zunehmender Distanz z ab. Diese Abnahme ist sowohl in der Abschattung durch die Blätter als auch durch die Transportwiderstände in der Luft begründet. Es wird angenommen, daß die Abnahme der lokalen Transpiration zur Blattflächendichte der Tiefe z proportional ist. Unterhalb der kritischen Tiefe h ist der Stickstoffgehalt $NIC(z)$ gleich NIC_{min} (inaktive bzw. gelbe Blätter). Hier findet keine Transpiration mehr statt. Diese Effekte werden durch folgende Bedingungen für den lokalen Fluß, $F_{loc}(z)$, abgebildet:

$$\begin{aligned} F_{loc}(z) &= 0 & \text{für } h < z \leq H \quad \text{und} \\ dF_{loc}(z)/dz &= -k_F \cdot LAD(z) \cdot F_{loc}(z) & \text{für } 0 \leq z \leq h, \end{aligned} \tag{2.3.12}$$

wobei $k_F > 0$ ist und die Grenzbedingung $F_{loc}(0) = F_{loc,OG}$ an der Bestandesobergrenze gilt. Der Wert $F_{loc,OG}$ wird, wie bereits oben ausgeführt, aus Gleichung 2.3.4 gemäß der Energiebilanz eines Blattelementes berechnet.

Unter Verwendung von Gleichung (2.3.8) ergibt sich die Lösung der Differentialgleichung (2.3.12) zu:

$$F_{loc} = F_{loc,OG} \cdot \exp(-k_F \cdot LAI(z)), \tag{2.3.13}$$

der integrale Transpirationsfluß des Bestandes kann somit wie folgt errechnet werden:

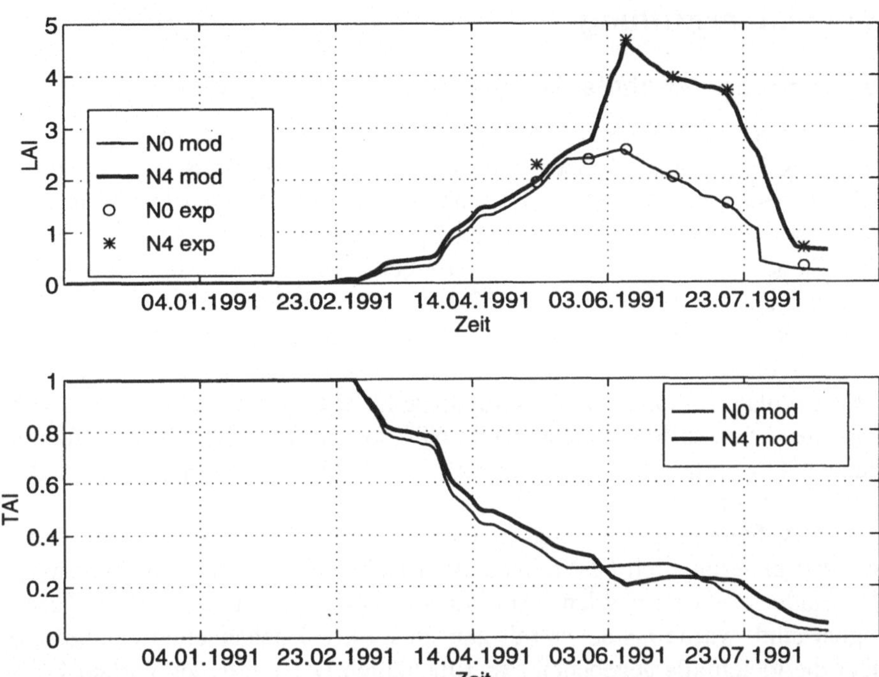

Abb 2.3.2: Experimentelle LAI-Daten von Parzelle N0 (= N0 exp) und Parzelle N4 (= N4 exp) am Standort Neuenkirchen (Bockschlag, Feld 292) sowie Zeitverlauf der modellierten Größen LAI_{Best} (oberer Teil der Abb.) und TAI (unterer Teil der Abb.) für beide Parzellen (= N0 mod bzw. = N4 mod)

$$F_{Best} = F_{loc,OG} \cdot \int_{0}^{h} \exp(-k_F \cdot LAI(z)) \cdot LAD(z)\, dz$$

$$= F_{loc,OG} \cdot \int_{0}^{LAI(h)} \exp(-k_F \cdot LAI)\, dLAI$$

$$= F_{loc,OG} \cdot (1 - \exp(-k_F \cdot LAI(h))) / k_F . \qquad (2.3.14)$$

Eine Ersetzung von LAI(h) gemäß Gleichung (2.3.10) sowie die Einführung des bereits erwähnten "Transpirations-Aktivitätsindex", TAI, führt schließlich zu:

$$TAI = \frac{1 - \exp(-k_F \cdot LAI_{Best} \cdot NIC_{rel})}{k_F \cdot LAI_{Best}} \qquad mit \quad 0 \leq TAI \leq NIC_{rel} . \qquad (2.3.15)$$

Der integrale Bestandstranspirationfluß kann damit folgendermaßen ausgedrückt werden:

$$F_{Best} = LAI_{Best} \cdot TAI \cdot F_{loc,OG} . \qquad (2.3.16)$$

Modellüberprüfung

Berechnung der charakteristischen Bestandsgrößen

Die weiteren Ausführungen beziehen sich auf Rechnungen mit einem Datensatz, der im Rahmen einer Kooperation mit dem SFB 179 ("Wasser- und Stoffflüsse in Agro-Ökosystemen") der Technischen Universität Braunschweig als Referenzdatenpool für einen Modellvergleich zur Verfügung stand (MCVOY et al. 1995). Der Standort, an dem die Daten erhoben wurden, liegt im Einzugsgebiet des Krummbach bei Neuenkirchen (52 01' nördliche Breite, 10 27' östliche Länge, Höhenlage: 151 m über NN). Für die Berechnung der charakteristischen Größen des abgebildeten Winterweizenbestandes wurden die Daten von Feld Nr. 292 ("Bockschlag") verwendet. Als Grundlage für alle folgenden Vergleiche wurden die Parzelle "Stickstoffdüngungsvariante N0" und die Parzelle "Stickstoffdüngungsvariante N4" benutzt, da hier die größten Unterschiede in der Stickstoffernährung der Pflanzen zu finden waren.

Zur Aufbereitung der Daten mußten zunächst die Größen LAI_{Best} und NIC_{Best} aus den experimentell bestimmten Blattflächenindizes und den Stickstoffgehalten der Blätter ermittelt werden. Da diese zwangsläufig nur für diskrete Termine verfügbar sind, wurde als erstes mit dem in Kap. 2.5 behandelten Ontogenesemodell über die gleichfalls gegebenen experimentellen DC-Werte der Verlauf $DC = DC(t)$ berechnet. Über den sicheren Zusammenhang zwischen DC und LAI_{Best} bzw. DC und NIC_{Best} konnten dann diese Größen als Funktionen der Zeit berechnet werden. Gemäß Gleichung (2.3.11) erfolgte anschließend die Berechnung von NIC_{rel}. Dabei wurden NIC_{min} und NIC_{max} auf die experimentell gefundenen minimalen bzw. maximalen Werte gesetzt. Über Gleichung (2.3.15) wurde aus LAI_{Best} und NIC_{rel} der Transpirationsaktivitätsindex, TAI, berechnet. Die zeitlichen Verläufe von LAI_{Best} und TAI sind in Abb. 2.3.2 dargestellt. Abb. 2.3.3 gibt den Verlauf von NIC_{rel} über der Zeit wieder; in Abb. 2.3.4 ist der Transpirationsaktivitätsindex, TAI, als Funktion von NIC_{rel} und LAI_{Best} abgebildet. Wie zu sehen ist, zeigt eine Zunahme des Stickstoffgehaltes keine Wirkung auf die Bestandstranspiration mehr, sobald der Blattflächenindex des Bestandes einen kritischen Wert überschreitet (hier etwa 4). Die Zeitverläufe von LAI_{Best} und NIC_{rel} zeigen signifikante Unterschiede zwischen den beiden Düngungsvarianten (Abb. 2.3.2 u. Abb. 2.3.3). Im Gegensatz hierzu weisen die TAI-Werte der beiden Düngungsvarianten lediglich in den letzten Abschnitten der Vegetationsperiode merkliche Unterschiede zueinander auf. Insgesamt kann festgestellt werden, daß der TAI der N4-Variante meist etwas größer als jener der N0-Variante ist (Abb. 2.3.2). Eine Ausnahme ist im Zeitfenster von Ende Mai bis Ende Juni 1991 zu finden. Die hier sichtbare Inversion der Verhältnisse ist darauf zurückzuführen, daß - bedingt durch einen starken Anstieg des LAI der N4-Variante - der TAI als Funktion von NIC_{rel} bei dieser Variante bereits im Sättigungsbereich liegt (LAI > 4), wogegen dies für den TAI der N0-Variante nicht gilt (LAI < 3). Zeitgleich zeigen die experimentellen

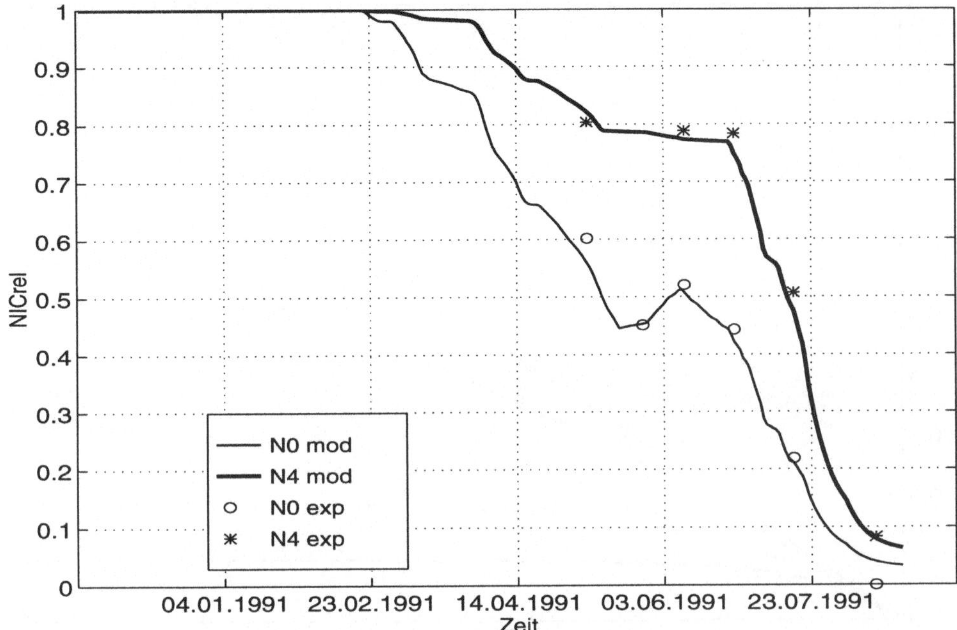

Abb. 2.3.3: Experimentelle Werte des relativen Blattstickstoffgehaltes auf der N0-Parzelle (= N0 exp) und der N4-Parzelle (= N4 exp) am Standort Neuenkirchen (Bockschlag, Feld 292) sowie über Modellinterpolation mit einem Ontogenesemodell (s. Kap.2.5) erhaltene zeitliche Verläufe des relativen Blattstickstoffgehaltes NICrel für beide Parzellen (= N0 mod bzw. = N4 mod). Der experimentell gefundene minimale Blattstickstoffgehalt lag bei 4935 mg·kg^{-1}, der gefundene maximale Gehalt bei 49052 mg·kg^{-1}

Befunde ein lokales Maximum von NICrel in der N0-Variante.

Evapotranspirationsszenarien

Um nicht auf komplizierte Transpirationsmessungen angewiesen zu sein, wurde die Verifikation des Bestandstranspirationsansatzes außerhalb und unabhängig vom Komplexmodell über einen Vergleich mit bereits kalibrierten und validierten Modellen durchgeführt. Aus der Gruppe agrarmeteorologischer Modelle zur Berechnung der potentiellen Evapotranspiration wurden zwei Ansätze für diesen Vergleich ausgewählt: Zum einen der auf einer Formel von TURC (1961) basierende Ansatz von WENDLING & SCHELLIN (1986) und zweitens ein Ansatz von SYRING & KERSEBAUM (1990), der auf der Gleichung von PENMAN (1948) fußt. Der Ansatz von WENDLING & SCHELLIN wurde wegen seiner speziellen Anpassung an das Territorium von Mitteldeutschland ausgewählt. Der Vorteil des zweiten Ansatzes besteht in seiner durch die Autoren vorgenommenen Adaptation an die Daten des SFB 179.

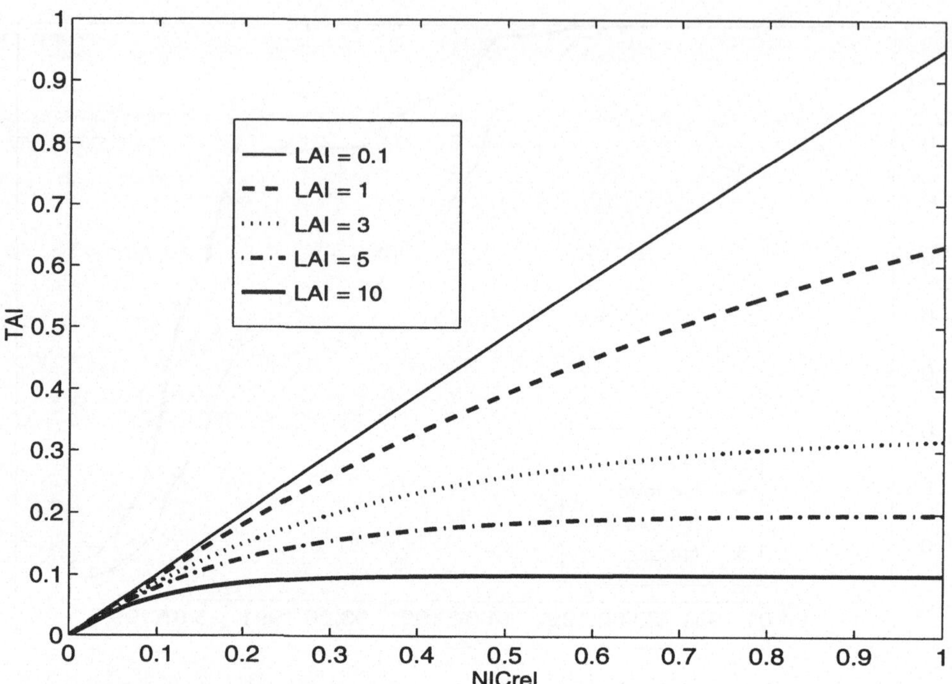

Abb. 2.3.4: Transpirationsaktivitätsindex, TAI, als Funktion des relativen Blattstickstoffgehaltes, NICrel, und des Blattflächenindex, LAIBest (= LAI). Der Parameter kF (siehe Gleichung 2.3.15) wurde für diese Rechnung auf Eins gesetzt

Da beide Ansätze als Resultat Schätzwerte für die Evapotranspiration liefern, war es für den angestrebten Vergleich weiterhin notwendig, geeignete Evaporationsszenarien zu finden. Ausgehend von einer von BORNHÖFT (1993) angegebenen Beziehung wurden diese angesetzt zu:

$$EP_{Gi} = SF_i \cdot MEPT_{Wend} \cdot exp(-LAI_{Best}) \tag{2.3.17}$$

mit EP_{Gi} : Bodenevaporation des i-ten Szenariums, SF_i : i-te Szenariumfunktion, $MEPT_{Wend}$: Schätzwert für die (maximale) potentielle Evapotranspiration eines Weizenbestandes nach WENDLING & SCHELLIN (1986). In allen Szenarien wurde die Niederschlagsinterzeption im Bestand vernachlässigt. Insgesamt wurden vier Szenarien definiert, die einen Bogen von extrem trockener (Evaporation gleich Null, in SC1) bis zu vollständig durchfeuchteter Bodenoberfläche (in SC4) spannen:

$$SF_1 = 0 \qquad\qquad SF_2 = HF$$

$$SF_3 = \frac{1 - exp(-HF)}{1 - exp(-1)} \qquad\qquad SF_4 = 1 \, . \tag{2.3.18}$$

mit der Hilfsfunktion, HF :

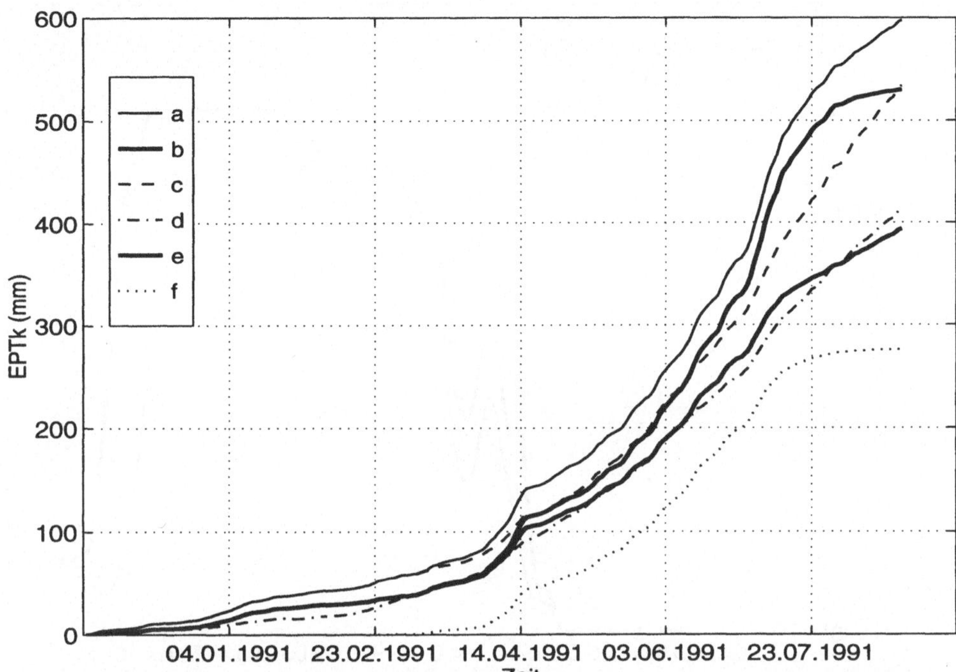

Abb. 2.3.5: Vergleich verschiedener Evapotranspirationsszenarien bzw. ihrer Wirkungen auf die kumulativ berechnete Evapotranspiration (EPTk) eines Winterweizenbestandes am Standort Neuenkirchen (Bockschlag, Feld 292). Die Kurvenbezeichnungen bedeuten: a = Maximalszenarium, b = Realszenarium 2, c = potentielle Evapotranspiration, berechnet nach Wendling, d = potentielle Evapotranspiration, berechnet nach Kersebaum, e = Realszenarium 1, f = Minimalszenarium

$$
HF = \begin{cases} 0 & 0 \leq WG < WG_{min} \\[2mm] \dfrac{WG - WG_{max}}{WG_{max} - WG_{min}} & WG_{min} \leq WG \leq WG_{max} \\[2mm] 1 & WG_{max} < WG \, , \end{cases}
\qquad (2.3.19)
$$

in welcher WG der Wassergehalt in der Bodenschicht bis 30 cm Tiefe ist. WG_{min} charakterisiert den Zustand dieser Bodenschicht am Welkepunkt (kein pflanzenverfügbares Bodenwasser), WG_{max} den Zustand wassergesättigten Bodens. Für die Berechnung der Evaporationsszenarien wurde Gleichung (2.3.17) verwendet.

Folgende Fälle wurden unterschieden: Im Maximalszenarium wurde die Evapotranspiration aus der Bestandstranspiration der N4-Parzelle und einer auf vollständig feuchtem Boden basierenden Evaporation errechnet. Das Minimalszenarium fußt auf der Transpiration der N0-Parzelle (Bodenevaporation vernachlässigt).

Dazwischen wurden die folgenden vier Szenarien eingeordnet: Transpiration der

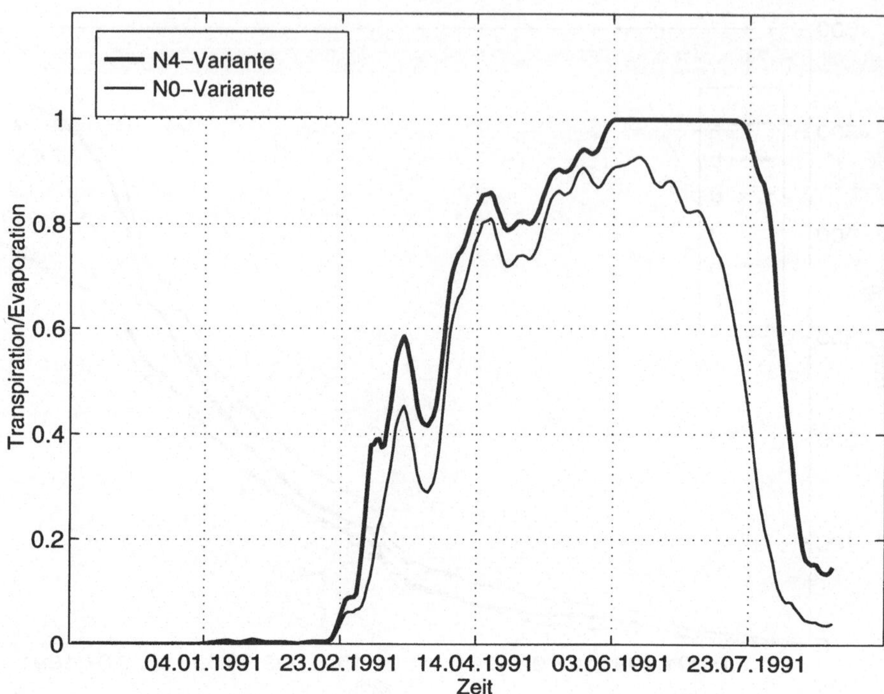

Abb. 2.3.6: Auf die Evapotranspiration bezogene (relative) Bestandstranspiration, FBest / EPT, des modellierten Winterweizenbestandes, dargestellt für die N0-Parzelle (= N0-Variante) und die N4-Parzelle (= N4-Variante) über der Zeit. Die Kurven sind geglättet. Deutlich erkennbar ist, daß der Bestand auf der N4-Parzelle im Zeitraum Anfang Juni bis Ende Juli Bestandsschluß erreicht (keine Bodenevaporation mehr nachweisbar)

N0-Parzelle plus Evaporation gemäß Szenariumfunktion SF2 (Realszenarium 1), Transpiration der N4-Parzelle plus Evaporation gemäß SF2 (Realszenarium 2), potentielle Evapotranspiration nach WENDLING & SCHELLIN (1986) (Realszenarium 3) und potentielle Evaporation nach SYRING & KERSEBAUM (1990) (Realszenarium 4). Abb. 2.3.5 zeigt die kumulative Evapotranspiration für alle sechs Szenarien, gerechnet von der Aussaat bis zur Ernte des Winterweizens. In Abb. 2.3.6 ist die auf die Evapotranspiration normierte Bestandstranspiration für Parzelle N0 und für Parzelle N4 dargestellt. Beide Rechnungen basieren auf Szenariumfunktion SF2.

In einem weiteren Schritt zur Bewertung der erreichten Anpassungsgüte wurden die Bodenwasserhaushalte der untersuchten Parzellen verglichen. Mit den von CLAUS et al. (1995) näher erläuterten Verfahren wurden die evapotranspirativ bedingten Unterschiede in der Bodenwasserausschöpfung für die oben definierten Szenarien kalkuliert und mit den experimentell gefundenen Werten in Beziehung gesetzt (Abb. 2.3.7). Für die meisten Zeitpunkte ergibt sich eine relativ gute Übereinstimmung.

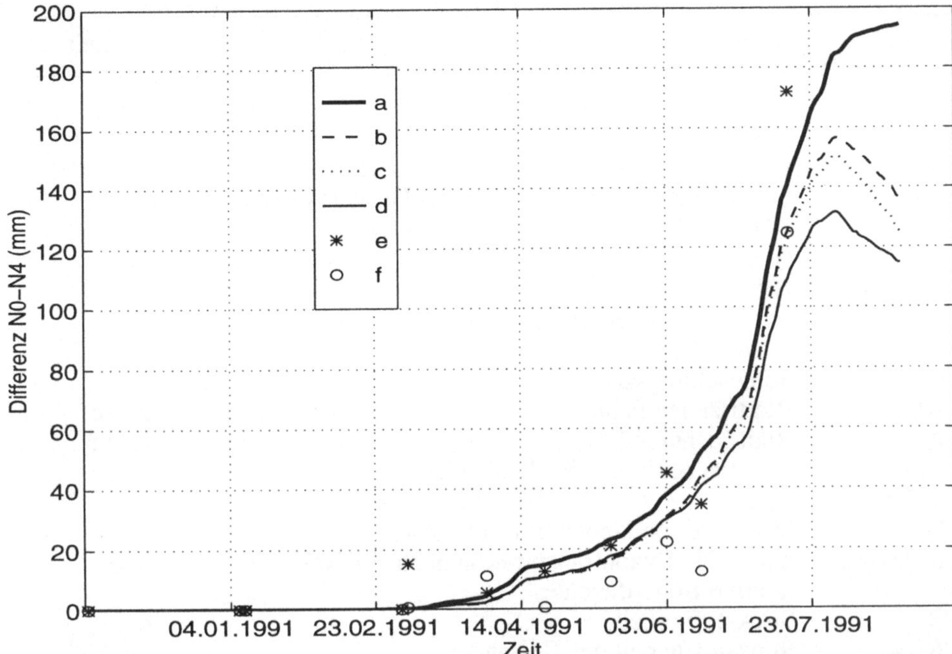

Abb. 2.3.7: Die Wirkung verschiedener Stickstoffdüngerbehandlungen auf die Wasserbilanz von modelliertem Winterweizenbestand und Boden zweier Vergleichsparzellen N0 und N4 am Standort Neuenkirchen (Bockschlag, Feld 292). Dargestellt sind die experimentell gefundenen Differenzen im Bodenwasserhaushalt und die Differenzen in der kumulativen Evapotranspiration zwischen beiden Parzellen, berechnet mit verschiedenen Szenariofunktionen. Im einzelnen bezeichnen die Buchstaben: a = modellierte Differenzen unter Zugrundelegung des Maximum-Evaporationsszenariums (Szenariofunktion SF4, vollständig feuchter Boden), b = dito, berechnet mit Szenariofunktion SF3, c = dito, berechnet mit SF2, d = Rechnungen ausgeführt mit SF1, e = experimentell gefundene Differenzen im Bodenwasserhaushalt beider Parzellen (Differenz der Bodenwasser-Äquivalenttiefen, in mm), ermittelt in der Bodensäule bis 120 cm Tiefe, f = dito, ermittelt in der Bodensäule bis 90 cm Tiefe

Liste der verwendeten Symbole

Symbol	Definition	Einheit
A_{Bl}	Blattelement-Bezugsfläche	m^2
A_G	Bestands-Grundfläche	m^2
C_{Bl}	spezifische Wärmekapazität von Blattgewebe	$J \cdot g^{-1} \cdot K^{-1}$
C_{Tra}	Konstante zur Dimensionskalibrierung	$J \cdot s^{-1} \cdot m^{-2}$
DC	pflanzliches Entwicklungsstadium	DC-Skala
EP_{Gi}	Bodenevaporation im i-ten Szenarium	mm
EPT	Evapotranspiration	mm

Symbol	Definition	Einheit
EPT_k	kumulative Evapotranspiration	mm
F_{Best}	Bestandstranspiration	$g \cdot m^{-2} \cdot s^{-1}$
F_{loc}	lokaler Transpirationsfluß im Bestand	$g \cdot m^{-2} \cdot s^{-1}$
$F_{loc,OG}$	lokaler Transpirationsfluß an der Bestandsobergrenze	
g	Wasserdampfleitfähigkeit eines Blattes	
H	Bestandstiefe	m
HF	Hilfsfunktion	
h	Intersektionstiefe im Bestand	m
h_a	relative Luftfeuchte	
k_F	Schwächungskoeffizient	
LAD	Blattflächendichte	$m^2 \cdot m^{-3}$
LAI	Blattflächenindex	$m^2 \cdot m^{-2}$
LAI_{Best}	Blattflächenindex des Bestandes	$m^2 \cdot m^{-3}$
$Lambda$	spezifische Verdunstungswärme des Wassers	$J \cdot g^{-1}$
M_{Bl}	Masse des betrachteten Blattelementes	g
$MEPT_{Wend}$	maximale Evapotranspiration nach WENDLING	mm
m_s	relative Bodenfeuchte	
NIC	Stickstoffgehalt	$mg \cdot kg^{-1}$
NIC_{Best}	Stickstoffgehalt des Bestandes	$mg \cdot kg^{-1}$
NIC_{max}	maximaler Stickstoffgehalt, junge, grüne Blätter	
NIC_{min}	minimaler Stickstoffgehalt, gelbe, inaktive Blätter	
NIC_{rel}	normierter Stickstoffgehalt	
P_{Defiz}	Dampfdruckdefizit von Wasserdampf	Pa
Q_{Ca}	konvektiver Energieaustausch "Blatt - Luft"	$J \cdot s^{-1}$
Q_R	einfallende Strahlungsenergie	$J \cdot s^{-1}$
Q_{Ra}	radiativer Energieaustausch "Blatt - Luft"	$J \cdot s^{-1}$
Q_{Rh}	Energieaustausch "Blatt - hemisphärischer Hintergrund"	
Q_{Rs}	radiativer Energieaustausch "Blatt - Boden"	$J \cdot s^{-1}$
Q_{Tra}	Energieabgabe durch Transpiration	$J \cdot s^{-1}$
r_a	aerodynamischer Bestandswiderstand	$s \cdot m^{-1}$
r_s	stomatärer Widerstand	$s \cdot m^{-1}$
SF_i	Szenariofunktion für das i-te Szenarium	
TAI	Transpirationsaktivitätsindex	
T_a	Lufttemperatur	K
T_{BL}	Blattemperatur	K
u	Windgeschwindigkeit	$m \cdot s^{-1}$
WG	Wassergehalt im Boden	mm
WG_{max}	Wassergehalt im Boden bei Wassersättigung	mm
WG_{min}	Wassergehalt im Boden am Welkepunkt	mm
x	x-Koordinate im Bestand	
y	y-Koordinate im Bestand	
z	z-Koordinate im Bestand	

2.4 Modell des CO_2-Gasaustausches von Pflanzenbeständen

J. MÜLLER, P. WERNECKE

Einleitung

Zur Modellierung des Gasaustausches von Pflanzenbeständen müssen Strukturen und Prozesse auf mehreren Systemebenen in einem hierarchisch strukturierten Systemmodell erfaßt werden (NORMAN 1993, MÜLLER et al. 1993).

Als Submodell für die biochemischen Teilprozesse ist das Photosynthese-Modell für C_3-Pflanzen von FARQUHAR & VON CAEMMERER (1980) in der Modifikation von COLLATZ et al. (1991) besonders häufig eingesetzt worden, da dieses Modell auf Grund verschiedener vereinfachender Annahmen und der Beschränkung auf den stationären Fall eine sehr kompakte Darstellung der Photosyntheseprozesse erlaubt. Ein Modell mit ähnlicher Struktur wurde von MÜLLER (1986 a,b) auf der Grundlage von Gaswechselmessungen an Blättern verschiedener Weizensorten unter Einbeziehung der Wirkungen des Entwicklungszustandes und der Insertionshöhe der Blätter parametrisiert. In das im Folgenden vorgestellte Bestandesmodell für Winterweizen wurde eine unter Berücksichtigung des FARQUHAR-VON CAEMMERER-COLLATZ-Modells weiterentwickelte Version dieses Ansatzes aufgenommen.

Dynamische Photosynthesemodelle, die den Metabolismus der Photosynthese auf der Basis von Systemen gekoppelter Differentialgleichungen beschreiben, wurden vor allem mit dem Ziel eines besseren Verständnisses dieser Prozesse bei nichtstationären Bedingungen entwickelt (HAHN 1991, BAUER 1993). Diese Modelle sind mathematisch aufwendig und schwierig zu parametrisieren. Sie sind daher für eine Einbindung in komplexe Ökosystemmodelle weniger geeignet. Dies trifft in gewissem Umfang auch für das stärker ökophysiologisch orientierte dynamische CO_2-Gaswechselmodell von GROSS et al. (1991) zu.

Die Reaktion der Stomata auf externe und interne Einflußgrößen kann bisher noch nicht befriedigend in biophysikalisch begründeten Modellen erfaßt werden. Ansätze in dieser Richtung wurden z.B. von JOHNSON et al. (1991) und TARDIEU & DAVIES (1993) vorgelegt. Weiterhin wurden Modelle vorgeschlagen, die auf der Annahme eines Regelungsverhaltens basieren, bei dem das Verhältnis von Wasserverlust zu CO_2-Assimilation optimiert wird (Übersicht bei FRIEND 1995). Als Komponenten komplexerer Modelle des CO_2-Gasaustausches wurden bisher nur empirische Stomata-Modelle, d.h. weitgehend formal in bezug auf eine möglichst gute Übereinstimmung mit experimentellen Befunden strukturierte und parametrisierte Modelle (JARVIS 1976, BALL et al. 1987, MÜLLER et al. 1993) eingesetzt. Für das empirische Modell von BALL et al. (1987) haben APHALO & JARVIS (1993) eine verbesserte Version vorgelegt und gleichzeitig gezeigt, daß dieser Ansatz auf Grund der implizierten Kopplung zwischen der

Photosyntheserate und der stomatären Leitfähigkeit nicht als Modell der stomatären Reaktion auf Umweltfaktoren im eigentlichen Sinne betrachtet werden kann.

Die Modellierung der physikalischen Prozesse des CO_2-Transports durch die Grenzschicht am Blatt und die Stomata ist in einer Reihe grundlegender Arbeiten ausführlich dargestellt worden (CAMPBELL 1977, GATES 1980, MONTEITH & UNSWORTH 1990). In den meisten Modellen des CO_2-Gasaustausches von Pflanzenbeständen werden diese Prozesse vereinfachend beschrieben. COLLATZ et al. (1991) demonstrieren die Bedeutung des Grenzschichttransportes für die sogenannte Mittagsdepression des CO_2-Gaswechsels und des latenten Wärmeflusses. Ein detailliertes Teilmodell des Grenzschicht-Transportes ist in dem Blatt-Photosynthesemodell von NIKOLOV et al. (1995) enthalten.

Das Problem der Modellierung der Absorption der photosynthetisch aktiven Strahlung (PAR) durch Pflanzenbestände ist komplex. Zunächst müssen die direkte Sonnenstrahlung und die diffuse Himmelsstrahlung gemessen oder aus der Global-strahlung bzw. der PAR berechnet werden (SPITTERS 1986, MYNENI & ROSS 1991). Des weiteren sind die Absorption sowie die Transmission und Reflexion der direkten und diffusen Strahlungskomponenten in Abhängigkeit von der räumlichen Verteilung der Bestandeselemente und dem Sonnenstand zu beschreiben. Eine exakte Behandlung dieses Problems ist sehr aufwendig. Für die Einbindung in Modelle des CO_2-Gasaustausches von Pflanzenbeständen wurden daher eine Reihe von Modellen des Strahlungstransfers auf der Grundlage von vereinfachenden Annahmen entwickelt (Übersicht z.B. bei BALDOCCHI 1993). Mit diesen Modellen läßt sich das Strahlungsfeld im Bestand angeben, so daß bei Kenntnis der vertikalen Blattflächenverteilung auch das vertikale Profil der CO_2-Gasaustauschrate als Funktion der lokalen Bestrahlungsstärke berechnet werden kann. Die Integration über das vertikale Profil der lokalen CO_2-Gasaustauschrate ergibt dann die CO_2-Gasaustauschrate des Bestandes. Damit ist gleichzeitig das Prinzip des up-scaling-Verfahrens für den Übergang vom Bestandeselement auf den Pflanzenbestand umrissen.

In den letzten Jahren sind die Forschungsarbeiten zur Entwicklung von detaillierten Teilmodellen und deren Kopplung zu komplexeren Systemmodellen des CO_2-Gasaustausches von Pflanzenbeständen verstärkt im Rahmen ökosystemarer Forschungsansätze und der Global-Change-Forschung vorangetrieben worden. Dabei wird zunehmend auf bestimmte Pflanzenarten bzw. Ökosysteme Bezug genommen (verschiedene Baumarten, Wald: MCMURTRIE et al. 1992, REYNOLDS et al. 1992, AMTHOR et al. 1994, BALDOCCHI & HARLEY 1995, LEUNING et al. 1995; verschiedene Kulturpflanzenarten, agrarische Ökosysteme: PENNING DE VRIES et al. 1989, GRANT et al. 1993, MÜLLER et al. 1993 und 1995, AMTHOR 1994, BOOTE & PICKERING 1994; Tundra: TENHUNEN et al. 1994). Die entsprechende Spezifizierung der Modelle ist in der Regel allerdings noch nicht ausreichend. Die Verifizierung bleibt auf qualitative Vergleiche oder wenige Datensätze beschränkt, so daß über die Gültigkeit der Modelle für die gesamte Ontogenese oder für verschiedene Wachstums- und Anbaubedingungen (Standorte) keine Aussagen getroffen werden können.

Im folgenden Abschnitt wird die weiterentwickelte Version eines Modells des CO_2-Gasaustausches von Pflanzenbeständen (MÜLLER et al. 1993) vorgestellt, das speziell für die Einbindung in komplexe Ökosystem-Modelle konzipiert wurde. Die Grundversion dieses Modells wurde auf der Basis von Gaswechseluntersuchungen unter kontrollierten Umweltbedingungen (Klimakammern) parametrisiert (MÜLLER et al. 1993), bei denen ein automatisiertes rechnergesteuertes Meßsystem für den Parallelbetrieb von 6 Großküvetten eingesetzt wurde, mit dem die Raten des CO_2-Gasaustausches und der Transpiration an Pflanzenbeständen in Anzuchtgefäßen bei gesteuerter Variation der Einflußgrößen gemessen werden können (MÜLLER et al. 1991, vgl. auch Kap. 4.4). Für dieses Modell konnte gezeigt werden, daß die CO_2-Flüsse zwischen einem Pflanzenbestand und der Atmosphäre in Abhängigkeit von den Einflußgrößen der Umwelt über die gesamte Ontogenese der Pflanzen richtig beschrieben werden (WERNECKE et al. 1993, MÜLLER et al. 1995). Für alle in die detaillierte Verifizierung des Modells einbezogenen Kriterien (physiologische Relevanz der Parameterschätzwerte, lokale und bestandesbezogene Kennlinien für die Abhängigkeit der CO_2-Gasaustauschrate von Umweltfaktoren und pflanzlichen Zustandsgrößen) ergab sich eine gute Übereinstimmung mit Literaturangaben und eigenen Meßergebnissen. Wesentliche Modifikationen in der hier dargestellten Version dieses Modells beziehen sich vor allem auf den Einfluß des Stickstoff- und des Chlorophyllgehaltes, das Stomata-Teilmodell, die Kopplung mit einem Modell des Strahlungstransfers in Pflanzenbeständen und die Realisierung der Kopplung mit einem komplexen Pflanzenwachstumsmodell (vgl. auch Kap 2.7). Die weiterentwickelte Modellversion wurde auf der Grundlage von Gaswechselmessungen an Blättern und Pflanzenbeständen im Freiland kalibriert und validiert. Die Ergebnisse der für die Kulturpflanzenarten Weizen, Gerste und Raps durchgeführten Untersuchungen werden am Beispiel des Winterweizens dargestellt.

Beschreibung des Modells

Allgemeine Modellstruktur

Es werden vertikal strukturierte Pflanzenbestände auf homogenen Arealen mit vernachlässigbaren horizontalen Inhomogenitäten betrachtet. Die mit dem CO_2-Gasaustausch und der Transpiration verbundenen Flüsse des Kohlendioxids (C), F_{Ccan} und des Wasserdampfes (W), F_{Wcan}, eines Pflanzenbestandes (canopy), bezogen auf die Grundfläche A_g, sind als Integral der lokalen Flüsse F_{jloc} (j = C oder W) an den Bestandeselementen (Blätter, Halme usw.) und der Dichtefunktion PAD_Ω (z, ω, D) gegeben:

$$F_{jcan} = F_g + \frac{1}{4 \cdot \pi \cdot A_g} \cdot \underset{V}{\int} \underset{\Omega}{\int} F_{jloc}(u, v) \cdot PAD\Omega \; d\Omega \; dV \qquad (2.4.1)$$

V Ω (Canopy-Volumen, alle Raumwinkel)

mit

Index j:　　　　　　　　C bzw. W;

$$F_g = \begin{cases} 0 & \text{für } j = W \\ -RDG & \text{für } j = C \end{cases}$$

wobei RDG die Atmung der generativen Organe (Körner) beschreibt.

Die Dichtefunktion $PAD\Omega$ (z, ω, D) ist definiert als diejenige Oberfläche der Bestandeselemente pro Volumenelement dV, deren Oberflächennormale $\omega = (\omega_x, \omega_y, \omega_z)$ in den differentiellen Raumwinkel $d\Omega$ gerichtet ist. Der Ort des Volumenelementes ist durch seinen Abstand z von der Bestandesobergrenze gekennzeichnet. D ist der Entwicklungszustand der Pflanzen (vgl. Kap. 2.5 und 3.1).

Die lokalen Flüsse F_{Cloc} und F_{Wloc} des CO_2 bzw. des Wasserdampfes hängen sowohl von dem Vektor u der lokalen Einflußgrößen (z.B. photosynthetisch aktive Strahlung, Partialdruck des CO_2) als auch von dem Vektor v der physiologischen Zustandsgrößen der Bestandeselemente (z.B. Stickstoffgehalt, Wasserpotential) ab. Wegen der vorausgesetzten Annahme „horizontaler Homogenität" der Pflanzenbestände können beide Vektoren als unabhängig von der horizontalen Lage der Bestandeselemente angenommen werden; sie lassen sich als Profilfunktionen des vertikalen Abstandes z der Bestandeselemente von der Bestandesobergrenze interpretieren. In den Integralen für die Gesamtflüsse kann deshalb die Integration über die Grundfläche ausgeführt werden, und die Integrale vereinfachen sich zu:

$$F_{jcan} = F_g + \frac{1}{4 \cdot \pi} \cdot \underset{Hcan}{\int} \underset{\Omega}{\int} F_{jloc}(u, v) \cdot PAD\Omega \; d\Omega \; dz \qquad (2.4.2)$$

Hcan Ω (Bestandestiefe, alle Raumwinkel)

Um den lokalen CO_2-Fluß F_{Cloc} zwischen einem Bestandeselement und seiner Umgebung bestimmen zu können, werden die folgenden CO_2-Flüsse berücksichtigt:

$$F_{Cloc} = F_{Cloc} \; (C_a, C_i) \qquad \text{zwischen Umgebung und Interzellularen,}$$
$$F_{Cm} = F_{Cm} \; (C_m, C) \qquad \text{zwischen Mesophylloberfläche und Reaktionsort,}$$
$$PN = PN \; (C) \qquad \text{Netto-Photosyntheserate am Reaktionsort.}$$

Die Netto-Photosyntheserate PN ergibt sich als Differenz der Raten von Photosynthese, Photorespiration und Dunkelatmung:

$$PN = PS - RL - RD. \qquad (2.4.3)$$

Unter stationären Bedingungen gilt:

$$F_{Cloc} = F_{Cm}$$
$$F_{Cm} = PN.$$

Da die CO_2-Konzentration C_m an der Mesophylloberfläche linear von der Konzentration C_i des CO_2 in den Interzellularen abhängt, sind nur die beiden unbekannten Größen C_i und C (C: CO_2-Konzentration am Reaktionsort) zu bestimmen. Das resultierende Gleichungssystem für C_i und C ist nichtlinear und wird mit einem Iterationsverfahren numerisch gelöst. Mit den so berechneten CO_2-Konzentrationen sind die lokalen Flüsse $F_{Cloc}(C_a, C_i)$ und F_{Wloc} ermittelbar. Durch Integration der lokalen Flüsse über alle Schichten des Pflanzenbestandes und alle Blattwinkelklassen lassen sich die Gaswechselraten des Bestandes (F_{Ccan}, F_{Wcan}) bestimmen.

Die Inputgrößen des Modells sind: Globalstrahlung oder photosynthetisch aktive Strahlung (PAR), Partialdrücke von Kohlendioxid, Sauerstoff und Wasserdampf sowie Windgeschwindigkeit an der Bestandesobergrenze, Luftdruck, Blattemperatur, Blattwasserpotential, Stickstoffgehalt der vegetativen Bestandeselemente und der Körner, Blattflächenindex, Bestandeshöhe und Entwicklungszustand der Pflanzen. Als Outputgrößen werden vom Modell berechnet: die integralen und lokalen Kohlendioxid- und Wasserdampf-Flüsse (F_{Ccan}, F_{Cloc}, F_{Wcan}, F_{Wloc}).

Im Fall der Kopplung des Gasaustauschmodells mit einem übergeordneten komplexen Pflanzenmodell können die Input- und Outputgrößen des Modells über eine Schnittstelle übergeben werden (vgl. Kap. 2.7).

Die folgenden Abschnitte enthalten eine kurze Übersicht über das Modell. Eine detaillierte Beschreibung der Grundversion des Modells geben MÜLLER et al. (1993). Die Zusammenstellung aller Modellgleichungen, das Symbolverzeichnis und die Liste der Parameter befinden sich am Ende dieses Kapitels.

CO_2-Gasaustausch von Bestandeselementen

Biochemische Prozesse

Die Photosyntheserate PS wird in Verallgemeinerung vereinfachter reaktionskinetisch begründeter Ansätze von FARQUHAR et al. (1980), MÜLLER (1986a) und COLLATZ et al. (1991) durch ein System von drei gekoppelten quadratischen Gleichungen beschrieben, das die Abhängigkeit der Raten der Carboxylierung und des Elektronentransportes von der absorbierten PAR und den Konzentrationen von Kohlendioxid und Sauerstoff am Reaktionsort sowie die Kopplung von Carboxylierung und Elektronentransport erfaßt (Gleichung 2.4.11-2.4.15). Die Photorespirationsrate wird als Funktion der Photosyntheserate, der Spezifität der RuBPCO, des Verhältnisses von CO_2-Freisetzungsrate zu Oxygenierungsrate des RuBP sowie der Konzentrationen von Sauerstoff und Kohlendioxid am Reaktionsort berechnet (Gleichung 2.4.16). Die Dunkelatmungsrate RD der vegetativen Sproßorgane wird durch zwei Komponenten RDP und RDI dargestellt, die sich auf die photosynthetisch aktiven und die photosynthetisch inaktiven Pflanzenteile beziehen (Gleichung 2.4.17). Die Atmungsrate der Karyopsen ist eine Funktion der spezifischen Atmungsrate, des Stickstoffgehaltes in den Karyopsen und der Karyopsenmasse (Gleichung 2.4.49). Der Einfluß des Gehaltes an Protein-gebundenem Stickstoff N_L der Bestandeselemente bzw. der vegetativen Sproßorgane N_P auf die Maximalraten von Carboxylierung und Elektronentransport bzw. auf die Komponenten der Dunkelatmung wird durch stückweise lineare Funktionen dargestellt (Gleichung 2.4.18 bis 2.4.22). Der Absorptionskoeffizient für die photosynthetisch aktive Strahlung ist vom Chlorophyllgehalt abhängig (Gleichung 2.4.24). Die Temperaturabhängigkeit der Maximalraten der Carboxylierung und des Elektronentransportes sowie der Michaelis-Menten-Konstanten der Ribulose-1,5-bisphosphat (RuBP) carboxylase/oxygenase (RuBPCO) für Kohlendioxid und der Spezifizität der RuBPCO wird durch Arrhenius-Gleichungen berücksichtigt (Gleichung 2.4.26). Die Wirkung der reversiblen thermischen Deaktivierung von Enzymen bei niedrigen und hohen Temperaturen (SHARPE & DE MICHELE 1977, SHARPE 1983) wird vereinfacht als Gesamteffekt auf die Photosyntheserate beschrieben (Gleichung 2.4.27).

Der Temperatureinfluß auf RD wird analog zum Temperatureinfluß auf PS als temperaturabhängige Aktivierung der Komponenten von RD und als reversible thermische Deaktivierung bei niedrigen und hohen Temperaturen berücksichtigt. Im Fall der Einbindung des Modells in das komplexe Pflanzenwachstumsmodell kann die Dunkelatmungsrate entsprechend dem Umsatz von Glukoseäquivalenten für Synthesen und Transportprozesse nach PENNING DE VRIES (1975) berechnet werden (vgl. Kap. 2.1).

Gastransport

Der Transport von Kohlendioxid und Wasserdampf zwischen der Luft in der Umgebung der Bestandeselemente und den Interzelluaren wird mit den bekannten Transportgleichungen modelliert (Gleichung 2.4.28-2.4.33, VON CAEMMERER & FARQUHAR 1981). Für die Abhängigkeit der stomatären Leitfähigkeit für Wasserdampf bzw. Kohlendioxid von der PAR, der Temperatur der Bestandeselemente, der interzellulären CO_2-Konzentration, dem Dampfdrucksättigungsdefizit zwischen Mesophylloberfläche und Außenluft des Blattes, dem Blattwasserpotential und dem Stickstoffgehalt wurde ein empirisches Modell formuliert (Gleichung 2.4.34-2.4.38). Die mittlere Leitfähigkeit der Grenzschicht an der Oberfläche der Bestandeselemente für Wasserdampf bzw. Kohlendioxid wird als Funktion der Windgeschwindigkeit über dem Bestand und der Bestandeshöhe berechnet.

Der Übergang des CO_2 in das Mesophyll wird entsprechend der temperaturabhängigen Löslichkeit des CO_2 in Wasser beschrieben (Gleichung 2.4.39, 2.4.40). Für den Transport zum Reaktionsort wird eine Limitierung durch die Leitfähigkeit des Mesophylls für CO_2 (Gleichung 2.4.41, 2.4.42) angenommen (LORETO et al. 1992). Der Sauerstofftransport wird auf Grund der hohen Außenkonzentrationen als nicht durch Blattstrukturen limitiert angenommen, so daß nur die temperaturabhängige Löslichkeit des Sauerstoffs in Wasser zu berücksichtigen ist (Gleichung 2.4.45, 2.4.46).

CO_2-Gasaustausch von Pflanzenbeständen

Vertikale Profile von Zustandsgrößen der Bestandeselemente im Pflanzenbestand

In der Grundversion des Modells werden die vertikalen Profile des Blattflächenindex LAI(z) bzw. der Flächendichte des Bestandes (plant area density) PAD(z) und des Stickstoffgehaltes N_L(z) aus charakteristischen Profilfunktionen unter Berücksichtigung des Entwicklungszustandes der Pflanzen berechnet (MÜLLER et al. 1993). Da Stickstoff- und Chlorophyllgehalt über einen weiten Bereich eng korreliert sind, kann damit auch das Profil des Chlorophyllgehaltes angegeben werden. Für die Bestandestemperatur, das Wasserpotential und die Stickstoffkonzentration der Körner werden keine vertikalen Profile berücksichtigt.

Zustandsgrößen der Luft im Pflanzenbestand

Die Temperatur, die Partialdrücke von Wasserdampf und Kohlendioxid und die Windgeschwindigkeit im Pflanzenbestand sind generell Funktionen des Energieaustausches im Gesamtsystem „Boden-Pflanzenbestand-Atmosphäre", der Verteilung von Quellen und Senken für die Energie- und Stofflüsse in diesem System und des resultierenden turbulenten Transports (DENMEAD & RAUPACH 1993). Experimentelle Untersuchungen an Pflanzenbeständen der hier betrachteten Kulturpflanzenarten haben gezeigt, daß die sich ausbildenden Profile der Partialdrücke von CO_2 und Wasserdampf gering sind (MÜLLER, unveröffentlicht), so daß die entsprechenden Größen an der Bestandesobergrenze verwendet werden können. Simulationsstudien zur Abschätzung der Fehler bei Vernachlässigung der Profile von Lufttemperatur und Windgeschwindigkeit (REYNOLDS et al. 1992) legen es nahe, zunächst auch für diese Größen so zu verfahren.

Strahlungstransfer im Pflanzenbestand

Für die Berechnung des Gasaustausches von Freiland-Beständen wurde das Blatt-Gasaustauschmodell mit einem Strahlungstransfer-Modell von SPITTERS (1986) gekoppelt, mit dem das Strahlungsfeld in Pflanzenbeständen in einfacher Weise hinreichend genau beschrieben werden kann (siehe Abschnitt „ Zusammenstellung der Modellgleichungen" am Ende dieses Kapitels).

Vereinfachtes Integrationsverfahren zur Berechnung des Gasaustausches von Freiland-Beständen

Die Bestimmung des CO_2-Gasaustausches von Pflanzenbeständen erfordert die Berechnung des Integrals nach Gleichung 2.4.2. Um den Rechenaufwand für die Modellvalidisierung möglichst gering zu halten, wurde entsprechend einem Vorschlag von GOUDRIAAN (1986) ein auf dem GAUSS'schen Algorithmus basierendes Integrationsverfahren eingesetzt, das nur drei Stützstellen in z benötigt. An diesen Stützstellen werden die lokalen Strahlungskomponenten und CO_2-Flüsse sowie die Dichtefunktion PAD_Ω für zwei Klassen von Bestandeselementen (durch direkte Sonnenstrahlung exponierte und beschattete Bestandeselemente) ermittelt. Der CO_2-Gasaustausch des Pflanzenbestandes ergibt sich dann als gewichtete Summe der lokalen CO_2-Flüsse für die betrachteten zwei Blattklassen über alle Stützstellen.

Parametrisierung und Validisierung des Modells

Verfahren und Datenbasis

Bei der Bestimmung der Parameter von komplexen, hierarchisch strukturierten Systemmodellen ist es zweckmäßig, schrittweise vorzugehen und zunächst die Teilmodelle für Prozesse der untergeordneten Systemebenen unabhängig vom Gesamtmodell zu parametrisieren und zu validisieren. Für das vorliegende Modell des CO_2-Gasaustausches von Pflanzenbeständen sind hierbei drei Hierarchieebenen zu betrachten:

- Primärprozesse auf dem zellulären und subzellulären Niveau (Carboxylierung, Elektronentransport etc.),
- Stomataregelung und CO_2-Gasaustausch auf der Ebene von Bestandeselementen (Blätter),
- CO_2-Gasaustausch von Pflanzenbeständen.

Für die Parametrisierung der Modellgleichungen zur Beschreibung der Grundprozesse auf der zellulären und subzellulären Ebene können z.T. Literaturangaben genutzt werden. Einige Parameter dieser Modellebene und weitere, für die Modellebene des CO_2-Gasaustausches von Bestandeselementen relevante Parameter (Modelle der stomatären Leitfähigkeit und der Netto-Photosyntheserate) lassen sich aus Gaswechselmessungen an Blättern bestimmen. Für die Ermittlung der bestandesbezogenen Modellparameter und die Validisierung des Gesamtmodells werden Ergebnisse von Gaswechselmessungen an Pflanzenbeständen benötigt.

In die Modellparametrisierung wurden vor allem Ergebnisse von Gaswechselmessungen an Blättern und Pflanzenbeständen der Quedlinburger Freilandversuche und z.T. auch Ergebnisse früherer Gaswechseluntersuchungen an Blättern und an Pflanzenbeständen unter kontrollierten Bedingungen (MÜLLER et al. 1986b, WERNECKE et al. 1993, MÜLLER et al. 1995) einbezogen.

Zur Erfassung des Einflusses der Umweltfaktoren sowie des Chlorophyll- und des Stickstoffgehaltes auf den Gasaustausch von Blättern wurden in den Jahren 1994 und 1995 die CO_2-Gasaustauschrate F_{Cloc} und die Leitfähigkeit g_w bzw. g_c bei Lichtsättigung, bei verschiedenen Stufen der Photonenflußdichte PAR und in Abhängigkeit von der natürlichen Variation der Umweltfaktoren im Tagesverlauf (CO_2/H_2O-Porometer mit Beleuchtungseinrichtung FL-400/400F, WALZ) sowie der Stickstoff- und Chlorophyllgehalt der Blätter (Hand-Photometer SPAD 502, MINOLTA, Transmission bei 640 nm) gemessen. Für die Leitfähigkeit der Grenzschicht am Blatt unter den Bedingungen in der Porometer-Küvette wurde $g_{wb} \gg g_{ws}$ angenommen. Um einen möglichst großen Variationsbereich des Chlorophyll- und des Stickstoffgehaltes berücksichtigen zu können, erfolgten die Untersuchungen an Blättern unterschiedlicher Insertionshöhe, in verschiedenen Phasen der Blattentwicklung sowie an Blättern von Pflanzen aus Versuchsvarianten mit unterschiedlicher Stickstoffversorgung.

Da der erfaßte Variationsbereich der CO_2-Konzentration bei den Freiland-Messungen mit $C_a = (360 \pm 40)$ ppm vergleichsweise gering war, wurden die Datensätze zur Abhängigkeit der Netto-Photosyntheserate und der stomatären Leitfähigkeit von der Photonenflußdichte I_{PAR} um Werte für den CO_2-Gasaustausch am CO_2-Kompensationspunkt C_0 ergänzt ($F_{Cloc} = 0$, $C_0 = 40$ ppm, $I_{PAR} = 2000$ $\mu E \cdot m^{-2} \cdot s^{-1}$, $g_{ws} = g_{wsmax}$, die übrigen Werte wurden entsprechend den Meßdaten bei Lichtsättigung gewählt). Weiterhin wurden in die Validisierung des Stomata-Modells Literaturdaten von BALL et. al. (1987) und MORISON (1987) einbezogen.

Das vollständige Modell für den CO_2-Gasaustausch von Pflanzenbeständen wurde auf der Grundlage von CO_2-Gasaustauschmessungen mit dem in Kap. 4.4 vorgestellten Parzellenküvetten-System validisiert. Als Eingangsgrößen werden dabei neben den Umweltgrößen der Blattflächenindex (LAI) und der Stickstoffgehalt (N_L) benötigt. Der LAI wurde nach einem nichtdestruktiven Verfahren (LI-3000-Sensor, LI-COR) erfaßt. Der mittlere Stickstoffgehalt N_L der Blätter in den oberen Bestandesschichten wurde wie bei den Gaswechseluntersuchungen an Blättern aus Transmissionsmessungen bestimmt (jeweils 30 Messungen an Blättern an der Bestandesobergrenze, in der Bestandesmitte und in der dazwischenliegenden Bestandesschicht bei 3-5 Meßpunkten je Blatt).

Parameterschätzverfahren

Sofern keine Literaturangaben oder eigene Meßergebnisse zu den Parametern verfügbar waren (vgl. Liste der Modellparameter) wurden diese durch Anpassung an die Meßdaten mit Hilfe eines numerischen Verfahrens zum Minimieren der Abweichungsquadrate geschätzt ("constrainted optimization", THE MATHWORKS 1994). Durch die Parameter der Teilmodelle sind auch die Parameter des Gesamtmodells für den CO_2-Gasaustausch von Pflanzenbeständen vollständig bestimmt.

Parametrisierung und Validisierung der Teilmodelle

Einfluß des Stickstoff- und des Chlorophyllgehaltes

Sowohl für die Netto-Photosyntheserate F_{Cloc} als auch für die Leitfähigkeit g_w lassen sich die Wirkungen der Stickstoffversorgung, des Entwicklungszustandes und der Insertionshöhe der Blätter als Einfluß eines unterschiedlichen Chlorophyll- bzw. Stickstoffgehaltes beschreiben (Abb. 2.4.1). Die Abhängigkeit der Größen

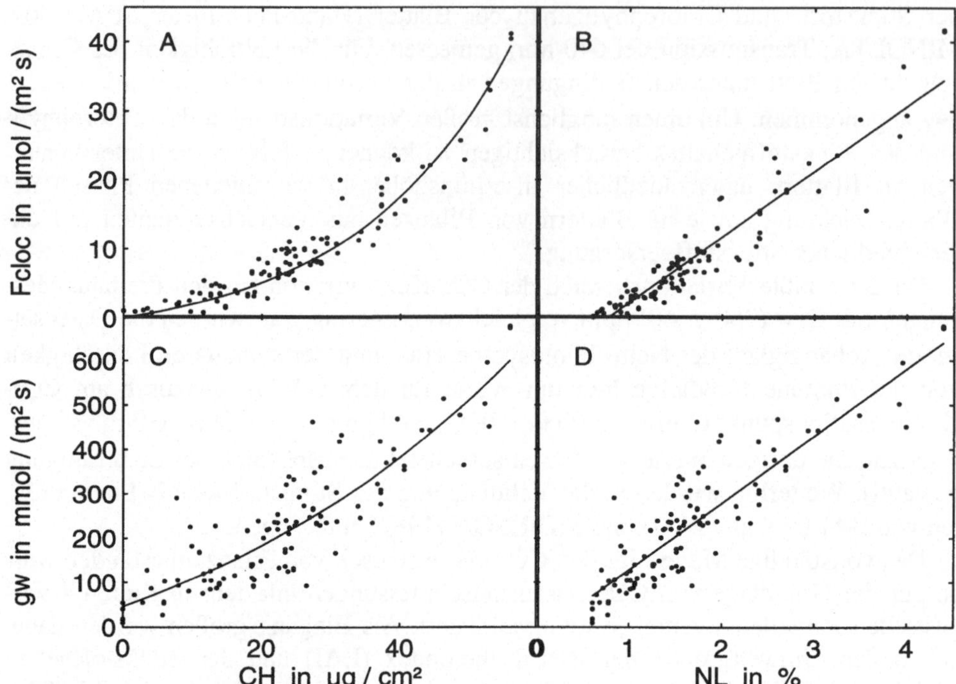

Abb. 2.4.1:   Abhängigkeit der Netto-Photosyntheserate F_{CLoc} und der Leitfähigkeit gegenüber Wasserdampf g_w von Blättern vom Chlorophyllgehalt CH und vom Stickstoffgehalt N_L.

A: F_{CLoc} = 3,45·exp(0,045·CH)-3,4;   r=0,92
B: F_{CLoc} = 9,507·N_L-7,286;   r=0,94
C: g_w = 308,8·exp(0,0184·CH)-262,7;   r=0,88
D: g_w = 150,9·N_L-22,73;   r=0,88

F_{CLoc} und g_w vom Stickstoffgehalt ist annähernd linear.

Aus den Koeffizienten der angegebenen Regressionsfunktionen können die Parameter in den Gleichungen für den Einfluß des Stickstoffgehaltes auf die Netto-Photosyntheserate bzw. auf die stomatäre Leitfähigkeit, N_{L1max} und N_{L1min} bzw. N_{L2max} und N_{L2min} sowie der Parameter für den maximalen Chlorophyllgehalt CH_{max} bestimmt werden (vgl. Liste der Modellparameter).

Stomata-Modell

Es erwies sich als zweckmäßig, zunächst das Stomata-Teilmodell unabhängig von den Modellgleichungen für die biochemischen Photosyntheseprozesse zu parametrisieren. Die Ergebnisse der Parameterschätzung für den Literaturdatensatz (Abb. 2.4.2A) wurden dabei als Startwerte für die Modellanpasssung an die eigenen Meßdaten für Winterweizenblätter verwendet, wobei der Wertebereich auf ein Intervall um diese Startwerte beschränkt wurde. Die geringere Variation der interzellulären CO_2-Konzentration C_i, der Blattemperatur T_L und des Dampfdrucksätti-

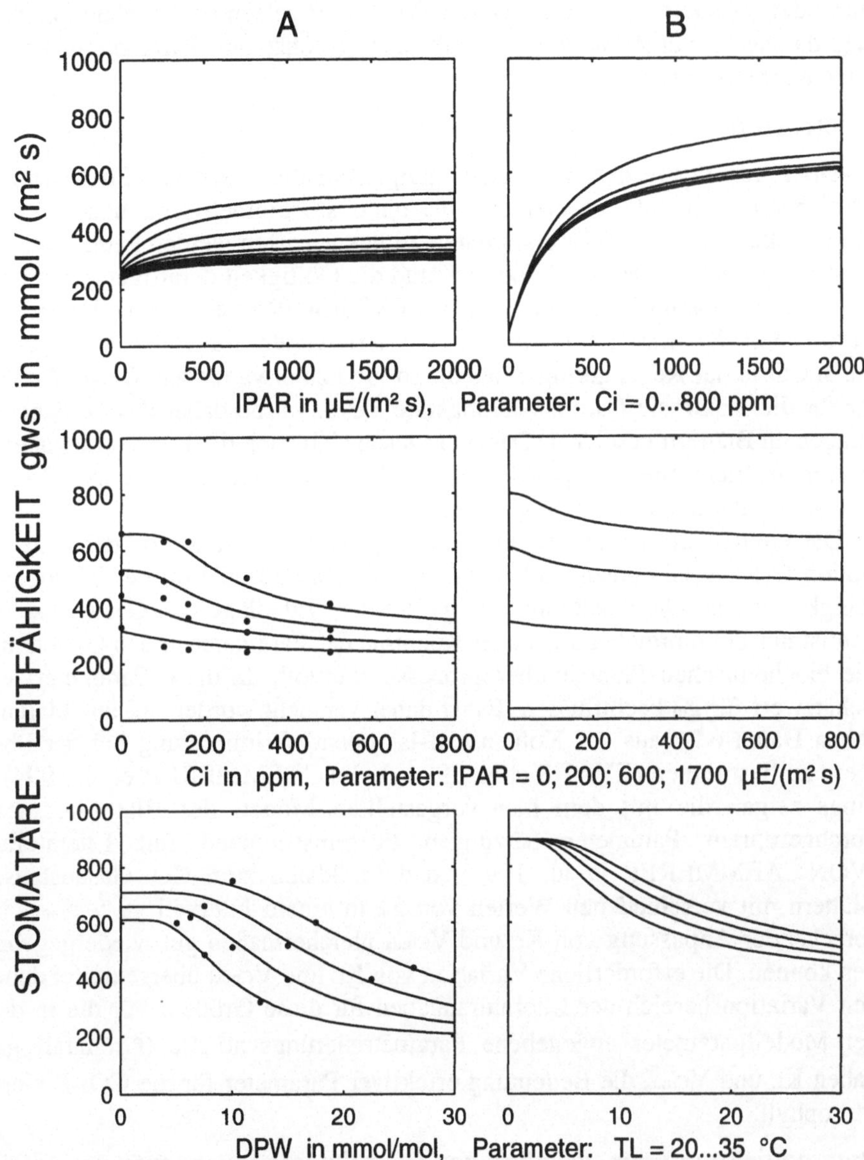

Abb. 2.4.2: Kennlinien des Stomata-Modells.
A: Parametrisierung mit Literaturangaben. Meßwerte für gws(Ci) von MORISON (1987) und für
   gws(DPW) von BALL et al. (1987)
B: Parametrisierung mit Meßdaten für Winterweizen (vgl. auch Abb. 2.4.3B)

gungsdefizites D_{PW} bei den Meßdaten für Winterweizen im Vergleich zu dem Literaturdatensatz verdeutlichen die mit den geschätzten Parametern berechneten Charakteristiken (Abb. 2.4.2B).

Photosynthese und Photorespiration

Die Parameter in den Modellgleichungen für die Raten von Photosynthese und Photorespiration sind größtenteils bekannte stöchiometrische und enzymatische Kenngrößen, so daß auf Literaturdaten zurückgegriffen werden kann (vgl. Liste der Modellparameter). Den Fehlerbereich und die Gültigkeit derartiger Angaben für In-vivo-Bedingungen diskutieren VON CAEMMERER et al. (1994). Danach sind In-vitro-Daten für die maximale Carboxylierungsrate bzw. die Wechselzahl der RuBPCO in der Regel geringer, als die in vivo zu erwartenden Werte. Der Parameter für die maximale Carboxylierungsrate V_{Cmax} wurde daher aus Gaswechselmessungen an Blättern geschätzt. Dabei erwiesen sich auch die Literaturangaben für die maximale Elektronentransportrate V_{Jmax} als zu niedrig, so daß diese Größe ebenfalls in die Parameterschätzung einbezogen wurde.

Die Photosyntheserate und die Photorespirationsrate sind von der CO_2-Konzentration C am Reaktionsort abhängig, wobei C eine Funktion der Mesophyll-Leitfähigkeit g_m ist. Die Schätzung von g_m auf der Grundlage von Gaswechselmessungen ist nur bei hinreichend genauer Kenntnis der Parameter in den Gleichungen für die biochemischen Photosyntheseprozesse sinnvoll, da diese Parameterwerte den Schätzwert für g_m beeinflussen. Es ist daher versucht worden, g_m aus blattanatomischen Daten oder aus der Kohlenstoff-Isotopendiskriminierung bei der Photosynthese zu bestimmen (EVANS et al. 1994, VON CAEMMERER et al. 1994). Allerdings zeigen die mit dem hier vorgestellten Modell des Blatt-Gasaustausches durchgeführten Parameterschätzungen übereinstimmend mit Literaturangaben (VON CAEMMERER et al. 1994), daß Meßdaten zum CO_2-Gasaustausch von Blättern mit verschiedenen Werten von g_m in einem Intervall $g_m > g_{mmin}$ bei entsprechender Anpassung von K_C und V_{Cmax} gleichermaßen gut wiedergegeben werden können. Die erforderliche Variation von K_C und V_{Cmax} überschreitet dabei nicht den Variationsbereich der Literaturangaben für diese Größen. Für die in der Liste der Modellparameter angegebene Parametrisierungsvariante (Grenzfall $g_m \rightarrow \infty$) haben K_C und V_{Cmax} die Bedeutung effektiver Parameter für die CO_2-Fixierung im Mesophyll.

Parametrisierung des vollständigen Blatt-Gasaustauschmodells

Bei der Parameterschätzung für das vollständige Blatt-Gasaustauschmodell erwies sich eine Anpassung der Parameter V_{Cmax}, V_{Jmax}, m_J und m_P als ausreichend, um eine gute Übereinstimmung mit den Meßdaten zu erreichen (Abb. 2.4.3). Der Einfluß eines unterschiedlichen Stickstoffgehaltes der Blätter auf die Netto-Photosyntheserate (Abb. 2.4.3A) und die stomatäre Leitfähigkeit (Abb. 2.4.3B) wird durch das Modell richtig erfaßt. Versuche zur Einbeziehung weiterer Größen in die

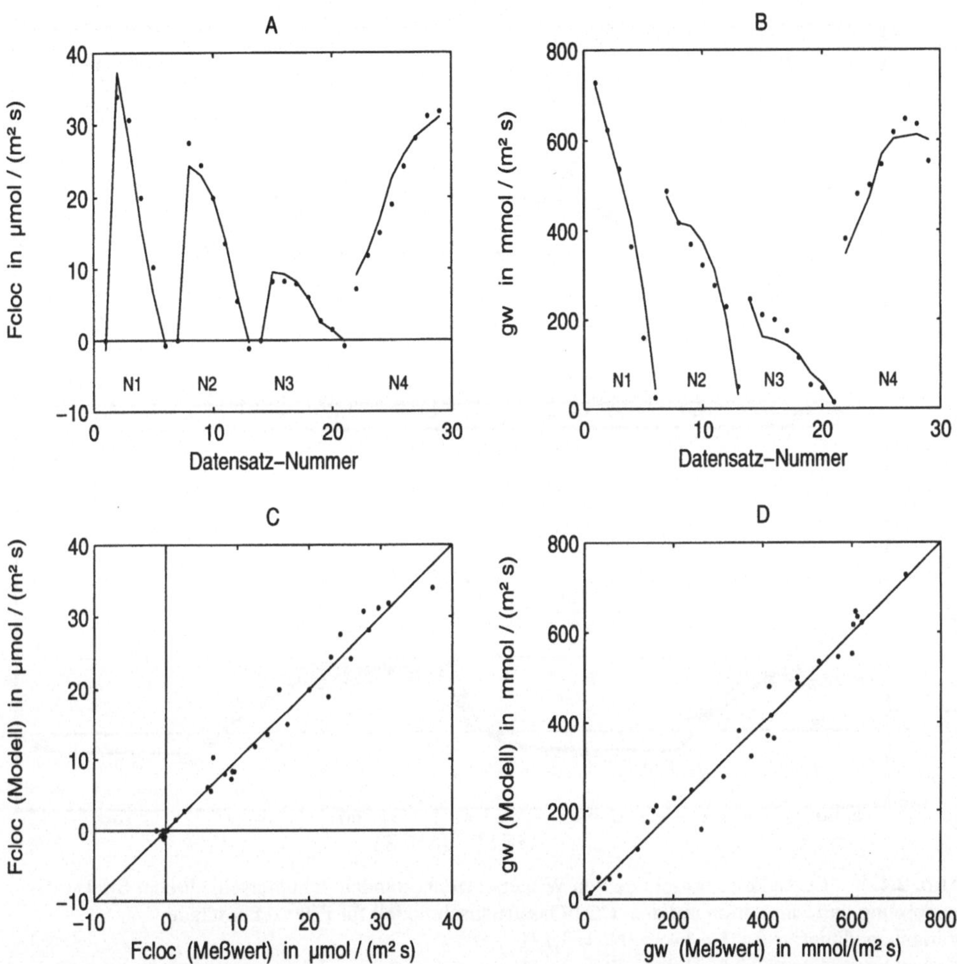

Abb. 2.4.3: Anpassung des Blatt-CO_2-Gasaustausch-Modells und des Stomata-Teilmodells an Meßdaten der Netto-Photosyntheserate FCloc und der Leitfähigkeit gw von Winterweizenblättern bei verschiedenen Stickstoffgehalten (N1..N4) der Blätter.

A und B: Die für die Modellkalibrierung verwendeten Daten wurden zur Berücksichtigung verschiedener experimenteller Situationen über der Datensatznummer (1..29) dargestellt. Stickstoffstufen N1..N3: Mittelwerte von 5-6 Messungen der Abhängigkeit der Größen FCloc und gw von der Photonenflußdichte IPAR (Datensätze 2..6, 8..13, 15..21; Datensätze 6, 13, 21: Dunkelatmung) und Werte für FCloc und gw bei der Kompensationskonzentration C0 (Datensätze 1, 7, 14). N4: Ausschnitt aus einem Tagesgang.

C und D: Vergleich gemessener und berechneter Werte von FCloc und gw.

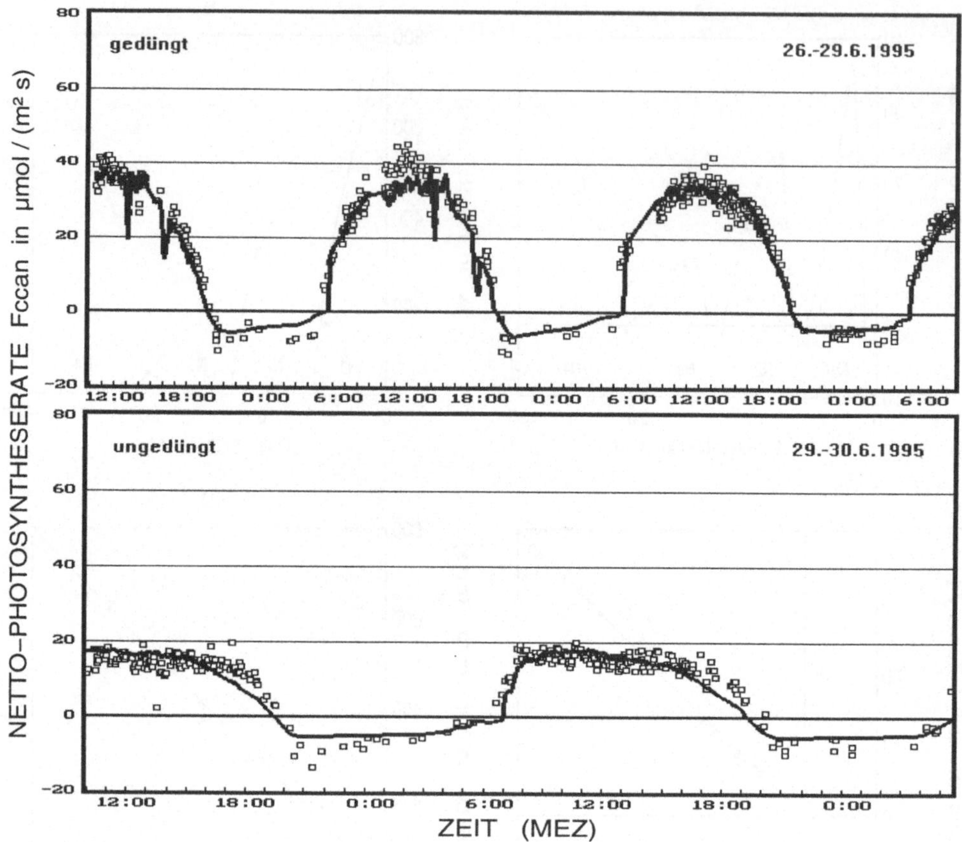

Abb. 2.4.4: CO_2-Gasaustauschrate von Winterweizenbeständen bei unterschiedlicher Stickstoff-
versorgung und Simulation mit dem CO_2-Gasaustauschmodell für Pflanzenbestände
Variante gedüngt: LAI = 4,4; N_L = 3,7 %
Variante ungedüngt: LAI = 3,0; N_L = 2,1 %

Parameterschätzung erbrachten keine wesentliche Verbesserung. Damit bestätigt
sich die Zweckmäßigkeit des Parametrisierungsverfahrens, für den größten Teil der
Parameter des Blatt-Gasaustauschmodells auf Literaturangaben für die Kenngrößen
der Photosyntheseprozesse bei C_3-Pflanzen (vgl. VON CAEMMERER et al. 1994)
zurückzugreifen und nur für einen vergleichsweise geringen Teil der Modellparameter (z.B. die maximale Carboxylierungsrate V_{Cmax} bzw. die maximale Elektronentransportrate V_{Jmax} und die charakteristischen Stickstoffgehalte $N_{index,min}$ bzw.
$N_{index,max}$) eine kulturartspezifische Justierung der Parameter vorzunehmen.
   Nicht untersucht worden ist bisher die für Pflanzen mit bekannter unterschiedlicher Temperaturreaktion der Wachstumsprozesse zu erwartende Variation von
Kenngrößen für die Temperaturabhängigkeit der Gasaustauschprozesse.

Validisierung des CO$_2$-Gasaustauschmodells für Pflanzenbestände

Die Validisierung bezieht sich auf die weiterentwickelte Modellversion (vgl. die Zusammenstellung der Modellgleichungen) mit dem Blatt-Gasaustauschmodell in der oben angegebenen Parametrisierung (Liste der Modellparameter), einem Strahlungstransfer-Modell nach SPITTERS (1986) und dem oben dargestellten Integrationsverfahren nach GOUDRIAAN (1986).

Die Ergebnisse werden exemplarisch für Winterweizenbeständen in 2 Versuchsvarianten mit unterschiedlicher Stickstoffversorgung dargestellt. Da die vertikalen Profile des Stickstoffgehaltes N_L in den Freilandbeständen nur gering ausgeprägt waren, wurden für alle Bestandesschichten die mittleren Werte des Stickstoffgehaltes N_L der Blätter in den oberen Bestandesschichten direkt verwendet.

Für die Bodenatmung unter den Druck- und Gasaustauschverhältnissen in der Parzellenküvette wurden entsprechend den Ergebnissen von Vergleichsmessungen an abgeernteten Parzellen Werte von $(0{,}8\pm0{,}5)\,\mu\text{mol}\cdot\text{s}^{-1}\cdot\text{m}^{-2}$ angenommen.

Die Simulationsrechnungen für die CO$_2$-Gasaustauschraten der betrachteten Versuchsparzellen wurden bei sonst gleichen Modellparametern mit den jeweiligen Meßwerten für den LAI und den Stickstoffgehalt N_L durchgeführt (Abb. 2.4.4).

Bei dem Vergleich von gemessenen und berechneten CO$_2$-Gasaustauschraten muß allerdings auch der Meßfehler der für die Simulation verwendeten Mittelwerte von LAI und N_L von ca. ±10 % berücksichtigt werden. Bei der Modellanpassung wurde daher die experimentelle Streuung dieser Größen durch eine Nachjustierung von LAI und N_L im Bereich von $\pm\,5$ % der Mittelwerte in bezug auf die beste Anpassung des Modells an die Meßdaten der CO$_2$-Gasaustauschrate berücksichtigt. Die mit Werten von ±10 % für die obere und die untere Fehlergrenze von LAI und N_L berechneten Verläufe liegen im Bereich der Streuung der experimentellen Daten für die CO$_2$-Gasaustauschrate. Die Ergebnisse zeigen, daß das Modell die experimentellen Vergleichswerte zum CO$_2$-Gasaustausch von Pflanzenbeständen unter Berücksichtigung des Einflusses der Stickstoffversorgung im Bereich der Meßgenauigkeit der verwendeten Meßdaten (CO$_2$-Gasaustausch, LAI, N_L) gut wiedergibt.

In weiterführenden Untersuchungen ist die Validisierung durch Einbeziehung von Meßdaten mehrerer Versuchsjahre und anderer Standorte weiter abzusichern.

Damit liegt ein biophysikalisch begründetes Modell für den CO$_2$-Gasaustausch zwischen Pflanzenbeständen und der Atmosphäre in einer weiterentwickelten Version vor, die sich dadurch auszeichnet, daß

- die Kopplung zwischen CO$_2$-Gasaustausch, Wasserhaushalt und Stickstoffhaushalt weitgehend richtig erfaßt wird,
- die Werte aller Modellparameter in guter Übereinstimmung mit der biophysikalischen Interpretation der Parameter angegeben werden können,
- die z.T. erforderliche kulturartspezifische Präzisierung von Modellparametern durch Gaswechselmessungen auf verschiedenen Hierarchieebenen des

Systems „Pflanzenbestand" realisiert werden konnte,
- ein Parametrisierungsverfahren für die Übertragung des Modells auf andere Kulturpflanzenarten bzw. Pflanzenarten des C_3-Typs der Photosynthese angegeben werden kann,
- eine zuverlässige Validisierung des Modells durch einen direkten Vergleich mit Meßergebnissen zum CO_2-Gaswechsel von Pflanzenbeständen unter Freilandbedingungen gegeben ist,
- der Verlauf des CO_2-Gasaustausches von Pflanzenbeständen über die gesamte Ontogenese richtig beschrieben wird.

Das Modell ist als Modul (DLL, Borland-Pascal (BORLAND 1992a)) in das komplexe Modell des Systems „Boden-Pflanzenbestand-Atmosphäre" eingebunden (vgl. Kap. 2.7). Eine Kopplung mit anderen Modellen ist über eine Schnittstelle möglich. Zur Modellentwicklung wurden eine Simulationsumgebung implementiert und Prozeduren erarbeitet, die für Fallstudien, Sensitivitätsanalysen u.a. eingesetzt worden sind.

Die vorliegende Prinziplösung kann eigenständig bzw. als Komponente komplexer ökosystemarer Forschungsvorhaben für Studien zur Stabilität und Belastbarkeit agrarischer Ökosysteme und im Rahmen folgender Fragestellungen genutzt werden:

- Quantifizierung des CO_2-Gasaustausches zwischen (agrarischen) Ökosystemen und der Umwelt,
- Wirkung globaler Klimaveränderungen ("global change") auf das Pflanzenwachstum und den Stoffaustausch,
- Analyse von Prozessen der Stoff- und Ertragsbildung bei Kulturpflanzen unter Berücksichtigung des Einflusses verschiedener Klima- und Anbaubedingungen.

Zusammenstellung der Modellgleichungen

Definition mehrfach verwendeter Funktionen

Für die Raten der Carboxylierung bei nicht limitierender und limitierender RuBP-Konzentration, V_C und V_I, und für die resultierende aktuelle Photosyntheserate V_{CI} erhält man aus dem FARQUHAR-Modell (FARQUHAR et al. 1980) unter Berücksichtigung von MÜLLER (1986a) und COLLATZ et al. (1991) durch Umformung Funktionen des Typs:

$$y = f_V(x; \alpha, y_{max}, m),\qquad\qquad (2.4.4)$$

wobei f_V definiert ist durch die quadratische Gleichung

$$m \cdot y^2 - (\alpha \cdot x + y_{max}) \cdot y + \alpha \cdot x \cdot y_{max} = 0,\qquad\qquad (2.4.5)$$

mit der Bedingung y = 0 bei x = 0 (Fixierung des Lösungszweiges) sowie den Zusatzbedingungen α > 0, y$_{max}$ > 0; 0 < m < 1; x ≥ 0. Der Parameter α legt den Anfangsanstieg fest: y'(x) = α für x = 0. Folgende Grenzfälle sind zu unterscheiden:

$$y = f_V (x; \alpha, y_{max}, m) \tag{2.4.6}$$

$$= \begin{cases} y_{max} \cdot x \: / \: (k + x) & \text{für } m = 0 \\ (\alpha \cdot x + y_{max}) \cdot (1 - \sqrt{1 - q}\:) \: / \: (2 \cdot m) & \text{für } 0 < m < 1 \\ \min (\alpha \cdot x, \: y_{max}) & \text{für } m = 1 \end{cases}$$

mit

$$k = y_{max} / \alpha; \qquad q = 4 \cdot \alpha \cdot x \cdot m \cdot y_{max} / (\alpha \cdot x + y_{max})^2; \qquad 0 < q(x) < 1.$$

Der Einfluß des Protein-gebundenen Stickstoffs N auf verschiedene Prozesse wird mit den Funktionen f_{N1}, f_{NP}, f_{N2} und f_{NG} vom Typ f_N beschrieben:

$$f_N = f_N (N; N_{min}, N_{max}) = \max [0, (N - N_{min}) / (N_{max} - N_{min})]. \tag{2.4.7}$$

Der Einfluß der Temperatur wird mit den Funktionen $f_A(T_L)$ und $f_D(T_L)$ erfaßt (Gleichung 2.4.26 und 2.4.27).

Beziehung zwischen der Dichtefunktion PAD$_\Omega$ und dem LAI

Die raumwinkelbezogene Dichtefunktion PAD$_\Omega$ (Gleichung 2.4.2) ergibt sich aus der partiellen Ableitung des raumwinkelbezogenen Blattflächen-Index LAI$_\Omega$ nach z:

$$PAD_\Omega = PAD_\Omega (z, \omega, D) = \partial \: LAI_\Omega (z, \omega, D) \: / \: \partial z. \tag{2.4.8}$$

Durch Integration über alle Raumwinkel erhält man die Dichtefunktion

$$PAD(z, D) = \int PAD_\Omega (z, \omega, D) \: d\Omega \: / \: (4 \cdot \pi). \tag{2.4.9}$$
$$\scriptstyle \Omega \text{ (alle Raumwinkel)}$$

Der raumwinkelbezogene Blattflächen-Index LAI$_\Omega$ (z, ω, D) ist definiert als Oberfläche A aller Bestandeselemente im Volumen V(z) des Teilbestandes zwischen der Bestandesobergrenze, z = 0, und der Tiefe z bezogen auf die Bestandesgrundfläche A$_g$. LAI$_\Omega$ ist vom betrachteten Blattnormalenvektor $\omega = (\omega_x, \omega_y, \omega_z)$ und vom Ontogenesezustand D des Bestandes abhängig. Zwischen LAI$_\Omega$ und dem über alle Blattnormalen gemittelten LAI besteht die Beziehung:

$$LAI (z, D) = \int LAI_\Omega (z, \omega, D) \: d\Omega \: / \: (4 \cdot \pi). \tag{2.4.10}$$
$$\scriptstyle \Omega \text{ (alle Raumwinkel)}$$

CO$_2$-Gasaustauschraten

Mit der Funktion f_V (Gleichung 2.4.4) erhält man eine sehr kompakte Formulierung des Teilmodells für die Photosyntheserate PS (Gleichung 2.4.11-2.4.15):

$$PS = V_{CI} \cdot f_A(T_L) \tag{2.4.11}$$
$$V_{CI} = f_V(V_C; \alpha_P, V_I, m_P), \quad \text{mit} \quad \alpha_P = 1 \tag{2.4.12}$$

Rate der Carboxylierung V_C:

$$V_C = f_V(C; \alpha_C, V_{Cmax}, m_C) \tag{2.4.13}$$

mit
$$V_{Cmax} = V_{CNmax} \cdot f_{NL}(N_L)$$
$$\alpha_C = V_{Cmax} / [K_C + O/(s \cdot k_{OC})]$$
$$k_{OC} = k_O / k_C$$

Rate der Carboxylierung V_I (RuBP-limitiert):

$$V_I = V_J / [\mu_1 + \mu_2 \cdot \sigma \cdot O/(s \cdot C)] \tag{2.4.14}$$

mit
$$V_J = f_V(I_a; \alpha_J, V_{Jmax}, m_J)$$
$$V_{Jmax} = V_{JNmax} \cdot f_{NL}(N_L)$$

$$I_a = I_{PAR} \cdot a_I \tag{2.4.15}$$

Photorespirationsrate RL:

$$RL = PS \cdot \sigma \cdot O / (C \cdot s) \tag{2.4.16}$$

Dunkelatmungsrate RD:

$$RD = [RDP \cdot f_{NL1}(N_L) + RDI \cdot f_{NP}(N_P)] \cdot f_D(T_L) \tag{2.4.17}$$

Einfluß des Stickstoff- und des Chlorophyllgehaltes

Die maximale Carboxylierungsrate V_{Cmax} ist eine Funktion der Flächenkonzentration N_{aL} des proteingebundenen Stickstoffs ("Stickstoffgehalt") und verschiedener Kenngrößen der RuBPCO (Wechselzahl für die Carboxylierung, Anzahl katalytischer Zentren pro Mol, Anteil des in der RuBPCO gebundenen Stickstoffs, Masse RuBPCO pro Masse Stickstoff, molare Masse der RubPCO (FARQUHAR et al. 1980). Wenn der Einfluß von unterschiedlichen Eigenschaften der RuBPCO (z.B. bei verschiedenen Pflanzenarten) auf V_{Cmax} verallgemeinernd durch Einführung einer maximalen Carboxylierungsrate V_{CNmax} bei dem Stickstoffgehalt N_{amax} erfaßt wird, gilt für den Einfluß des Stickstoffgehaltes N_{aL} bzw. entsprechend für den auf die Blattmasse bezogenen Stickstoffgehalt N_L und die maximale Carboxylierungsrate V_{CNmax} mit der Funktion f_N (Gleichung 2.4.7)

$$V_{Cmax} = V_{CNmax} \cdot f_N(N_L; N_{LCmin}, N_{LCmax}). \tag{2.4.18}$$

Analog dazu erhält man für die lineare Abhängigkeit der maximalen lichtgesättigten Elektronentransportrate V_{Jmax} vom Stickstoffgehalt

$$V_{Jmax} \quad = \quad V_{JNmax} \cdot f_N \, (N_L; N_{LJmin}, N_{LJmax}), \qquad (2.4.19)$$

wobei mit der maximalen Elektronentransportrate V_{JNmax} Eigenschaften des Elektronentransportes (lichtgesättigte potentielle Elektronentransportrate pro Mol Chlorophyll, Anteil des an Chlorophyll-Protein-Komplexe gebundenen Stickstoffs, molare Masse des Stickstoffs, Anzahl Mole Stickstoff pro Mol Chlorophyll (FRIEND 1995) zusammenfassend berücksichtigt werden.

Weiterhin wird angenommen, daß die Parameter des minimalen und des maximalen Stickstoffgehaltes in den Gleichungen (2.4.18) und (2.4.19) näherungsweise durch die Werte der entsprechenden Größen für die Abhängigkeit der Netto-Photoyntheserate vom Stickstoffgehalt, N_{L1max} und N_{L1min}, gegeben sind. Daher kann die Funktion f_N in den Gleichungen (2.4.18) und (2.4.19) ersetzt werden durch

$$f_{NL1} \quad = \quad f_N(N_L; N_{L1min}, N_{L1max}). \qquad (2.4.20)$$

Der Einfluß des Stickstoffgehaltes auf die Dunkelatmungsrate R_D (Gleichung 2.4.17) und auf den stomatären Leitwert g_{ws} (Gleichung 2.4.37) wird analog zum Stickstoffeinfluß auf die Photosynthese mit Funktionen vom Typ f_N (Gleichung 2.4.7) beschrieben.

Einfluß des Stickstoffgehaltes der Blätter N_L auf R_D:

$$f_{NL1}(N_L) = \quad f_N \, (N_L; N_{L1min}, N_{L1max}). \qquad (2.4.21)$$

Einfluß des Stickstoffgehaltes der Gesamtpflanze N_P auf R_D:

$$f_{NP}(N_P) \quad = \quad f_N \, (N_P; N_{Pmin}, N_{Pmax}). \qquad (2.4.22)$$

Einfluß von N_L auf die stomatäre Leitfähigkeit g_{ws}:

$$f_{NL2}(N_L) = \quad f_N \, (N_L; N_{L2min}, N_{L2max}). \qquad (2.4.23)$$

Der aktuelle Absorptionskoeffizient a_I für die photosynthetisch aktive Strahlung I_{PAR} in Gleichung (2.4.15) ist eine Funktion des maximalen Absorptionskoeffizienten a_{Imax} und des Chlorophyllgehaltes CH der Blätter.

$$a_I \quad = \quad a_{Imax} \cdot CH \, / \, CH_{max}. \qquad (2.4.24)$$

Bei der Kopplung des Blatt-Gasaustauschmodells (Gleichung 2.4.11-2.4.48) mit einem Modell des Strahlungstransfers (siehe letzter Abschnitt) zur Berechnung des CO_2-Gasaustausches von Pflanzenbeständen werden die aktuellen Absorptionskoeffizienten a_{Idir} und a_{Idif} für die direkten und diffusen Strahlungskomponenten I_{PARdir} und I_{PARdif} analog zu a_I berechnet.

Für die Beziehung zwischen Stickstoffgehalt N_L und Chlorophyllgehalt CH ergibt sich aus Meßdaten (MÜLLER, unveröff.):

$$CH = k_{CH1} + k_{CH2} \cdot \ln(k_{CH3} + k_{CH4} \cdot N_L). \qquad (2.4.25)$$

Einfluß der Temperatur

Der Einfluß der Blattemperatur T_L wird mit der auf die Referenz-Temperatur $T = T_r$ bezogenen Arrhenius-Gleichung beschrieben:

$$f_A = f_A(T_L; x_r, H_x) = x_r \cdot \exp[H_x \cdot (T_L - T_r) / (R \cdot T_L \cdot T_r)] \qquad (2.4.26)$$

mit

x : V_{Cmax}, V_{Jmax}, K_C, s, RDP, RDI

x_r : V_{Cmaxr}, V_{Jmaxr}, K_{Cr}, s_r, RDP_r, RDI_r

Index "r" :   Größe $x_r = x$ bei der Referenz-Temperatur $T = T_r$

H_x :   Differenz von Aktivierungsenthalpien.

Die reversible thermische Deaktivierung der Enzyme wird bei hohen $(T_L > T_{Lh})$ bzw. tiefen Temperaturen $(T_L < T_{Ll})$ wirksam und durch folgende Funktion erfaßt:

$$f_D = 1 / \{1 + \exp[-(T_L - T_{Ll})/k_l] + \exp[+(T_L - T_{Lh})/k_h]\} \qquad (2.4.27)$$

mit

k_l = $T_L \cdot T_r \cdot R / H_l$

k_h = $T_L \cdot T_r \cdot R / H_h$

T_{Ll} = $T_r + k_l \cdot (-S_l + H_l / T_r) / R$

T_{Lh} = $T_r + k_h \cdot (-S_h + H_h / T_r) / R,$

wobei T_{Ll} und T_{Lh} charakteristische Deaktivierungstemperaturen und H_l, H_h, S_l, S_h Differenzen von Deaktivierungsenthalpien bzw. -entropien bezeichnen.

Transport von Kohlendioxid und Wasserdampf in der Gasphase

Flüsse:

$$F_C = g_C \cdot (C_a - C_i) - C^* \cdot F_w \qquad (2.4.28)$$

$$F_w = -g_w \cdot (W_a - W_i) \qquad (2.4.29)$$

$$C^* = (C_i + C_a)/2.$$

Molanteile (Wasserdampf):

$$W_a = p_w / P; \qquad W_i = p_{ws} / P. \qquad (2.4.30)$$

Sättigungsdampfdruck (über Wasser):

$$p_{ws} = p_{ws}(T_L)$$
$$= p_{ws0} \cdot \exp[k_{w1} \cdot T_C / (k_{w2} + T_C)] \qquad (2.4.31)$$

mit

$$p_{ws0} = 611,213 \text{ Pa}; \quad k_{w1} = 17,5043; \quad k_{w2} = 241,2 \text{ K};$$
$$T_C = T_L - 273,15; \quad T_C: \quad \text{Blattemperatur in } °C.$$

Dampfdruckdefizit (Wasser):

$$D_{PW} = p_{ws} - p_w. \tag{2.4.32}$$

Leitfähigkeiten für Wasserdampf- und CO_2-Transport, g_w und g_c, mit den Komponenten für die Grenzschicht (boundary layer, Index b) und die Stomata (Index s):

$$
\begin{aligned}
g_w &= g_{wb} \cdot g_{ws} / (g_{wb} + g_{ws}) \\
g_{Cs} &= g_{ws} / k_D \\
g_{Cb} &= g_{wb} \cdot k_D^{-2/3} \\
g_C &= g_{Cb} \cdot g_{Cs} / (g_{Cb} + g_{Cs}).
\end{aligned}
\tag{2.4.33}
$$

Die Leitfähigkeit der Grenzschicht g_{wb} wird als Funktion der Windgeschwindigkeit und der Bestandeshöhe berechnet (siehe Kap. 2.3).

Die stomatäre Leitfähigkeit g_{ws} ist eine Funktion von D_{PW}, T_L, I_{PAR} und C_i.
Einfluß von D_{PW} und T_L:

$$g_{DT} = g_{Wsmax} \cdot a_1 \cdot a_2^{\,-k_{DT1}} \tag{2.4.34}$$

$$a_1 = \exp\left[k_{DT2} \cdot (T_L - k_{DT3})\right]$$

$$a_2 = 1 + k_{DT4}^{\,a_3}$$

$$a_3 = -k_{DT5} \cdot (T_L - k_{DT6}) / D_{PW}$$

Einfluß von I_{PAR}:

$$g_{DTI} = k_{I1} + a_4 \cdot a_5 / (a_4 + a_5); \quad \text{mit } a_4 = g_{DT} - k_{I2} \, ; \, a_5 = k_{I3} \cdot I_{PAR} \tag{2.4.35}$$

Einfluß von C_i:

$$g_{DTIC} = k_{I2} + (g_{DTI} - k_{I2}) \cdot \{1 + k_{C1} \cdot \exp\left[-k_{C2} / (C_i + k_{C3} / g_{DTI})\right]\}^{\,-k_{C4}} \tag{2.4.36}$$

Die stomatäre Leitfähigkeit g_{ws} ist weiterhin vom Blatt-Stickstoffgehalt N_L (Gleichung 2.4.23) und vom Blattwasserpotential ψ abhängig:

$$g_{ws} = g_{DTIC} \cdot f_{NL2}(N_L) \cdot f_{BWP}(\psi). \tag{2.4.37}$$

Die Funktion $f_{BWP}(\psi)$ ist eine monoton wachsende Funktion, die folgenden Bedingungen genügt:

$$0 < f_{BWP}(\psi) \leq 1, \qquad f_{BWP}(\psi \geq 0) = 1. \tag{2.4.38}$$

Transport von Kohlendioxid und Sauerstoff im Mesophyll

Die Konzentrationen von Kohlendioxid an der Oberfläche der Mesophyllzellen (C_m) bzw. am Reaktionsort (C) ergeben sich aus der Konzentration C_i bzw. der scheinbaren Gasphasen-Konzentration C_c am Reaktionsort mit dem HENRYschen Gesetz zu

$$C_m = \text{ß}_{CO2} \cdot P \cdot C_i$$
$$C = \text{ß}_{CO2} \cdot P \cdot C_c. \qquad (2.4.39)$$

Für die Temperaturabhängigkeit des BUNSENschen Absorptionskoeffizienten ß_{CO2} gilt im Bereich 273 K < T_L < 318 K:

$$\text{ß}_{CO2} = f_A (T_L; \text{ß}_{CO2r}, -\mu_{CO2}). \qquad (2.4.40)$$

Die Löslichkeiten ß_{CO2} und ß_{CO2r} beziehen sich auf die Temperaturen T_L and T_r. Der Parameter μ_{CO2} ist als Differenz der chemischen Potentiale zwischen der gasförmigen und flüssigen Phase interpretierbar.

Der Kohlendioxid-Transport zwischen der Oberfläche der Mesophyllzellen (Konzentration C_m) und dem Reaktionsort (Konzentration C) erfolgt durch Diffusion:

$$F_{Cm} = (C_m - C) \cdot g_m^* ; \quad g_m^* = \text{Leitfähigkeit für } CO_2. \qquad (2.4.41)$$

Die Transformation der Gleichung (2.4.41) unter Verwendung von Gleichung (2.4.39) ergibt:

$$F_{Cm} = (C_i - C_c) \cdot g_m = [C_i - C/(\text{ß}_{CO2} \cdot P)] \cdot g_m \qquad (2.4.42)$$

mit der tranformierten Leitfähigkeit

$$g_m = \text{ß}_{CO2} \cdot P \cdot g_m^*. \qquad (2.4.43)$$

Unter der Voraussetzung, daß die Temperaturabhängigkeit von g_m^* identisch zu der von $1/\text{ß}_{CO2}(T_L)$ ist, folgt:

$$g_m^* = g_{mr}^* \cdot \text{ß}_{CO2r} / \text{ß}_{CO2}$$
$$g_m = g_{mr}^* \cdot \text{ß}_{CO2r} \cdot P \qquad (2.4.44)$$

(g_{mr}^*: Mesophyll-Leitfähigkeit bei Referenz-Temperatur). Somit ist die transformierte Mesophyll-Leitfähigkeit g_m im Gegensatz zu g_m^* unabhängig von der Temperatur. Analog zu Kohlendioxid folgt für die Lösung von Sauerstoff in der Flüssigphase:

$$O_m = \text{ß}_{O2} \cdot P \cdot O_i \qquad (2.4.45)$$
$$\text{ß}_{O2} = f_A (T_L; \text{ß}_{O2r}, -\mu_{O2}), \qquad (2.4.46)$$

mit einer Sauerstoff-Konzentration am Reaktionort $O \approx O_m$.

Berechnung der Konzentration C am Reaktionsort

Zur Berechnung der Konzentration C am Reaktionsort muß der lokale CO_2-Fluß F_{Cloc} zwischen dem jeweiligen Bestandeselement und seiner Umgebung bestimmt werden. Wegen der vorausgesetzten Stationarität gilt

$$F_C = F_{Cm}$$
$$F_{Cm} = PN \qquad (2.4.47)$$

mit den CO_2-Flüssen:

$$F_{Cloc} = F_{Cloc}\ (C_a, C_i) \qquad \text{zwischen Umgebung und Interzellularen,}$$
$$F_{Cm} = F_{Cm}\ (C_m, C) \qquad \text{zwischen Mesophylloberfläche und Reaktionsort,}$$
$$PN = PN\ (C) \qquad \text{Netto-Photosyntheserate am Reaktionsort.} \qquad (2.4.48)$$

Aus dem nichtlinearen Gleichungssystem (2.4.41), (2.4.47) und (2.4.48) können die drei unbekannten Konzentrationen C, C_m und C_i ermittelt werden.

Dunkelatmung der generativen Sproßteile (Körner)

$$RDG = k_{RDG} \cdot M_G \cdot f_{NG}(N_G) \cdot f_D(T_L) \qquad (2.4.49)$$
$$f_{NG} = f_N\ (N_G;\ N_{Gmin}, N_{Gmax}) \qquad (2.4.50)$$
$$k_{RDG} = f_A\ (T_L;\ k_{RDGr}, H_{RDG}). \qquad (2.4.51)$$

Vertikales Profil des Stickstoffgehaltes im Pflanzenbestand

Es wird eine sigmoidale Abhängigkeit des lokalen Stickstoffgehaltes N_L vom Abstand z der Bestandeselemente von der Bestandesobergrenze (z = 0: Bestandesobergrenze; z = H_{can}: Bestandesgrund) angenommen:

$$N_L(z) = \begin{cases} N_m + DN & \text{für } z < z_m\,(D) \\[2mm] N_m - DN & \text{für } z \geq z_m\,(D) \end{cases} \qquad (2.4.52)$$

mit
$$DN = f_v\ [abs(z-z_m);\ \alpha_N / H_{can},\ DN_m,\ m_N]$$
$$DN_m = (N_{Lmax} - N_{Lmin}) / 2$$
$$N_m = (N_{Lmax} + N_{Lmin}) / 2.$$

Im Verlaufe der pflanzlichen Entwicklung (D) verschiebt sich der Wendepunkt $z_m(D)$ und damit das sigmoidale vertikale Profil des Blatt-Stickstoffgehaltes $N_L(z)$.

Strahlungstransfer im Pflanzenbestand

Berechnung der Strahlungskomponenten an der Bestandesobergrenze:

- Sonnenstand (Zenitwinkel) in Abhängigkeit von Datum, Tageszeit und geographischer Breite,

- Extraterrestrische Strahlung I_0 als Funktion des Sonnenstandes und des Datums,
- Anteil k_{dif} der diffusen Himmelsstrahlung I_{gdif} an der Globalstrahlung I_g als Funktion der aktuellen atmosphärischen Transmission, wobei diese aus demVerhältnis der aktuellen Meßwerte von I_g zu I_0 abgeschätzt wird (Angaben für Stundenmittel von SPITTERS (1986) nach DE JONG (1980)). Die Fehler durch Vernachlässigung des circumsolaren Strahlungsanteils und des geringeren Anteils von I_{gdif} im Vergleich zu I_{PARdif} kompensieren sich weitgehend und werden daher nicht korrigiert,
- Photonenflußdichte der direkten und der diffusen PAR, I_{PARdir} und I_{PARdif}, aus S_g und k_{dif}, wobei $I_{PAR} = k_{PAR} \cdot I_g$.

Berechnung der Strahlungsabsorption im Pflanzenbestand:

- Reflexionskoeffizient der Bestandeselemente,
- Extinktionskoeffizienten a_{ldir} und a_{ldif} für die Strahlungskomponenten I_{PARdir} und I_{PARdif} unter Annahme einer sphärischen Blattwinkelverteilung,
- Anteile der durch direkte Sonnenstrahlung und der nur durch diffuse Strahlung exponierten Blattfläche in den Bestandesschichten,
- Profile für die direkten und diffusen Komponenten der PAR und die von den Blattflächenanteile in den Bestandesschichten insgesamt absorbierte Strahlung $I_a(z) = I_{adir}(z) + I_{adif}(z)$.

Liste der verwendeten Symbole

Symbol	Definition	Einheit
Allgemeine Integrale über die vertikalen Bestandesprofile		
A_g	Grundfläche des Pflanzenbestandes	m^2
A	Fläche von Bestandeselementen (z.B. Blätter)	m^2
F_{Cloc}, F_{Ccan}	CO_2-Gasflüsse, Blatt und Pflanzenbestand	$\mu mol \cdot s^{-1} \cdot m^{-2}$
F_{Wloc}, F_{Wcan}	Wasserdampf-Flüsse, Blatt u.Pflanzenbestand	$mmol \cdot s^{-1} \cdot m^{-2}$
LAI_Ω	raumwinkelbezogener Blattflächen-Index	$m^2 \cdot m^{-2} \cdot sr^{-1}$
LAI	Blattflächen-Index	$m^2 \cdot m^{-2}$
PAD_Ω	raumwinkelbezogene Dichtefunktion	$m^2 \cdot m^{-3} \cdot sr^{-1}$
PAD	Dichtefunktion	$m^2 \cdot m^{-3}$
V	Bestandesvolumen	m^{-3}
ω	Richtungsvektor der Blattnormalen	1
Ω	Raumwinkel	sr
$d\Omega$	differentieller Raumwinkel	sr
z	vertikale Position ab Bestandesobergrenze	m
H_{can}	Tiefe des Pflanzenbestandes	m
D	Entwicklungszustand	1

Symbol	Definition	Einheit
CO_2-Gasaustausch von Bestandeselementen		
PN	Netto-Photosyntheserate	$\mu mol \cdot s^{-1} \cdot m^{-2}$
PS, V_{index}	Photosynthese- und Carboxylierungsraten	$\mu mol \cdot s^{-1} \cdot m^{-2}$
RL, RD	Photorespirationsrate, Dunkelatmungsrate	$\mu mol \cdot s^{-1} \cdot m^{-2}$
RDP, RDI	Komponenten von RD	$\mu mol \cdot s^{-1} \cdot m^{-2}$
V_{Cmax}, V_{CNmax}	maximale Carboxylierungsraten	$\mu mol \cdot s^{-1} \cdot m^{-2}$
C, O	Konzentrationen (CO_2, O_2) am Reaktionsort	$\mu mol \cdot mol^{-1}$
K_C	Michaelis-Konstante für CO_2	$mmol \cdot m^{-3}$
s	Spezifität der RuBPCO	1
k_{OC}	Verhältnis der Wechselzahlen der RuBPCO für O_2 und CO_2	1
V_{Jmax}, V_{JNmax}	maximale Elektronentransportraten	$\mu mol(e^-) \cdot s^{-1} \cdot m^{-2}$
I_{PAR}, I_a	einfallende und absorbierte PAR	$\mu E \cdot s^{-1} \cdot m^{-2}$
a_I, a_{Imax}	Absorptionskoeffizienten für I_{PAR}	1
m_C, m_J, m_P	Parameter in der Funktion fv	1
α_C	Anfangsanstieg: dV_C/dC für $C = 0$	$m \cdot s^{-1}$
α_J	Anfangsanstieg: dV_J/dI_{PAR} für $I_{PAR} = 0$	$\mu mol(e^-) \cdot \mu E^{-1}$
μ_1, μ_2	Parameter in der Funktion V_I	$mol(e^-) \cdot mol^{-1}(CO_2)$
σ	CO_2-Freisetzung bei der Photorespiration	$mol(CO_2) \cdot mol^{-1}(O_2)$
Einfluß des Stickstoff- und des Chlorophyllgehaltes		
N, N_L, N_P	Gehalt an Protein-Stickstoff, indices: L - Blätter, P - Sproß (vegetativ)	$g \cdot g^{-1}$(Trockenmasse)
$N_{index,min}$	minimale Stickstoffgehalte	$g \cdot g^{-1}$(Trockenmasse)
$N_{index,max}$	maximale Stickstoffgehalte	$g \cdot g^{-1}$(Trockenmasse)
CH, CH_{max}	Chlorophyllgehalte	$\mu g \cdot cm^{-2}$
$k_{CHindex}$	Parameter für die Berechnung von CH	siehe Parameterliste
Einfluß der Temperatur		
T_L	Blattemperatur, mittlere Bestandestemperatur	K
T_r	Referenztemperatur	K
R	universelle Gaskonstante	$J \cdot mol^{-1} \cdot K^{-1}$
H_x	Differenzen von Aktivierungsenthalpien	$kJ \cdot mol^{-1}$
T_{Ll}, T_{Lh}	Deaktivierungstemperaturen	K
H_l, H_h	Differenzen von Deaktivierungsenthalpien	$kJ \cdot mol^{-1}$
S_l, S_h	Differenzen von Deaktivierungsentropien	$kJ \cdot mol^{-1} \cdot K^{-1}$
Transport von Kohlendioxid und Wasserdampf in der Gasphase		
P	Luftdruck	Pa
g_C, g_{Cb}, g_{Cs}	Leitfähigkeit (CO_2)	$\mu mol \cdot s^{-1} \cdot m^{-2}$

Symbol	Definition	Einheit
g_W, g_{Wb}, g_{Ws}	Leitfähigkeit (H_2O)	$mmol \cdot s^{-1} \cdot m^{-2}$
C_a, C_i	Molanteil von CO_2, Gasphase	$\mu mol \cdot mol^{-1}$
W_a, W_i	Molanteil von Wasserdampf	$mmol \cdot mol^{-1}$
D_{PW}	Dampfdrucksättigungsdefizit zwischen Mesophylloberfläche und Blattoberfläche	$mmol \cdot mol^{-1}$
ψ	Wasserpotential	Pa
k_D	Verhältnis der binären Diffusionskoeffizienten von Wasserdampf und CO_2	1
$k_{index,index}$	Parameter im Stomatamodell	siehe Parameterliste

Transport von Kohlendioxid und Sauerstoff im Mesophyll

g_m	Mesophyll-Leitfähigkeit (CO_2)	$\mu mol \cdot s^{-1} \cdot m^{-2}$
C_m, O_m	Konzentrationen an der Mesophylloberfläche	$mmol \cdot m^{-3}$
C_c	apparenter Molanteil von CO_2, Gasphase	$\mu mol \cdot mol^{-1}$
β_{CO2}, β_{O2}	BUNSEN'sche Absorptionskoeffizienten	$mmol \cdot m^{-3} \cdot Pa^{-1}$
μ_{CO2}, μ_{O2}	Differenzen chemischer Potentiale	$kJ \cdot mol^{-1}$

Dunkelatmung der generativen Sproßteile (Körner)

RDG	Dunkelatmungsrate der Karyopsen	$\mu mol \cdot s^{-1} \cdot m^{-2}(A_g)$
k_{RDG}, k_{RDGr}	spezifische Atmungsraten	$\mu mol \cdot s^{-1} \cdot g^{-1}$(Kornmasse)
N_G	Gehalt an Protein-Stickstoff	
N_{Gmin}	minimaler Stickstoffgehalt	$g \cdot g^{-1}$(Kornmasse)
N_{Gmax}	maximaler Stickstoffgehalt	$g \cdot g^{-1}$(Kornmasse)
M_G	Trockenmasse der Körner	$g \cdot m^{-2}(A_g)$

Liste der Modellparameter

fett	Parameterwert nach Literaturdaten gesetzt
kursiv	aus Gaswechselmessungen geschätzt
normal	auf der Grundlage von Meßdaten gesetzt bzw. justiert
+	Parameterwerte für den Grenzfall $g_m \rightarrow \infty$
++	aus Literaturangaben abgeleitet
+++	mit Literaturdaten geschätzt
*	HRD = HRDP = HRDI = HRDG

Verweise auf Quellen:

a:	FARQUHAR et al. 1980	b:	VON CAEMMERER et al. 1994
c:	MAKINO et al. 1988 aus b	d:	VON CAEMMERER & FARQUHAR 1981
e:	FARQUHAR & VON CAEMMERER 1982	f:	MÜLLER 1986ab
g:	WERNECKE et. al. 1993	h:	COLLATZ et al. 1991
i:	dieses Kapitel	j:	BADGER & COLLATZ 1977
k:	BROOKS & FARQUHAR 1985	l:	FIELD et al.1989
m:	PEARCY et al. 1989, Tabelle A6		

Symbol	Wert	Literaturwert	Quelle	Einheit
CO_2-Gasaustausch von Bestandeselementen[+]				
V_{Cmaxr}	*348,9*	200[++]	a b	μmol·s^{-1}·m^{-2}
K_{Cr}	**11,2**		c	mmol·m^{-3}
S_r	**120**		c	1
V_{Jmaxr}	*358,1*	200[++]	d e	μmol(e$^-$)· s^{-1} m^{-2}
k_{OC}	**0,22**		b	1
α_J	**0,48**		d e[++]	mol(e$^-$)·E^{-1}
μ_1	**4,5**		d e	mol(e$^-$)·mol^{-1}(CO$_2$)
μ_2	**10,5**		d e	mol(e$^-$)·mol^{-1}(CO$_2$)
σ	**0,5**		b	mol(CO$_2$)·mol^{-1}(O$_2$)
RDP_r	1,0		f g	μmol·s^{-1}·m^{-2}
RDI_r	1,0		g	μmol·s^{-1}·m^{-2}
m_C	0		a	1
m_E	*0,83*	0,7..0,9[++]	d e f	1
m_P	*0,99*	0.98	h	1
Einfluß des Stickstoff- und Chlorophyllgehaltes				
N_{L1min}	0,0076		i	g·g^{-1}
N_{L1max}	0,045		i	g·g^{-1}
N_{L2min}	0,0015		i	g·g^{-1}
N_{L2max}	0,055		i	g·g^{-1}
N_{Pmax}	0,002		g	g·g^{-1}
N_{Pmax}	0,017		g	g·g^{-1}
N_{Gmin}	0,012		g	g·g^{-1}
N_{Gmax}	0,017		g	g·g^{-1}
α_N	4		g	1
m_N	0,95		g	1
CH_{max}	55		i	μg·cm^{-2}
k_{CH1}	1,44		i	μg·cm^{-2}
k_{CH2}	31,18		i	μg·cm^{-2}
k_{CH3}	111,9		i	1
k_{CH4}	0,3177		i	1
Einfluß der Temperatur				
T_r	**298,15**			K
R	**8,314**			J·mol^{-1}·K^{-1}
H_{VCmax}	**58,5**		a j[++]	kJ·mol^{-1}
H_{VJmax}	**37,0**		a j[++]	kJ·mol^{-1}

Symbol	Wert	Literaturwert	Quelle	Einheit
H_{Kc}	**59,0**		a j[++]	$kJ \cdot mol^{-1}$
H_s	**19,1**		k[++]	$kJ \cdot mol^{-1}$
H_{RD}^*	46,7		g	$kJ \cdot mol^{-1}$
H_l	141,1		g	$kJ \cdot mol^{-1}$
H_h	393		g	$kJ \cdot mol^{-1}$
S_l	0,5129		g	$kJ \cdot mol^{-1} \cdot K^{-1}$
S_h	1,238		g	$kJ \cdot mol^{-1} \cdot K^{-1}$

Transport von Kohlendioxid und Wasserdampf in der Gasphase

Symbol	Wert	Literaturwert	Quelle	Einheit
k_D	**1,6**		l	1
g_{Wsmax}	*1671*	*718,7* [+++]	i	$mmol \cdot s^{-1} \cdot m^{-2}$
k_{DT1}	*1,616*	*5,071* [+++]	i	1
k_{DT2}	*0*	*0,0241* [+++]	i	1
k_{DT3}	*0*	*16,68* [+++]	i	K
k_{DT4}	*4,352*	*2,755* [+++]	i	1
k_{DT5}	*0,4477*	*1,587* [+++]	i	$mmol \cdot mol^{-1} \cdot K^{-1}$
k_{DT6}	*0*	*7,721* [+++]	i	K
k_{I1}	*72,84*	*338,8* [+++]	i	$mmol \cdot s^{-1} \cdot m^{-2}$
k_{I2}	*1,34*	*190,3* [+++]	i	$mmol \cdot s^{-1} \cdot m^{-2}$
k_{I3}	*4,036*	*0,8558* [+++]	i	$mmol \cdot \mu E^{-1}$
k_{C1}	*8037*	*10010* [+++]	i	1
k_{C2}	*1346*	*3005* [+++]	i	$mol \cdot mol^{-1}$
k_{C3}	*116800*	*115900* [+++]	i	$nmol \cdot s^{-1} \cdot m^{-2}$
k_{C4}	*0,03168*	*0,1732* [+++]	i	1

Löslichkeit von Kohlendioxid und Sauerstoff im Mesophyll

Symbol	Wert	Literaturwert	Quelle	Einheit
β_{CO2r}	**0,3012**		m[++]	$mmol \cdot m^{-3} \cdot Pa^{-1}$
β_{O2r}	**0,01282**		m[++]	$mmol \cdot m^{-3} \cdot Pa^{-1}$
μ_{CO2}	**24,82**		m[++]	$kJ \cdot mol^{-1}$
μ_{O2}	**13,92**		m[++]	$kJ \cdot mol^{-1}$

Dunkelatmung der Körner

Symbol	Wert	Literaturwert	Quelle	Einheit
k_{RDGr}	1,14		g	$\mu mol \cdot s^{-1} \cdot g^{-1}$

Strahlungstransfer im Pflanzenbestand
Parameter entsprechend Angaben bei SPITTERS (1986)

2.5 Modelle der Ontogenese für die Kulturarten Winterweizen, Wintergerste und Winterraps

P. WERNECKE, S. CLAUS

Einleitung

Pflanzen verändern im Verlaufe ihrer Ontogenese in charakteristischer Weise und gut erkennbar ihre Gestalt. Deshalb ist es möglich, Boniturskalen festzulegen, die das zeitliche Aufeinanderfolgen kennzeichnender Entwicklungszustände der Pflanzen zu beschreiben gestatten (FEEKES 1941, ZADOKS et al. 1974, HEYLAND 1978, KIRBY & APPLEYARD 1987, TOTTMANN 1987). Die genaue Vorhersage des Eintreffens bestimmter phänologischer Zustände der Pflanzenbestände ist nach HODGES (1991) u.a. wichtig für :

- die präzise Anwendung von Pestiziden zu bestimmten Ontogenese-Zuständen,
- zur Abschätzung von Streßeinflüssen in der Blütezeit bzw. Kornfüllungsphase,
- zur Vorhersage der Veränderungen der Ontogenese durch „global changes in climate".

Ein Simulationsmodell, das die phänologischen Zustände von Winterweizenbeständen unter dem Einfluß von Umweltwirkungen für den Zeitraum zwischen Aussaat und Ernte des Getreides berechnet, ist von WERNECKE & CLAUS (1992) vorgestellt worden. CLAUS et al. (1993) untersuchten verschiedene Modellvereinfachungen. Diese Vereinfachungen beziehen sich darauf, daß auf die Bodentemperatur als Einflußgröße verzichtet werden kann, daß die Bodenfeuchte - auf Grund der bis dahin verfügbaren experimentellen Befunde - nur in der Anfangsphase der Entwicklung (Keimphase) zu berücksichtigen ist und daß die Luftfeuchte nur für die Phase "Blüte - Reife" im Modell als Einflußgröße benötigt wird. Damit wurde die Anzahl der Einflußgrößen reduziert. In diesem Zusammenhang ließen sich auch die drei Funktionen vereinfachen, mit denen die Einflußgrößen in das Modell eingekoppelt werden. Die von WERNECKE & CLAUS (1992) und CLAUS et al. (1993) mitgeteilten Ergebnisse über den zeitlichen Verlauf der berechneten Boniturgröße für die Ontogenese der Kulturart „Winterweizen" zeigen eine gute Übereinstimmung mit den experimentell ermittelten Boniturwerten.

Die vorliegenden Untersuchungen haben das Ziel, Ontogenese-Modelle für die Kulturarten Gerste und Raps auf der Basis des Winterweizen-Modells zu entwikkeln und zu validisieren. Zur Beurteilung der erreichten Modellgenauigkeit wird das verallgemeinerte Ontogenese-Modell „Onto" mit zwei einfachen Modellansätzen verglichen. Dabei ist erstens die Ontogenese-Geschwindigeit als konstant und unabhängig von Umwelteinflüssen (Modell „Onto_Time") und zweitens als proportional zur Lufttemperatur (Modell „Onto_Tsum") angenommen worden. Die

Genauigkeit der Simulationsergebnisse, die mit dem Modell „Onto" im Gegensatz zu „Onto_Time" und „Onto_Tsum" erreicht werden konnte, rechtfertigt die Verallgemeinerung des Konzeptes der Temperatursumme im Modell „Onto", realisiert durch die Differentialgleichung (Dgl) für die interne Zustandsvariable der Ontogenese. Für alle Modellvarianten werden Ergebnisse der Parameterschätzung mitgeteilt.

Die Schätzung der Modellparameter auf Grund von Daten, die in Versuchen am Standort Quedlinburg, Stumpfsburger Garten ermittelt wurden sowie von Winterweizen-Daten, die an verschiedenen Standorten in Deutschland im Rahmen der Schädlingsprognose in den letzten Jahren erhoben worden sind, ergab, daß mit dem Modell „Onto" und kulturartspezifischen Parametersätzen von Winterweizen, Wintergerste und Winterraps eine gute Übereinstimmung mit den experimentell ermittelten Boniturwerten erzielt werden konnte. Die im Winterweizenmodell (CLAUS et al. 1993) beschriebenen Modellgleichungen und die Modellimplementation sind somit auch auf andere Kulturarten (wie Gerste, Raps) übertragbar.

Modellierungsvoraussetzungen, Boniturskalen

Eine wesentliche Voraussetzung für die Übertragung des Ontogenesemodells von Winterweizen auf andere Kulturarten besteht darin, daß die kulturartspezifische zeitliche Abfolge der phänologischen Ereignisse mit Hilfe von Boniturskalen eindeutig auf eine monotone, nicht abnehmende Zahlenfolge von Dezimalcodes abgebildet werden kann. Die während der Zeitreihenversuche festgestellten Bonituren kennzeichnen die Entwicklung der Pflanzen in einer für die Modellierung geeigneten Weise. Die Skalen für Getreide (Weizen, Gerste) sowie für Raps sind ähnlich strukturiert. Sie beschreiben sowohl Folgen von Ereignissen, die durch Abzählen gleichartiger, zeitlich aufeinanderfolgender Ereignisse, wie die sich entfaltenden Blätter oder die sich bildenden Triebe der Pflanzen gekennzeichnet sind, als auch Folgen, die durch Diskretisierung aus kontinuierlich veränderlichen Größen, wie die Länge von Pflanzenorganen oder der Wassergehalt der Körner, hervorgehen. Über die Boniturskalen lassen sich in direkter Weise Zustandsgrössen für die Ontogenese der Pflanzen, insbesondere von Winterweizen, Wintergerste und Winterraps definieren, die in kulturartspezifischen Wachstumsmodellen von Pflanzen zur Synchronisation der zu modellierenden Prozesse verwendet werden können. Die Zustandsgröße für die Ontogenese stellt damit eine wesentliche Steuergröße innerhalb der Wachstumsmodelle von Pflanzen dar (siehe Kap. 2.1).

Einflußgrößen

Die Raten für die Zustandsgrößen des Ontogenesemodells hängen im wesentlichen von der Lufttemperatur, der Luft- und Bodenfeuchte und von der Tageslänge (Sonne oberhalb des Horizontes) ab. Im komplexen Wachstumsmodell (siehe Kap. 2.1) stehen darüber hinaus weitere Einflußgrößen zur Verfügung, die für die Verbesserung der Genauigkeit der Modellvorhersage des Ontogeneseverlaufes durch die Berücksichtigung von Wasserstreßwirkungen von Bedeutung sein könnten: das Wasserpotential des Sprosses sowie die Bodenwasserpotentiale. Das Sproßwasserpotential ist eine sich zeitlich schnell ändernde Größe mit einem ausgeprägten Tagesgang im Gegensatz zum tiefenabhängigen Wasserpotential des Bodens, das sich nur im Jahresgang wesentlich verändert. Das Wasserpotential ist in der vorliegenden Version des Ontogenese-Modells nicht berücksichtigt.

Darstellung des Modells „Onto"

In bezug auf Boniturskalen läßt sich die Entwicklung von Weizenpflanzen mit den drei Zustandsgrößen

D : Ontogenese (Development)
V : Vernalisation
W : Wassergehalt der reifenden Körner

und den Einflußgrößen

T_a : Lufttemperatur
r_a, r_s : Luftfeuchte und relative Bodenfeuchtigkeit
DL : Tageslänge

beschreiben (WERNECKE & CLAUS 1992, CLAUS et al. 1993) und, wie nachstehend gezeigt wird, auf weitere Kulturarten (Gerste und Raps) übertragen. Der Zusammenhang zwischen diesen Zustands- und Einflußgrößen wird über zwei Differentialgleichungen (Dgln)

$$dD/dt = k_{1D} \cdot (1 - S_1) \cdot Q_A + k_{2D} \cdot S_1 \cdot Q_W \qquad (2.5.1)$$
$$dV/dt = k_{1V} \cdot U_5 - k_{2V} \cdot U_6 \qquad (2.5.2)$$

$$Q_A = S_2 \cdot U_1 \cdot U_2 \cdot U_3 \qquad (2.5.3)$$
$$Q_W = U_4 \cdot W \qquad (2.5.4)$$

und die zu spezifizierenden Umwelt (U)- und Steuercharakteristiken (S):

$$U_1 = U_1 (r_s, D) \qquad U_2 = U_2 (T_a)$$
$$U_3 = U_3 (DL, D) \qquad U_4 = U_4 (T_a, r_a)$$
$$U_5 = U_5 (T_a, V) \qquad U_6 = U_6 (T_a, V, D) \qquad (2.5.5)$$
$$S_1 = S_1 (D) \qquad S_2 = S_2 (V, D) \qquad (2.5.6)$$

hergestellt (siehe Anhang, Gleichung 2.5.A2-9). Mit einer monoton wachsenden Funktion ("output function" bzw. Tabellenfunktion) f_{DC} und der zugehörenden inversen Funktion f_D

$$DC = f_{DC} (D) \qquad D = f_D (DC), \qquad (2.5.7)$$

die beide zu bestimmen sind, wird die interne Zustandsgröße D in die Ausgabevariable DC umgerechnet (bzw. umgekehrt) und damit der Bezug zur betreffenden

Boniturskala, hier der DC-Skala, hergestellt. Für Entwicklungszustände abreifender Pflanzen läßt sich eine Beziehung

$$W = W(DC) \qquad (2.5.8)$$

zwischen der Variablen W für den Wassergehalt und der Ausgabevariablen DC auf Grund der Angaben zur DC-Skala herstellen (Gleichung 2.5.A1, Tab. 3.1.1), die zur stückweise linearen Interpolation herangezogen werden kann.

Die Anfangsbedingungen für die Dgln (2.5.1) und (2.5.2) lauten:

$$D(t_0) = D_0 \qquad\qquad V(t_0) = V_0$$
$$D_0 = 0 \qquad\qquad\quad V_0 = 0. \qquad (2.5.9)$$

Die Ratenkoeffizienten k_{1D}, k_{2D}, k_{1V}, k_{2V}, die Parameter der Umwelt- und Steuercharakteristiken Gleichung (2.5.A2-9) sowie die Parameter der Tabellenfunktion Gleichung (2.5.7) sind zu schätzen. Zum Schätzen der Modellparameter wurden Ergebnisse verwendet, die aus Freilandversuchen mit Winterweizen, Wintergerste und Winterraps am Standort Quedlinburg über mehrere Vegetationsperioden gewonnen wurden (1990 bis 1995). Die Daten aus diesen Freilandversuchen beziehen sich auf:

- Bonituren der Entwicklung von Pflanzenbeständen verschiedener Sorten und Düngungsstufen,
- Tagesmittelwerte der Lufttemperatur (°C) und der Luftfeuchte (2 m - Wetterhütte),
- Bodenfeuchte (Vol %, 30 cm Tiefe, Neutronensonde).

Neben der Datenbasis des Quedlinburger Standortes konnten auch Bonitur-Daten von Winterweizen einschließlich der entsprechenden Witterungsszenarien verschiedener Standorte in Deutschland zur Parameterschätzung herangezogen werden. Diese Daten wurden von der Biologischen Bundesanstalt für Land- und Forstwirtschaft, Institut für Folgenabschätzung im Pflanzenschutz, Kleinmachnow, zur Verfügung gestellt, um für das im Rahmen der Schädlingsprognose eingesetzte Quedlinburger Winterweizen-Ontogenese-Modell „ONTO-WW" einen standortunabhängigen Parametersatz bestimmen zu können.

Mit den aus einem speziellen, in Klimakammern angelegten Vernalisationsversuch ermittelten Daten sind die Parameter der Dgl für die Vernalisationsgröße V geschätzt worden (CLAUS et al. 1992).

Spezialfälle des Ontogenese-Modells „Onto"

Berechnung der zugeordneten Tabellenfunktionen

Zur Beurteilung der Präzision des Ontogenese-Modells „Onto" werden zwei einfache Modellversionen und die zugeordneten Tabellenfunktionen diskutiert. Die Vereinfachungen beziehen sich auf die Ontogenesegeschwindigkeit: erstens, die Ontogenese-Geschwindigeit ist konstant und unabhängig von Umwelteinflüssen (Modellversion „Onto_Time"); zweitens, die Ontogenesegeschwindigkeit ist proportional zur Lufttemperatur (Modellversion „Onto_Tsum"). Für diese beiden Spezialfälle werden explizite Ausdrücke für die Tabellenfunktion abgeleitet. Im ersten Fall wird die rechte Seite des Modellansatzes Gleichung (2.5.1) durch einen konstanten Term ersetzt, im zweiten Fall durch eine lineare Funktion der Lufttemperatur. Die abgeleiteten Formelausdrücke für die gesuchten Tabellenfunktionen enthalten Parameter, die für mehrere Vegetationsperioden geschätzt worden sind.

Modellversion „Onto_Time": konstante Ontogenesegeschwindigkeit

Wird in der Dgl (2.5.1) die rechte Seite durch die konstante Ontogenesegeschwindigkeit ersetzt:

$$dD/dt = k_{1D} , \qquad (2.5.10)$$

so ergibt sich als Lösung eine lineare Beziehung zwischen der Zustandsgröße D der Ontogenese und der Zeitdifferenz $(t - t_0)$:

$$D \quad = D_0 + k_{1D} \cdot (t - t_0). \qquad (2.5.11)$$

Da zum Termin der Aussaat $(t = t_0)$ die Ontogenese startet $(D = 0)$ und zum Zeitpunkt $(t = t_{MA})$ der Vollreife $(DC = DC_{MA} = 1)$ die pflanzliche Entwicklung abgeschlossen ist, gilt hier die Bedingung

$$\begin{aligned} D \quad &= 0, \quad \text{falls } t = t_0 \\ D \quad &= 1, \quad \text{falls } t = t_{MA} \quad \text{(Festlegung)} . \end{aligned} \qquad (2.5.12)$$

Die beiden Bedingungen (2.5.12) sind nur für ein einzelnes Szenarium eindeutig, bei mehreren Szenarien sind die Aussaat- und Vollreife-Termine im allgemeinen unterschiedlich und die Zustandsgröße D erreicht nicht für alle Szenariens zu den jeweiligen Zeitpunkten der Vollreife den Wert D=1, sondern nur im Mittel aller betrachteten Szenarien. Mit den Gleichungen (2.5.11) und (2.5.12) erhält man:

$$\begin{aligned} k_{1D} \quad &= \quad 1 \quad / (t_{MA} - t_0) \qquad &(2.5.13) \\ D \quad &= (t - t_0) / (t_{MA} - t_0). \qquad &(2.5.14) \end{aligned}$$

Nach Gleichung (2.5.10) wird der Ontogenesezustand D als unabhängig von äußeren Einflußgrößen (z.B. Temperatur der Luft) betrachtet.

Modellversion „Onto_Tsum": Ontogenesegeschwindigkeit proportional zur Lufttemperatur

Eine genauere Beziehung für D läßt sich ableiten, wenn die Ontogenesegeschwindigkeit dD/dt proportional zur Lufttemperatur T_a gesetzt wird. Dann geht die Dgl (2.5.1) über in:

$$
\begin{aligned}
&\text{if} \quad T_a \quad > T_{Base} \\
&\text{then} \quad dD/dt \quad = k_{1D} \cdot (T_a - T_{Base}) / (T_{a20} - T_{Base}) \\
&\text{else} \quad dD/dt \quad = 0.
\end{aligned}
\tag{2.5.15}
$$

Die Integration dieser Differentialgleichung führt auf ein Temperatur-Integral, das für Zeitschrittweiten von einem Tag mit der sogenannten „Temperatursumme" übereinstimmt. Der Parameter T_{base} bezeichnet die Basistemperatur, T_{a20} ist eine Bezugstemperatur, die zur Normierung dient und auf $T_{a20} = 20\ ^\circ C$ gesetzt wurde. Für die Zustandsgröße D und die Temperatursumme ergibt sich:

$$
D \qquad = D_0 + k_{1D} \cdot TSUM(t) / (T_{a20} - T_{Base})
\tag{2.5.16}
$$

$$
TSUM(t) \quad = \int_{t_0}^{t} (T_a - T_{Base})\ dt.
\tag{2.5.17}
$$

Der Parameter k_{1D} wird analog zum Ansatz in Gleichung (2.5.10) aus der Endbedingung $D = D_{MA} = 1$ (Vollreife) ermittelt. Daraus folgt für die Zustandsgröße D der Ontogenese die Beziehung:

$$
D \quad = TSUM(t) / TSUM(t_{MA}).
\tag{2.5.18}
$$

Für beide Ansätze (2.5.10) und (2.5.15) läßt sich die gesuchte Ausgabevariable DC_i für eine Folge von Bonitur-Terminen t_i über die Tabellenfunktionen wie folgt berechnen:

$$
DC_i = f_{DC} (D_i),
\tag{2.5.19}
$$

wobei die Zustandsgröße der Ontogenese $D_i = D(t_i)$ durch die Gleichung (2.5.14) bzw. (2.5.18) gegeben ist. Die Parameter der Tabellenfunktionen sind für jede Modellversion zu bestimmen.

Im allgemeinen müssen die Parameter der Tabellenfunktion Gleichung (2.5.7) durch den Einsatz von mathematischen Schätzverfahren bestimmt werden, wenn mehr Daten als unbekannte Parameter vorliegen. In Sonderfällen, wenn nur wenige Boniturdaten zur Verfügung stehen, lassen sich für diese Stützstellen die Wertepaare (DC_i, D_i) direkt aus den Gleichung (2.5.14), (2.5.18) und (2.5.19) eindeutig bestimmen.

Quantitativer Vergleich der speziellen Modellversionen „Onto_Time" und „Onto_Tsum" mit dem allgemeinen Ansatz „Onto"

In Abb. 2.5.1 sind die Tabellenfunktionen (Winterweizen) für drei Modellversionen: Onto, Onto_Time und Onto_Tsum dargestellt. Berücksichtigt man, daß im Modell „Onto_Time" der interne Ontogenese-Zustand D proportional zur Zeit t ist (siehe Gleichung 2.5.11), so entspricht die zu „Onto_Time" gehörende Tabellenfunktion DC (D) einem über mehrere Szenarien gemittelten DC(t)-Verlauf. Die Tabellenfunktion der Modellversion „Onto_Tsum" ähnelt der Version „Onto".

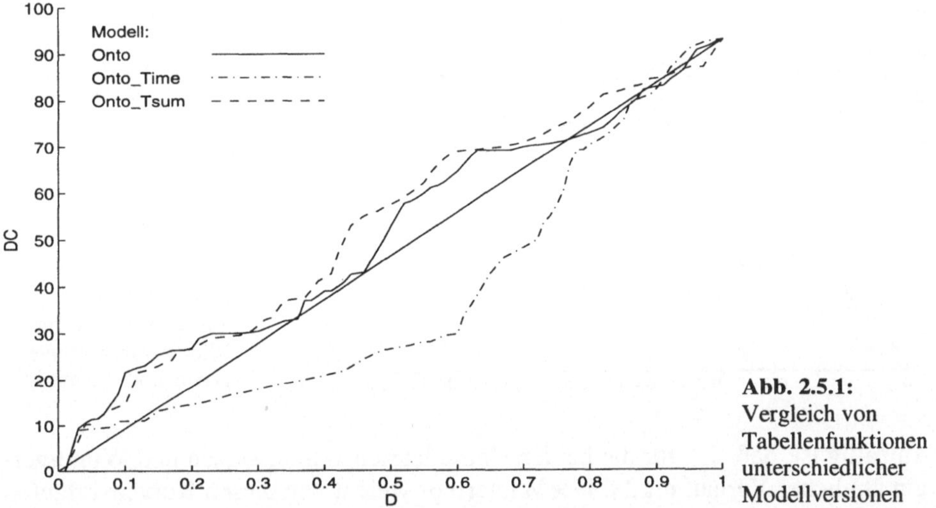

Abb. 2.5.1: Vergleich von Tabellenfunktionen unterschiedlicher Modellversionen

Aus den berechneten Tabellenfunktionen der beiden Modelle „Onto_Time" und „Onto_Tsum" lassen sich den in der Tab. 3.1.1 aufgeführten Ontogenese-Ereignissen (DC) mittlere Zeitdifferenzen $t_{Delta} = t - t_0$ bzw. mittlere Temperatursummen TSUM zuordnen. Dazu sind die Gleichung (2.5.11) und (2.5.16) nach diesen Größen aufzulösen und die geschätzten Parameter k_{1D} und T_{Base} (siehe Tab. 2.5.1) zu verwenden:

$$t_{Delta} = D / k_{1D}, \qquad \text{(Modell „Onto\_Time")}$$
$$k_{1D} = 0{,}0031 \; d^{-1}$$

$$TSUM = D \cdot (T_{a20} - T_{base}) / k_{1D}. \qquad \text{(Modell „Onto\_Tsum")}$$
$$T_{a20} = 20{,}00 \; °C$$
$$T_{Base} = 5{,}90 \; °C$$
$$k_{1D} = 0{,}0136 \; d^{-1}.$$

Quantitative Beschreibung der Tabellenfunktionen für Winterweizen, Wintergerste, Winterraps: Modell „Onto"

Die monoton wachsenden "output functions" bzw. Tabellenfunktionen, die sich für die drei Kulturarten auf der Basis des allgemeinen Modellansatzes Gleichung (2.5.1) aus den Parameterschätzungen ergaben, sind in Abb. 2.5.2 gemeinsam dargestellt.

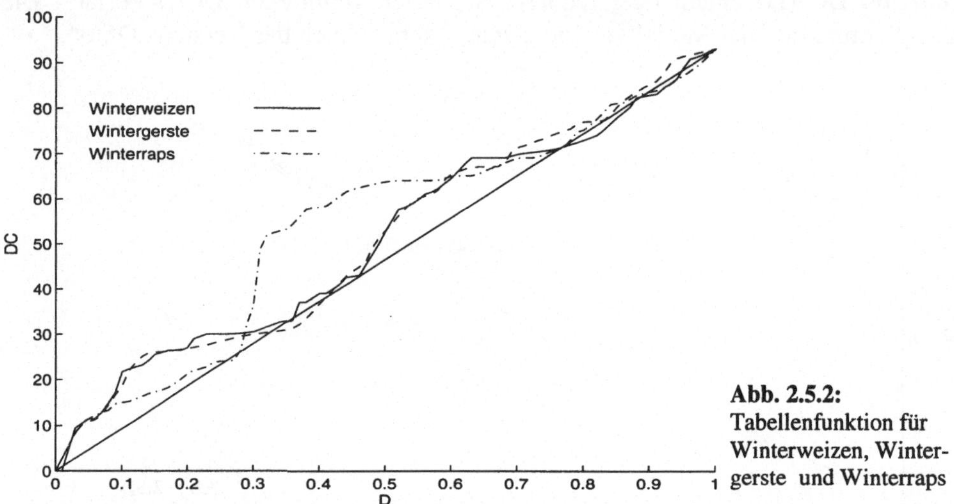

Abb. 2.5.2:
Tabellenfunktion für Winterweizen, Wintergerste und Winterraps

Auffällig ist, daß sich für die beiden Getreidearten Winterweizen und Wintergerste ein ähnlicher Verlauf ergibt. Der Winterraps weicht von diesen Kurvenverläufen im Bereich $40 < DC < 50$ deutlich ab. In diesem Intervall weist die DC-Boniturskala für Raps (vgl. Tab. 3.1.3) eine Lücke auf, die den steilen Anstieg der Kurve im Bereich $0{,}29 < D < 0{,}32$ verursacht. Im Gegensatz dazu enthält die DC-Boniturskala für Getreidebestände (vgl. Tab 3.1.2) mehr als fünf beobachtbare Ontogenese-Ereignisse in diesem DC-Intervall. Für $DC > 80$ folgen alle drei Tabellenfunktionen näherungsweise der in Abb. 2.5.2 dargestellten Geraden $DC = 93 \cdot D$.

Ergebnisse der Parameterschätzung und der Simulationsläufe

Zur Modellvalidisierung wurde ein Simulationssystem (Basis: Borland-Pascal) entwickelt und eingesetzt, das umfangreiche Szenarien von Simulationsläufen verbunden mit Parameterschätzungen und Ergebnis-Präsentationen interaktiv realisieren kann. Verschiedene Datei-Typen für Input- und Output-Files werden im Simulationssystem verarbeitet:

-   Szenarien-Files (Kulturart, Start-/End-Termine der einzelnen Simulationsläufe, Standortbeschreibung einschließlich der zugeordneten Wetterstationen)

- Files der Klimadaten,
- Files der erhobenen DC-Bonituren,
- Parameter-Files,
- Resultat-Files.

Einen Gesamteindruck über die erzielten Ergebnisse vermitteln die Abb. 2.5.3-2.5.8, in denen der zeitliche Verlauf der berechneten Ausgangsgröße DC für die Entwicklung des Winterweizens (Abb. 2.5.3 und 2.5.4), der Wintergerste (Abb. 2.5.3, 2.5.5 und 2.5.6) sowie des Winterrapses (Abb. 2.5.3, 2.5.7 und 2.5.8) für vier unterschiedliche Vegetationsperioden (Herbst 1990 bis Sommer 1995) dargestellt und mit den experimentell ermittelten Boniturwerten verglichen werden.

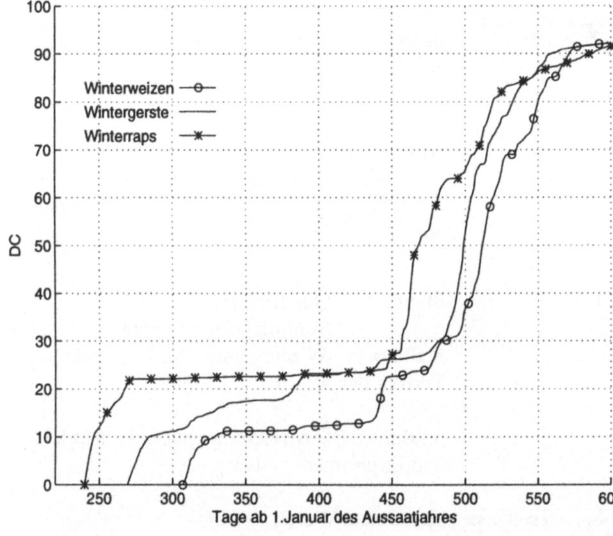

Abb. 2.5.3:
Vergleich der Entwicklung von Winterweizen, Wintergerste und Winterraps: Zeitlicher Verlauf der Entwicklung bezogen auf die DC-Skala;

Standort: Quedlinburg,
       Stumpfsburger Garten
Vegetationsperiode: 1992/93

Kulturart	**Aussaat**	**DC-Abw.**
Winterweizen	02.11.92	1,5
Wintergerste	25.09.92	2,3
Winterraps	27.08.92	2,0

In Abb. 2.5.3 ist für die Vegetationsperiode 1992/93 die berechnete Ausgangsgröße DC als Funktion der Zeit t für alle drei betrachteten Kulturarten dargestellt. Die Spanne der Aussaat-Termine für den Herbst 1992 beträgt ca. zwei Monate. Den größten Entwicklungsfortschritt weist der Winterraps auf, der aber zum Ende der Vegetationsperiode von der Wintergerste eingeholt wird. Der Winterweizen wurde im Jahre 1992 erst sehr spät ausgesät. Er ist in der betrachteten Vegetationsperiode in seiner DC-Entwicklung zeitlich am weitesten zurück.

Generell ist festzustellen, daß die Unterschiede im Zeitverlauf DC(t) zwischen den drei Kulturarten wesentlich größer ausfallen, als die mittleren Differenzen zwischen den berechneten Werten und den an den Feldbeständen ermittelten Bonituren (DC-Abw.). Das Ontogenese-Modell bildet die Unterschiede zwischen den drei Kulturarten korrekt ab. Die Zustandgröße der Ontogenese erweist sich daher als geeignet für die Steuerung von Teilprozessen des Pflanzenwachstums (vgl. Kap. 2.1).

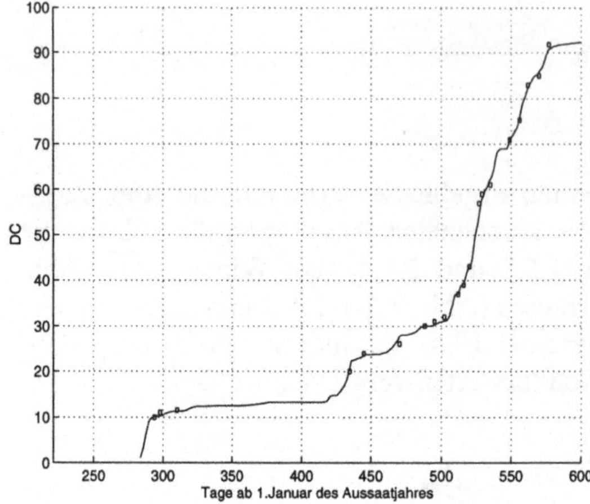

Abb. 2.5.4:
Fallstudie "**Winterweizen** 1990/91":
Zeitlicher Verlauf der Entwicklung bezogen
auf die DC-Skala;

Standort: Quedlinburg,
                Stumpfsburger Garten
Kulturart: Winterweizen (Sorte Norman)
Termin der Aussaat: 10.10.90

mittlere DC-Abweichung zwischen Modell
und Experiment: 1,3

berechnete Werte: ———
DC-Bonituren: □

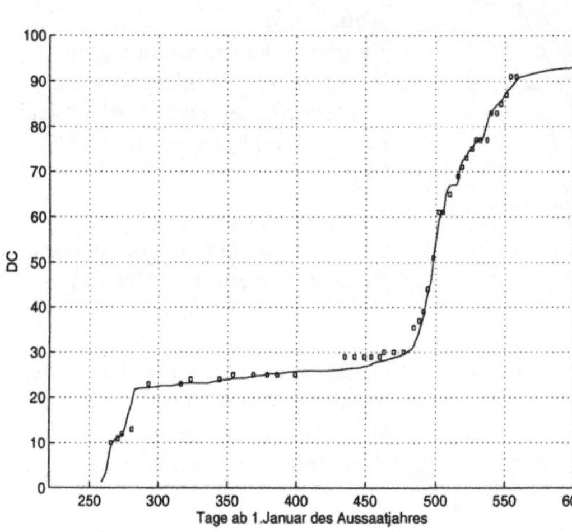

Abb. 2.5.5:
Fallstudie "**Wintergerste** 1993/94":
Zeitlicher Verlauf der Entwicklung bezogen
auf die DC-Skala;

Standort: Quedlinburg,
                Stumpfsburger Garten
Kulturart: Wintergerste (Sorte Alpaca)
Termin der Aussaat: 15.09.93

mittlere DC-Abweichung zwischen Modell
und Experiment: 1,7

berechnete Werte: ———
DC-Bonituren: □

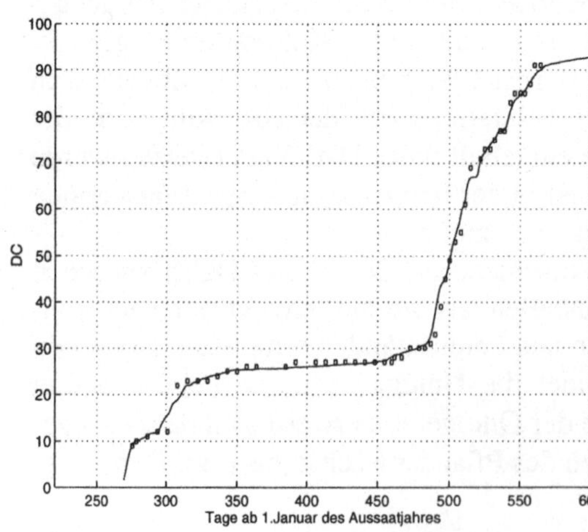

Abb.2.5.6:
Fallstudie "**Wintergerste** 1994/95":
Zeitlicher Verlauf der Entwicklung bezogen
auf die DC-Skala;

Standort: Quedlinburg,
                Stumpfsburger Garten;
Kulturart: Wintergerste (Sorte Alpaca)
Termin der Aussaat: 26.09.94

mittlere DC-Abweichung zwischen Modell
und Experiment: 1,5

berechnete Werte: ———
DC-Bonituren: □

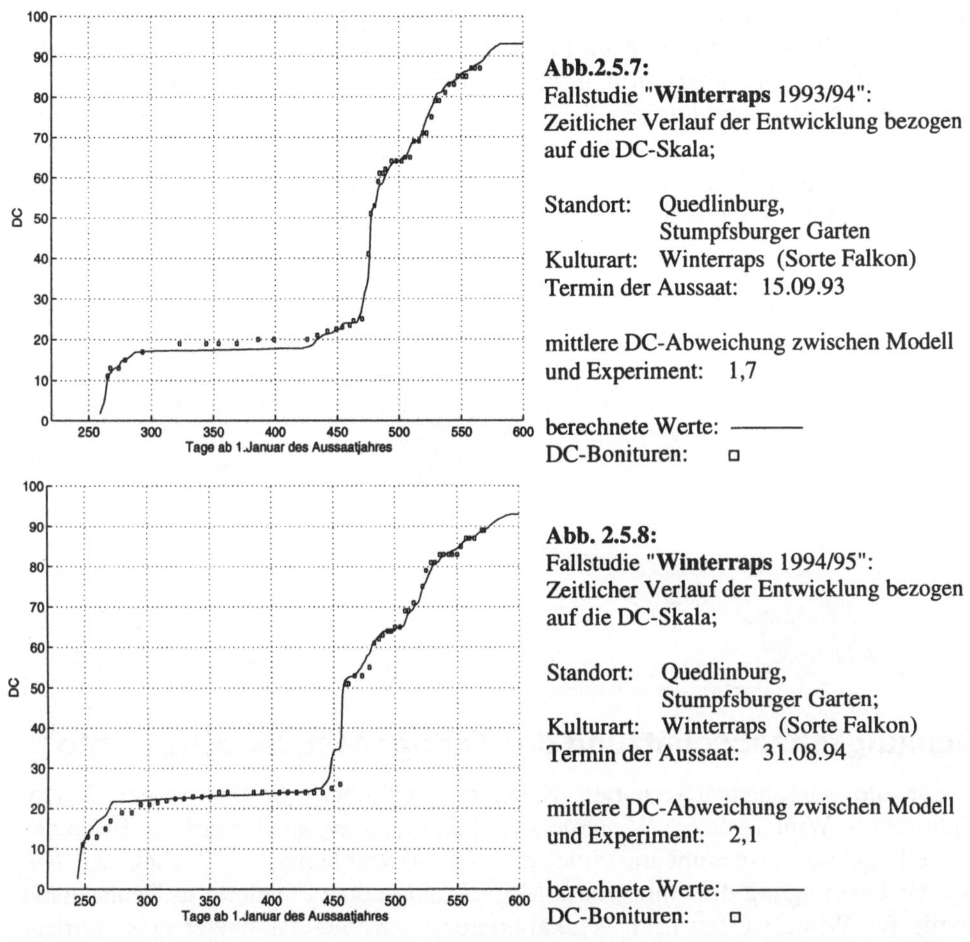

Abb.2.5.7:
Fallstudie "**Winterraps** 1993/94":
Zeitlicher Verlauf der Entwicklung bezogen
auf die DC-Skala;

Standort: Quedlinburg,
            Stumpfsburger Garten
Kulturart: Winterraps (Sorte Falkon)
Termin der Aussaat: 15.09.93

mittlere DC-Abweichung zwischen Modell
und Experiment: 1,7

berechnete Werte: ———
DC-Bonituren: □

Abb. 2.5.8:
Fallstudie "**Winterraps** 1994/95":
Zeitlicher Verlauf der Entwicklung bezogen
auf die DC-Skala;

Standort: Quedlinburg,
            Stumpfsburger Garten;
Kulturart: Winterraps (Sorte Falkon)
Termin der Aussaat: 31.08.94

mittlere DC-Abweichung zwischen Modell
und Experiment: 2,1

berechnete Werte: ———
DC-Bonituren: □

Modell-Übertragung auf andere Standorte

Seit einem Jahr wird das hier beschriebene Modell der Ontogenese für Winterweizen und neuerdings auch für Wintergerste von der BBA Kleinmachnow als Teilmodell für die Schädlingsprognose in der gesamten Bundesrepublik Deutschland eingesetzt. Um für das Quedlinburger Winterweizen-Ontogenese-Modell „ONTO" einen standortunabhängigen Parametersatz bestimmen zu können, wurden umfangreiche Simulationsläufe durchgeführt. Die Daten wurden von der Biologischen Bundesanstalt für Land- und Forstwirtschaft, Institut für Folgenabschätzung im Pflanzenschutz, Kleinmachnow zur Verfügung gestellt. In Abb. 2.5.9 ist die schraffierte Fläche durch die gemeinsame Hüllkurve aller DC(t)-Verläufe, die in den einzelnen Simulationen (Winterweizen-Szenarien: 24; Standorte: 19; Zeitraum: 1993-1995) berechnet worden sind, definiert. Auffällig ist das enge Band um

DC=30. Die Pflanzenbestände sistieren in der Winterperiode und synchronisieren ihre Entwicklungsgeschwindigkeit bis zum Frühjahrsbeginn (ca. DC=30), wenn die kritische Tageslänge überschritten wird. Durch unterschiedliche Aussaat-Termine (Aussaat: DC=0, Vorwinterphase) und Jahreseinflüsse variieren die DC(t)-Verläufe. Die Abweichungen zwischen den aus Feldbeobachtungen gewonnenen Bonituren (DC_Exp) und den Resultaten der Simulationsrechnungen (DC_Sim) für die oben genannten 24 Szenarien sind in Abb. 2.5.11 dargestellt.

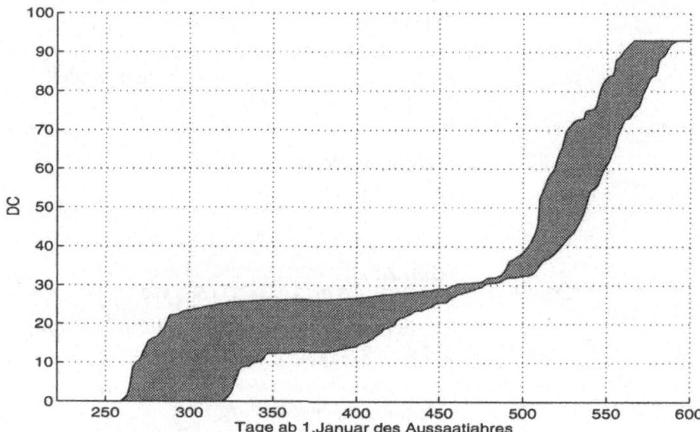

Abb. 2.5.9:
Variabilität der Entwicklung von Winterweizen bezogen auf die DC-Skala für verschiedene Standorte in Deutschland;

Kulturart: Winterweizen
Zeitraum: 1993-95;

schraffierte Fläche: Zeit- bzw. DC-Fenster

Genauigkeitsabschätzung des Ontogenese-Modells „Onto"

Für alle betrachteten Szenarien (Standort Quedlinburg, Stumpfsburger Garten, Kulturarten: Winterweizen, Wintergerste, Winterraps) ergab sich auf der Basis des Modells „Onto" insgesamt im Mittel eine DC-Abweichung = 1,77 (Abb. 2.5.10). Bei der Übertragung des Ontogenese-Modells auf andere Standorte in Deutschland wurde für Winterweizen nach Neukalibrierung sensibler Parameter eine mittlere DC-Abweichung = 2,18 erreicht.

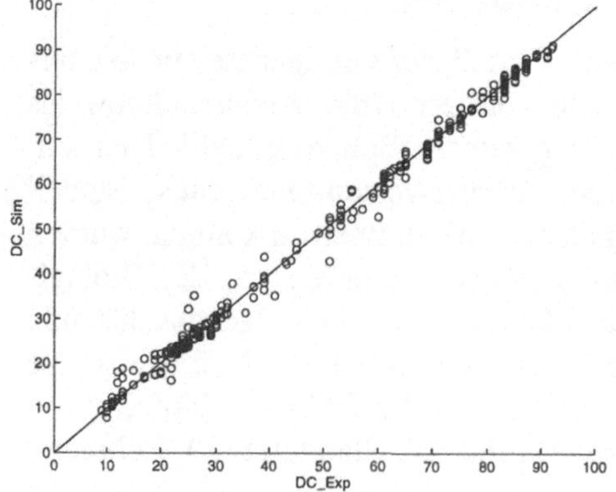

Abb. 2.5.10:
Vergleich der in Feldbeobachtungen gewonnenen Bonituren (DC_Exp) mit den Resultaten der Simulationsrechnungen (DC_Sim)

Standort: Quedlinburg, Stumpfsburger Garten
Kulturarten: Winterweizen, Wintergerste
                Winterraps
Szenarien: 12
Zeitraum: 1990-1995

mittlere DC-Abweichung zwischen Modell und Experiment: 1,77

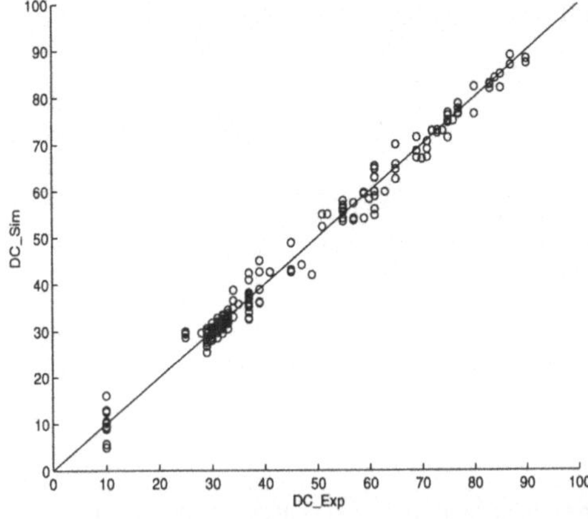

Abb. 2.5.11:
Vergleich von aus Feldbeobachtungen gewonnenen Bonituren (DC_Exp) mit den Resultaten der Simulationsrechnungen (DC_Sim)

Standort:	Deutschland
Kulturart:	Winterweizen
Szenarien:	24
Standorte:	19
Wetterstationen:	15
Zeitraum:	1993-1995

mittlere DC-Abweichung zwischen Modell und Experiment: 2,18

Vergleicht man die Genauigkeit der DC-Simulation für die verschiedenen Modellvarianten Onto, Onto_Tsum sowie Onto_Time, so liefert die Modellversion „Onto" die besten Simulationsergebnisse (Tab. 2.5.1). Die DC-Abweichung von 1,77 liegt hier in der Nähe der Größe des Boniturfehlers. Die geschätzten Parameter k_{1D} und T_{Base} sind für die Modelle „Onto" und „Onto_Tsum" näherungsweise gleich groß.

Modell	DC-Abw.	k_{1D} [d-1]	T_{Base} [°C]
Onto	1,77	0,0119	5,10
Onto_Tsum	3,34	0,0136	5,90
Onto_Time	9,07	0,0031	---

Tab.: 2.5.1: Modellvergleich

Modell-Dokumentation in Datenbanken

Das Ontogenese-Modell ist in der Vorversion ONTO-WW1 in den Modelldatenbanken UFIS des GSF-Forschungszentrums für Umwelt und Gesundheit und ECOBAS der Gesamthochschule / Universität Kassel dokumentiert (LENZ et al. 1994) und dort über das Internet (WERNECKE & CLAUS 1995) zugänglich. Eine Kurzdokumentation des Ontogenese-Modells liegt seit August 1995 im CAMASE-Register of Agro-ecosystems Models vor (WERNECKE & CLAUS 1996).

Anhang - Spezielle Charakteristiken

Wassergehalt der Körner W = W(DC)

if   (DC < 65) then W = 0,80
else if   (DC < 87) then W = 0,80 - 0,55 · (DC - 65) / (87 - 65)
else if   (DC < 91) then W = 0,25 - 0,05 · (DC - 87) / (91 - 87)
else if   (DC < 92) then W = 0,20 - 0,04 · (DC - 91) / (92 - 91)
else   W = 0,16   (2.5.A1)

Charakteristik U_1 (r_s, D);

Parameter: D_{em}, r_0

Die Umweltcharakteristik U_1 kennzeichnet den Einfluß der Bodenfeuchte auf die pflanzliche Entwicklung bis zum Auflaufen der Saat (D = D_{em}). Bei zu geringer Bodenfeuchte wird die Keimung und das Auflaufen der Saat gehemmt bis zur totalen Hemmung beim Erreichen des Welkepunktes (rel. Bodenfeuchtigkeit r_s = 0).

if   D < D_{em}
then U_1 = 1 - exp (- r_s / r_0)
else U_1 = 1   (2.5.A2)

Die relative Bodenfeuchtigkeit r_s (0 < r_s < 1) ist eine normierte Größe, die beim Welke- bzw. Sättigungspunkt des Bodens die Werte 0 bzw. 1 annimmt.

Charakteristik U_2 (T_a);

Parameter: T_{Base}, T_{Opt}

Die Umweltcharakteristik U_2 beschreibt die Wirkung der Lufttemperatur T_a auf die Geschwindigkeit der Entwicklung. Sie ist durch zwei Parameter bestimmt: durch die Basistemperatur T_{Base}, unterhalb derer die pflanzliche Entwicklung stagniert, sowie durch die Temperatur T_{Opt} für optimale Entwicklung (h: Hilfsgröße):

h   = (T_a - T_{Opt}) / (T_{Opt} - T_{Base})
U_2 = max(0, (1+h) · exp(-h))   (2.5.A3)

Charakteristik U_3 (DL, D);

Parameter: DL_0, DL_1, DL_2, D_{em}

Die Umweltcharakeristik U_3 bestimmt als Funktion der im Modell berechneten Tageslänge DL das Einsetzen der Frühjahrsentwicklung von Winterweizen, Wintergerste und Winterraps:

h   = DL_0 + max(0, (DL - DL_1) / (DL_2 - DL_1))
if   D < D_{em}
then U_3 = 1
else U_3 = max(0, min(1,h))   (2.5.A4)

Die Größe DL wird aus der astronomischen Tageslänge DL (t,φ) als Funktion des Tagesdatums t und der geographischen Breite des Standortes φ berechnet. U_3 hemmt für Tageslängen kleiner als DL_1 die Ontogenesegeschwindigkeit in der Winterphase $(DL < DL_1: U_3 = DL_0)$ und synchronisiert damit das Einsetzen der Frühjahrsentwicklung.

Charakteristik U_4 (T_a, r_a);

Parameter: T_{a0}

Der von Luftfeuchte r_a und Lufttemperatur T_a abhängende Wasserverlust der Körner in der Reifephase wird wesentlich von der Umweltcharakteristik U_4 bestimmt: Je geringer die Luftfeuchte und je größer die Lufttemperatur ist, desto schneller vollzieht sich der Reifeprozeß und folglich die Änderung des Entwicklungszustandes D (vgl. Gleichung 2.5.1 und 2.5.4):

$$U_4 \quad = \max(\ 0,\ (1\text{-}r_a) \cdot (T_a - T_{a0})\ ) \tag{2.5.A5}$$

Charakteristiken U_5 (T_a, V) und U_6 (T_a, V, D);

Parameter: $T_{v1}, T_{v2}, T_{v3}, T_{v4}, T_{dv}, D_{dr}, V_{sat}$

Die beiden Umweltcharakteristiken U_5 und U_6 umfassen den in der Anfangsphase der pflanzlichen Entwicklung zu berücksichtigenden Einfluß der Lufttemperatur auf den Prozeß der Vernalisation und Devernalisation.

```
if            V  < Vsat     then  begin
     if       Ta < Tv1      then  U5 = 0
     else if  Ta < Tv2      then  U5 = (Ta - Tv1) / (Tv2 - Tv1)
     else if  Ta < Tv3      then  U5 = 1
     else if  Ta < Tv4      then  U5 = (Tv4 - Ta) / (Tv4 - Tv3)
     else                         U5 = 0
     end
else                              U5 = 0                          (2.5.A6)
```

$$\text{if}\ (T_a > T_{dv})\ \text{and}\ (D < D_{dr})\quad \text{then}\ U_6 = (1\text{-}T_{dv}/T_a)\cdot V\quad \text{else}\ U_6 = 0 \tag{2.5.A7}$$

Charakteristik S_1 (D);

Parameter: D_{k1}, D_{k2}

Die Steuercharakteristik S_1 ist eine Schalt- oder Rampenfunktion mit deren Hilfe im Modell der mit der Blüte der Pflanzen beginnende Übergang von der Phase der Kornfüllung in die der Kornhärtung abgebildet wird.

$$\begin{aligned} h &= \max(\ 0,\ (D\text{-}D_{k1}) / (D_{k2}\text{-}D_{k1})\ ) \\ S_1 &= \max(\ 0,\ \min(1,h)\ ). \end{aligned} \tag{2.5.A8}$$

Charakteristik S₂ (V, D);

Parameter: $D_{h1}, D_{h2}, V_{Base}, V_{sat}$

Die Rückwirkung der Vernalisation auf die Entwicklung der Pflanzen wird mit der Funktion S_2 beschrieben. Nicht ausreichende Vernalisation führt bei den Pflanzen zur Hemmung oder im Extremfall zum Stillstand der Entwicklung (h :Hilfsgröße).

if $(D > D_{h1})$ and $(D < D_{h2})$
then $h = \min(\ 1,\ (V - V_{Base}) / (V_{sat} - V_{base})\ )$
else $h = 1$

$S_2 \qquad = \max(\ 0,\ \min(1, h)\ ).$ $\hfill$ (2.5.A9)

2.6 Populationsmodelle für Schädlinge und Nützlinge

B. FREIER, H. TRILTSCH, D. ROSSBERG, T. KREUTER, T. WETZEL

Erkenntnisstand zu Simulationsmodellen von Getreideschädlingen

Seit Mitte der 70er Jahre wurden in zunehmendem Maße Simulationsmodelle von Schädlingen und später auch von Nützlingen sowie ihrer Interaktion entwickelt (TUMALLA et al. 1976, DE WIT & ABBINGE 1979, GUTSCHE 1988, LUTZE et al. 1993). Im Rahmen dieser Entwicklung fand die Interaktion Weizen-Blattläuse-natürliche Feinde besonders große Aufmerksamkeit. Auf Grund der wirtschaftlichen und agrarökologischen Bedeutung der Getreideblattläuse, *Sitobion avenae* (FABR.), *Metopolophium dirhodum* (WALK.), *Rhopalosiphum padi* (L.), und des beachtlichen biologisch-ökologischen Kenntnisstandes profilierte sich diese Interaktion zu einem exzellenten Modellobjekt für tritrophische Systeme im Ackerbau (RABBINGE et al. 1979, CARTER et al. 1982, WETZEL 1995). Dieser Sachverhalt spiegelte sich auch in der wissenschaftlichen Arbeit mit Simulationsmodellen in den Niederlanden, Großbritannien und Deutschland wider. Die Interaktion wurde schließlich auch bevorzugt in den Kernbereich komplexer Agrarökosystemmodelle eingebaut (BELLMANN et al. 1985). Die Tabelle 2.6.1 informiert über Simulationsmodelle zu Getreideblattläusen.

Neben den Getreideblattläusen fanden unter den Getreideschädlingen in den USA und Deutschland auch die Getreidehähnchen (*Oulema melanopus* L., *O. lichenis* VOET das Interesse der Modellentwickler (SAWYER & HAYNES 1986, ROSSBERG et al. 1986a, WETZEL et al. 1987).

Da die praktischen Erwartungen zu Simulationsmodellen von Anfang an sehr hoch waren, stand neben dem Ziel, mit wissenschaftlichen Modellen Erkenntnisse zu gewinnen, gleichsam der Anspruch, Modelle für Prognosen im praktischen Pflanzenschutz zu nutzen. Dieser Anspruch konnte leider nicht zufriedenstellend erfüllt werden, wie das Schicksal des niederländischen Programms EPIPRE (DAAMEN 1991) und das deutsche Projekt „Agroökosystem Winterweizen" (EBERT et al. 1985, 1986) zeigt.

Die in Deutschland entwickelten Modelle PESTSIM-MAC für *S. avenae* an Weizen und PESTSIM-OUL für *O. melanopus* an Weizen (WETZEL et al. 1987) bildeten die Grundlage einer nunmehr neuen Etappe der Modellierung der Populationsdynamik von Weizenschädlingen im Wechselspiel mit dem Kulturpflanzenbestand und dem Antagonistenpotential. Die 3jährigen Ergebnisse werden mit der vorliegenden Dokumentation vorgestellt. Dabei stand die Aufgabe im Mittelpunkt, neue Modellstrukturen zu entwickeln und die Modellbausteine des seinerzeit erarbeiteten Agroökosystemmodells AGROSIM-W (BELLMANN et al. 1986) entsprechend dem aktuellen Kenntisstand grundlegend zu überarbeiten und durch neue Submodelle bzw. Module zu ergänzen. Besondere Beachtung fand die Quantifizie-

Quellen	Jahr	Land	Blattlausart/ Kultur	berücksichtigte Antagonisten
CARTER & RABBINGE CARTER, DIXON & RABBINGE SKIRVIN	1980 1982 1995	UK	*S. avenae*/ Winterweizen	Submodelle für Parasiten, Pilze, Marienkäfer
CARTER & RABBINGE CARTER, DIXON & RABBINGE VAN ROERMUND, GROOT, ROSSING & RABBINGE	1980 1982 1986	NL	*S. avenae*/ Winterweizen	Syrphidenfunktion
FREIER, HOLZ, ROSSBERG, WENZEL & WETZEL WETZEL, HOLZ, FREIER & GUTSCHE	 1985 1987	D	*S. avenae*/ Winterweizen	Funktionen für Parasiten, Pilze, Marienkäfer
PIERRE & DEDRYVER DEDRYVER, FOUBEROUX, MEISSELIERE, PIERRE & TAUPIN	1984, 1985 1987	FRA	*S. avenae*/ Winterweizen	Funktionen für Pilze
MANN & WRATTEN	1987, 1991	UK	Getreideblattläuse/ Winterweizen	keine
WIKTELIUS & PETTERSON	1985	SWE	*R. padi*/ Winterweizen	keine
ZHOU & CARTER	1989	UK	*M. dirhodum*/ Winterweizen	keine
EKBOM, WIKTELIUS & CHIVERTON	1992	UK	*R. padi*/ Sommergerste	Submodell für Laufkäfer
ROSSBERG & FREIER FREIER & TRILTSCH	1993 1996	D	*S. avenae*/ Winterweizen	Funktionen für Pilze, Parasiten; Submodell für Marienkäfer, Schweb- und Florfliegenlarven

Tab. 2.6.1:   Übersicht von Computermodellen zu Getreideblattläusen

rung der Interaktionen zwischen Weizen und Schädlingen einerseits und zwischen
Schädlingen und Nützlingen andererseits. Neben Daten aus dem internationalen
Schrifttum sollten hierzu auch eigene Freiland- und Klimakammerexperimente in
die Weiterentwicklung der Modelle einbezogen werden. Schließlich war es notwendig, die Modelle anhand von Felddaten zu prüfen und zu justieren sowie verschiedene Szenarienrechnungen im Sinne des Projektes anzustellen.

Biologisch-ökologische Grundlagen und Datenbasis

Obwohl die Literatur eine Vielzahl von Informationen zur Biologie der Getreideblattläuse und ihrer Antagonisten gibt (VICKERMANN & WRATTEN 1979,
KRÖBER & CARL 1991 u.a.), waren spezielle Klimakammerversuche zur Er-

mittlung und Verbesserung einzelner Modellparameter notwendig. Des weiteren waren detaillierte Felderhebungen für die Gewinnung von Daten zur Validierung der Simulationsmodelle erforderlich. Die Genauigkeit der Felderhebungen wurde schließlich mit Hilfe eines aufwendigen Methodenvergleiches überprüft.

Klimakammerversuche

Die Experimente fanden bei vier verschiedenen Wechseltemperaturregimen mit Tagesmittelwerten von 17 °C, 20 °C, 22 °C und 25 °C statt, wobei die anderen Bedingungen, d.h. die Temperaturdifferenz von 9 K bei einer Tagphase von 16 h mit ca. 15000 Lux und 65-75 % relative Luftfeuchtigkeit, gleich waren. Jedes Experiment umfaßte 10 Gefäße mit je 15 bzw. 16 ährentragenden Halmen der Winterweizensorte „Orestis", an denen Getreideblattläuse, *S. avenae*, zum Ende der Weizenblüte (DC 69, nach STAUSS 1994) angesetzt wurden. Die Hälfte der Gefäße enthielt zusätzlich eine männliche Imago der Marienkäferart *Coccinella septempunctata* L. Der mit dem Blattlausansatz erzielte Ausgangsbefall lag in drei Experimenten bei 4 Individuen (Altlarven und Imagines) und in fünf Experimenten bei 8 Individuen / Halm. Gazekapuzen über den einzelnen Gefäßen verhinderten das Abwandern der Tiere. Die Populationsentwicklung der Getreideblattläuse wurde durch Zählungen ermittelt und die tägliche Vermehrungsrate der Aphiden und der Tagesfraß von *C. septempunctata* mit Hilfe der BOMBOSCH-Gleichung (VAN EMDEN 1966) kalkuliert.

Tagesmittel-temperatur [°C]	Anzahl Versuche	Dauer des Blattlausbefalls [d]	tägliche Zuwachsrate der Blattlauspopulation	täglicher Fraß des Marienkäfers
			(Mittelwerte ± Spannweite)	
17	1	34	1,20	5,0
20	3	30 ± 0,5	1,23 ± 0,08	6,1 ± 2,4
22	2	28 ± 0,0	1,28 ± 0,02	17,4 ± 3,1
25	2	24 ± 2,0	1,13 ± 0,00	18,1 ± 5,4

Tab. 2.6.2: Ergebnisse aus Klimakammerversuchen mit Getreideblattläusen, *S. avenae* und Imagines von *C. septempunctata* an Winterweizenpflanzen

In der Tab. 2.6.2 sind die Ergebnisse der Experimente, bezogen auf die drei untersuchten Trophieebenen: Winterweizen, Getreideblattläuse und Marienkäfer, zusammengestellt. Mit steigenden Temperaturen entwickelte sich die Kulturpflanze schneller, was zu einer Verkürzung des Blattlausbefallszeitraumes führte. Die tägliche Vermehrung der Blattlauspopulationen zeigte sich stark temperaturabhängig, sie erreichte ihr Maximum bei 22 °C Tagesmitteltemperatur und war erheblich eingeschränkt in der höchsten Temperaturstufe. Die tägliche Fraßleistung des Prädators nahm dagegen mit steigender Temperatur im gesamten untersuchten Temperaturbereich zu. Es konnte nachgewiesen werden, daß Temperaturen über 20°C den Prädator in seiner Fraßaktivität gegenüber dem Schädling relativ bevorteilten. Die ermittelten Daten stellten die Grundlage für die Abbildung des Fraßes im Simulationsmodell dar, einer entscheidenden Verbindungsstelle zwischen den Submodellen Getreideblattlaus und Marienkäfer.

Felderhebungen

Die Freilanderhebungen sind an drei Standorten, Magdeburger Börde, Mitteldeutsches Trockengebiet (Halle) und Nördlicher Fläming, durchgeführt worden, die sich hinsichtlich ihrer Bodenfruchtbarkeit und Anbaustruktur deutlich unterscheiden. Die Magdeburger Börde und der Raum Halle gehören zu den fruchtbarsten Agrargebieten Deutschlands, sind relativ großräumig strukturiert und vom Weizenanbau geprägt. Das Gebiet des Nördlichen Flämings dagegen stellt mit seinen leichten, weniger fruchtbaren Böden einen Grenzstandort für den Winterweizenanbau dar, und die Schläge sind deutlich kleiner. An den genannten Standorten sind in den Jahren 1993 bis 1995 auf ausgewählten, insektizidfrei gehaltenen Winterweizenschlägen Bonituren zum Auftreten von Schädlingen, insbesondere Getreideblattläuse und Getreidehähnchen sowie wichtiger Antagonisten, vor allem Marienkäferlarven und -imagines (*Coccinellidae*), Schwebfliegenlarven (*Syrphidae*), Florfliegenlarven (*Chrysopidae*), durchgeführt worden. Die wöchentlichen Erhebungen begannen zu Beginn der Weizenblüte (DC 61) Ende Mai und endeten mit der Abreife des Getreides in der zweiten Julihälfte. Die Bonituren erfolgten an fünf Punkten einer Schlagseite, wobei sich der erste Punkt in 20 m Entfernung vom Feldrand befand, die anderen jeweils 20 m weiter zur Feldmitte hin. An jedem Punkt wurden alle Halme auf einer Strecke von 4 bis 6 m Drillreihe in Augenschein genommen. Die Populationsdynamik wurde ausführlich quantitativ analysiert. Nachfolgend können nur die grundlegenden Trends wiedergegeben werden.
Der Befallsverlauf der Getreideblattläuse und das Auftreten der Blattlausantagonisten gestaltete sich im Vergleich der untersuchten Standorte und Jahre äußerst unterschiedlich (Tab. 2.6.3). Während die Erhebungen im ersten Jahr einen Spätbefall mit Getreideaphiden an den Standorten Fläming und Magdeburger Börde ergaben, kam es im Folgejahr an den Standorten Fläming und Halle zu ausgesprochen frühen Befallsmaxima. Deutliche Differenzen wurden ebenfalls bei der Befallshöhe registriert, die Maximalabundanzen variierten um mehr als eine Zehnerpotenz. Das kleinste Populationsmaximum lag 1993 am Standort Halle mit 867 Individuen/m² vor, das größte 1995 in der Börde mit 10380 Individuen/m². Von besonderem Interesse war das Auftreten der Blattlaus *S. avenae*, da speziell diese mit dem vorgestellten Modell abgebildet wird. *Sitobion avenae* machte 1993 etwa die Hälfte der registrierten Blattlauspopulationen im Fläming und im Raum Halle aus und dominierte im letzten Untersuchungsjahr an allen drei Standorten. Im Jahr 1994 dagegen trat sie nur mit sehr geringen Abundanzen an zwei Standorten auf und fehlte fast vollständig bei den Erhebungen im Fläming.

	Nördlicher Fläming			Magdeburger Börde			Halle		
	1993	1994	1995	1993	1994	1995	1993	1994	1995
Getreideblattläuse									
Maximalabundanz									
Individuen / m²	1403	5360	1457	4309	3861	10390	867	2802	1155
DC	85	61	71	85	77/83	73/75	83	73	73
Befallsindex*									
[Bl.tage/Halm]	61	108	30	78	109	195	25	155	58
Dominanzverhältnisse									
Anteil an gezählten Individuen [%]									
S. avenae	56	0	76	29	19	84	55	26	98
R. padi	10	77	3	58	17	13	5	19	1
M. dirhodum	34	23	21	13	85	3	40	55	1
Blattlausantagonisten									
Auftreten einzelner Gruppen									
Coccinellidenlarven									
und -imagines	+	+	o	++	o	o	+	+	+
Syrphidenlarven	+	++	+	+	+	++	+	+	+
Chrysopidenlarven	o	o	o	o	o	o	o	o	o
Parasitoide	o	o	++	o	o	o	o	++	++

Tab. 2.6.3: Ergebnisse aus Freilanderhebungen zum Auftreten von Getreideblattläusen und deren Anatgonisten an drei unterschiedlichen Standorten
o geringes, + mittleres und ++ starkes Auftreten;
* Blattlaustage nach RAUTAPÄÄ (1975)

Unter den Antagonisten der Getreideblattläuse dominierten in unterschiedlichem Maße die Larven und Imagines der Coccinelliden sowie die Larven der Syrphiden und Chrysopiden in den Winterweizenfeldern. Des weiteren konnte eine teilweise beachtliche Zahl parasitierter Getreideblattläuse nachgewiesen werden (Tab. 2.6.3).
In den untersuchten Winterweizenfeldern traten regelmäßig zwei Marienkäferarten, *C. septempunctata* und *Propylaea quatuordecimpunctata* (L.), auf. Die erste Art dominierte 1993 und die andere in den Folgejahren. Syrphidenlarven konnten ebenfalls regelmäßig nachgewiesen werden, im Untersuchungsjahr 1995 mit bemerkenswert hohen Abundanzen von über 50 Individuen/m² in der Börde. Die

Chrysopidenlarven traten generell nur mit geringen Dichten in Erscheinung.

In den letzten beiden Erhebungsjahren lagen auffallend hohe Parasitierungsraten der Getreideaphiden am Standort Halle vor, im Jahr 1995 beispielsweise 250 Mumien/m² zum Zeitpunkt der maximalen Blattlausabundanz von 1155 Individuen/m².

Am Standort Nördlicher Fläming konnte im Jahr 1994 eine extrem hohe Verpilzung der Gerteideaphiden festgestellt werden. Die entomopathogenen Pilze waren in diesem speziellen Fall maßgeblich am Zusammenbruch der Schädlingspopulation beteiligt.

Bei der Beurteilung der Populationsdynamik der Getreidehähnchen waren die Imagines, Eier und besonders die Larven, dem durch Blattfraß schädigenden Entwicklungsstadium, von Interesse. Ein quantitativer Vergleich der erfaßten Larvenpopulationen (Tab. 2.6.4) zeigt zwei bemerkenswerte Abweichungen der Befallssituation im Fläming gegenüber den ertragsfähigeren Standorten in der Börde und im Hallenser Raum. So traten am Flämingstandort in allen untersuchten Jahren, besonders aber 1993 und 1994, wesentlich höhere Larvendichten auf. Ferner wurde dort im zweiten Versuchsjahr der stärkste Befall registriert, während auf den beiden anderen Standorten gerade 1994 deutlich geringere Abundanzwerte zu verzeichnen waren als im Vor- und Folgejahr.

	Nördlicher Fläming			Magdeburger Börde			Halle		
	1993	**1994**	**1995**	**1993**	**1994**	**1995**	**1993**	**1994**	**1995**
Maximalabundanz									
Individuen / m²	203	203	81	41	17	40	63	15	34
DC	49/51	61	61	53	61	73	53	53	55
Befallsindex*									
[Bl.tage/Halm]	5,3	6,2	1,8	0,7	0,4	1,2	1,7	1,0	1,1

Tab. 2.6.4:   Ergebnisse aus Freilanderhebungen zum Auftreten von Getreidehähnchenlarven an drei unterschiedlichen Standorten
* analoge Berechnung von Larventagen wie für Blattlaustage

Im Jahr 1993 wurden nach einer relativ warmen Phase im Frühjahr und damit verbundenen frühen Immigration der Weibchen die Maxima der Ei- und Larvenabundanzen an allen drei Standorten bereits am ersten Boniturtermin zum Beginn des Ährenschiebens (DC 51/53) ermittelt. Von diesem Zeitpunkt an nahmen die Dichten kontinuierlich ab. Dagegen nahmen 1994 auf allen drei Schlägen die Larvenabundanzen während der Weizenblüte zu. Im Verhältnis zur bonitierten Larvenzahl war die Eidichte zu Beginn des Ährenschiebens auf allen Standorten höher als im Vorjahr, was die tendenziellen Unterschiede zwischen den Befallsentwicklungen beider Jahre erklärt. Das Jahr 1995 ergab ein differenzierteres Bild hinsichtlich der Abundanzverläufe zwischen den Standorten. Im Raum Halle entsprach die Situation dem des ersten Untersuchungsjahres, d.h. von einem frühen Maximum zur Anfangsbonitur (DC 55) gingen Larven- und Eiabundanzen kontinuierlich zurück. Die beiden anderen Standorte wiesen, wohl auf Grund der zum Zeitpunkt des Ährenschiebens weitaus höheren Eidichten, spätere Larvenmaxima auf. Das Frühjahr 1995 war im Vergleich zu den Vorjahren kühler und ließ eine Verzögerung der Weibchenimmigration und damit ein späteres Larvenauftreten erwarten. Bemerkenswert war ferner, daß im Fläming, trotz sehr hoher Eidichten zu Beginn der Zählungen, das spätere Maximum der Larven vergleichsweise niedrig ausfiel, was auf eine relativ hohe Eimortalität unter den gegebenen Witterungsverhältnissen hindeutet.

Im Ergebnis der Bonituren auf den drei Standorten standen demnach die verschiedensten Konstellationen im Schädlings- und Nützlingsauftreten für die Validierung der Modelle zur Verfügung.

Methodenvergleich

Um die Genauigkeit der Freilanderhebungen abschätzen zu können, erfolgten in den Jahren 1994 und 1995 an zwei der bereits genannten Standorten, Fläming und Halle, zu zwei Terminen, 1) Ende der Weizenblüte (DC 69) und 2) zwei Wochen später, umfangreiche Vergleichsexperimente parallel zu den Bonituren. Dabei wurden an jeweils vier (1994) bzw. fünf (1995) direkt neben den Boniturstrecken befindlichen Punkten jeweils 1m² des Weizenbestandes mit einem quadratischen Gazekäfig eingeschlossen, der gesamte Innenraum mit einem D-Vac abgesaugt und anschließend alle Pflanzen und die oberste Bodenschicht entnommen und eingefroren. Die Determination des umfangreichen Materials erfolgte im Labor. Nach JANETSCHEK (1983) gehören Einschluß-Absaug-Verfahren (quicktrap-suction-methods) zu den effektivsten Vorgehensweisen der Abundanzschätzung von Feldfaunen. Somit eignete sich diese Methode besonders zur Bewertung der durchgeführten Feldbonituren hinsichtlich ihrer Genauigkeit bei der Abschätzung der realen Siedlungsdichte.

Im Ergebnis der Versuche stellten sich zum Teil unerwartete Ergebnisse ein. Die auftretenden Differenzen in den Fangergebnissen beider Erfassungsmethoden wurden mit dem MANN-WHITNEY-Test auf Signifikanz geprüft. Für die Blattläuse wiesen die Bonituren mit einer Ausnahme (Fläming 1994) signifikant höhere Abundanzen aus. Gleiches konnte für die Eier der Florfliegen ermittelt werden. Umgekehrte Verhältnisse deuteten sich bei den Coccinellidenlarven an, obwohl nur in zwei Fällen Signifikanz vorlag. Für andere Taxa konnten ansonsten keine weiteren quantitativen Unterschiede ermittelt werden.

Der Methodenvergleich zeigte somit im Hinblick auf die relevanten Insektenarten für das praktikable Verfahren der Bonitur eine relativ hohe Genauigkeit bei der Abundanzschätzung an. Für Aphiden und weniger mobile, aber relativ empfindliche Entwicklungsstadien anderer Taxa, z.B. die Eier von Coccinelliden, Syrphiden und Chrysopiden, erwies sich das Auszählen im Bestand sogar als günstigere

Methode, da Absaugen, Einfrieren und weitere mechanische Belastungen das Ergebnis der Einschluß-Absaug-Methode offenbar negativ beeinflußten. Aber auch für die mobilen, störanfälligen und damit schwer zu bonitierenden Insektenstadien, besonders frühe Larvenstadien der Coccinelliden und Chrysopiden, ergab die Einschluß-Absaug-Methode nicht generell die erwarteten höheren Abundanzwerte. Die Verluste an Insektenmaterial im Verlauf der umfangreichen, mehrere Arbeitsschritte umfassenden Methode müssen teilweise höher als im Fall der einfachen Zählmethoden gewesen sein.

Dokumentation der Modelle

Die zwei im Folgenden vorgestellten diskreten Simulationsmodelle weisen eine Strukturierung in ökologische Kompartimente auf. Diese entsprechen in der Regel ontogenetischen Entwicklungsstadien der Insekten. Als Umweltvariablen werden die Temperatur, der Niederschlag und das Entwicklungsstadium des Getreides einbezogen. Die Taktzeit der Modelle umfaßt einen Tag und die Individuen, die am selben Tag in ein Kompartiment eintreten, bilden eine Altersklasse.

Interaktionsmodell Getreideblattläuse-Antagonisten an Winterweizen (GTLAUS)

Die Populationsdynamik der Getreideblattläuse weist einige charakteristische Eigenheiten auf, die bei der Modellierung Beachtung finden müßten. Die im Vergleich zur Reproduktionsperiode äußerst schnelle Generationsfolge durch Parthenogenese und Viviparie führen dazu, daß die verschiedenen ontogenetischen Entwicklungsstadien nebeneinander auftreten. Viele Prozesse der Populationsdynamik werden neben den bestehenden Abhängigkeiten von klimatischen und Wirtspflanzenbedingungen auch von der Populationsdichte selbst bestimmt. Das Auftreten geflügelter Morphen wird determiniert durch einen Komplex von Wechselwirkungen mit verschiedenen Umweltvariablen. Außerdem werden die Blattläuse von einer ganzen Reihe von Antagonisten in ihrer Abundanzdynamik beeinflußt (ROSS-BERG et al. 1986b)

Das Modellpaket GTLAUS besteht aus drei Submodellen: 1) Weizenontogenese, 2) Blattlaus und 3) Prädatoren. Im Mittelpunkt steht die Populationsentwicklung der Getreideblattlaus (*S. avenae)* in Abhängigkeit von der Witterung, der Entwicklung des Winterweizens und des Einflusses von Gegenspielern.

Die Modellierung der Weizenontogenese erfolgt auf der Grundlage eines gesonderten Submodelles des bereits in Kap. 2.5 eingehend vorgestellten Weizenmodells. Es stellt die wichtigste Kopplungsstelle zwischen Weizen und Blattlaus dar. An dieser Stelle soll nur erwähnt werden, daß im Modell GTLAUS die Entwicklungsstadien des Getreides auch als Eingaben vor Beginn der Simulation selbst definiert werden können, womit der Einfluß spezifischer Ontogeneseverläufe untersuchbar gemacht wird.

Entsprechend der Blattlausphänologie ist im Teilmodell Getreideblattlaus eine Einteilung in die folgenden sechs Kompartimente vorgenommen worden: 1) Immigranten, d.h. zufliegende Imagines, 2) Junglarven (Larven der ersten beiden Stadien), 3) Altlarven (Larven des 3. und 4. Stadiums), 4) Nymphen als Sonderform der Altlarven, 5) aptere und 6) alate Imagines. Im Modell werden die Hauptprozesse Migration, Entwicklung, Reproduktion, Mortalität und Nahrungsaufnahme berücksichtigt.

Den Anfang des Modells markiert eine Immigrationsfunktion, welche den Zuflug der Aphiden in Abhängigkeit von der Temperatursumme beschreibt. Sie gibt die allgemeine Migrationstendenz wieder und dient dem Aufbau einer Populationsstruktur. Vor Beginn der Simulation zum Stadium DC 69 (Ende Blüte) werden auf dem Feld ermittelte Realdaten zur Abundanz und Struktur der Blattlauspopulation sowie zum Antagonistenauftreten eingegeben, mit Hilfe derer die modellintern aufgebaute Blattlauspopulation eine Justierung erfährt. Diese Vorgehensweise ist auf Grund der äußerst komplizierten Migrationsprozesse von Insekten für eine realistische Wiedergabe der Befallsverhältnisse (ROSSBERG & FREIER 1993) unumgänglich.

Die Reproduktion der Getreideblattlaus wird von vier Einflußgrößen modifiziert, 1) der Temperatur, 2) dem Alter der Tiere, 3) dem Entwicklungsstadium der Wirtspflanze (DC) und 4) der Blattlausparasitierung. Als Grundlage für die Abbildung der genannten Zusammenhänge dienten unter anderem Ergebnisse von RABBINGE et al. (1979), CARTER et al. (1982) und WETZEL et al. (1987).

Die Entwicklung der Blattlauslarven sowie das Altern der Imagines wird mit Hilfe von temperaturabhängigen Funktionen dargestellt, bei der Saugtätigkeit des Schädlings wird von einem konstanten mittleren Phloemsaftbedarf ausgegangen. Für die temperaturabhängige Entwicklung der Getreideaphiden liegen detaillierte Ergebnisse z.B. von MARKKULA & PULLIAINEN (1965), DEAN (1974) sowie GHANIM et al. (1981) vor, die Nahrungsaufnahme dagegen ist vergleichsweise wenig dokumentiert (ROSSING 1991).

Als Mortalitätsfaktoren kommen abiotische (Niederschlag und Temperatur) sowie biotische Einflußgrößen (Antagonisten und Entwicklungsstadium der Kulturpflanze) zum Tragen. Die Mortalitätsraten durch Verpilzung und Parasitierung der Aphiden werden im Modell mit Hilfe einfacher Regressionsgleichungen kalkuliert (FREIER 1983), die Raten durch den Fraß der Marienkäfer dagegen mit Hilfe eines detaillierten Submodelles, in welches Syrphiden und Chrysopidenlarven durch Umrechnungsfaktoren (FREIER et al. 1996) einbezogen werden.

Neben der Mortalität führt der Prozeß der Emigration von alaten Imagines beständig zur Abundanzabnahme. Die tägliche Anzahl emigrierender Tiere ergibt sich im Modell aus 1) der Anzahl geflügelter Tiere und 2) Emigrationsraten in Abhängigkeit von der Blattlausdichte sowie dem Entwicklungsstadium des Winterweizens. Voraussetzung für das Auftreten von geflügelten Imagines ist das Nymphenstadium. Der Anteil Nymphen innerhalb der Blattlauspopulation nimmt zu, je mehr die Blattlausabundanz steigt und je weiter die Getreideentwicklung fortschreitet (RABBINGE et al. 1979).

Das Submodell Marienkäfer beinhaltet die Kompartimente 1) Altkäfer, d.h. Imagines der überwinterten Generation, 2) Eier, 3) Larven, 4) Puppen und 5) Jungkäfer, d.h. Imagines der neuen Generation. Die Migrationsprozesse von *C. septempunctata* stellen sich unter anderem auf Grund des Fehlens einer ausgeprägten Habitatpräferenz der Käfer (HODEK 1967, IPERTI 1991), dem Vermögen, große Entfernungen zurücklegen zu können (ZHOU et al. 1994), der außergewöhnlichen Plastizität bei der Wahl des Überwinterungsquartieres (HODEK 1973) und dem mangelnden Wissen über Einflußfaktoren auf den Dispersionsprozeß (HODEK et al. 1993) als außerordentlich kompliziert dar. Die Immigration der Marienkäfer wird deshalb konsequenterweise im Modell in ähnlicher Art behandelt wie der Blattlauszuflug, d.h. auch hier wird ein modellinterner Populationsaufbau, der lediglich der Aufstellung von Altersklassen dient, durch Eingabewerte aktualisiert, um tatsächlich existierende Größenordnungen im Auftreten wiederzugeben. Andere Modelle zu Coccinelliden verzichten entweder ganz auf die Abbildung der Immigration (GUTIERREZ et al. 1981) oder enthalten eine konstante mittlere Einwanderungsfunktion (SKIRVIN 1995).

Die Reproduktion des Prädators basiert auf einer Funktion zur Eiablagemenge in Abhängigkeit von der aufgenommenen Nahrungsmenge und des aktuellen Anteils fertiler Weibchen innerhalb der Marienkäferpopulation. Grundlegende Ergebnisse zur Aufstellung der Reproduktionsfunktion lagen von GHANIM et al. (1984) vor. Für die Kalkulierung des Anteils fertiler Weibchen wurden eigene Untersuchungen durchgeführt. Zusätzlich enthält das Modell einen Schwellenwert der Blattlausdichte für die Eiablage (HONEK 1980). Außerdem wird die Eiablage bei zunehmender Anwesenheit von Nachkommen der eigenen Art immer mehr eingeschränkt (HEMPTINNE et al. 1993).

Für die Ableitung temperaturabhängiger Funktionen zur Entwicklung der Präimaginalstadien des Marienkäfers konnte auf ein umfangreiches Datenmaterial in der Literatur zurückgegriffen werden (HODEK 1958, SETHI & ATWAL 1964, OBRYCKI & TAUBER 1981). Die Abbildung einer Entwicklungshemmung der Larven bei Nahrungsmangel wurde mit Hilfe eigener Klimakammerversuche ermöglicht.

Ein besonders anspruchsvolles Problem für das gesamte Modellpaket stellt die Abbildung des Fraßes dar. Der Mangel an verfügbaren Freilanddaten machte spezielle Versuche zu dieser Fragestellung notwendig. Die Ergebnisse sind auf Grund ihrer Bedeutsamkeit im vorangegangenen Abschnitt wiedergegeben worden. Im Modell wird ein temperaturabhängiger täglicher Fraßbedarf mit einem Faktor für die Wahrscheinlichkeit der Beutefindung bewertet. Die Wahrscheinlichkeit, daß ein Marienkäfer mit einem Beutetier zusammentrifft, ist umso größer, je höher einerseits die Beutedichte, andererseits die Suchaktivität des Räubers ist, welche wiederum von der Temperatur abhängt (TRILTSCH & ROSSBERG 1996). Die somit realisierbare Blattlausnachfrage der Marienkäfer wird schließlich mit den vorhandenen Beutetieren verglichen und das Verhältnis aus beiden kann als Maß für den Hunger bei anderen Prozessen, z.B. Larvalentwicklung, genutzt werden.

Für die Mortalität der Präimaginalstadien wurden temperaturabhängige Funktionen auf der Basis von Literaturdaten (JÖHNSSEN 1930, HODEK 1958, OBRYCKI & TAUBER 1981) erstellt. Für das Larvenstadium kommt ein zusätzlicher Zusammenhang mit dem Nahrungsangebot zum Tragen. Das Absterben der Altkäfer wird in Abhängigkeit von der Temperatursumme über 10°C auf der Basis eigener Freilandergebnisse abgebildet.

Die Imagines der Coccinelliden sind sehr bewegliche Insekten und verlassen das Weizenfeld umso zahlreicher, je geringer das Nahrungsangebot ist (HODEK 1967). Dabei besitzen die Tiere der neuen Generation den größeren Drang zur Abwanderung (ZASLAVSKY & SEMYANOV 1986), weshalb die von der Blattlausdichte abhängige Emigrationsrate für Alt- und Jungkäfer getrennt berechnet wurde.

Schädlingsmodell Getreidehähnchen an Winterweizen (GTHAHN)

Die Getreidehähnchen (*Oulema* spp.) weisen im Vergleich zu den Getreideblattläusen einen überschaubareren univoltinen Entwicklungszyklus auf. Etwa Anfang Mai beginnt die Immigration der Käfer in die Weizenbestände. Zwischen Ährenschieben und Ende der Milchreife schädigen die Larven durch Blattfraß. Die Imagines der neuen Generation verlassen die Bestände. Detaillierte Angaben zur Datenbasis für die Konstruktion dieses Modells wurden bereits von ROSSBERG et al. (1986a) und WETZEL et al. (1987) gegeben, so daß im Folgenden nur auf die wesentlichen Aspekte des Modellaufbaus eingegangen werden soll. Das Hähnchenmodell enthält die Kompartimente 1) Immigrierende Weibchen, 2) Eier, 3) Junglarven, d.h. Larven der ersten drei Stadien, und 4) Altlarven, d.h. Larven des letzten Stadiums. Die im Modell abgebildeten Prozesse umfassen die Immigration, die Reproduktion und das Sterben der Weibchen sowie die Entwicklung der Ei- und Larvenstadien. Die quantitative Änderung der Population wird täglich berechnet, wobei sich die Daten auf die Anzahl Individuen/m² beziehen. Die Immigration der Weibchen erfolgt in einem definierten Intervall der Temperatursumme über 6°C, und auch dem Absterbeprozeß der Imagines liegt diese Größe zugrunde. Die Reproduktion ist vom Alter der Weibchen und der Tagesmitteltemperatur abhängig, das Fertilitätsalter liegt wiederum in einem Temperatursummenintervall. Der Entwicklungszuwachs der Eier und Larven ist im Modell direkt von der Temperatur abhängig. Die täglichen Fraßraten der Larven werden durch ihren täglichen Entwicklungszuwachs und den definierten Gesamtbedarf bestimmt. Schließlich verlaufen auch die Sterbeprozesse der Präimaginalstadien temperaturabhängig.

Szenarienrechnungen

Plausibilitätsszenarien

Zur Überprüfung der Modelle auf Plausibilität sind Vergleichsrechnungen mit Startpopulationen zur Zeit DC 69, die den im Freiland ermittelten Daten entsprachen, durchgeführt worden. Die simulierte Populationsentwicklung des Schädlings wurde mit den Abundanzwerten der Freilanderhebungen verglichen.

Die zur Validierung des Modells GTHAHN durchgeführten Plausibilitätsszenarien ließen erkennen, daß das Modell, ungeachtet seiner einfachen Struktur, die wesentlichen qualitativen und quantitativen Merkmale der Abundanzdynamik der Getreidehähnchen abzubilden vermag. Die Darstellungen in Abb. 2.6.1 zeigen dies anhand der Larvenpopulationen für die Standorte Halle 1993 und Nördlicher Fläming 1995. Bei gleicher Ausgangssituation zum Ende des Schossens bzw. zu Beginn der Weizenblüte konnte das Modell die unterschiedlichen Populationsverläufe beider Standorte darstellen, einerseits den frühen, von Beginn an zu beobachtenden Rückgang der Larvenzahlen (Halle 1993), zum anderen den Anstieg der Abundanz

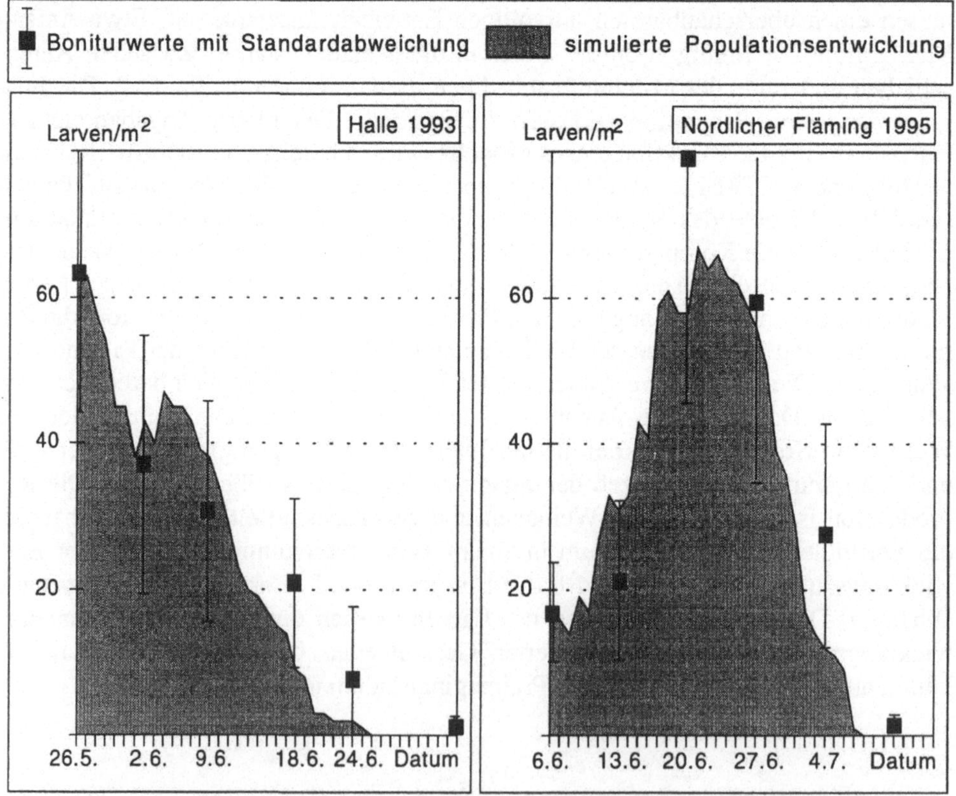

Abb. 2.6.1:   Ergebnisse zur Überprüfung des Simulationsmodells GTHAHN auf Plausibilität

auf ein Maximum zur Weizenblüte (Fläming 1995). Dabei bestanden sowohl im zeitlichen Verlauf der Dichteänderungen als auch hinsichtlich der Größenordnung der Populationen große Übereinstimmungen mit den im Freiland ermittelten Werten. Das Simulationsmodell berechnete einen Befall von 1,5 (Halle 1993) und 1,6 Larventagen/Halm (Fläming 1995), die entsprechenden Werte auf Basis der Bonituren waren 1,7 (Halle 1993) bzw. 1,8 Larventage/Halm (Fläming 1995).

Für das Modell GTLAUS war bei den Plausibilitätsszenarien zu beachten, daß neben der im Modell abgebildeten Art *S. avenae* zwei weitere Blattlausarten regelmäßig in den Getreidebeständen vorkamen. Auf Grund des dominanten Auftretens von *S. avenae* im Untersuchungsjahr 1995 boten sich die Ergebnisse der Freilanderhebungen dieses Jahres besonders zum Vergleich mit entsprechenden Modellrechnungen an (Abb. 2.6.2).

Die Vergleichsszenarien zeigten, daß das Modell den Verlauf der Populationsentwicklung der Blattlaus an allen drei Standorten in seiner Tendenz wiedergibt. Am Standort Madgeburger Börde wurde ein Anstieg der Abundanz auf über 10000 Individuen/m² vor dem raschen Populationszusammenbruch und an den anderen

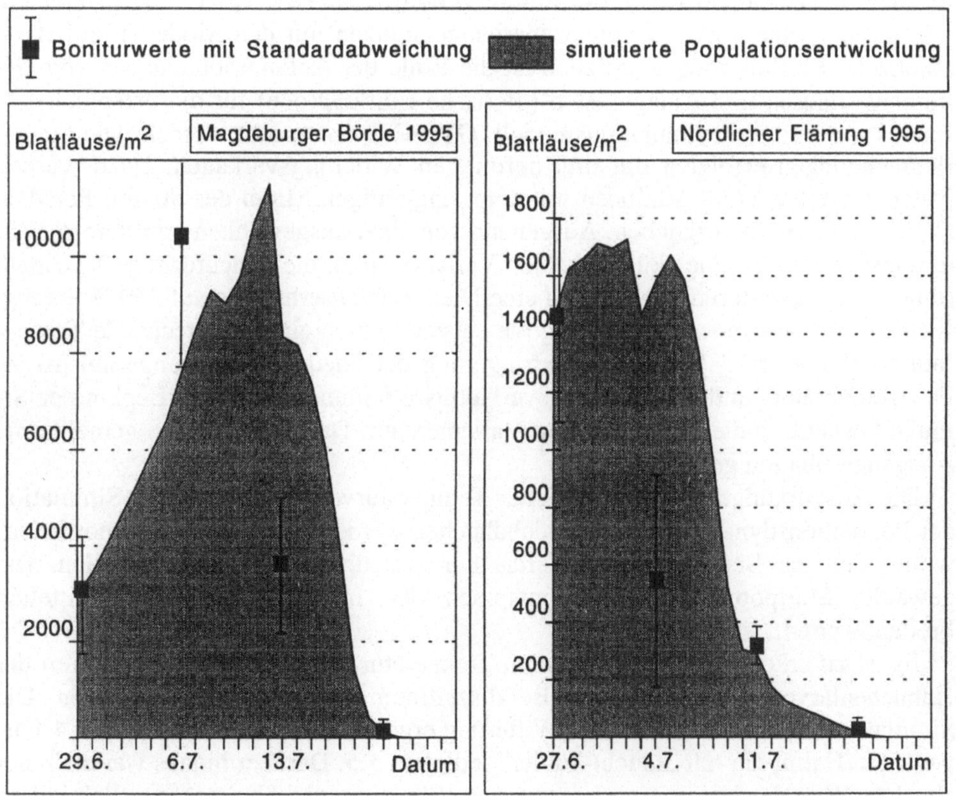

Abb. 2.6.2:   Ergebnisse zur Überprüfung des Simulationsmodells GTLAUS auf Plausibilität

beiden Standorten ein Rückgang des Befalls ohne vorherige Progradation, abgebildet. Die Tatsache, daß die Befallshöhe der drei Standorte um nahezu eine Zehnerpotenz differierte, hatte keine Konsequenzen für den Grad der Übereinstimmung. Im zeitlichen Verlauf der Populationsentwicklung zeigten sich Abweichungen zwischen simuliertem und im Feld ermitteltem Blattlausbefall. In allen drei Fällen fand der tatsächliche Zusammenbruch der Aphidenpopulation früher, d.h. 4 bis 5 Tage (Standorte Magdeburger Börde und Halle) bzw. 7 Tage (Standort Nördlicher Fläming) als mit dem Modell errechnet, statt. Das Ende des Befallszeitraumes konnte mit den Simulationen sehr gut wiedergegeben werden.

Szenarienrechnungen mit definierten Konstellationen

Im Anschluß an die Überprüfung der beiden Modelle auf ihre Plausibilität wurden spezielle Szenarienrechnungen mit festgelegten Startpopulationen und Witterungsvarianten durchgeführt, um bestimmte Einflußgrößen für die Populationsdynamik der in die Interaktion einbezogenen Organismen zu untersuchen. Da die Temperatur auf alle wichtigen Lebensprozesse von Insekten als wechselwarme Tiere einen entscheidenden Einfluß nimmt (FREIER & TRILTSCH 1996), konzentrierten sich eine Vielzahl von Szenarienrechnungen mit den Modellen auf diese abiotische Einflußgröße. Zusätzlich ist die Rolle der Anfangsabundanzen von Getreideblattläusen und Antagonisten (biotische Einflußgröße) für die entsprechende Interaktion mit dem Simulationsmodell GTLAUS untersucht worden. Die Szenarienrechnungen erfolgten mit drei definierten Witterungsvarianten. Dazu wurden Daten einzelner Wetterstationen mit dem langjährigen Mittel der Station Potsdam (VEIT et al. 1987) verglichen. Ausgehend von einer ausgewählten „mittleren" Witterungsvariante ist eine „kühl-feuchte" Variante durch die gleichförmige Verringerung der Temperaturen um 3 K und eine Niederschlagserhöhung auf 250 % erzeugt worden. Ein „warm-trockenes" Regime entstand durch eine entsprechende Temperaturerhöhung um 3 K und die Verringerung der Niederschlagsmenge auf 10 %. Die Temperatur- und Niederschlagsverhältnisse teilten sich erst zu Beginn der Simulationsläufe in die drei genannten Varianten auf. Dadurch war eine gemeinsame Ausgangssituation gewährleistet.

Die Auswirkungen unterschiedlicher Temperaturverhältnisse auf die Simulation der Populationsdynamik von Getreidehähnchen werden in Abb. 2.6.3 demonstriert, wobei sich die Betrachtungen auf das Larvenstadium konzentrieren sollen. Die gewählte Startpopulationsdichte entsprach den im Fläming 1995 ermittelten Freilandwerten.

Es ist zu erkennen, daß bei höheren Temperaturen das Abundanzmaximum der Hähnchenlarven und der gesamte Befallszeitraum deutlich vorverlegt waren. Die Simulation mit „warm-trockener" Witterung ergab einen Befallsindex von 2,4 Larventagen/Halm, die mit „feucht-kühler" lediglich 1,5. Darüber hinaus war auch der absolute Wert des Maximums bei warmen Witterungsverhältnissen deutlich höher. Diese Tatsache läßt sich aber im Gegensatz zu den erstgenannten nicht verallgemei-

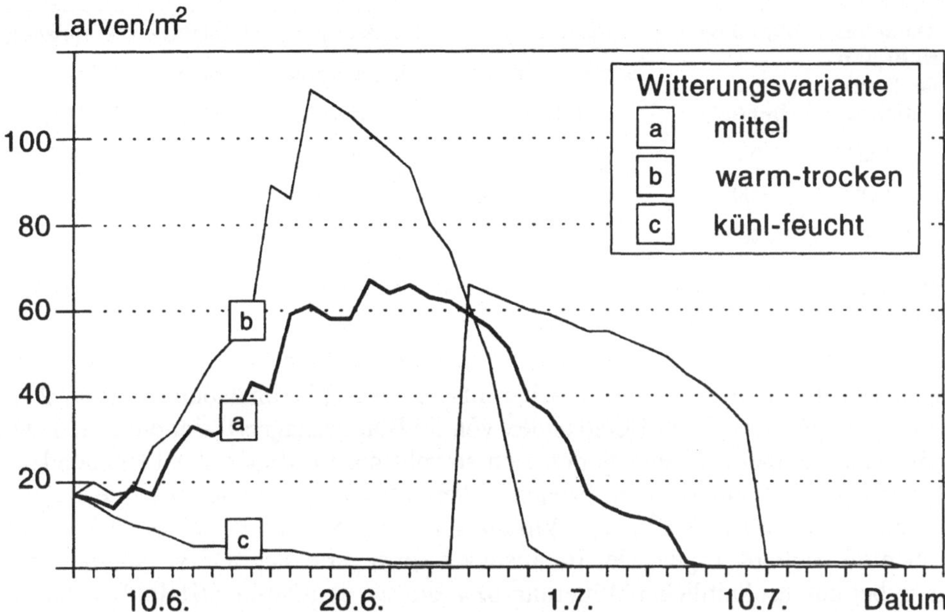

Abb. 2.6.3:   Szenarienrechnungen mit dem Simulationsmodell GTHAHN zum Einfluß unterschiedlicher Witterungsbedingungen

nern. Für die Schadwirkung der Getreidehähnchen ist die Vorverlegung des gesamten Larvenauftretens von großer Bedeutung. Kaltes Wetter führt, wie die Modellszenarien zeigten, in jedem Fall zu einem späten Anstieg der Larvenzahlen nach der Weizenblüte, teilweise wurde das Maximum erst mit der Teigreife des Weizens erreicht. Nach den Kenntnissen zur Schadwirkung von Getreidehähnchen blieb somit das Schadausmaß unter solchen Bedingungen gering. In zunehmend wärmeren Frühjahren dürften die bislang eher latent auftretenden *Oulema*-Arten wirtschaftlich relevanter werden.

Auf Grund der Abhängigkeit aller wesentlichen populationsdynamischen Prozesse eines stenophagen Prädators, wie z.B. *C. septempunctata,* von der Abundanz seiner Beute (ROSSBERG & FREIER 1993), erschien es sinnvoll, mit dem Modell GTLAUS neben dem Einfluß der Witterung auch die Rolle veränderter Blattlausabundanzen für die Interaktion Schädling - Nützling zu untersuchen. Deshalb mußten neben konkreten Witterungsverläufen auch bestimmte, für das Freiland typische Startpopulationen für die Getreideblattläuse und alle im Modell vertretenen Antagonisten definiert werden (Tab. 2.6.5).

Ein „mittlerer" Anfangsbefall der Getreideaphiden führte bei einer „mittleren" Präsenz von Antagonisten in Abhängigkeit von der Witterung zu sehr unterschiedlichen Befallssituationen (Abb. 2.6.4).

Abundanz zu Beginn der Simu-lationen	Blattläuse [Ind./m²]	Marienkäfer		Schweb-,Flor-fliegenlarven [Ind./m²]	Parasitie-rung [%]	Verpilzung [%]
		Larven [Ind./m²]	Imagines			
„gering"	60	0,0	0,1	0,1	1	0,0
„mittel"	600	2,0	1,0	5,0	3	5,0
„hoch"	2400	2,0	3,0	10,0	10	15,0

Tab. 2.6.5:   Definierte Startpopulationen von Getreideblattläusen und ihren Antagonisten für Szenarienrechnungen mit dem Modell GTLAUS

Unter „kühl-feuchten" Witterungsbedingungen entwickelte sich die Blattlaus-population innerhalb von drei Wochen bis zu einer Maximalabundanz von 2511 Individuen/m², was einem Befallsindex von 59 Blattlaustagen/Halm entsprach. Mit steigender Temperatur verringerten sich sowohl die maximale Aphidenabundanz, als auch der Zeitraum bis zum Erreichen dieses Wertes sowie der gesamte Befalls-zeitraum. Bei „warm-trockener" Witterung lag das Maximum bei nur 1316 Indi-viduen/m² nach 14 Tagen. Der Befallsindex verringerte sich auf 37 Blattlaustage/ Halm bei durchschnittlicher Witterung bzw. auf 27 Blattlaustage/Halm bei „warm-trockenen" Bedingungen. Neben einer Erhöhung der Fraßaktivität der Prädatoren war vor allem die Verkürzung des Blattlausbefallszeitraumes mit steigenden Tem-peraturen durch die schnellere Abreife des Getreides für die Verringerung von

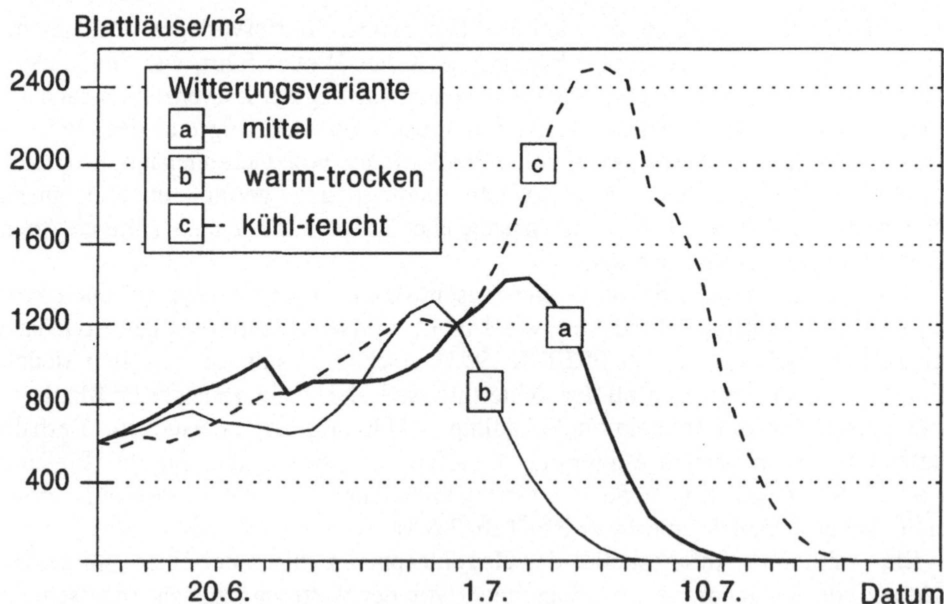

Abb. 2.6.4:   Szenarienrechnungen mit dem Simulationsmodell GTLAUS zum Einfluß unterschied-licher Witterungsbedingungen auf die Populationsdynamik der Getreideblattläuse bei mittlerer Präsenz von Antagonisten

Aphidenmaximum und Befallsindex verantwortlich. Immerhin verkürzte sich die Zeitspanne zwischen dem Ende der Weizenblüte (DC 69) und dem Beginn der Teigreife (DC 83) von 25 Tagen unter „kühl-feuchten" Bedingungen um eine Woche bei „warm-trockener" Witterung.

Die Ergebnisse der Szenarienrechnungen mit einem „hohen" Blattlausbefall zu Beginn der Simulation sind in Abb. 2.6.5 dargestellt. Es ist zu erkennen, daß unter „mittleren" Witterungsverhältnissen erst ein außerordentlich hohes Antagonistenpotential in der Lage war, den Blattlausbefall unterhalb der ökonomischen Schadensschwelle zu halten. Bei „mittlerer" Präsenz der Blattlausantagonisten führte der Ausgangsbefall von 4 Blattläusen/Halm, eine Abundanz, die im Bereich der Bekämpfungsschwelle von *S. avenae* liegt (WETZEL 1995), zu einer Massenvermehrung mit ökonomisch relevantem Schaden. Die Blattlauspopulation erreichte dabei ein Abundanzmaximum von über 14500 Individuen/m² und einen Befallsindex von 290 Blattlaustagen/Halm. Durch ein „hohes" Antagonistenauftreten verringerte sich dieser Befall, gemessen in Blattlaustagen/Halm um 67 %, bei „warm-trockener" Witterung sogar um 70 %.

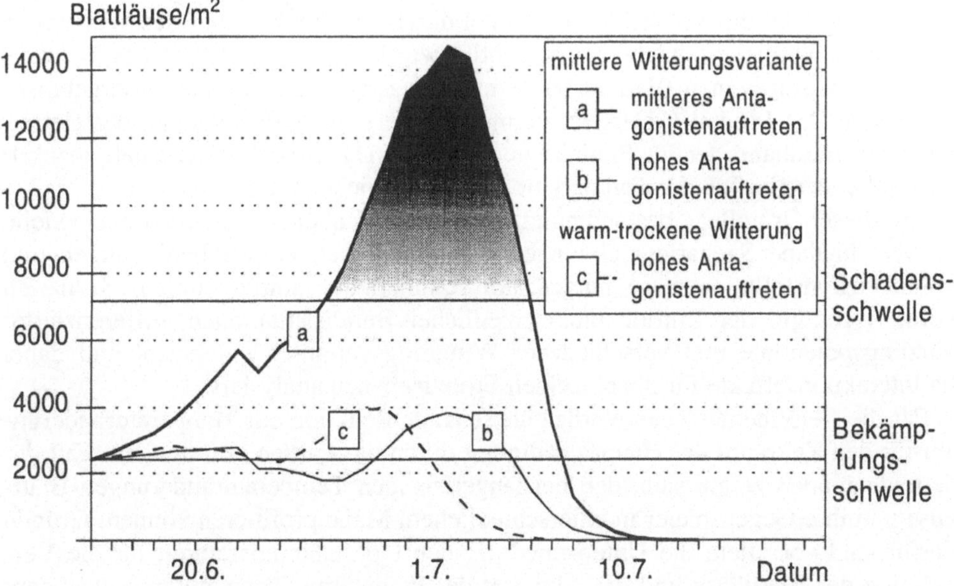

Abb. 2.6.5: Szenarienrechnungen mit dem Simulationsmodell GTLAUS zum Einfluß unterschiedlicher Antagonistenpotentiale auf die Populationsdynamik der Getreideblattläuse

Schlußfolgerungen

Im Verlauf der vorgestellten Arbeiten entstanden zwei völlig neue Simulationsmodelle für trophische Interaktionen im Getreide, ein Modell für die Wechselwirkung Winterweizen - Getreidehähnchen und ein weiteres für das tritrophische

System Winterweizen - Getreideblattläuse - Antagonisten. Die beiden Simulationsmodelle repräsentieren den aktuellen Kenntnisstand zur Populationsdynamik der genannten Organismen.

Für die Validierung der Modelle war es notwendig, typische Varianzbereiche für das Auftreten der Schädlinge und ihrer Antagonisten unter Freilandbedingungen sowie für die Dauer der Weizenontogenese zu ermitteln, um mittlere und extreme Wertebereiche definieren zu können. Hierzu sind mehrjährige Datenerhebungen an verschiedenen Weizenstandorten unerläßlich gewesen.

Mit Hilfe von Szenarienrechnungen auf der Basis feldrelevanter Ausgangsdaten konnte die Plausibilität der erarbeiteten Modellstrukturen im Vergleich zu den tatsächlichen Befallsverläufen bestätigt werden. Unter Verwendung der für die Agrarräume Deutschlands typischen Ausgangspopulationen zum Zeitpunkt der Weizenblüte und der Berücksichtigung durchschnittlicher Wetterverläufe setzte die Massenvermehrung der Blattläuse im Winterweizen entsprechend den Erfahrungswerten (FREIER 1983) ein. Sowohl die Witterung als auch die Antagonisten bewirkten eine Modifizierung des Befallsverlaufs, so daß das Blattlausmaximum in der Regel zur Mitte der Milchreife vorlag. In diesem Zusammenhang war es besonders wichtig, daß die Schädlingspopulation durch den Reifeverlauf des Weizens in sehr unterschiedlichem Maße beeinträchtigt wurde. In der Gelbreife des Weizens gibt es praktisch keinen Blattlausbefall mehr, was auch die Simulationsergebnisse auswiesen. Das Modell GTHAHN vermochte die Populationsdynamik der Getreidehähnchen anhand der im Freiland gewonnenen Daten wirklichkeitsnah abzubilden, wobei der Einfluß der Temperatur realistisch wiedergegeben wurde.

Auf dieser Grundlage bestand nunmehr die Möglichkeit, die Interaktionsmodelle für verschiedene Szenarienrechnungen mit künstlichen Umweltbedingungen und Abundanzkonstellationen zu nutzen. Im Rahmen der durchgeführten Szenarien wurde vorrangig der Einfluß unterschiedlicher Befallssituationen, differenzierter Nützlingspotentiale und verschiedener Witterungsvarianten untersucht und dabei die Interaktionseffekte für die einzelnen Trophieebenen analysiert.

Für die Getreidehähnchen wurde eine sensible Reaktion auf Temperaturänderungen für den Zeitraum der Hauptschädigung durch die Larven ermittelt. Im Fall der Getreideaphiden zeigte sich, daß bei längerfristigen Temperaturänderungen Blattläuse und ihre Gegenspieler in unterschiedlichem Maße profitieren können. Gründe hierfür sind vor allem die Unterschiede in den Optimaltemperaturen für die Vermehrung der Blattläuse und die Aktivität der Prädatoren. Temperaturen über dem langjährigen Mittel bevorteilten z.B. Coccinelliden in ihrer prädatorischen Leistung im Vergleich zum veränderten Populationszuwachs der Getreideaphiden. Dieser Effekt kam allerdings nur bei bestimmten Befallssituationen und Räuber-Beute-Verhältnissen zum Tragen. Die relative Begünstigung der Prädatoren bei warmer Witterung ging einher mit einer beschleunigten Weizenontogenese, die zu einer Verkürzung des Befallszeitraumes der Aphiden führte.

Die vorgestellten Modelle verstehen sich nicht als endgültiger Zustand und bieten Möglichkeiten für den Aufbau eines komplexen Modellsystems Getreide - Schädlinge - Antagonisten, wodurch ein detailliertes Instrumentarium zur Analyse eines der bedeutendsten Agroökosysteme entstehen könnte. Als künftige Aufgaben der Modellierung von Schädlings - Nützlings - Interaktionen an Kulturpflanzen zeichnen sich derzeit z.B. die Ausweitung der Betrachtungsebene von einzelnen auf angrenzende Flächen, die Ausdehnung der Simulationsläufe auf längere Zeiträume und die Einbeziehung von Wechselwirkungen der verschiedenen Schädlingsantagonisten untereinander ab.

2.7 Kopplung der Modelle zu einem Komplexmodell

S. CLAUS, U. FRANKO, P. WERNECKE, G. DUBSKY, D. ROSSBERG

In Kap. 2.1 wurde mit Bezug auf Weizenpflanzen ein Modell für Wachstum und
Entwicklung von Pflanzen skizziert, das nicht nur die in einzelnen Kompartimenten
zusammengefaßten und gekapselten Prozesse mit programmiersprachlichen Objekten beschreibt, sondern auch die zwischen den Kompartimenten zu berücksichtigenden Flüsse. Mit den verwendeten Flußobjekten, die jeweils ein Paar von Kompartimenten verbinden, läßt sich der Massenaustausch zwischen diesen sachgemäß
abbilden. Insgesamt entsteht im Verlaufe der pflanzlichen Entwicklung ein Netz
geordnet miteinander verbundener Objekte, das innerhalb der Pflanzen ablaufende
Prozesse, Massenumsetzungen und -verlagerungen übersichtlich zu beschreiben gestattet.

Derartig strukturierte Modelle sind nicht nur für Getreidepflanzen, wie Weizen
oder Gerste, konstruierbar sondern z.B. auch für Rapspflanzen. In der Objekthierarchie, dargestellt in Abb. 2.1.1, sind dazu als Erweiterung die Objekttypen
TEssPods, TEssShootPods und TEssPodsGrain für die Schoten und die ihnen zugeordneten Flüsse enthalten.

Der Massenaustausch mit der Umgebung wird mit externen und im allgemeinen
weitgehend eigenständigen Modellen wie dem Bodenprozeßmodell CANDY, dem
CO_2-Gasaustauschmodell und dem Schädling-Nützling-Modell beschrieben. Die
Autonomie dieser Modelle im Komplex einerseits zu wahren und andererseits eine
enge Kopplung an das Pflanzenmodell im Verband des Ess zu erreichen, gelingt
mit Hilfe sogenannter Laufzeitbibliotheken (dynamic link libraries, DLL). Für jedes
der externen Modelle wird eine DLL als separate Einheit mit den Prozeduren und
Funktionen hergestellt, die vom Pflanzenmodell aufzurufen und zu aktivieren sind.
Der erforderliche Datenaustausch wird jeweils mit einem pointergebundenen Datenrecord als Interface realisiert. Damit über den zugehörigen Pointer wechselseitig
auf den Datenrecord zugegriffen werden kann, ist sowohl auf der Seite des ESS als
auch in der betreffenden DLL ein geeigneter, strukturgleicher Recordtyp zu verein-
baren. Die in diesem Zusammenhang verwendeten Typen von Records enthalten
Datenfelder zur Steuerung des externen Modells, zur Übernahme von Werten der
erforderlichen Umgebungsgrößen und zur Übergabe von Werten der jeweiligen
Zustandsgrößen. In den Abb. 2.7.1, 2.7.2 und 2.7.3 sind diese Records für den
Datenaustausch mit den drei externen Modellen aufgelistet.

Datenaustausch mit dem Bodenprozeßmodell CANDY

Zu Beginn eines Zeitschrittes von einem Tag werden die Zustandsgrößen des
Bodens Tebo, .., PVol aus dem Abschnitt "Modelldaten von CANDY zu ESS" für
jede Bodenschicht von den korrespondierenden Bodenkompartimentobjekten
EssSoil aus dem Datenrecord übernommen (Abb. 2.7.1). Die angegebenen Werte
für die Wassergehalte WCon, für die N-Massen im Nitrat, NCon, und für die

```pascal
PEssCdyConnex     =^TEssCdyConnex;
TEssCdyConnex     = record
{ --------------- Kommunikationsliste --------------------------- }
  First_Msg,        { Zeiger auf Cdy-Messages                     }
  Last_Msg          { Zeiger auf Cdy-Messages                     }
                    : PMsg_Rec;
  Datum             { Datum des aktuellen Tages; TT.MM.JJJJ       }
                    : string;
{ --------------- Steuerungsgrößen ----------------------------- }
  RunName           : string;
  CandyMode         {  2: CANDY mit Anfangswerten aus ESS initialis. }
                    {  1: CANDY mit Standardwerten initialisieren }
                    {  0: 'normaler' Tagesschritt                }
                    { -1: Übernahme der EWR und Tagesschritt      }
                    { -2: CANDY-Objekte beseitigen               }
                    : integer;
{ --------------- Daten von ESS zum CANDY-Szenarien-Manager ----- }
  aDatum,           { Beginn der Simulation                       }
  eDatum,           { Ende der Simulation                         }
  CandyPathName,    { Candy-Daten-Pfad                            }
  SoilProfil,       { Bodenprofil des Standortes (LAU, QLB, NKN,...) }
  DatenBank,        { Auswahl der Datenbank  (MFELD, BARNS, QLB,...) }
  SchlagNr          { Nummer des Schlages am Standort            }
                    : string;
  Cums              { Startwert: Masse d.umsetzb.Kohlenstoffes;kg·ha-1}
                    : extended;
{ --------------- Daten vom CANDY-Scenarien-Manager zu ESS ------ }
  Seed,             { Datum der Aussaat                          }
  Harvest,          { Datum der Ernte                            }
  Variety           { Pflanzenart                               }
                    : string;
  nSoilLayer        { Anzahl der Schichten                       }
                    : integer;
{ --------------- Modelldaten von ESS zu CANDY ------------------ }
  nRoot             { Anzahl d.Wurzelkompartimente [Wurzeltiefe in dm]}
                    : integer;
  Height,           { Höhe des Pflanzenbestandes         m       }
  NShoot            { Gesamtstickstoff des Sprosses      kg·ha-1 }
                    : extended;
  WRem,             { Wasserentzug            / Schicht   mm·d-1  }
  NRem,             { Stickstoffentzug        / Schicht   kg·ha-1·d-1 }
  ARem,             { Ammoniumentzug          / Schicht   kg·ha-1·d-1 }
  NOps              { ErnteWurzelRückstände / Schicht [EWR] dt·ha-1 }
                    : array [1..20] of extended;
{ --------------- Daten von Environ zu CANDY -------------------- }
  Telu,             { Ess_Environ: Lufttemperatur        °C      }
  Glob,             { Ess_Environ: Globalstrahlung       W·m-2   }
  Rain              { Ess_Environ: Niederschlag          mm·d-1  }
                    : extended;
```

```pascal
{ --------------- Modelldaten von CANDY zu ESS ----------------- }
  Tebo,          { Bodentemperatur      / Schicht    °C          }
  WCon,          { Wassergehalt         / Schicht    Vol-%       }
  WPot,          { Wasserpotential      / Schicht    MPa         }
  NCon,          { Stickstoffmasse      / Schicht    kg·ha-1     }
  ACon,          { Ammoniummasse        / Schicht    kg·ha-1     }
  Wilk,          { Welkepunkt           / Schicht    Vol-%       }
  Satt,          { Feldkapazität        / Schicht    Vol-%       }
  PVol           { Porenvolumen         / Schicht    Vol-%       }
                 : array [1..20] of extended;
                   end {TEssCdyConnex};

PMsg_Rec         =^TMsg_Rec;
TMsg_Rec         = record
  Message        : string;
  Code           : integer;
  Neu            : boolean;
  Next           : PMsg_rec;
  Befo           : PMsg_rec;
                   end {TMsg_Rec};


procedure EssCdyLink       (pRcrd :pointer);
                           external 'CDY_DLL3' index  1;

function  EssCdy_wCon2wPot (wMasse:extended;
                            sNmbr :integer)  :extended;
                            external 'CDY_DLL3' index  2;
```

Abb. 2.7.1: Interface zum Datenaustausch zwischen dem externen Bodenprozeßmodell CANDY und dem Simulationssystem ESS

N-Massen im Ammonium, ACon, sind die Anfangswerte für die eigentliche Integration mit einer Zeitschrittweite von einer Stunde. Die sich am Ende eines Tages ergebenden, im allgemeinen nicht-negativen Differenzen zwischen diesen Anfangswerten und den Restwerten, die in den Kompartimenten EssSoil verblieben sind, werden als Entzüge WRem für Wasser, NRem für den nitratgebundenen Stickstoff und ARem für den Stickstoff im Ammonium in den Abschnitt "Modelldaten von ESS zu CANDY" des Datenrecords eingetragen. Mit dem Aufrufen der externen Prozedur EssCdyLink von ESS aus werden die Daten vom Bodenprozeßmodell CANDY übernommen und die nächsten Zustände des Bodens berechnet. Auf diese Weise wird der übergeordnete Zeittakt von einem Tag durch die Integration im Stundentakt untersetzt. Negative Entzüge als Rückfluß von anorganisch gebundenem Stickstoff aus den Pflanzen in den Boden können während der Simulation auftreten, wenn der zwischen den Wurzeln transportierte Stickstoff in Schichten gelangt, in denen ein starkes Gefälle in bezug auf den passiven Transport zwischen Wurzel- und Bodenkompartimenten besteht und ausgeglichen wird.

Die Werte der Temperaturen Tebo in den einzelnen Bodenschichten werden übernommen und über Temperaturcharakteristiken in die Gleichungen eingekoppelt, mit denen die in den Wurzelkompartimenten berücksichtigten Prozesse abgebildet werden. Zum Berechnen des Massenanteils der Stickstoffkomponenten in der Bodenlösung wird auf die schichtspezifischen Werte von `Wilk` und `Satt` für Welkepunkt und Feldkapazität zurückgegriffen. Zum Berechnen der sich im Verlaufe eines Tages in den Bodenschichten einstellenden Wasserpotentiale wird die in der Laufzeitbibliothek CDY_DLL3 verfügbare externe Funktion `ESS_wCon2wPot` verwendet.

In dem Abschnitt `"Modelldaten von ESS zu CANDY"` werden weitere Größen zur Information übermittelt: die Anzahl `nRoot` der bis zum betreffenden Zeitpunkt generierten Wurzelkompartimente und die erreichte Höhe `Height` des Pflanzenbestandes. Nach der Ernte wird der Wert für die im Sproß verbliebene Stickstoffmasse an die Variable `NShoot` im Datenrecord übergeben. Gleichzeitig werden die Werte für die noch in den Wurzeln vorhandenen Stickstoffmassen in das Feld `NOps` der korrespondierenden Bodenschichten im Datenrecord geschrieben.

Besonders bei der Kopplung "Pflanzenmodell - Bodenprozeßmodell" erweist es sich als zwingend, eine Reihe organisatorischer Maßnahmen über den Datenrecord zu vermitteln. Das bezieht sich

- auf die Szenarienkomponenten Standort, Schlag und Bodenprofil sowie auf den Anfangswert Cums für die Masse des umsetzbaren Kohlenstoffs,
- auf die Daten für Aussaat und Ernte als äußere Ereignisse, die verbunden mit der Angabe der Pflanzenart im Verwaltungsobjekt EssControl interpretiert,
- das Generieren und Löschen von Objekten auslösen,
- auf das Datum zur Synchronisation der Aktivitäten beider Modelle und
- auf die Übernahme und Ausgabe von Nachrichten aus dem Bodenprozeßmodell CANDY sowohl über die Bewirtschaftungsmaßnahmen als auch über Programmablauf-Fehler, die alle in einer dynamischen Liste von Records Tmsg_Rec mitgeteilt werden.

Diese Informationen werden in den Abschnitten `"Daten von ESS zum CANDY-Szenarien-Manager"` und `"Daten vom CANDY-Szenarien-Manager zu ESS"` übermittelt. Schließlich sind im Abschnitt `"Steuergrößen"` des Datenrecords Angaben darüber enthalten, die direkt zur Steuerung der Verbindung zwischen den Modellen dienen, wie Initialisieren von CANDY, Bereitstellen von Anfangswerten für die Bodenzustandsgrößen, Übernahme von Werten für die Ernte-Wurzel-Rückstände (EWR) nach der Ernte und Löschen CANDY-interner Objekte.

Datenaustausch mit dem CO₂-Gasaustauschmodell

Der Datenaustausch zwischen dem Pflanzenmodell und dem CO_2-Modell erfolgt
in zwei Schritten. In einem ersten, vorbereitenden Schritt werden die Werte für die
im CO_2-Modell stündlich benötigten meteorologischen Zustandsgrößen der pflanzlichen Umgebung von ESS in den zugehörigen Datenbereich `CO2Feld` von 24
Records eingetragen (Abb. 2.7.2), der im eigentlichen Verbindungsrecord
`CO2Connex` enthalten ist, und dazu die im Abschnitt `"Modelldaten von`
`ESS zum CO2-Modell"` aufgeführten Daten, die den Zustand der Pflanzen
kennzeichnen. Nachdem in ESS die Prozedur ComputeWaterFlux zum Berechnen
der Wasserpotentiale und -flüsse aufgerufen wurde, werden die berechneten Werte
der Transpirationsgrößen im Abschnitt `"Modelldaten von ESS zum CO2-`
`Modell"` des Datenbereiches `CO2Feld` eingetragen und damit der für das CO_2-
Modell erforderliche Datensatz komplettiert. Die danach in der Laufzeitbibliothek
CO2-DLL4 aufgerufene externe Prozedur `EssCO2Link` berechnet zu diesem Datensatz für den betreffenden Integrationsschritt von einer Stunde die Photosyntheseraten, die im Abschnitt `"Daten vom CO2-Modell zum ESS"` des Datenbereiches `CO2Feld` abgelegt werden und damit zum Berechnen des Kohlenstoffeintrages im Flußobjekt ShootEnvt verfügbar sind.

Ähnlich wie bei der Verbindung zwischen ESS und CANDY werden auch hier
spezielle Steuerdaten benötigt, die im gleichnamigen Abschnitt des verbindenden
Gesamtrecords `CO2Connex` aufgeführt sind. Diese beziehen sich auf das Datum
zur Synchronisation, auf Schalter für die Initialisierung des CO_2-Modells und zum
Festlegen der Berechnungsart sowie auf einen Index zur Kennzeichnung der Pflanzenart. Mit dem Index für die in CO2-DLL4 zum Berechnen einzusetzenden internen Prozeduren können Modelle unterschiedlicher Struktur ausgewählt werden, wie
Modelle nach dem "big-leaf"-Konzept oder Mehrschichtmodelle.

```
TEssCO2Rcrd     = record

{ --------------- Daten von Environ zum CO2-Modell ------------- }
  SinSH,         { Sinus der Sonnenhöhe;                  1       }
  Phar,          { photosynthet. aktive Strahlung;        W·m-2   }
  PharDir,       { Direkt eingestrahlte Phar;             W·m-2   }
  PharDif,       { Diffus eingestrahlte Phar;             W·m-2   }
  Glob,          { Globalstrahlung;                       W·m-2   }
  Tair,          { Lufttemperatur; [2m Höhe]              °C      }
  Ttau,          { Taupunkttemperatur;                    °C      }
  Hair,          { rel. Luftfeuchte;                      1       }
  Pair,          { Luftdruck;                             MPa     }
  Ph2o,          { H2O-Dampfdruck der Luft;               MPa     }
  Psat,          { H2O-Sättigungsdampfdruck der Luft;     MPa     }
  Pdfz,          { H2O-Dampfdruckdefizit der Luft;        MPa     }
  Aerg,          { Aktivierungsenergie zu pWirkPot;       MPa     }
  CCo2,          { CO2-Konzentration "außen";             ppm     }
  Snow,          { Schneehöhe;                            cm      }
  Wind,          { Windgeschwindigkeit; 2 m Höhe;         m·s-1   }
```

```
{ --------------- Modelldaten von ESS zum CO2-Modell ------------ }
  wPot,            { H2O-Potential d. Sprosses;         MPa          }
  gWirkPot,        { Wirkfaktor f. H2O-Leitwert g02;     1            }
  gH2OBound,       { H2O-Grenzschichtleitwert;          m·s-1         }
  gH2OCanopy,      { H2O-Canopyleitwert;         kg·m-2·d-1·MPa-1}
  fH2OCanopy,      { Canopy-H2O-Fluß;                   kg·m-2·d-1    }
  TeCanopy,        { Canopy-Leaf-Temperatur (Jackson);  °C           }
{ --------------- Daten vom CO2-Modell zum ESS ------------------ }
  fCO2Phot,        { Photosysntheserate;                dt·ha-1·d-1 }
  fCO2Light,       { Lichtatmungsrate;                  dt·ha-1·d-1 }
  fCO2Dark         { Dunkelatmungsrate;                 dt·ha-1·d-1 }
                   : extended;
                     end {TEssCO2Rcrd};

TEssCO2Array      = array [0..23] of TEssCO2Rcrd;

PEssCO2Connex     =^TEssCO2Connex;
TEssCO2Connex     = record
{ --------------- Steuerdaten ---------------------------------------- }
  Datum            { Datum des laufenden Tages;         TT.MM.JJJJ   }
                   : string;
  CO2Init          { Schalter für die Inititalisierung;              }
                   : boolean;
  CO2Case          { Schalter für die Art der Berechnung;            }
                   : integer;
  CropKind         { Index für die Pflanzenart (Objektart)           }
                   : TCropKind;
  ProcKind         { Index für die CO2-Prozeduren;                   }
                   : TProcKind;
{ --------------- Parameter von ESS zum CO2-Modell ------------- }
  eWirkKrit,       { H2O: Exponent in gWirkPot;          1           }
  pWirkKrit        { H2O: Krit. Potential in gWirkPot;   MPa         }
{ --------------- Modelldaten von ESS zum CO2-Modell ----------- }
  Dc,              { Entwicklungsstadium der Pflanzen;   DC-Skala    }
  Height,          { Bestandshöhe;                       m           }
  Lai,             { Blattflächen-Index;                 m2·m-2      }
  cSnShoot,        { Struktur-N-Gehalt, Sproß;           kg·kg-1     }
  cSnGrain,        { Struktur-N-Gehalt, Korn;            kg·kg-1     }
  TmShoot,         { Trockenmasse, Sproß;                dt·ha-1     }
  TmGrain          { Trockenmasse, Korn;                 dt·ha-1     }
                   : extended;
  CO2Feld          : TEssCO2Array;
                     end {TEssCO2Connex};

procedure  EssCO2Link(pRcrd :pointer); external 'CO2_DLL4' index 1;
```

Abb. 2.7.2: Interface zum Datenaustausch zwischen dem externen CO2-Gasaustauschmodell und dem Simulationssystem ESS.

Datenaustausch mit dem Schädling-Nützling-Modell

Das Interaktionsmodell GTLAUS wird ebenfalls als DLL mit dem Pflanzenmodell gekoppelt. In Abb. 2.7.3 ist der verbindende Record für den Datenaustausch zwischen ESS und dem Blattlaus-Marienkäfer-Modell aufgelistet.

```
PEssSitConnex       =^TEssSitConnex;
TEssSitConnex       = record
{ ---------------- Steuerungsgrößen --------------------------- }
  Datum             { Datum des aktuellen Tages;        TT.MM.JJJJ }
                    : string;
  Active            { Aktivitätsschalter                          }
                    { 0 --> Modell "aus"; abgeschaltet            }
                    { 1 --> Modell "ein"; Abundanz = 0            }
                    { 2 --> Modell "ein"; Abundanz > 0            }
                    : integer;
  Protection        { Pflanzen gegen Befall geschützt;   ja/nein  }
                    : boolean;
{ ---------------- Daten von ESS zu GTLAUS -------------------- }
  Dc,               { Entwicklungsstadium der Pflanzen;   DC-Code  }
  AnzHalme,         { Anzahl ährentragender Halme;        Anz·ha-1 }
  Rain,             { Täglicher Niederschlag;             mm       }
  Removal           { Masse abgegebenen Phloemsaftes;    kg·ha-1·d-1}
  SitoImigPot,      { Anzahl potentieller Immigranten;   Anz·ha-1 }
  SitoParaInit,     { Anfangsparasitierungsverhältnis;   1        }
  CoccImigPot,      { Anzahl potentieller Immigranten;   Anz·ha-1 }
  FlyToBeetle,      { Verhältnis "Raubfliegen/Marienkäfer"; 1     }
                    : extended;
  TairHour          { Lufttemperatur, stündl. Mittelwerte; oC     }
                    : array [0..23] of extended;
{ ---------------- Daten von GTLAUS zu ESS -------------------- }
  SitoApter,        { Anzahl ungeflügelter Tiere;         Anz·ha-1 }
  SitoAlate,        { Anzahl geflügelter Tiere;           Anz·ha-1 }
  SitoLarv12,       { junge Larven; Vorstadium Apteren;   Anz·ha-1 }
  SitoLarv34,       { alte Larven; Vorstadium Apteren;    Anz·ha-1 }
  SitoNymph,        { Nymphen; Vorstadium der Alaten;     Anz·ha-1 }
  SitoParas,        { Parasitierte Läuse;                 Anz·ha-1 }
  CoccImag,         { Anzahl erwachsener Marienkäfer;     Anz·ha-1 }
  CoccEggs,         { Anzahl der Marienkäfereier;         Anz·ha-1 }
  CoccLarv13,       { Anzahl junger Marienkäferlarven;    Anz·ha-1 }
  CoccLarv4,        { Anzahl alter Marienkäferlarven;     Anz·ha-1 }
  CoccPupa          { Anzahl der Marienkäferpuppen;       Anz·ha-1 }
                    : extended;
  Demand,           { Trockenmasse geforderten Phloemsaftes;       }
                    {                                    kg·ha-1·h-1}
                    : array [0..23] of extended;
                    end {TEssSitConnex};


procedure EssSitLink(pRcrd :pointer); external 'SIT_DLL3' index 1;
```

Abb. 2.7.3: Interface zum Datenaustausch zwischen dem externen Interaktionsmodell GTLAUS und dem Simulationssystem ESS.

Auch bei diesem externen Modell erfolgt der Datenaustausch in mehreren Schritten. Zunächst werden die Zustandsgrößen des Interaktionsmodells GTLAUS "Getreideblattlaus - Marienkäfer" über den Abschnitt "Daten vom Modell GTLAUS zum ESS" aus dem Datenrecord EssSitConnex ins Pflanzenmodell übernommen und umgekehrt werden das Entwicklungsstadium Dc der Pflanzen in DC, die Anzahl ährentragender Halme AnzHalme, der tägliche Niederschlag Rain und die stündlichen Werte TairHour der Lufttemperatur des betreffenden Tages im Abschnitt "Daten von ESS zu GTLAUS" für das Interaktionsmodell bereitgestellt. Nach Aufruf der externen Prozedur EssSitLink sind die für den Tag zu erwartenden Trockenmassen geforderten Phloemsaftes in dem Datenfeld Demand für das Pflanzenmodell verfügbar, aus denen sich nach Integration der Dgln der Wert für die Gesamttrockenmasse des Phloemsaftes ergibt, die für den betrachteten Tag von den Pflanzen abgegeben werden kann. Dieser Wert wird über die Variable Removal des Datenrecords EssSitConnex vom Interaktionsmodell "Getreideblattlaus - Marienkäfer" übernommen.

Im komplexen Modell "Boden - Pflanzenbestand - Schädlinge - Nützlinge - Atmosphäre" wird das Interaktionsmodell zu Beginn des Erntejahres der Pflanzen gestartet. Zur Steuerung der Synchronisation wird das Datum verwendet. Über den Aktivitätsschalter Active werden die möglichen Zustände des Interaktionsmodells festgelegt. Außerdem sind für das Interaktionsmodell die Anzahl potentieller Immigranten von Blattläusen SitoImigPot und Marienkäfern CoccImigPot für die Szenarien vorzugeben sowie das Verhältnis FlyToBeetle der Anzahlen von Raubfliegen zu Marienkäfern und das Anfangsparasitierungsverhältnis SitoParaInit. Mit der Variablen Protection ist zu bestimmen, ob in den Szenarien für die Simulation Pflanzenschutzmaßnahmen zu berücksichtigen sind oder nicht.

2.8 Die Simulationsumgebung ESS

G. DUBSKY, S. CLAUS, U. FRANKO

Die Simulationsumgebung ECOLOGICAL_SYSTEM_SIMULATION (ESS) zur Kopplung und Handhabung der Modelle (Abb. 2.8.1) wurde auf PC in der Programmiersprache Borland Pascal (BORLAND 1992a) entwickelt. Dabei wurden die Möglichkeiten von Turbo Vision genutzt, einem objektorientierten Gerüst für die Entwicklung von ereignisgesteuerten, fensterorientierten Anwenderprogrammen.

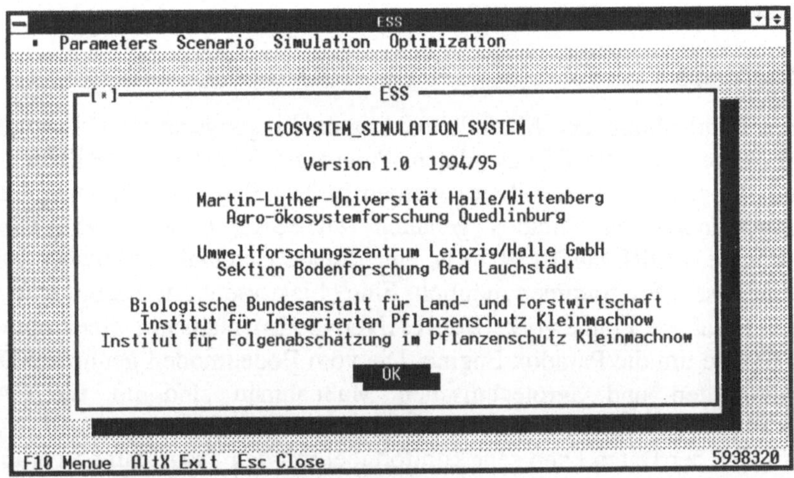

Abb. 2.8.1: Startbildschirm des Simulationssystems

Start des Simulationssystems ESS

Der Start von ESS erfolgt mit einer Startdatei `ESS.BAT` (Tab. 2.8.1), in der durch SET-Befehle die Pfade zu den Datenverzeichnissen definiert werden.

Startdatei	Inhalt des Pfades
`SET ScenPath=C:\ESS\SCEN`	Szenarien zur Handhabung des Systems
`SET EnvtPath=C:\ESS\ENVT`	Meteorologische Daten
`SET ExptPath=C:\ESS\EXPT`	Experimentelle Pflanzendaten
`SET RsltPath=C:\ESS\RSLT`	Resultate
`SET ParmPath=C:\ESS\PARM`	Parameter
`SET SoilPath=C:\ESS\SOIL`	Startsituationen im Boden

Startdatei	Inhalt des Pfades
`SET CandyPath=` `        C:\CANDY\CANDY_DA`	Standortdaten des Bodenmodells und agrotechnische Maßnahmen
`SET RamDisk=D:`	Arbeitsverzeichnis beim Anlegen von Resultat-Tabellen
`CD C:\ESS` `ESS_MAIN.EXE`	

Tab. 2.8.1: Startdatei `ESS.BAT`

Datenformate

Die zur Handhabung der Modelle benötigten Eingangsdaten (Umweltgrößen, Startwerte, experimentelle Pflanzendaten, Parameter, Szenarien) (DUBSKY et al. 1994) und Ausgabedaten (Resultate) werden in Tabellen des relationalen Datenbankmanagementsystems Paradox gehalten (DUBSKY et al. 1995). Über die Paradox Engine (BORLAND 1992b) ist eine direkte Handhabung solcher Tabellen aus Borland Pascal Programmen möglich. Eine objektorientierte Einbindung wurde mit Pascal Database Framework (BORLAND 1992c) realisiert, einer optionalen „Objekt"-Schale um die Paradox Engine. Die vom Bodenmodell genutzten Dateien mit Standortdaten und agrotechnischen Maßnahmen sind im für CANDY (FRANKO 1994) gewählten dBase-Format gespeichert.

Die Eingabe der Daten kann sehr komfortabel mit den Programmen Paradox für Windows (BORLAND 1993) oder dBase für Windows (BORLAND 1994a) erfolgen. Mit diesen Programmen können auch Konvertierungen der Daten aus und in andere Dateiformate ausgeführt werden. In ESS sind bestimmte Möglichkeiten der Modifikation z.B. an Szenarien oder Parametern implementiert. Eine graphische Auswertung der Resultattabellen ist mit Tabellenkalkulationsprogrammen wie Quattro Pro für Windows (BORLAND 1994b) möglich.

Simulationsszenarien

Die Steuerung der Simulationsläufe erfolgt über „Szenarien". Diese können aus Szenariendateien ausgewählt, dem Simulationssystem als Kommandozeilenparameter übergeben oder manuell editiert werden. Die in Tab. 2.8.1 genannten Vorgaben können in Szenarien festgelegt werden.

Umweltdaten

Die Umweltdaten als wesentliche Einflußgrößen werden als stündliche Daten benötigt. Sie können in zwei Formen bereitgestellt werden, zum einen als Tabellen mit stündlichen Werten (`EnvtRootName+Jahr+'_V1.DB'`) und zum anderen als

Wert	Bedeutung	Beispiel
ScenarioName	Name des Simulationslaufes	QLB3D0WW94
Startdatum	Startdatum der Simulation	01.01.1993
EndDatum	Enddatum der Simulation	31.08.1994
SoilProfil	Name des Bodenprofils in den CANDY-Standortdaten	QLB8
EnvtRootName	Tabellen mit meteorologischen Daten im Verzeichnis ..\ENVT	QLB
CandyDatenbank	Tabelle mit agrotechnischen Maßnahmen in ..\CANDY_DA	_QLB
SchlagNr	Bezeichnung der Maßnahmen in der CandyDatenBank	__11
ProtTableName	Name für eine Datei mit bestimmten Daten zur Ernte	PROTOKOLL.TXT
ExptTableName	Tabelle mit experimentellen Pflanzendaten zum Vergleich mit den Simulationsergebnissen im Verzeichnis ..\EXPT	_QLB
SoilTableName	Tabelle mit Daten zur Startsituation im Boden	QLB93_21
Cums	Umsetzbarer Kohlenstoff	25000
RunPestModel	Schalter: Simulation mit Schaderreger-Antagonisten-Modell rechnen	Yes
UseSoilTable	Schalter: Vorgaben zur Startsituation im Boden aus der Tabelle SoilTableName entnehmen	No
WriteRsltTable	Schalter: Schreiben von Resultattabellen während der Simulation	Yes
RunMode	Schalter: nicht-interaktive Simulation durch externe Steuerung	Yes

Tab. 2.8.2: Szenariendaten für Simulationen

Tabellen mit Tageswerten (`EnvtRootName+Jahr+'_V2.DB'`). Im zweiten Falle werden intern stündliche Werte berechnet (WERNECKE unveröffentlicht). In der Tabelle `..\ENVT\LOCALDAT.DB` sind dazu für durch `EnvtRootName` gekennzeichneten Standorte die geographische Breite (Latitude) und die Länge (Longitude) sowie die Zeitverschiebung gegen die Greenwichzeit eingetragen. Die Strukturen der Umwelt-Tabellen sind in Tab. 2.8.3 gelistet.

Stündliche Werte	Tageswerte
Datum	Datum
Zeit (Stunde/24)	Tagessumme Globalstrahlung
Globalstrahlung	Tageswert Schneehöhe
Lufttemperatur	Minimum Lufttemperatur
Luftfeuchtigkeit	Maximum Lufttemperatur
Niederschlag	Mittelwert Lufttemperatur
Schneehöhe	Mittelwert Luftfeuchtigkeit
Windgeschwindigkeit	Tagessumme Niederschlag
	Mittelwert Windgeschwindigkeit

Tab 2.8.3: Struktur der Umwelt-Tabellen

Weitere meteorologische Daten, wie Potentiale, photosynthetisch aktive Strahlung (PAR) und Dampfdrücke, werden in internen Modulen berechnet und den Modellen zur Verfügung gestellt. Temperaturen, Wassermassen und Potentiale im Boden werden durch das angekoppelte CANDY berechnet.

Modellparameter

Im Simulationssystem ESS können die im Verzeichnis `..\PARM` gespeicherten objektbezogenen Parameterdateien modifiziert werden (Abb. 2.8.2). Vor einem Simulationslauf oder einer Optimierung (s.u.) werden die für die Simulation benutzten Werte `ParmValue` aus `BaseValue * Multiplier + Addend` berechnet. Für Optimierungen nach dem Direct-Search-Verfahren werden die Startwerte in `ParmStart` und die Anfangsschrittweiten in `Diffstart` abgelegt. In `ParmSave` und `DiffSave` befinden sich die während des Optimierungslaufes erreichten Parameterwerte bzw. Schrittweiten.

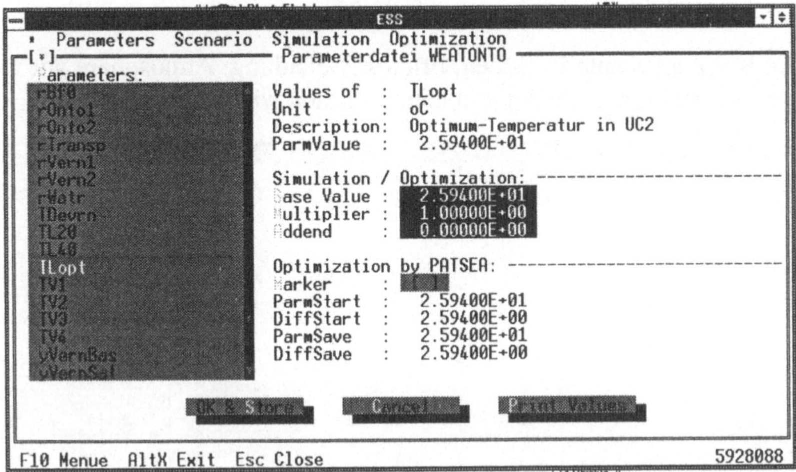

Abb. 2.8.2: Parameter-Modifikationsmenü

Simulation

Simulationsläufe können in 4 verschiedenen Modi ausgeführt werden. Die Bedeutung der zur Bildschirmdarstellung verwendeten Namen und Symbole wird in Tab. 2.8.4 erläutert.

Modus 1: Rows of State Values (Abb. 2.8.3)

Hierbei werden während des Simulationslaufes ausgewählte Größen in Form einer Tabelle dargestellt.

```
                                      ESS
   ■  Parameters  Scenario  Simulation  Optimization
  ┌[■]──────────────────────── Envt01 ────────────────────────[↑]┐
  Art:     W-Weizen
  Envt       Time      Glob     Tair     Hair     Rain     Snow     Wind
  Envt01 14.07.93   116.44    13.30     0.79     8.72     0.00     1.37
  Grain               TmGrain NmGrain KhGrain KhTrans
  ShCn01              82.599 156.119  62.822    3.173
  Shot          Dc    Wflow   Wtotal  TmShoot NmShoot KhShoot KhPlant wPotSpr
  Shot01    86.081    0.001  207.352  68.281   74.013  50.514 186.925  -0.138
  Sito               SitoAll CoccImg CoccLar DmndAll
  Sito01              17.367    2.635  34.200    0.593
  SoRo        wPot     wCon     wRem     aRem     nRem     sWat     sAmn     sNit     TeBo
  Soil01   -0.081   32.899    1.756   -0.085    0.203   24.374    2.547    5.752    15.38
  Soil02   -0.268   17.605   -0.191   -0.012    0.057   17.050    2.242    5.964    15.65
  Soil03   -0.232   17.792   -0.085   -0.004    0.031   17.792    2.326    4.557    15.97
  Soil04   -0.190   15.087   -0.018    0.000    0.008   15.087    0.000    1.270    16.27
  Soil05   -0.148   16.279    0.029    0.000    0.016   16.279    0.000    2.518    16.52
  Soil06   -0.108   17.867    0.057    0.000    0.029   17.867    0.000    4.670    16.67
  Soil07   -0.077   19.786    0.071    0.000    0.029   19.786    0.000    5.315    16.75
  Soil08   -0.057   21.609    0.068    0.000    0.025   21.609    0.000    5.514    16.78
  Soil09   -0.054    9.231    0.015    0.000    0.011    9.231    0.000    1.437    16.76
  Soil10   -0.047    9.477    0.013    0.000    0.013    9.477    0.000    1.837    16.71
  Soil11   -0.042    9.673    0.009    0.000    0.013    9.673    0.000    2.258    16.63
  Soil12   -0.039    9.813    0.007    0.000    0.014    9.813    0.000    2.713    16.54
  F10 Menue   AltX Exit   Esc Close                                   5641528
```

Abb. 2.8.3: Simulationslauf in „Row of State Values" - Darstellung

Modus 2: Windows of Compartments (Abb. 2.8.4-6)

Für die Kompartimente in Boden, Pflanze, Schädling, Atmosphäre wird bei Initiierung ein Fenster eingeblendet und beim Löschen wieder ausgeblendet.

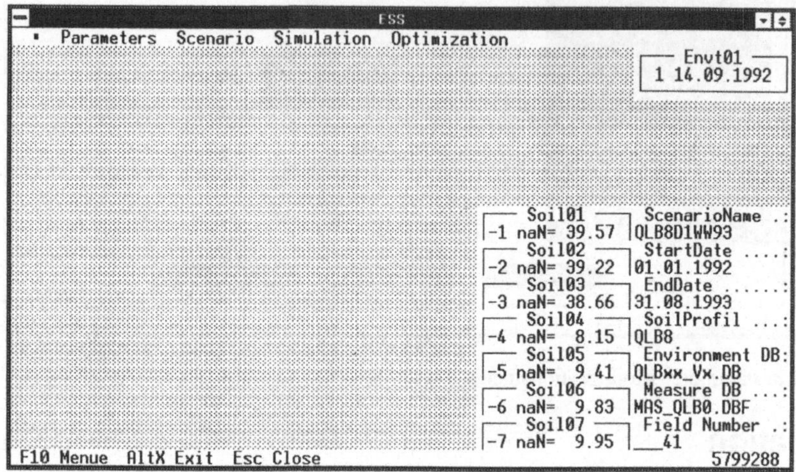

Abb. 2.8.4: Simulationslauf in „Windows of Compartments" - Darstellung. Es sind nur das Bodenmodell und das Environment-Objekt aktiv

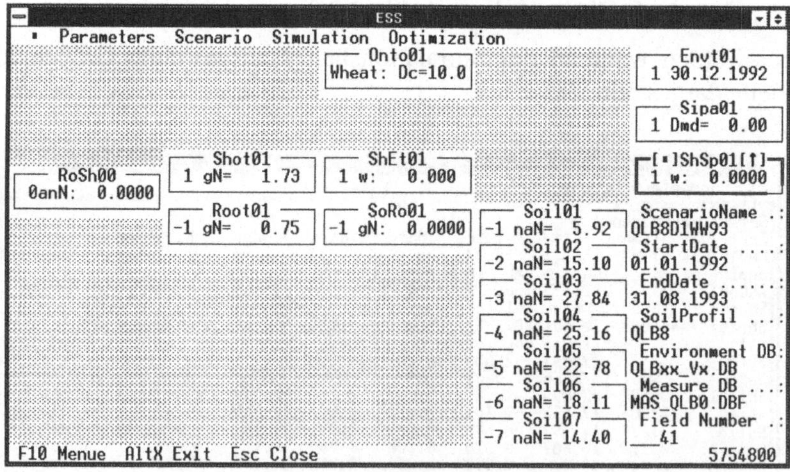

Abb. 2.8.5: Simulationslauf in „Windows of Compartments" - Darstellung. Nach der Aussaat des Winterweizens wurden Objekte für die Ontogenese, den Sproß, die erste Wurzelschicht sowie für die Flüsse Sproß-Wurzel, Sproß-Umwelt, Wurzel-Boden generiert

```
┌────────────────────────────── ESS ──────────────────────────────────┐
│  ■ Parameters  Scenario  Simulation  Optimization                    │
│                          ┌── Onto01 ──┐            ┌── Envt01 ──┐     │
│                          │Wheat: Dc=86.1│          │1 14.07.1993│     │
│  ┌── Corn01 ──┐                                     ┌── Sipa01 ──┐    │
│ ┌[■]ShCn01[↑]┐│1 Sn= 154.40│                       │1 Dmd=  0.94│    │
│ │1 w:  2.6881│└────────────┘                                          │
│ └────────────┘┌── Shot01 ──┐ ┌── ShEt01 ──┐        ┌── ShSp01 ──┐    │
│ ┌── RoSh00 ──┐│1 gN=  74.01│ │1 w:   0.021│        │1 w:  0.0102│    │
│ │0anN: 0.0054│                                                        │
│ └────────────┘┌── Root01 ──┐ ┌── SoRo01 ──┐ ┌── Soil01 ──┐ ScenarioName .:│
│ ┌── RoRo01 ──┐│-1 gN=  3.65│ │-1 gN: -0.0601│ │-1 naN= 8.30│ QLB8D1WW93  │
│ │-1 gN: 0.0000│┌── Root02 ─┐ ┌── SoRo02 ──┐ ┌── Soil02 ──┐ StartDate ....:│
│ ┌── RoRo02 ──┐│-2 gN=  1.38│ │-2 gN: 0.0133│ │-2 naN= 8.21│ 01.01.1992  │
│ │-2 gN: 0.0000│┌── Root03 ─┐ ┌── SoRo03 ──┐ ┌── Soil03 ──┐ EndDate ......:│
│ ┌── RoRo03 ──┐│-3 gN=  1.03│ │-3 gN: 0.0160│ │-3 naN= 6.88│ 31.08.1993  │
│ │-3 gN: 0.1802│┌── Root04 ─┐ ┌── SoRo04 ──┐ ┌── Soil04 ──┐ SoilProfil ...:│
│ ┌── RoRo04 ──┐│-4 gN=  0.37│ │-4 gN: 0.0069│ │-4 naN= 1.27│ QLB8        │
│ │-4 gN: 0.2522│┌── Root05 ─┐ ┌── SoRo05 ──┐ ┌── Soil05 ──┐ Environment DB:│
│ ┌── RoRo05 ──┐│-5 gN=  0.40│ │-5 gN: 0.0138│ │-5 naN= 2.52│ QLBxx_Vx.DB │
│ │-5 gN: 0.2670│┌── Root06 ─┐ ┌── SoRo06 ──┐ ┌── Soil06 ──┐ Measure DB ...:│
│ ┌── RoRo06 ──┐│-6 gN=  0.48│ │-6 gN: 0.0276│ │-6 naN= 4.67│ MAS_QLB0.DBF│
│ │-6 gN: 0.2500│┌── Root07 ─┐ ┌── SoRo07 ──┐ ┌── Soil07 ──┐ Field Number .:│
│ ┌── RoRo07 ──┐│-7 gN=  0.51│ │-7 gN: 0.0284│ │-7 naN= 5.31│ __41       │
│ F10 Menue  AltX Exit  Esc Close                             5615200    │
└──────────────────────────────────────────────────────────────────────┘
```

Abb. 2.8.6: Simulationslauf in „Windows of Compartments" - Darstellung. In der Kornfüllung sind das Korn-Objekt und das Objekt für den Fluß Sproß-Korn gebildet worden. Im Wurzelbereich ist zu sehen, daß mit dem Wachstum weitere Wurzel-Objekte sowie Objekte für die Flüsse zwischen den Wurzelschichten und die Flüsse zwischen Wurzel- und Bodenschichten generiert wurden

Modus 3: Graphics of Simulation (Abb. 2.8.7)

In diesem Modus werden ausgewählte Größen während der Simulation graphisch dargestellt.

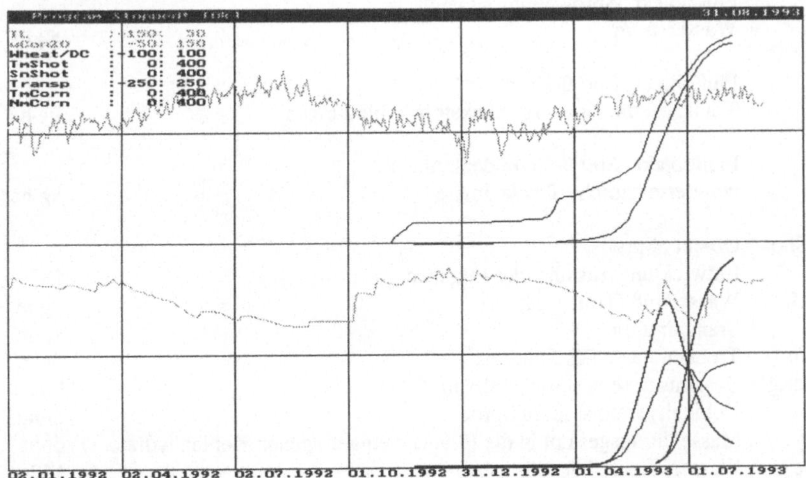

Abb 2.8.7: Simulationslauf in graphischer Darstellung

Modus 4: Minimaldisplay

Wenn der Verlauf der Simulation nicht aktiv am Bildschirm verfolgt zu werden braucht, die Simulationsergebnisse aber abzuspeichern sind, so genügt es, nur minimale Informationen auf dem Bildschirm auszugeben. Es werden nur das Szenarium und ein Fenster mit der Simulationszeit angezeigt (Abb. 2.8.8).

Kürzel	Bedeutung	Dimension
Art:	Kulturpflanzenart	
Envt	Objekt für Umgebungsgrößen (Environment)	
Date	Datum	
Glob	Globalstrahlung	$W \cdot m^{-2}$
Tair	Tagesmittelwert der Lufttemperatur	°C
Hair	Tagesmittelwert der Luftfeuchte	1
Rain	Niederschlag	$mm \cdot d^{-1}$
Snow	Schneehöhe	cm
Wind	Windgeschwindigkeit	$m \cdot s^{-1}$
Onto	„Ontogenese"-Objekt	
Dc	Entwicklungszustand der Pflanzen	DC
Grain, Corn	Objekt „Korn"	
TmGrain	Korntrockenmasse	$dt \cdot ha^{-1}$
NmGrain	Gesamtstickstoffmasse im Korn	$kg \cdot ha^{-1}$
Sn	Stickstoff in Struktur-N-Verbindungen	$kg \cdot ha^{-1}$
KhGrain	Kohlenhydratmasse im Korn	$dt \cdot ha^{-1}$
KhTrans	Masse der translozierbaren Kohlenhydrate im Korn	$dt \cdot ha^{-1}$
ShEt	Flußobjekt „Sproß-Environment"	
w	Wasserstrom	$kg \cdot m^{-2} \cdot d^{-1}$
ShCn	Flußobjekt „Sproß-Korn"	
w	Transport transloz. org. Stickstoffverbindungen	$kg \cdot ha^{-1} \cdot d^{-1}$
ShSp	Flußobjekt „Sproß-Getreideblattlaus"	
w	gelieferte tägliche Trockenmasse	$kg \cdot ha^{-1} \cdot d^{-1}$
Shoot, Shot	Objekt „Sproß"	
Dc	Entwicklungszustand der Pflanzen	DC
Wflow	Wasserfluß (Transpiration)	$kg \cdot m^{-2} \cdot d^{-1}$
Wtotal	Transpiration	$kg \cdot m^{-2}$
TmShoot	Trockenmasse des Sprosses	$dt \cdot ha^{-1}$
NmShoot,gN	Gesamtmasse des Stickstoffs im Sproß	$kg \cdot ha^{-1}$
KhShoot	Kohlenhydratmasse im Sproß	$dt \cdot ha^{-1}$
KhPlant	Masse der insgesamt in die Pflanzen eingetragenen Kohlenhydrate	$dt \cdot ha^{-1}$
wPotSht	Wasserpotential des Sprosses	MPa
RoSh	Flußobjekt „Wurzel-Sproß"	
anN	Transport des nitratgebundenen Stickstoffs im Xylem	$kg \cdot ha^{-1} \cdot d^{-1}$
Root	Objekte „Wurzel"	
gN	Gesamtstickstoffmasse / Wurzelschicht	$kg \cdot ha^{-1}$

Kürzel	Bedeutung		Dimension
RoRo	Flußobjekte „Wurzelschicht-Wurzelschicht"		
anN	Transport von Stickstoff im Nitrat im Xylem		$kg \cdot ha^{-1} \cdot d^{-1}$
Sitob, Sipa	Externes Modell „Getreideblattlaus - Marienkäfer"		
SitoAll	Maximale Abundanz der Individuen aller Blattlausstadien		Anzahl
CoccImg	Maximale Abundanz der Marienkäfer		Anzahl
CoccLar	Maximale Abundanz der Marienkäferlarven		Anzahl
DmndAll	Trockenmasse des entzogenen Phloemsaftes		$dt \cdot ha^{-1}$
Dmd	Geforderter akkumulierter Trockenmasseentzug		$kg \cdot ha^{-1}$
SoRo	Flußobjekte „Bodenschicht-Wurzelschicht"		
gN	Gesamteintrag an anorganischem Stickstoff /Schicht		$kg \cdot ha^{-1} \cdot d^{-1}$
Soil	Objekte „Boden"		
wPot	Wasserpotential	/Schicht	MPa
wCon	Wassergehalt	/Schicht	Vol %
wRem	Entzogene Wassermasse	/Schicht	$kg \cdot m^{-2} \cdot d^{-1}$
aRem	Entzogene Stickstoffmasse (Ammonium)	/Schicht	$kg \cdot ha^{-1} \cdot d^{-1}$
nRem	Entzogene Stickstoffmasse (Nitrat)	/Schicht	$kg \cdot ha^{-1} \cdot d^{-1}$
sWat	Wassergehalt im Kompartimente EssSoil	/Schicht	Vol %
sAmn	N-Masse im Ammonium	/Schicht	$kg \cdot ha^{-1}$
sNit	N-Masse im Nitrat	/Schicht	$kg \cdot ha^{-1}$
naN	Summe des anorganischen Stickstoff	/Schicht	$kg \cdot ha^{-1}$
TeBo	Bodentemperatur	/Schicht	°C

Tab. 2.8.4:   Bedeutung von Namen/Symbolen in den Bildschirmdarstellungen

Simulationsergebnisse

Die Ergebnisse eines Simulationslaufes können in Resultat-Tabellen gespeichert werden. Dabei werden während der Simulation in dem durch den Parameter RAMDISK der Startdatei bestimmten Verzeichnis vordefinierte Größen in objektbezogenen Dateien abgelegt. Nach der Simulation wird im Pfad ..\RSLT ein Unterverzeichnis mit dem aktuellen Tagesdatum und einer fortlaufenden Nummer als Name (z.B. 951219.001) angelegt. In der dort eröffneten Datei RSLT.DB werden die Daten der objektbezogenen Resultatdateien und Daten aus der mit Expt-TableName definierten Tabelle mit experimentellen Pflanzenergebnissen vereinigt.

Eine weitere Möglichkeit der Speicherung von Simulationsergebnisse besteht in der Anlage der Tabelle ProtTableName im Pfad ..\RSLT. Hier wird der Status ausgewählter Größen zum Erntezeitpunkt gesichert.

Parameteroptimierung

Mit dem Simulationssystem ESS können Parameteroptimierungen durchgeführt

werden. Dazu werden im Pfad `..\EXPT` Tabellen mit experimentellen Werten von Pflanzendaten als Vergleichswerte benötigt. Im Pfad `..\RSLT` wird eine Tabelle `RSLTEXPT.DB` angelegt, in der zu den Zeitpunkten, an denen experimentelle Werte vorliegen, diese, die Simulationswerte, Abstände und deren Summierungen gespeichert werden.
Drei Optimierungsverfahren wurden realisiert:

Handoptimierung

Nach einem Simulationslauf und manueller Auswertung der Ergebnisse in `RSLTEXPT.DB` werden die Parametertabellen manuell geändert.

Optimierung nach dem „Direct-Search"-Verfahren (PATSEA)

In den Tabellen als zu optimieren markierte Parameter werden nach dem „Direct-Search"-Verfahren von HOOKE & JEEVES (1962) modifiziert.

externe Optimierung mit dem mathematischen Softwarepaket MATLAB

Das Simulationssystem ESS wird vom Programm MATLAB (THE MATHWORKS 1994) angesteuert und liefert als Ergebnis in einer Textdatei die Summe der Abstandsquadrate Modell-Experiment. Die Parameter werden je nach ausgewählter Optimierungsstrategie durch MATLAB modifiziert.
Bei den Optimierungen wird in einem erweiterten „Minimal Display"-Modus (Abb. 2.8.8) gerechnet. Es werden Angaben zum Stand der Optimierung dargestellt.

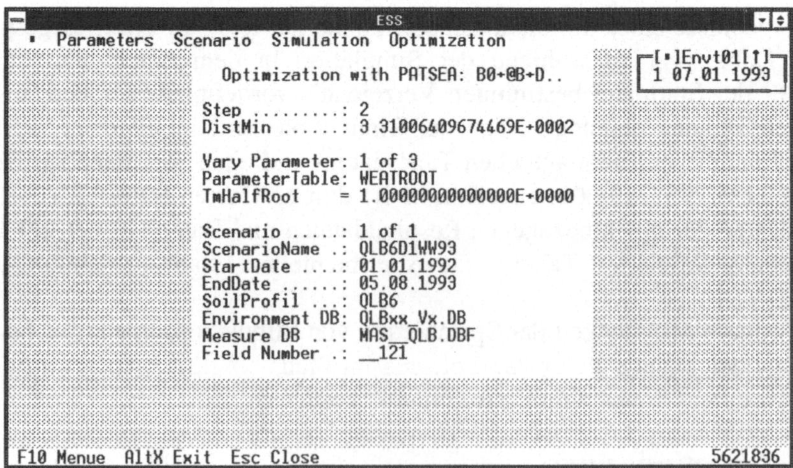

Abb. 2.8.8: Bildschirm während einer internen Optimierung mit PATSEA

3 Modellrelevante Experimente und Untersuchungen

3.1 Modellrelevanz der Experimente

H. MÜHLE, H. BRINKMANN, M. STRUTZ

Die Entwicklung dynamischer mathematischer Modelle zur Beschreibung und Quantifizierung von ökosystemaren Prozessen und deren Interaktionen sowohl untereinander als auch mit Umweltgrößen erfordet eine enge Kooperation zwischen Wissenschaftlern unterschiedlicher Disziplinen. Die Modellstruktur und die Parametersätze müssen derart formuliert sein, daß sich daraus eindeutige Forderungen an die zu erfassenden Zustandsgrößen des Systems und an die Umweltgrößen ableiten lassen. Das beeinflußt die Versuchsanlage, den Umfang und den Zeitpunkt der Messungen und Bonituren an den Pflanzenbeständen, die Erfassung der Umweltgrößen in bezug auf Kontinuität oder Zeitraum der Messungen sowie deren Verdichtungen und die einzusetzenden Meßgeräte.

Im Gegensatz zu biostatistischen Modellen werden für die Entwicklung und die Validisierung von dynamischen mathematischen Modellen Zeitreihen von Zustands- und Umweltgrößen benötigt; dabei ist die Zahl der Wiederholungen von untergeordneter Bedeutung. Wichtig ist die möglichst genaue Erfassung wesentlicher Größen, die die Entwicklung und das Wachstum der Pflanzenbestände angemessen repräsentieren, die, wie im Falle des Quedlinburger Komplexmodells, den Kohlenstoff- und den Stickstoffhaushalt der Pflanzen abbilden, und die aus den Begleitmessungen der Umweltvariablen die Möglichkeit der Formulierung der Wechselwirkungen zwischen den verschiedenen Größen garantieren. Dazu erfolgen Untersuchungen von Beginn bis Ende einer Vegetationsperiode, um den Wechsel in der Gestalt (Phänologie) der Pflanzen und die daran gebundenen stoffwechselphysiologischen Änderungen unter den aktuellen meteorologischen Bedingungen zu beobachten. Diese Untersuchungen werden über mehrere Jahre fortgeführt, um auch die jahresbedingten Unterschiede in Wachstum und Entwicklung der Pflanzenbestände zu erfassen und daran die Allgemeingültigkeit der Modelle überprüfen zu können. Je mehr Versuchsjahre in die Modellvalidisierung einbezogen werden können, um so sicherer sind die Simulationsergebnisse, da die Parametersätze der Modelle entsprechend angepaßt werden.

Am Versuchsstandort Quedlinburg wurden in den vergangenen Jahren sowohl Parzellen- als auch Gefäßversuche angelegt, letztere teils als Freiland-, teils als Klimakammerversuche. Dabei bildeten die Parzellenversuche die wesentliche Grundlage für das Komplexmodell sowie für die Entwicklung und Validisierung der Teilmodelle für die Ontogenese und für das Modell zum Energie- und Wasseraustausch von Pflanzenbeständen. Das von FRANKO (Kap. 2.2) entwickelte Modell für den Kohlenstoff- und Stickstoffhaushalt, den Wasser- und den Wärmetransport im Boden (CANDY) basiert ebenfalls auf Freilandergebnissen. Dieses Modell wird über Szenarien gesteuert; die Komponenten der Szenarien wurden ebenfalls für den Standort Quedlinburg festgelegt (vgl. Kap. 3.2). Damit kann das Modell CANDY auf den Standort Quedlinburg übertragen werden.

Das Teilmodell für den CO_2-Haushalt von Pflanzenbeständen wurde auf der Basis von Gefäßexperimenten ermittelt. Diese vorwiegend in Klimakammern angelegten Versuche dienten vor allem der Ermittlung von Umweltcharakteristiken der CO_2-Aufnahme und -abgabe, die die Dynamik dieser Prozesse (Anstieg, Optimum, Maximum, Abfall) in Abhängigkeit von verschiedenen Umweltvariablen (Temperatur, Lichtintensität, Luftfeuchtigkeit) widerspiegeln, und die einen wichtigen Bestandteil der Teilmodelle für den CO_2-Haushalt darstellen. Für derartige Messungen sind kontrollier- und reproduzierbare Bedingungen, die nur in Klimakammern gewährleistet werden können, unerläßlich. Das Teilmodell wurde anschließend an Parzellenexperimenten überprüft. Die Voraussetzung dafür bildeten für das Freiland entwickelte Küvetten (vgl. Kap. 4.4).

Einen weiteren wichtigen Ansatz für die Durchführung von Gefäßversuchen in Klimakammern bildete die exakte Ermittlung des Vernalisationsbedarfes von Winterweizen. Hierzu wurde unter Klimakammerbedingungen (+3 °C Lufttemperatur, Kurztag) der Einfluß einer unterschiedlichen Vernalisationsdauer von 0 bis 63 Tagen, abgestuft in 7-Tagesschritten, auf den Ontogeneseverlauf, die Ertragsbildung und -struktur geprüft. Dieser Versuch trug entscheidend zur Präzisierung des Ontogenesemodells bei (siehe Kap. 2.5).

Ein bisher offenes Problem stellte die Frage nach der Abgabe von Exsudaten aus Pflanzenwurzeln dar. Einen wichtigen Baustein zum Füllen dieser Lücke liefern die Ergebnisse von MERBACH et al. (Kap. 3.4). Um den Weg der eingesetzten Isotope ^{14}C und ^{15}N im System verfolgen und daraus die notwendigen Schlüsse ableiten zu können, wurden Gefäße mit unterschiedlicher Substratfüllung verwendet. Aus den erhaltenen Ergebnissen über die Verteilung des in der CO_2-Assimilation fixierten Kohlenstoffs und im besonderen aus den Versuchsergebnissen über die durch Wurzeln freigesetzten Substanzen konnten die in den Wurzelkompartimenten des Pflanzenmodells zu berechnenden Exsudationsraten abgeschätzt werden.

Um die in den Modellen enthaltenen Zustandsgrößen möglichst auch experimentell als Zeitreihen zu erfassen, wurden alle Anforderungen an die auszuführenden Experimente in Versuchsplänen fixiert, die nicht nur genaue Hinweise zur Anlage der Versuche, zu den Versuchsobjekten und zur Aufbereitung der verschiedenen Proben enthielten, sondern auch den engen Bezug zu den zu validisierenden Modellen herstellten. So ist z.B. das Modell für Wachstum und Entwicklung von Getreidepflanzen in die Kompartimente Sproß, Wurzel und Korn eingeteilt, in denen stoffwechselphysiologische, mit dem Kohlenstoff- und Stickstoffhaushalt zusammenhängende Zustandsgrößen verwendet werden. Diese Größen wurden als Pflanzen-Inhaltsstoffe bestimmt. Die Experimente waren außerdem so angelegt, daß alle gemessenen Größen dem jeweiligen Entwicklungszustand der Pflanzen zugeordnet werden konnten und daß im besonderen auch Anfangswerte ermittelt wurden. Um dies zu erreichen, war eine Bonitur des Entwicklungszustandes der Pflanzen in den Beständen von der Aussaat bis zur Vollreife erforderlich.

Bei der Ausarbeitung der Versuchspläne mußte ein optimales Verhältnis gefunden werden zwischen dem Aufwand einerseits, der notwendig ist, um den zeitlichen Verlauf der Zustands- und Einflußgrößen an den Pflanzenbeständen zu ermitteln, und andererseits den verfügbaren Kapazitäten und analytischen Möglichkeiten. Dies war zwingende Voraussetzung dafür, die Experimente über die laufenden Vegetationsperioden in vollem Umfang durchführen zu können. Zur Verdeutlichung des dabei zu bewältigenden Arbeitsumfangs sei der Plan für den Parzellenversuch erläutert, der den Experimenten der Vegetationsperiode 1992/93 am Standort Quedlinburg zugrunde lag.

Die über mehrere Jahre bewirtschaftete Versuchsfläche der Abmaße 50 x 60 m ist in drei Rotationsfelder von 750 m² und Parzellen von jeweils 8 m Länge bei unterschiedlicher Breite aufgeteilt (s.a. Abb. 3.2.3 in Kap. 3.2).

Die Versuchsanlage sowie -durchführung einschließlich sämtlicher Probenahmen erfolgten in flächengenauer Zuordnung zu den durch die geophysikalische Erkundung festgelegten Koordinaten (vgl. Kap. 3.2). Damit können die im Boden vorhandenen Heterogenitäten als Daten über die Mächtigkeit der Deckschicht in Verbindung mit den variierenden Witterungsbedingungen der Versuchsjahre in Szenarien für die Validisierung der Modelle und für Simulationsstudien erfaßt werden.

Im ersten Versuchsjahr konzentrierten sich die Untersuchungen auf drei Winterweizensorten (Regina, Orestis, Norman), in den Folgejahren auf die Sorte "Orestis". Prüffaktor für die in die Fruchtfolge einbezogenen Kulturarten Winterweizen (Sorte „Orestis"), Wintergerste (Sorte „Alpaca") und Winterraps (Sorte „Falcon") war dabei die Stickstoffdüngung in den Stufen „ohne N-Düngung (D0)" bzw. „120 kg Rein-N je ha (D1)" für die Getreidearten und „80 kg Rein-N je ha (D1)" für Raps. Die Düngungsvarianten wurden jeweils sechsfach wiederholt und jährlich flächengenau wechselnd angelegt. Die Stickstoffdüngung der D1-Parzellen erfolgte bei Getreide in drei gleichen Teilgaben zu den Terminen DC 22/23, 32, 45 und bei Raps in zwei Teilgaben zu DC 21 und 30, als Blattdünger appliziert. Notwendige Pflanzenschutzbehandlungen sind in Kombination mit Spurenelementdüngungen in Höhe von 3 kg Magnesiumsulfat und 1 kg Mangansulfat je ha sowie zusätzlich für Raps mit 2 kg·ha^{-1} Borax vorgenommen worden.

Eine herbstliche Grunddüngung ist bis zum Versuchsjahr 1995/96 ausgesetzt worden, um eine gewünschte Nährstoffaushagerung der Versuchsfläche zu erzielen. Weitere agrotechnische Angaben und Termine zur Versuchsdurchführung sind Tab. 3.1.1 zu entnehmen.

Versuchsjahr	Weizen			Gerste			Raps		
	Aussaat	Ernte	Feld	Aussaat	Ernte	Feld	Aussaat	Ernte	Feld
1992/93	02.11.92	04.08.93	3	25.09.92	09.07.93	2	27.08.92	09.07.93	1
1993/94	11.10.93	28.07.94	1	15.09.93	28.07.94	3	15.09.93	28.07.94	2
1994/95	26.09.94	03.08.95	2	26.09.94	03.08.95	1	31.08.94	03.08.95	3

Tab. 3.1.1: Agrotechnische Angaben und Termine

Probenahmen von Pflanzenmaterial erfolgten zu allen entwicklungsphysiologisch relevanten Terminen. Beginnend mit inhaltsstofflichen Analysen des Saatgutes in Keimruhe sowie nach Ankeimung unter definierten Bedingungen, wurden die Probenahmen zu den Terminen Vor- und Nachwinterabschluß mit gleichzeitiger Ermittlung der jeweils gebildeten ober- und unterirdischen Biomassen und der Pflanzenanzahl je Flächeneinheit fortgesetzt. Dabei sind die Termine Vor- und Nachwinterabschluß meteorologisch definiert jeweils durch eine Pentade aufeinanderfolgender Tage mit Tagesmitteltemperaturen kleiner bzw. größer als 3° C. Im weiteren Versuchsablauf wurden bis zum Reifeabschluß der Kulturarten an bis zu 12 ontogenetisch wesentlichen Terminen weitere Proben genommen. Sowohl die Probenahmetermine als auch die Düngungszeitpunkte waren streng an der ontogenetischen Entwicklung der Kulturarten ausgerichtet, die vom Herbstaufgang an nach der FEEKES-Skala und DC laufend bonitiert wurde.

Sowohl für die exakte Zuordnung der experimentell ermittelten Daten zum zeitlichen Verlauf der Entwicklung der Pflanzenbestände als auch zur Validisierung des Ontogenesemodells, das eine wesentliche Zustandsgröße für das Pflanzenmodell (vgl. Kap. 2.1) und für das Komplexmodell (vgl. Kap. 2.7) berechnet, sind die Entwicklungsbonituren als Charakteristika der Ontogenese von besonderer Bedeutung. Für die Beobachtung der Entwicklung von Pflanzenbeständen wurden sogenannte „Boniturskalen" entworfen, die sich an dem morphologischen Erscheinungsbild der Pflanzen orientieren. Diese Skalen erleichtern die Verständigung unter den Experten, da einer bestimmten Zahl ein bestimmtes Entwicklungsstadium zugeordnet ist. Bereits FEEKES (1941) legte eine nach ihm benannte und bis in die achtziger Jahre bei Züchtern, Physiologen und Praktikern gebräuchliche Skala vor, deren Vorzug die monotone Folge der Entwicklungsstadien darstellt. Sie ist in 20 Stadien bei einer detaillierteren Differenzierung ab Blühbeginn unterteilt. ZADOKS et al. (1974) veröffentlichten eine Skala, die sich wesentlich an FEEKES (1941) orientiert, in der die Entwicklungsabschnitte aber einem Dezimalcode (DC) zugeordnet werden und die statt der Bestandes- eine Einzelpflanzenbonitur vorsieht. Damit sollte eine bessere rechnergestützte Bewertung von Ontogenesestadien ermöglicht werden. Der Nachteil dieser Boniturmethode besteht in der ungenauen und nichtmonotonen Definition früher Entwicklungsphasen (bis DC 29). Daher versuchte HEYLAND (1978) bereits eine Präzisierung dieser Skala. Dem internationalen Trend folgend wurde der Dezimalcode gegenüber der bis dahin verwendeten FEEKES-Skala für die Züchtung empfohlen und vor allem für die computergestützte Bestandesführung vorgeschlagen (KRETSCHMER et al. 1988). Auch diese Autoren legten eine Präzisierung des Dezimalcodes vor, der vor allem den Praktikern bei der Deutung der Entwicklungsabschnitte helfen sollte, um eine entwicklungsgesteuerte Dosierung von mineralischem Dünger und Pflanzenschutzmitteln zu erzielen. Um die Umstellung auf DC zu erleichtern, verglichen sie beide Skalen miteinander.

Das Prinzip des Vergleiches zwischen beiden Boniturskalen wurde am Standort Quedlinburg in allen Versuchen eingehalten, um die Möglichkeit der Einbeziehung von Versuchen aus früheren Jahren sowohl vom eigenen Standort als auch aus anderen Regionen offenzuhalten. Im Ontogenesemodell wird auf Boniturdaten des Dezimalcodes zugegriffen. In Tab. 3.1.2 ist die Skala für die Entwicklung von Getreide und in Tab. 3.1.3 die für Raps dargestellt.

DC	Allgemeine Beschreibung	Weizen
00	trockenes Saatkorn	KEIMUNG
01	Beginn der Quellung	
03	Ende der Quellung	
05	Austritt der Keimwurzel aus dem Saatkorn	
07	Austritt der Koleoptile	
09	Blatt an Koleoptilenspitze erkennbar	
10	Auflaufen: Koleoptile durchstößt Erdoberfläche,	WACHSTUM DES KEIMLINGS
10+n	n Blätter entfaltet (n=1..9)	
20	nur der Hauptsproß entwickelt	BESTOCKUNG
20+n	Sproß und n Seitentriebe (n=1..9)	
30	Aufrichten des Scheinstammes	SCHOSSEN
30+n	n-ter Knoten wahrnehmbar (n=1..6)	
37	Fahnenblatt sichtbar und noch eingerollt.	
39	Kragen des Fahnenblattes sichtbar	
41	Blattscheide der Fahne länger werdend	SCHWELLEN DER ÄHRE
43	Blattscheide der Fahne sichtbar geschwollen	
45	Blattscheide der Fahne stark geschwollen	
47	Öffnen der letzten Blattscheide	
49	bei grannigen Sorten erste Grannen sichtbar	
51	erstes Ährchen des Blütenstandes gerade sichtbar	ÄHRENSCHIEBEN
51+2n	n / 4 des Blütenstandes herausgeschoben (n=1,2,3,4)	
61	Blüte (Beginn): Erste Staubbeutel in der Ährenmitte	BLÜTE
65	Blüte (Mitte): Meiste Ährchen haben reife Staubbeutel	
69	Blüte (Ende): Sämtliche Ährchen haben geblüht.	
71	Karyopse wasserreif;	REIFE

DC	Allgemeine Beschreibung	Weizen
71 bis 79	Milchreife	
81 bis 89	Teigreife	
91	Karyopse hart (nur schwer mit dem Daumennagel zu teilen)	
92	Karyopse hart (nicht mehr mit Daumennagel einzudellen)	
93	Karyopse tagsüber lockernd	
94	Stroh tot und zusammenbrechend; überreif	
73..87	$w = 0.60 - (DC-73)/40$ *)	
91-93	91: w= 0.20; 92: w=0.16; 93: w < 0.16	

Tab 3.1.2:   Dezimalcode (DC) für die Entwicklungsstadien des Getreides (gekürzt und modifiziert, gleichartige Ereignisse als Algorithmus formuliert)
(* Unter Zuhilfenahme des Wassergehalts (w: Massenanteile) in der Karyopse, nach Heyland (1978), modifiziert

DC	Allgemeine Beschreibung	Raps
01	trockenes Saatkorn	KEIMUNG
03	gequollenes Saatkorn mit 16-20 % Wasser	
05	Austritt der Keimwurzel aus dem Saatkorn	
11	Kotyledonen durchbrechen Erdoberfläche	
13	Kotyledonen entfaltet	
14+2n	n-tes Laubblatt-Stadium $(n = 1..3)$	
17+n	n-tes Laubblatt-Stadium $(n = 4..9)$	BLATT-, ROSETTEN- bzw. SPROSSAUSBILDUNG
27	n-tes Laubblatt-Stadium $(n \geq 12)$	
29+2n	Abstand x zwischen den Kotyledonen oder deren Ansatzstellen und Vegetationskegel: $x > n \cdot (5\ cm)$ $(n = 1..5)$	LÄNGENWACHSTUM (SCHOSSEN)
51	Pflanze beginnt Knospen zu bilden. Knospen noch von Blättern umschlossen	KNOSPENBILDUNG
53	Durchmesser des Blütenstandes 1 cm. Knospen nicht mehr von Blättern umschlossen	
55	Durchmesser der größten Knospe 2 cm.	
57	Streckung des Blütenstandes	
61	erste Blüte öffnet sich	BLÜTE
62	wenig Blüten am Haupttrieb	
64	Vollblüte; 50 % geöffnete Knospen	
65	Ende der Vollblüte; mehr als 95 % geöffnete Knospen	
69	Ende der Blüte	

DC	Allgemeine Beschreibung	Raps
71	erste Schote am Haupttrieb mit Körnern normaler Größe	SCHOTENBILDUNG
79	fast alle Schoten am Haupttrieb haben große Körner	
81	die größten Schoten aller Triebe haben Körner normaler Größe	REIFE
85	die ersten Körner sind halbseitig schwarz	
89	die Körner sind hart und dunkel, die Schoten teils eingetrocknet	

Tab 3.1.3: Dezimalcode (DC) für die Entwicklungsstadien von Raps (gekürzt und modifiziert, gleichartige Ereignisse als Algorithmus formuliert; Schytte et. al 1982)

Als Prüfmerkmale sind am Pflanzenmaterial die oberirdischen Biomassen, in späteren Entwicklungsabschnitten fraktioniert nach vegetativen und generativen Anteilen, als Frisch- und Trockenmassen sowie Strukturmerkmale (Trieb- und Ährenzahl je Pflanze) erfaßt worden. Zum Termin der Abschlußernte wurden zusätzliche Ertragsstrukturmerkmale wie Triebzahl, Zahl ährentragender Halme, Kornzahl und Kornertrag flächenbezogen bestimmt sowie Kornzahlen je Ähre bzw. Schote und die TKM des Erntegutes (vgl. Kap. 3.3). Ergänzend zur Handernte auf Probeflächen (0,5 m²) stehen für die Abschlußernte zum Reifetermin Ertragswerte auch aus Parzellen-Mähdrusch zur Verfügung.

Mit den erfaßten Prüfmerkmalen konnte das Modell für Wachstum und Entwicklung von Winterweizen (vgl. Kap. 2.1) sowie das Komplexmodell (vgl. Kap. 2.7) validisiert werden. Das gleiche Verfahren ist für Wintergerste und Winterraps geplant. Die erforderlichen Objekttypen wurden bereits formuliert (vgl. Kap. 2.1).

Parallel zu den jeweiligen Teilernten wurden zeit- und ortsgleich Bodenproben aus Schichten von 0 - 30 cm und 30 - 60 cm genommen und wichtige Boden-Zustandsgrößen bestimmt. Sowohl die boden- als auch die bestandesklimatischen Umweltgrößen sind versuchsbegleitend über die Vegetationsperiode durch Standard- und Sondermeßprogramme erfaßt worden (siehe Kap. 4.2).

Für die Entwicklung und Validisierung sowohl der Teil- als auch der Komplexmodelle ist die Erfassung wichtiger Umweltgrößen unverzichtbar, da diese einen wesentlichen Einfluß auf Wachstum und Entwicklung der Bestände haben. Daher waren in den Versuchsplänen in jedem Prüfjahr mehrere Parzellen für ein variabel einzusetzendes Meßsystem sowie für Spezialversuche (Teste von selbstgefertigten Meßfühlern und -geräten, wie z.B. den Freilandküvetten für CO_2-Messungen) vorgesehen (vgl. Kap. 4). Als besonders wichtig erwiesen sich die Messungen von Umweltgrößen wie Lufttemperatur, Luftfeuchtigkeit und Strahlungsbilanz in unterschiedlichen Bestandestiefen, da sie vor allem der Interpretation von „Mehrschicht"-Modellen wie dem CO_2-Austauschmodell (vgl. Kap. 2.4) dienen. Diese an die Vegetationsperiode gebundene Meßwerterfassung wurde durch ganzjährige meteorologische Standardmessungen ergänzt (vgl. Kap. 4.2). Diese kontinuierlichen Messungen relevanter Witterungs- und Umweltgrößen spielen während der

Vegetationsphase eine weiter oben bereits erwähnte Rolle; sie sind jedoch auch unverzichtbar zur Interpretation des Geschehens zwischen der Ernte einer Fruchtart und der Aussaat der nächsten. Hier laufen z.B. Umsetzungsprozesse im Boden ab, die durch das Bodenmodell CANDY abgebildet werden (vgl. Kap. 2.2), und die die Start- und Aufwuchsbedingungen der Nachfrucht entscheidend beeinflussen können. Auch die Winterperiode ist detailliert zu erfassen, um den Einfluß vernalisierender Temperaturbedingungen auf Wachstum und vor allem Entwicklung der Pflanzenbestände beschreiben zu können. Die Umweltgrößen werden in bedeutend kürzeren Zeitintervallen als die Zustandsgößen des Pflanzenbestandes erfaßt. Im Falle der ganzjährigen Meßdatenerfassung erfolgte eine Datenverdichtung durch Mittelung der in 10-Minuten-Intervallen aufgenommen Meßgrößen.

Das aus den Teilernten gewonnene und fraktionierte pflanzliche Probenmaterial wurde gefriergetrocknet, feinvermahlen ($\leq$ 0,5 mm) und bis zur chemischen Inhaltsstoffuntersuchung bei 1-3 °C luftdicht über Trockenmittel zwischengelagert. Schwerpunkte der anschließenden chemischen Inhaltsstoffanalyse waren dabei die Erfassung der quantitativ dominierenden Stoffgruppen des C- und N-Haushaltes. Auf Grund der notwendigerweise hohen Anzahl von Pflanzen- und Bodenproben zur Charakterisierung zeitlicher Verläufe kamen vor allem zeit- und aufwandsparende Serienverfahren zur Anwendung.

Tab. 3.1.4 weist die am pflanzlichen Probenmaterial untersuchten Stoffgruppen, ihre wesentliche Funktion im Stoffwechsel sowie die zu ihrer Bestimmung genutzte Methode aus.

Die zeit- und ortsgleich zum pflanzlichen Probenmaterial entnommenen Bodenproben wurden auf die in Tab 3.1.5 angegebenen Inhaltsstoffe untersucht.

Inhaltsstoffe	Funktion	Bestimmungsmethode
Gerüstsubstanzen (einschließlich Lignin)	strukturenbildend	neutrale Detergenzfaser (STRUTZ et al. 1985)
niedermolekulare Kohlenhydrate (NMK)	Translokation	photometrisch bestimmt
leichthydrolysierbare Kohlenhydrate (LHK)		photometrisch bestimmt
Reservekohlenhydrate	Speicher	Differenzbildung zwischen LHK und NMK
Gesamtstickstoff	Repräsentant organischer N-Verbindungen	Kjeldahl-Bestimmung
Gesamt-Alpha-Amino-N		photometrisch bestimmt
Freies Alpha- Amino- N	Translokation	photometrisch bestimmt
Gebundenes Alpha-Amino-N	Proteinbildung	Differenzbildung zw. Gesamt-Alpha-Amino- N und Freiem Alpha-Amino- N
Nitrat / Nitrat-N		potentiometrisch bestimmt
Rohasche	mineralische Bestandteile	gravimetrisch ermittelt
Rohfett	Speicher	SOXHLET-Bestimmung

Tab. 3.1.4: Untersuchte pflanzliche Stoffgruppen, Funktion und Bestimmungsmethode

Inhaltsstoffe	Bestimmungsmethode
Wassergehalt	Trocknung 105 °C, gravimetrisch bestimmt
Korngröße	Siebanalyse
organische Substanz	Glühverlust
pH-Wert	potentiometrisch bestimmt
Phosphor, Kalium	photometrisch bestimmt
organischer Gesamtstickstoff	Kjeldahl- Bestimmung
Nmin (Ammonium- und Nitrat-N)	Kaliumchlorid-Extraktion, Destillation des Ammoniumstickstoffs, anschließende Reduktion des Nitrats und nochmalige destillative Erfassung als Ammonium (VDLUFA 1987)

Tab. 3.1.5: Untersuchte Stoffgruppen im Boden, Bestimmungsmethode

3.2 Charakterisierung des Versuchsstandortes Quedlinburg

H. BRINKMANN, M. STRUTZ, U. PIGLA

Klimatische Verhältnisse

Die klimatischen Verhältnisse der im nördlichen Harzvorland gelegenen Stadt Quedlinburg werden im wesentlichen bestimmt durch ihre geographischen Koordinaten (51°47' N, 11°10 ' E), ihre Lage im Regenschatten des Harzes, eine eigene Höhenlage von im Mittel 124 m über NN sowie ihrer Ausdehnung im Flußgebiet der Bode. Das Versuchsfeld für die modellrelevanten experimentellen Arbeiten liegt im Stumpfsburger Garten an der südlichen Peripherie der Stadt in der Talaue der Bode und wird durch die Auenlage sowohl klimatisch als auch hydrologisch beeinflußt. Aus langzeitlichen Registrierungen der zum Versuchsfeld gehörenden meteorologischen Station lassen sich die wesentlichen pflanzenbaulichen Klimawerte für den Standort im Berichtszeitraum und im Vergleich zum langjährigen Mittel (1901-95) wie folgt angeben:

	1992	1993	1994	1995	Langj.Mittel
Mittlere Jahrestemperatur [°C]	9,9	9,9	10,3	9,6	9,2
Niederschlag [mm·a^{-1}]	437	475	652	509	477
Sonnenscheindauer [h·a^{-1}]	1720	1385	1370	1598	1472
Dauer der Vegetationsperiode (Temp.> 5°C) [d]	228	224	281	257	218

Tab. 3.2.1: Klimawerte

Für die Interpretation einzelner unter Kap. 3.3 vorgestellter Versuchsergebnisse ist es darüber hinaus erforderlich, die einzelnen Vegetationsabschnitte der Versuchsjahre hinsichtlich ihrer Dauer sowie der herrschenden Temperatur- und Niederschlagsverhältnisse detaillierter zu betrachten.

Versuchs jahr	Kultur	Vorwinterperiode Dauer [d]	T [°C]	NS [mm]	Winterperiode Dauer [d]	T [°C]	NS [mm]	Nachwinterperiode Dauer [d]	T [°C]	NS [mm]
1992/93	Raps	108	10,0	170	93	1,2	83	107	12,8	169
	Gerste	78	7,5	119	93	1,2	83	107	12,8	169
	Weizen	40	5,3	60	93	1,2	83	135	13,7	233
1993/94	Raps	58	7,3	45	45	11,8	135	137	12,9	393
	Gerste	52	7,3	45	45	11,8	135	126	12,9	391
	Weizen	26	4,1	22	22	11,8	135	143	12,9	393
1994/95	Raps	104	8,3	79	67	3,9	68	148	12,0	252
	Gerste	76	6,9	40	67	3,9	68	140	12,0	252
	Weizen	75	7,0	40	67	3,9	68	153	12,0	264

Tab. 3.2.2: Dauer, mittlere Tagestemperatur (T) und Niederschlag (NS) in Vegetationsabschnitten

Bedingt durch die kulturartspezifischen agrotechnischen Aussaat- und Reifetermine, ergeben sich für die einzelnen Versuchsjahre die in Tab. 3.2.2 angegebenen Werte. Auffällige Unterschiede zeigen sich dabei zwischen den einzelnen Versuchsjahren in einer sehr nassen Vorwinterphase mit anschließender Trockenheit im Vegetationsablauf des Jahres 1992/93 sowie für das Versuchsjahr 1993/94 mit einer trockenen und extrem kurzen Vorwinterphase mit anschließend langer, niederschlagsreicher Winterperiode sowie folgender niederschlagsreicher Vegetationszeit. Bemerkenswert ist darüber hinaus die sehr kurze Winterperiode mit relativ hohen Durchschnittstemperaturen im Versuchsjahr 1994/95.

Bodenkundliche Charakterisierung

Geologisches Substrat des Standortes bildet ein Auenlehm wechselnder Mächtigkeit mit einem Flußschotteranteil im Liegenden. Die Bodenform stellt einen grundwasserbeeinflußten Auendecklehm-Schwarzgley (Pseudogley) dar, dessen Grundwasserspiegel jahreszeitlich stark wechselt und im Mittel bei 1,6 m unter Flur liegt. Das Bodenprofil wird im Bereich von 0,1-0,6 m Tiefe durch einen Humushorizont (3,2-1,6 Masse-% organische Substanz) mit aufliegendem Wurzelfilzhorizont (>4 Masse-% organische Substanz) in der Körnungsart „Lehm" gebildet. Im Bereich von 0,6-1,5 m Tiefe folgt ein kiesiger Rostabsatz-Horizont mit zunehmendem Flächendeckungsgrad der Rostflecken, wobei der Hydromorphiegrad durch Übergänge von der Braun- in die Graumatrix in den tieferen Schichten gekennzeichnet ist.

Entsprechend den prozentualen Masseanteilen des Bodens aus der Korngrößenanalyse, ist die Bodenart nach der 4. Bodenkundlichen Kartieranleitung (KRAHMER et al. 1995) als lehmiger Sand (Ls 3) sowie hinsichtlich der Körnungsart als gering sandig (gS) anzusprechen. Seine Trockenrohdichte liegt im Wurzelfilzhorizont bei >1,25 g·cm^{-3} (pt 1), im Humushorizont bei 1,46-1,51 g·cm^{-3} (pt 3), der volumetrische Porenanteil in den genannten Horizonten beträgt 51 % bzw. im Wurzelhorizont geringfügig mehr als 40 %.

Die Speicherfähigkeit des Bodens für Wasser ist für den Standort zu kennzeichnen über die Größen der Feldkapazität der obersten Horizontschicht von 33 Vol.-%, der folgenden Humushorizonte von im Mittel 28 Vol.-% sowie den unteren Grenzen als Feuchteäquivalent schichtbezogen von 29,6 und 24,7 Vol.-%. Aus der vorliegenden Korngrößenverteilung des Bodens ergibt sich eine schichtbezogene Bindung des Bodenwassers von 15,8 bzw. um 16 Masse-% variierend im unteren Humushorizont, ausgedrückt durch den Äquivalentwelkepunkt bei einer Saugspannung von pF= 4,18. Die Hygroskopizität Hy-M des Bodens, bestimmt als Wassergehalt, den der Boden im Gleichgewicht mit der Atmosphäre bei 94 % relativer Luftfeuchtigkeit (pF=4,7) binden kann, wurde mit 7,8 bzw. mittleren 8 Masse-% ermittelt.

Der Nährstoffstatus des Bodens konnte durch eine umfangreiche Beprobung der Schichten 0-30 cm und 30-60 cm mit Beginn der Versuchsanlage am Standort im

Jahre 1992 bestimmt und durch punktuelle Rammkernsondierungen im Folgejahr auf tiefere Schichten erweitert werden. Bedingt durch die landwirtschaftliche Vornutzung der Versuchsfläche mit halmfruchtbetonten Rotationen und einem intensiven Düngereinsatz, zeigte sich ein teilweise überdurchschnittlich hoher mineralischer Versorgungszustand des Bodens. Die wesentlichen Ausgangswerte sind für die oberste Bodenschicht im Bereich von 0-60 cm wie folgt anzugeben:

$C_t = 1327$ mg $N_t = 80$ mg   C:N-Verhältnis = 16,6:1

$K = 38$ mg $P = 28$ mg   Mg=11,2 mg

Nmin= 2,35 mg   (jeweils bezogen auf 100 g Trockenboden (TB)).

Aus der im Jahre 1993 im Rahmen der geophysikalischen Erkundung der Versuchsfläche durchgeführten Rammkernsondierung konnten über den Humushorizont hinausgehende Angaben zum Profilaufbau und insbesondere zur Nährstoffverteilung im Unterboden bis zu einer Tiefe von 4 m gewonnen werden. Die Bohrungen erfolgten an drei verschiedenen Stellen, wobei ihre Verteilung auf der Versuchsfläche durch geophysikalische Kriterien bestimmt war. Der hohe Grundwasserstand am Standort (2 m unter Flur) ließ dabei eine in Schichten von 30 cm vorgenommene Beprobung des Bohrkerns nur bis zu dieser Tiefe zu, tieferliegendes Material wurde zu einer Gesamtprobe zusammengefaßt. Die ermittelten bodenchemischen Zustandswerte im Schichtverlauf sind in der Abb. 3.2.1 zusammenfassend dargestellt.

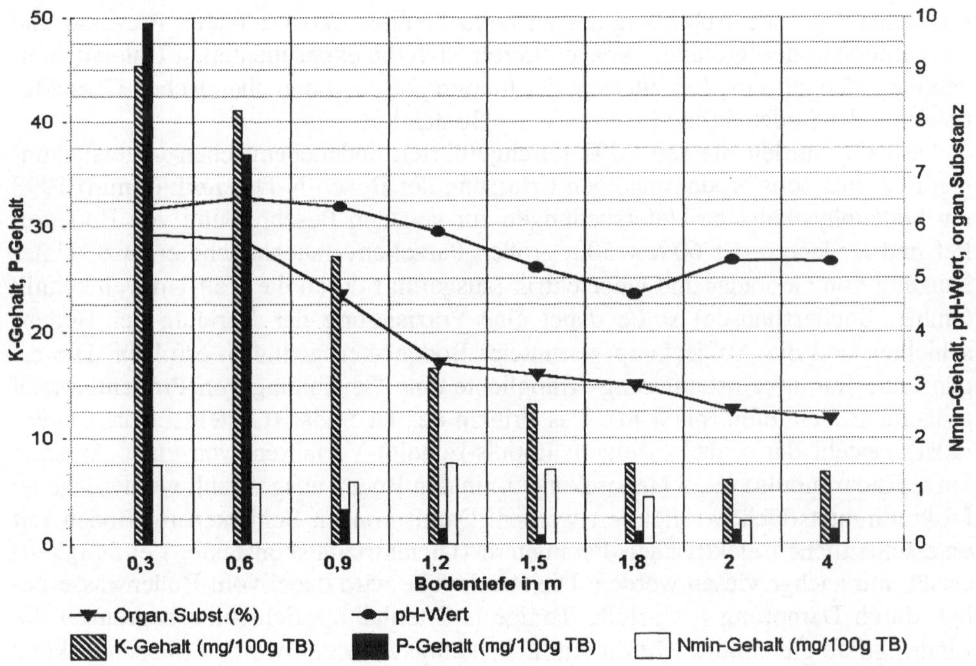

Abb. 3.2.1: Mittlere Bodenwerte (Rammkernsondierung)

Deutlich erkennbar ist der Einfluß des jahreszeitlich wechselnden Grundwasserstandes im Schichtbereich von 1,5 - 1,8 m, intensive Veränderungen der Bodenwerte beschränken sich auf den darüberliegenden Schichtbereich. Zwischen 1,8 und 4,0 m stellt sich für die Kalium- und Phosphatgehalte sowie den pH-Wert ein einheitliches Niveau ein. Bei stetig abnehmendem Gehalt an organischer Substanz im Schichtverlauf, zeigen sich für die ausschließlich aus NO_3-Anteilen gebildeten Nmin-Gehalte signifikante Niveauunterschiede mit einem Maximum bei 1,2 m. Hier deutet sich eine Akkumulation durch Tiefenverlagerung des Bodennitrats infolge einer bis 1991 erfolgten intensiven Stickstoffdüngung der Versuchsfläche an. Für den Makronährstoff Kalium ergibt sich ein stetig abnehmender Verlauf, der mit Gehalten von 45 mg je 100g Trockenboden beginnend, in einer Tiefe von 2 m Werte zwischen 6 - 7 mg je 100g Trockenboden erreicht. Auffallend sind deutliche Veränderungen der Phosphorgehalte im Schichtbereich von 0,6 m (37 mg je 100 g Trockenboden) bis 0,9 m (4 mg je 100 g Trockenboden). Als ursächlich hierfür ist die Lage der Horizontgrenzfläche zwischen Ober- und Unterboden mit den stark unterschiedlichen Bindungs- und Speicherverhältnissen für den pflanzenverfügbaren Phosphor im Auenlehm bzw. den holozänen Sand-, Kies- und Schotterschichten anzusehen. Im Unterboden lassen sich dementsprechend nur geringe Veränderungen der Phosphorgehalte nachweisen.

In dem Bemühen, die für das Gesamtökosystem „Boden-Pflanze-Atmosphäre" wichtigsten und relevanten Prozesse und Zustandsgrößen zu bestimmen, die eine hinreichend genaue Abbildung der zu betrachtenden ökosystemaren Prozesse und ihrer Interaktionen gestatten, konzentrierten sich die experimentellen Untersuchungen u.a. auch auf eine Erweiterung der topographischen und chemischen Charakterisierung der Bodenverhältnisse am Versuchsstandort.

Deshalb wurden die seit 1992 durchgeführten bodenchemischen Untersuchungen mit einer schwerpunktmäßigen Erfassung der Boden-N-Dynamik (Nmin) 1993 um bodenphysikalische Untersuchungen zur genauen Beschreibung von Bodenrelief und Bodentyp der 60m x 50m großen Parzellenversuchsfläche ergänzt. Unter Nutzung von Georadar und Geoelektrik (ausgeführt durch die Kali-Umwelttechnik GmbH, Sondershausen) sollte dabei eine Präzisierung der Verläufe der Bodenschichten und die Aufdeckung vermuteter Bodenheterogenitäten erfolgen. Die ergänzende Rammkernsondierung ermöglichte eine Gewinnung von Probenmaterial größerer Bodentiefen (bis 4 m). Das Prinzip des Georadar (Gesteinsradar, Bodenradar) besteht darin, daß in einem Impuls-Echolot-Verfahren von einer Antenne kurze Radarimpulse (1...5 Nanosekunden) in den Boden ausgestrahlt werden, die an Diskontinuitätsflächen reflektiert werden. Damit können Schichten im Boden mit unterschiedlichen elektrischen Parametern (Dielektrizitätskonstante, Leitfähigkeit) erfaßt und nachgewiesen werden. Die Reichweite wird dabei vom Bodenwassergehalt durch Dämpfung beeinflußt. Tonige und tonhaltige Schichten begrenzen die Eindringtiefe gleichfalls. Mit diesem Erkundungsverfahren wurden flächendeckend entlang Parallelprofilen in Ost-West-Ausrichtung in 5 m Abstand mit 3 Antennenkonfigurationen (100 Mhz, 300 Mhz, 500 MHz) Radargramme aufgenommen. Auswertbare Radargramme konnten infolge der hohen Dämpfung im bindigen Auenlehmboden vor allem mit der 500 Mhz-Antenne für Eindringtiefen bis ca. 0,5 m erhalten werden.

Das Prinzip der genutzten Geoelektrik (geoelektrische Tomografie, Pseudosektion, geoelektrisches Imaging) besteht darin, daß unter Nutzung einer Kombination aus Steuer- und Meßwerterfassungsgerät, vieladrigem Meßkabel und Elektrodenarray entlang einer Profillinie 25 oder mehr Elektroden in äquidistantem Spacing (hier 1 m-Abstand und weniger) ca 1-3 dm tief in den Boden gesteckt werden. Entlang dieser Linie werden alle theoretisch möglichen Wenner-Messungen (je vier Elektroden sind als Quadrupol beteiligt) ausgeführt. Die anschließende Computerbearbeitung der Meßdaten erfolgt zunächst nach der Finite-Differenz-Methode, die die Verteilung der apparenten spezifischen Widerstände im Boden liefert. Anschließend erfolgt die Ermittlung der trapezförmigen Pseudosektion entlang der gemessenen Profillinie. Über ZOHDY-BARKER-Inversion wird das Profillinien-Schichtmodell, d.h. die wahren spezifischen Widerstände im Boden, berechnet. Die erreichbaren Eindringtiefen betragen dabei 35 m und mehr. Mit dieser Erkundungsmethode wurden am Versuchsstandort Pseudosektionen entlang aller Georadar-Profillinien ausgemessen sowie Feinprofile aufgenommen. Unterschieden wurde in Bodenhorizonte mit Widerständen < 120 Ohmmeter (Auenlehm-Deckschicht) und Bodenschichten mit Widerständen >120 Ohmmeter (Schotter, Kies, Sand).

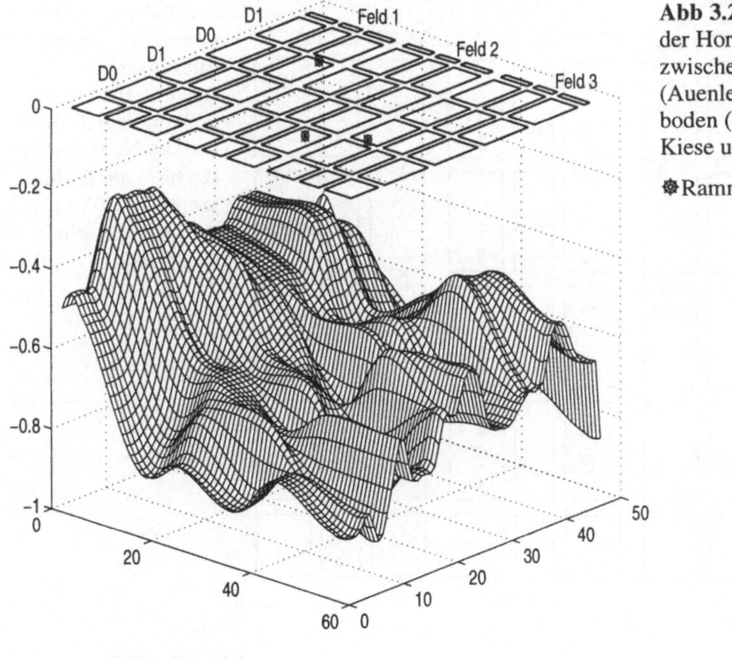

Abb 3.2.2: Topographie der Horizontgrenzfläche zwischen Oberboden (Auenlehm) und Unterboden (holozäne Sande, Kiese und Flußschotter) ;

✹ Rammkernsondierungen

Die Messungen erfolgten bis zu einer Tiefe von 3,5 m.

Die Verknüpfung der Resultate beider Verfahren ergab für 200 Stützstellen Wertetripel (X,Y,Z) mit X,Y: Lage der Stützstelle auf der Meßfläche, Z: Tiefe der Lage der Horizont-Grenzfläche im Boden. Damit ist mit Hilfe von Interpolationsverfahren die Rekonstruktion der Topographie der Horizontgrenzflächen im Boden, wie in Abb. 3.2.2 dargestellt, möglich.

Die Abbildung zeigt deutlich, wie somit flächendeckende Aussagen zu Bodenrelief und Bodentyp erhalten werden können. Die geringste Mächtigkeit des Oberbodens (Auenlehm) beträgt 0,26 m (bei X;Y = 5; 10,1 im Feld 1). Seine größte Schichtdicke erreicht der Oberboden mit einer Auenlehm-Mächtigkeit von 0,91 m (bei X;Y = 43; 17,1 im Feld 3). Der Verlauf der Horizontgrenzfläche insgesamt bestätigt die vermutete Bodenheterogenität, wobei unter Feld 2 der Oberboden-Auenlehm seine größte Mächtigkeit erreicht, gefolgt von Feld 3. Feld 1 weist die geringste Oberbodenschichtdicke auf.

Da die Versuchsanlage und -durchführung, wie Probenahme von Pflanzen- und Bodenmaterial mit Inhaltsstoffbestimmungen sowie Ertragserhebungen, korrespondierend zur Lage der Stützstellen auf der Meßfläche erfolgt, ist es möglich, sie mittels eines einheitlichen Koordinatensystems miteinander zu verbinden und auszuwerten. Am Beispiel der Nmin-Gehalte der Parzellenversuchsflächen ist dies in Abb. 3.2.3 dargestellt.

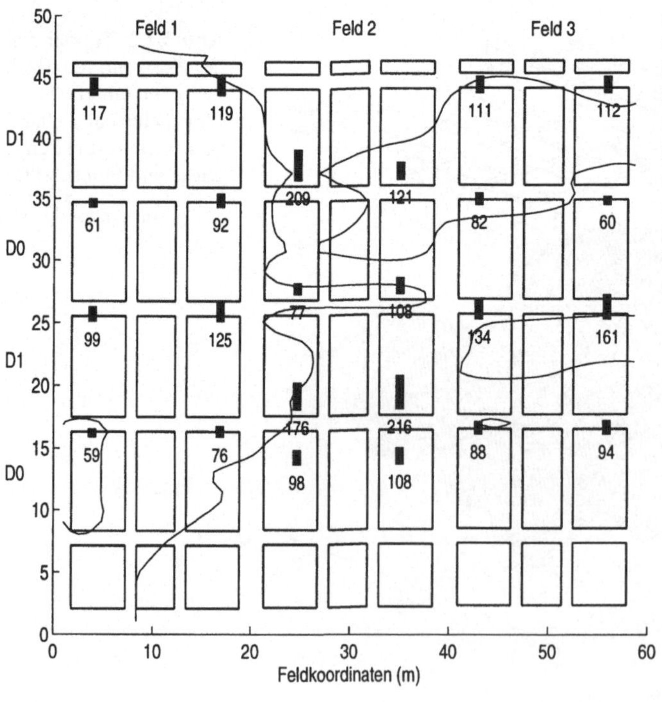

Abb. 3.2.3: Darstellung der Bodenschicht-Grenzlinien Auenlehm-Flußschotter (Feld 1: -0,35 m; Feld 2: -0,70 m; Feld 3: -0,60 m) und der Nmin-Gehalte (kg·ha^{-1}) der Bodenschicht 0-0,60m (Säulen, Probenahmetermin: 03.05.1994)

Seit 1992 ganzjährig durchgeführte Untersuchungen zur Boden-N-Dynamik für den Standort zeigen generell ein hohes Niveau der Nmin-Gehalte der Parzellenversuchsfläche, wobei innerhalb der Versuche zwischen den Feldstücken Differenzierungen auftreten, die ursächlich im Zusammenhang stehen zur Topographie der Horizontgrenzflächen zwischen Oberboden (Auenlehm) und Unterboden (holozäne Sande und Kiese, Flußschotter). Übereinstimmend über die Versuchsjahre und vergleichbare frühe Entwicklungsstadien der verschiedenen Feldkulturen weist Feld 2 mit der im Mittel mächtigsten Auenlehmschicht die höchsten Nmin-Werte auf.

Einflüsse der Stickstoff-Blattdüngung in Variante N1 gehen ohne dauerhafte Wirkung auf die Bodenschichten der Versuchsfläche innerhalb kurzer Zeit auf das Niveau der ohne Zusatz-N versorgten Variante N 0 zurück.

Mit dem Beispiel wird verdeutlicht, wie es mittels einer Kopplung bodenphysikalischer und bodenchemischer Untersuchungen möglich ist, versuchsflächenspezifische Wechselwirkungen zwischen unterschiedlichen Zustandsgrößen des Ökosystems zu ermitteln, darzustellen und als Datenbasis für die Parametrisierung des komplexen Modells bereitzustellen.

3.3 Zeitlicher Verlauf wesentlicher Inhaltsstoffe von Boden und Pflanzen

M. STRUTZ, H. BRINKMANN

Als Bestandteil umfassender Betrachtungen zur Charakterisierung agrarischer Ökosysteme sind Untersuchungen zu Entwicklungs-, Stoff- und Ertragsbildungs-prozessen erforderlich. Chemische und physiologische Merkmale werden im Verlauf von Wachstum und Entwicklung der Pflanzenbestände erfaßt.

Dabei konzentriert man sich meist auf ausgewählte Ontogeneseabschnitte (MAHON 1989, MÜLLER 1991, MAHESWARI et al. 1992, SCHUSTER 1994, TAKAHASHI et al. 1994). In einer Übersichtsarbeit stellt SCHNYDER (1993) zusammenfassend Ergebnisse zur Erfassung und Beschreibung von source-sink-Wechselwirkungen des Kohlenhydratstoffwechsels bei Getreide während der Kornfüllung dar. Dabei werden zum einen die direkte Einlagerung von Photosynthese-produkten im Korn, zum anderen die Speicherung von Reservekohlenhydraten in vegetative Pflanzenfraktionen (Halm, Blatt, Spelzen) und ihre Redistribution betrachtet. Andere Autoren (MÜLLER 1993, STIEGER & FELLER 1994) beziehen den Stickstoffhaushalt und Streßfaktoren wie Wasser- und CO_2-Einfluß in ihre Untersuchungen mit ein. Übereinstimmend werden von der Mehrzahl der genannten Autoren ausgewählte Stoffgruppen des C- und N-Haushaltes bzw. Vorstufen ihrer Akkumulation zur Charakterisierung von Entwicklungs- und Wachstumsprozessen genutzt.

Dieser Weg wurde auch im Rahmen der im folgenden beschriebenen chemischen Inhaltsstoffuntersuchungen beschritten. Zur Sicherung und Überprüfung der erzielten Untersuchungsergebnisse erfolgte in enger Kooperation mit weiteren Versuchsstandorten (Bad Lauchstädt, UFZ-Umweltforschungszentrum Leipzig-Halle GmbH; Kiel - Hohenschulen, SFB 192 der Christian-Albrechts-Universität Kiel (MÜHLE et al. 1996)) ein Methodenaustausch bzw. eine Abstimmung der angewandten chemisch-analytischen Verfahren.

In Abb. 3.3.1 ist der Verlauf der Massenentwicklung von Gerüstsubstanzen (GR), leichthydrolysierbaren Kohlenhydraten (LHK), Rohasche (RA) und Rohprotein (RP) während der Ontogenese, beginnend ab dem Ein- bis Zweiblattstadium (Bonitur nach dem Dezimalcode: DC 11/12) bis zur Vollreife (DC 92) im Versuchsjahr 1993 am Beispiel der Winterweizensorte „Orestis" dargestellt. In bezug auf die Relationen der Stoffgruppen zueinander wurden in weiteren Versuchsjahren und Düngungsvarianten bei anderen Weizensorten, der Wintergerste „Alpaca" sowie dem Winterraps „Falcon" ähnliche Ergebnisse ermittelt. Das trifft auch für Kartoffeln zu (KOLBE 1995).

Der Trockenmasseanteil der Gerüstsubstanzen dominiert in allen Untersuchungen übereinstimmend. Als Grundlage für die Organbildung (Stengel, Blätter, Ähren, Schoten) erreicht dieser zu DC 70/75 (Kornfüllung / Schotenbildung) ein Maximum, um sich bis zum Ende der Ontogenese nur noch geringfügig zu ver-

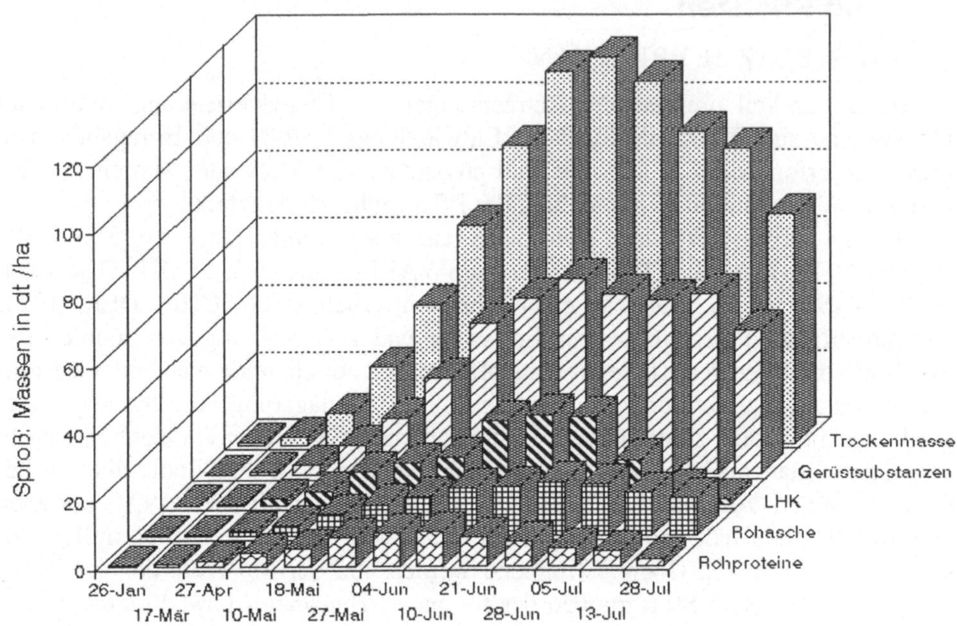

Abb. 3.3.1: Parzellenversuch 1993: Trockenmasse-Zusammensetzung; Winterweizen Orestis, D1-Variante, Sproßfraktion

ändern. Ähnlich, aber auf deutlich niedrigerem Niveau liegen die Rohascheanteile.

Die Kohlenhydratproduktion besitzt eine zentrale Bedeutung für den Energie-haushalt und den gesamten Stoffwechsel von Pflanzenbeständen. Entsprechend ihrer Funktion und ihrer Einordnung in das Gesamtsystem lassen sich die Kohlen-hydrate in mehrere Gruppen unterteilen. Neben den bereits genannten Gerüstsub-stanzen, die wesentlich aus immobilen, reaktionsträgen Polysacchariden (Cellulose, Pectin, Hemisubstanzen) bestehen und in die hier auch die Ligninanteile einbezo-gen sind, ist insbesondere die Gruppe der leichthydrolysierbaren Kohlenhydrate (LHK) von großer Bedeutung. Sie umfaßt sowohl transportierbare niedermoleku-lare und stoffwechselaktive Komponenten als auch remobilisierbare, höhermoleku-lare Kohlenhydratverbindungen. Kennzeichnend für den Massenverlauf der LHK im Sproß ist der Einfluß der beginnenden Kornfüllung bei Getreide bzw. Schoten-bildung bei Raps. Aus Abbildung 3.3.1 wird ersichtlich, daß zu diesem Zeitpunkt (28. Juni) ein Maximum erreicht wird. Vergleichende Betrachtungen zwischen Sproß und Korn verdeutlichen insgesamt die source - sink - Beziehungen im Onto-geneseabschnitt zwischen DC 70/75 (Milchreife) bis DC 92 (Vollreife). Das ist, wie TAKAHASHI et al. (1994) auch für Sommerweizen nachweisen konnte, we-sentlich auf postflorale Assimilatumlagerungen von der Sproßmasse in die wach-senden Körner zurückzuführen. Diese Aussage wird durch Ergebnisse bestätigt, aus denen hervorgeht, daß die Abnahme der LHK-Anteile im Sproß nach dem 28. Juni (DC 75) von einer intensiven Kohlenhydratakkumulation im Kompartiment „Korn" begleitet wird. Mit Abschluß der Ontogenese ist der Trockenmasseanteil der leichthydrolysierbaren Kohlenhydrate im Korn am größten. Diese bilden mit einem hohen Anteil an Stärke als remobilisierbarem Reservepolysaccharid den wesentlichen Stoff- und Energiespeicher der Getreidepflanze. Niedermolekulare translozierbare und damit insbesondere stoffwechselaktive Kohlenhydrate (NMK) sind dagegen während der gesamten Ontogenese die dominierenden Photosyntheseprodukte im Sproß. Das kann sowohl für verschiedene Winterweizensorten, als auch für Gerste und Raps nachgewiesen werden (Abb. 3.3.2). Nur für den Ontogeneseabschnitt zwischen DC 31 (Schossen) und DC 45 (Ährenschieben) wurden in größerem Um-

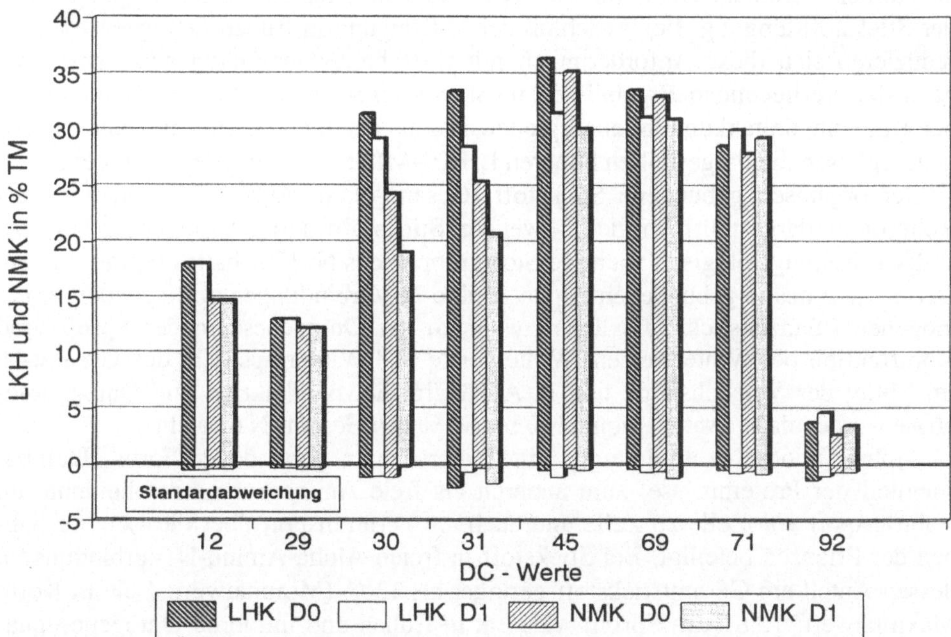

Abb. 3.3.2: Parzellenversuch 1994: LHK/NMK-Gehalt; Winterweizen Orestis, Vergleich D0/D1-Variante

fang Anteile von Reservekohlenhydraten im Sproß festgestellt, welche aber mit Beginn der Ährenausbildung und Blüte in die Ähren-/Schoten- bzw. Kornfraktion umgelagert werden, ein Vorgang, den SCHNYDER (1993) ausführlich beschreibt.

Aus der Modellierung ergab sich die Forderung, die Wechselwirkungen zwischen Kohlenhydrat- und Stickstoffhaushalt der Pflanzenbestände in Abhängigkeit von der Stickstoffversorgung zu erfassen. Eine Erhöhung des Stickstoffangebotes reduzierte übereinstimmend bei allen Kulturarten die Kohlenhydrate im Sproß. Diese Resultate stimmen mit Ergebnissen von LAWLOR (1994) überein.

Verursacht wird dies durch die Konkurrenz zwischen C- und N-Haushalt um die primären Photosyntheseprodukte und deren verstärkte Umsetzung in organische N-Verbindungen infolge einer erhöhten Stickstoffassimilation (Stickstoffdüngung). Die Umkehrung der Verhältnisse für den Ontogeneseabschnitt DC 71 (Kornfüllung) bis DC 92 (Vollreife) konnte nur für einzelne Versuchsjahre ermittelt werden und bedarf weiterer Klärung. Sie ist aber als Hinweis auf eine intensivere Umlagerung der in diesem Entwicklungsabschnitt vor allem aus niedermolekularen Kohlenhydratanteilen bestehenden LHK- Fraktion vom Sproß zum Korn (source-sink Beziehung) in der D0-Variante anzusehen. Die höheren Massenanteile von LHK / NMK (DC 71 und DC 92) in der D1-Variante resultieren ebenso aus Wechselwirkungen zwischen C- und N-Haushalt. Sie werden gebildet auf Grund des Bedarfs an Kohlenhydratbausteinen für die Synthese von Stickstoffverbindungen infolge der Stickstoffdüngung. Bei Abschluß der N-Düngung in frühen Ontogenesephasen reduzieren sich diese Anforderungen mit fortschreitender Ontogenese, sind aber nach den vorliegenden Ergebnissen nicht von einer entsprechenden Reduzierung der Kohlenhydratakkumulation begleitet. Daraus resultierend sind in späten Ontogenesephasen die dargestellten höheren LHK/NMK-Massenanteile abzuleiten.

Der organisch gebundene Stickstoff (Gesamt-N; in Abb. 3.3.1 und 3.3.3 als Rohprotein dargestellt) wurde in weitere Stickstofffraktionen untergliedert, die stoffwechselphysiologisch wichtige Stoffgruppen des N- Haushaltes repräsentieren. Der Verlauf des in gebundenen Alpha-Amino-N-Verbindungen vorliegenden proteinogenen Pflanzenstickstoffs ähnelt während der Ontogenese in der Sproß- und Kornfraktion bei Winterweizen, Wintergerste und Winterraps dem des Gesamt-N. Im Mittel der Versuchsjahre und in Abhängigkeit von Fraktion und Ontogenesephase werden dafür Anteile von 53 % bis 84 % des Gesamt-N erreicht.

Alpha-Amino-N-Verbindungen sind einerseits in gebundener Form Hauptbestandteil der Proteinmasse, zum anderen als freie Aminosäuren entscheidend am Nahtransport von Zelle zu Zelle und auch am Ferntransport über die Leitungsbahnen der Pflanzen beteiligt. Bei Stickstoff in freien Alpha-Amino-N-Verbindungen, dessen Anteil am Gesamtstickstoff geringer als 13 % (Minimalwert: 1 % im Korn; Maximalwert: 12,8% im Sproß) war, trat in frühen und mittleren Ontogenesephasen (DC 21 - DC 61) ein Maximum auf. Zu Beginn der Kornfüllung (DC 71) wurde dies auch in der Kornfraktion nachgewiesen. Die fortschreitende Kornfüllung bedingt aber infolge der Proteinbildung und -speicherung im Korn eine rasche Reduktion des freien Alpha-Aminostickstoffs in der Sproßfraktion. Das wurde durch die Untersuchungen von STIEGER & FELLER (1994) bestätigt. Mit Abschluß der Ontogenese geht der Anteil der freien Alpha-Amino-N-Verbindungen auch im Korn stark zurück.

Vergleichende Betrachtungen der untersuchten Kulturarten ergeben für die Sproßfraktion (vegetatives Material) während der Startphase der Ontogenese (Bestockung bzw. Mehrblattstadium bei Raps) in der Zusammensetzung der Trokkenmasse ein einheitliches Gesamtbild. Die Rohprotein-, LHK-, Gerüstsubstanz-

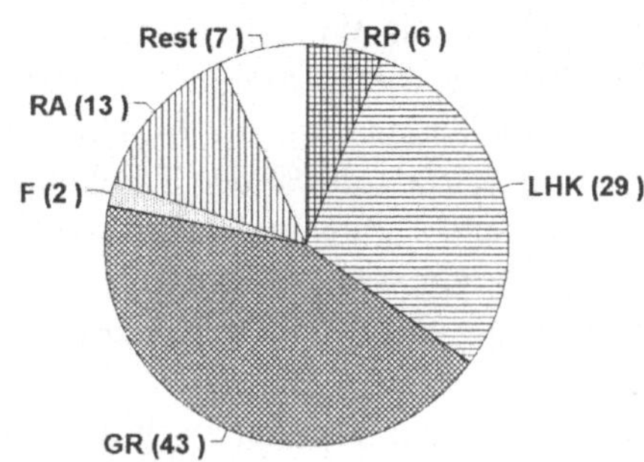

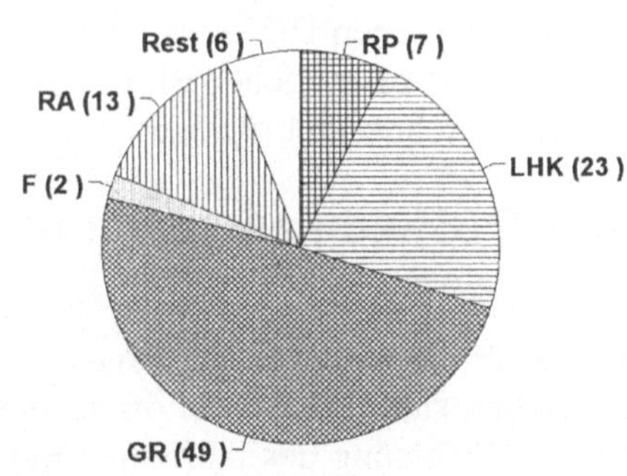

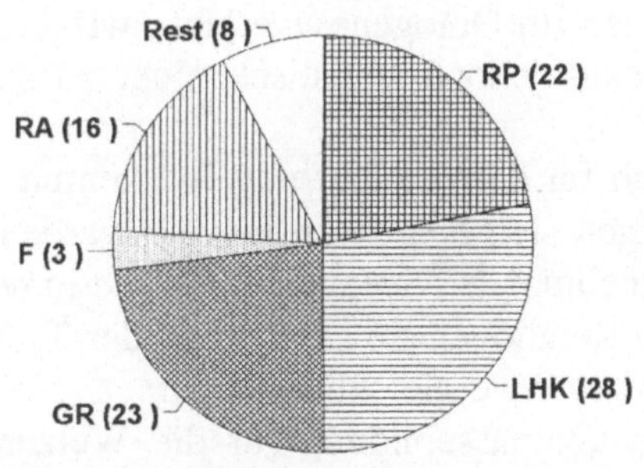

Abb. 3.3.3: Parzellenversuch 1994/95: Zusammensetzung der vegetativen Trockenmasse (TM, in %)

Kulturarten:	Weizen, Gerste, Raps
Variante:	D1
Ontogenesezustand:	DC 63

und Rohaschegehalte stimmen bei beiden Getreidearten gut überein. Bei Raps waren leicht erhöhte Rohproteinwerte und geringere Anteile an Gerüstsubstanzen zu beobachten. Während der Blüte (DC 63), dargestellt in Abb. 3.3.3, sind für die Gerstensorte Alpaca und den Winterweizen Orestis ebenfalls kaum Unterschiede in der Zusammensetzung der Trockenmasse nachzuweisen. Ein verändertes Bild ergibt sich dagegen für Raps. Wesentlich höheren Rohproteinwerten stehen deutlich geringere Gerüstsubstanzwerte gegenüber. Höhere Gerüstsubstanzanteile bei den Getreidesorten resultieren aus der Zusammensetzung der Getreidehalme mit ihrem rohrförmigen, faserigen Aufbau und der ebenfalls faserigen Blattstruktur. Der Rapsstengel dagegen enthält den Stengelquerschnitt ausfüllende markige Gewebeanteile, die neben ihrer Aufgabe als Stütz- und Stabilitätselemente auf Grund ihres parenchymatischen Charakters auch Speicherfunktion besitzen. Der länger andauernde, gestaffelt ablaufende Prozeß der Blüte und Schotenbildung einschließlich Kornfüllung des Rapses benötigt diesen Speicher. Mit Abschluß der Ontogenese ist wieder ein einheitliches Bild zu beobachten. Übereinstimmend stehen dabei Gerüstsubstanzanteilen von durchschnittlich 62 % Gehalte an leichthydrolysierbaren Kohlenhydraten von 13%, Rohaschegehalte von 14% und Rohproteinwerte zwischen 1 - 2 % für alle drei Kulturarten gegenüber. Anders stellt sich die Inhaltsstoffzusammensetzung der Trockenmasse für die Kornfraktion zu DC 92 (Vollreife) dar. Für die Getreidearten lassen sich nur geringe Unterschiede nachweisen. Bestätigt werden höhere Rohproteingehalte für Weizen. Dominierend ist die Gruppe der leichthydrolysierbaren Kohlenhydrate, die als Stärke das quantitativ bedeutsamste Speicherprodukt im Korn der Getreidearten darstellt. Im Unterschied dazu erreichen Fette im Rapskorn Anteile von mehr als 40 % der Trockenmasse. Ausgangspunkt ihrer Synthese im Stoffwechsel sind Kohlenhydrate, so daß deren Anteil im Rapskorn gering ist (1-2 % der Trockenmasse). Bekannt sind höhere Rohproteingehalte für Raps, die für die untersuchte Sorte Falcon durchschnittlich 18 % betrugen.

Zusammenfassend ist festzustellen, daß im Rahmen der hier vorgestellten Inhaltsstoffuntersuchungen mindestens 84 % (vegetative Fraktionen) bzw. 96 % (Kornfraktion) der Trockenmasse den bestimmten Stoffgruppen zuzuordnen sind. Insbesondere für die Kornfraktion wurden somit die quantitativ dominierenden Zustandsgrößen des Stoffwechsels erfaßt. Die ausgewiesenen Differenzen (16 % bzw. 4 %) ergeben sich wesentlich aus Zwischenstufen der pflanzlichen Stoffproduktion, die durch die eingesetzten analytischen Verfahren nicht erfaßt werden.

Ontogenetische Entwicklung und Trockenmassebildung im Zeitverlauf

Die Inhaltsstoffgehalte der Biomasse wie auch die damit verbundenen Entzüge an Nährstoffen durch die Pflanzen aus dem Boden sind eng an die ontogenetische Entwicklung der Kulturarten gekoppelt. Die zur Erfassung des jährlichen Entwicklungsverlaufes der Kulturarten durchgeführte Bonitur ihrer phänologischen Entwicklung nach DC und FEEKES (Getreide) zeigte, daß gegebene kulturartenspezifische Entwicklungsunterschiede geringfügig durch die jährlich wechselnde Witterung variiert werden, auftretende Differenzen im Ontogeneseverlauf zwischen den unterschiedlichen Stickstoff-Düngungsniveaus jedoch statistisch nicht zu sichern waren.

Ähnliche Verhältnisse ergeben sich auch für den Verlauf der Trockenmassebildung. Deutliche N-Düngungseinflüsse prägen sich hier zwar aus, sie werden aber erst in späten Ontogenesestadien durch zunehmende Niveauunterschiede in der gebildeten Trockenmasse sichtbar, wobei die Relationen im Zeitverlauf der Trockenmassezunahme zwischen den Düngungsvarianten vergleichbar bleiben.

In Abb. 3.3.4 ist der Verlauf der Trockenmassebildung für die Weizensorte „Orestis" in der N-Düngungsstufe D1 über mehrere Versuchsjahre wiedergegeben.

In Verbindung mit der im Kap. 3.2 angegebenen klimatischen Charakterisierung der einzelnen Vegetationsabschnitte läßt sich sehr deutlich der Witterungseinfluß auf den Verlauf und das Niveau der vegetativen Trockenmassebildung erkennen. Beispielhaft hierfür ist der stark geförderte Massenzuwachs unter günstigen klimatischen Bedingungen und langer Dauer der Vorwinterperiode des Versuchsjahres

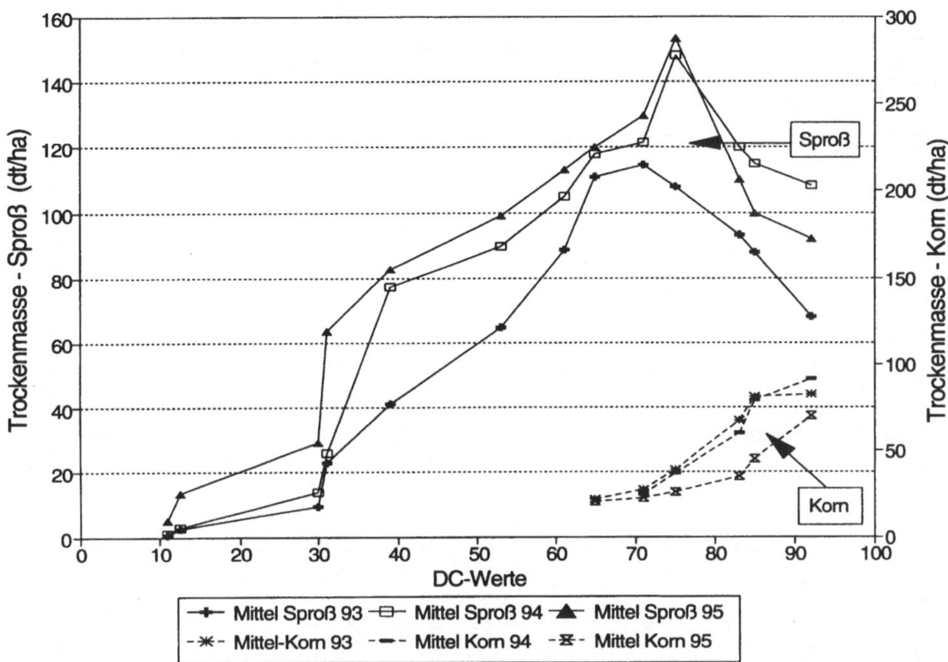

Abb. 3.3.4: Parzellenversuch 1993-1995: Trockenmasseverlauf; Winterweizen Orestis, Variante D1

1994/95 sowie die unmittelbar nach einem milden Winter einsetzende und auf hohem Niveau verlaufende Massenzunahme unter weiterhin günstigen Entwicklungsbedingungen. Dagegen wirken sich die ungünstigen klimatischen Verhältnisse in den Vegetationsabschnitten des Versuchsjahres 1992/93 auf eine insgesamt niedrigere vegetative Massenentwicklung aus. Der zugehörige widersprüchliche Verlauf an gebildeter Korn-Trockenmasse für die einzelnen Versuchsjahre wird nachfolgend mit den allgemeinen Ertragsangaben diskutiert.

Ertrag und Ertragsstrukturmerkmale der Kulturarten

In der Tab. 3.3.1 sind, ausgewählt aus den zahlreichen Teilernten innerhalb der Vegetationsperioden, die im Parzellenversuch am Standort Quedlinburg erzielten vegetativen und generativen Trockenmasseerträge zum Erntetermin aus den Versuchsjahren 1993-95 sowie einzelne Ertragsstrukturmerkmale zusammengestellt.

Bei einem insgesamt hohen Ertragsniveau für die gedüngten Varianten zeigt sich im Jahresvergleich eine deutliche Ertragsminderung für alle Kulturarten im Versuchsjahr 1994/1995. Ursache hierfür ist eine in der zweiten Junidekade beginnende Trockenheit, in deren Verlauf bis Mitte Juli der Äquivalentwelkepunkt bis in eine Bodentiefe von 60 cm erreicht wurde. Der gleichartige Ertragsabfall bei der Wintergerste ist weniger durch die späte Trockenheit bedingt, wie auch aus den Er-

Kultur-art	Sorte	N-Stufe	TM-Sproß		TM-Korn		TM-Gesamt		HI	Triebe insges.	Triebe ohne Ähren	Ähren	Ertrag je Ähre	Korn-zahl je Ähre	TKM MW
			[%]	[kg·ha^{-1}]	[%]	[kg·ha^{-1}]	[%]	[kg·ha^{-1}]		[m^{-2}]	[m^{-2}]	[m^{-2}]	[g]		
1993															
WW	Regina	D0	76	47	65	45	100	93	0,49	458	27	431	1,05	25	42,5
WW	Regina	D1	100	62	100	69	142	142	0,53	533	31	502	1,38	31	45,3
WW	Norman	D0	74	46	67	56	100	102	0,55	368	26	342	1,65	31	53,3
WW	Norman	D1	100	62	100	84	143	146	0,57	417	19	398	2,10	38	53,3
WW	Orestis	D0	75	51	63	52	100	102	0,50	387	19	368	1,40	32	44,4
WW	Orestis	D1	100	68	100	83	147	151	0,55	540	31	509	1,62	35	46,2
1994															
WW	Orestis	D0	62	67	57	52	100	119	0,44	354	33	321	1,62	38	42,6
WW	Orestis	D1	100	108	100	92	168	200	0,46	495	33	462	2,00	42	46,8
WG	Alpaca	D0	81	62	76	70	100	132	0,53	534	46	488	1,44	36	39,4
WG	Alpaca	D1	100	77	100	92	128	169	0,55	617	57	560	1,65	42	39,5
WR	Falcon	D0	47	43	42	15	100	59	0,26	-	-	2284	0,067	20	4,89
WR	Falcon	D1	100	92	100	36	217	128	0,28	-	-	3997	0,089	22	4,46
1995															
WW	Orestis	D0	67	67	66	47	100	114	0,41	415	54	361	1,30	35	40,0
WW	Orestis	D1	100	100	100	71	143	163	0,44	513	75	438	1,62	43	38,3
WG	Alpaca	D0	76	41	62	41	100	82	0,50	357	33	324	1,25	37	34,3
WG	Alpaca	D1	100	54	100	66	147	120	0,55	438	40	398	1,66	43	38,8
WR	Falcon	D1	100	53	100	29	168	168	0,36	220	-	4591	0,0636	16	4,12

Tab. 3.3.1: Parzellenversuch 1993-1995: Ertragsmittelwerte und Ertragsstrukturmerkmale für Winterweizen (WW), Wintergerste (WG) und Winterraps (WR)

tragsstrukturmerkmalen der Tab. 3.3.1 ersichtlich, hier scheint eine suboptimale Bestandesdichte (400 Ähren·m^{-2}) die Ursache zu sein.

Beim Vergleich der Düngungsvarianten D0/D1 zeigt sich, daß eine dreijährig ausgesetzte N-Düngung im Versuchsmittel zu einer Reduktion des Korn-Trockenmasseertrages von 30 % bei Gerste, 37 % bei Weizen und 49 % bei Raps geführt hat. Die Erträge an Gesamttrockenmasse (Sproß- und Korntrockenmasse) zum Erntezeitpunkt sind bei Raps in gleicher Höhe, für die Getreidearten geringfügig weniger reduziert als die Kornerträge. Vergleichbare Mindererträge an Kornmasse wurden auch von BAUMGÄRTEL (1994) nach zwei- bis vierjährig unterlassener N-Düngung auf sandigem Standort gefunden.

Der Harvest-Index (Tab. 3.3.1), als Ausdruck des Verhältnisses von Kornertrag zur oberirdischen Gesamttrockenmasse, liegt auf der Höhe der kulturartenspezifischen Werte, wie sie auch von HAY (1995) angegeben werden. Durchgehend für alle Kulturarten bildet sich ein leicht verbesserter Harvest-Index in den gedüngten Versuchsvarianten bei einer Variation zwischen den Anbaujahren heraus, die durch Einflußgrößen wie Pflanzendichte und besonders durch Streßeinflüsse verschiedenster Art hervorgerufen wird. So bringt der niedrige Harvest-Index 1995 zum Ausdruck, daß der im Juni 1995 einsetzende Trockenstreß den Kornertrag deutlich reduzierte. Versuchsergebnisse von CHRISTEN et al. (1995) an Sommerweizen bestätigen, daß zeitweiliger Wasserstreß in späten Ontogenesephasen die größte Ertragsreduktion hervorruft, während seine Auswirkung in früheren Entwicklungsabschnitten durch eine erhöhte Kornzahl je Ähre der Seitentriebe kompensiert werden kann.

Die Versuchsergebnisse zeigen weiterhin eine geförderte Bestockung bei N-Düngung, wobei diese Relation auch bei einem Vergleich mit der Pflanzenzahl je m² im Frühjahr besteht. Die Ausbildung ährenloser Triebe hingegen scheint stärker durch jahreszeitliche Wirkungen beeinflußt zu werden (siehe Weizen, Versuchsjahr 1995). Im Verhältnis der Ährenzahl je m² zur Kornzahl je Ähre unter variierter N-Düngung zeigt sich in der Tendenz die von ANDERSSON & LARSSON (1989) festgestellte Tatsache, daß bei dünnen Beständen bevorzugt die Ährenzahl je m² gefördert wird, bei dichteren Beständen hingegen vorwiegend die Kornzahl je Ähre. Unterschiedliche Verhaltensweisen der Weizensorten in bezug auf dieses Merkmal deuten sich an. Die Kornerträge der Einzelähren sind bei den Getreidearten im Versuchsmittel unter fehlender N-Düngung bis zu 20 % reduziert, die höheren flächenbezogenen Kornertrags-Differenzen werden somit erst aus dem Zusammenwirken mit den weiteren ausgewiesenen Strukturkomponenten erreicht.

Bei der Kulturart Raps zeigt sich bei fehlender N-Düngung eine sehr hohe Reduktion der Schotenanzahl, eine gering beeinflußte Kornzahl je Schote sowie in den beiden Versuchsjahren eine sehr unterschiedliche Reduktion des Einzelschotenertrages.

Stickstoffaufnahme und -nutzung durch die Kulturarten

In Tab. 3.3.2 werden die Stickstoffmassen im Erntegut der Kulturarten zum Reifezeitpunkt dargestellt.

Um Aussagen über die Effizienz der Stickstoffverwertung treffen zu können, wurden verschiedene Kenngrößen berechnet.

Die Nitrogen Use Efficiency (NUE) in % wurde nach GAUER et al. (1992) wie folgt ermittelt:

$$\frac{\text{N-Entzug der gedüngten Variante} \quad - \quad \text{N-Entzug der ungedüngten Variante}}{\text{N-Düngermenge der gedüngten Variante}}.$$

Der Nitrogen-Harvest-Index (N-HI) nach AUSTIN et al. (1977) stellt unter Verwendung der Stickstoffmassen in Analogie zum Harvest-Index das Verhältnis zwischen dem im Korn gebundenen Stickstoff zum Gesamtstickstoffgehalt in der Biomasse dar.

Die in Anlehnung an SOWERS et al. (1994) bestimmte N-Nutzungseffizienz gibt das Verhältnis der produzierten Kornmasse zum Gesamtstickstoff der Pflanzenmasse (in $dt \cdot kg^{-1}$) wieder.

Die ermittelten N-Anteile in der vegetativen und generativen Trockenmasse der Kulturarten entsprechen weitgehend erwarteten Größen. Trotz deutlich erhöhter N-Restmengen in der Sproßfraktion der D1-Variante sind die Differenzen zwischen den Düngungsvarianten nur in Einzelfällen statistisch gesichert. Unklare Verhältnisse ergeben sich für die hohen N-Restmengen bei Raps in der D0-Stufe des Versuchsjahres 1994. Für die N-Gehalte im Korn zeigen sich deutliche Unterschiede zwischen den Düngungsstufen. Dabei gelten eine Erhöhung des N-Gehaltes im Korn bei einer entwicklungsangepaßten Stickstoffdüngung im Optimumbereich sowie kulturarten- und sortentypische Reaktionen auf den Düngungseinfluß als nachgewiesen.

Die Ursache für die Variabilität des Korn-N-Gehaltes zwischen den Versuchsjahren, wie sie besonders bei der Weizensorte „Orestis" deutlich wird, bedarf weiterer Klärung. Angenommen werden können hier Störungen im Translokationsprozeß oder seiner Dauer während der Reifephase. Eine direkte Beziehung zu Wasserstreß, der in diesem Entwicklungsabschnitt der Pflanzen häufig auftritt, scheint nach Literaturangaben nicht gegeben zu sein. So belegen experimentelle Ergebnisse an Weizen unter Trockenstreß (GIUNTA et al. 1995), daß der N-Gehalt in den Pflanzen nur geringfügig beeinflußt wird, während die Gesamt-N-Aufnahme allein als Konsequenz der geringeren Trockenmassebildung reduziert ist. Auch KHANNACHOPRA et al. (1994) fanden in vergleichbaren Untersuchungen, daß durch Trockenstreß der Kohlenhydratgehalt des Kornes vermindert wird, jedoch nicht sein N-Gehalt. Die in Tab. 3.3.2 angegebenen Werte der N-Ausnutzung (NUE) liegen für die Versuchsjahre auf einem hohen Niveau. Im Versuchsmittel sinkt sie in der Reihenfolge der Kulturarten Weizen - Gerste - Raps.

Kultur-art	Sorte	N-Stufe	N-Gehalt [%]	N-Masse Sproß [%]	N-Masse Sproß [kg·ha⁻¹]	N-Gehalt [%]	N-Masse Korn [%]	N-Masse Korn [kg·ha⁻¹]	N-Masse gesamt [%]	N-Masse gesamt [kg·ha⁻¹]	NUE	N-HI	N-Nutzungs-effizienz
1993													
WW	Regina	D0	0,385±0,017	57	18	1,546±0,008	54	70	55	88	-	0,79	0,51
WW	Regina	D1	0,514±0,011	100	32	1,873±0,095	100	129	100	161	60,6	0,80	0,43
WW	Norman	D0	0,413±0,007	60	19	1,674±0,037	57	94	57	113	-	0,83	0,50
WW	Norman	D1	0,509±0,031	100	32	1,988±0,013	100	166	100	198	70,3	0,84	0,42
WW	Orestis	D0	0,328±0,030	51	17	1,505±0,012	49	78	50	95	-	0,82	0,55
WW	Orestis	D1	0,478±0.033	100	33	1,903±0,051	100	158	100	191	79,9	0,83	0,44
1994													
WW	Orestis	D0	0,219±0,014	59	15	1,272±0,023	45	66	47	81	-	0,82	0,64
WW	Orestis	D1	0,233±0,023	100	25	1,598±0,100	100	148	100	173	76,6	0,85	0,53
WG	Alpaca	D0	0,278±0,038	72	17	1,111±0,028	60	79	62	96	-	0,82	0,73
WG	Alpaca	D1	0,310±0,015	100	24	1,402±0,074	100	131	100	155	49,0	0,84	0,60
WR	Falcon	D0	1,016±0,060	73	38	3,120±0,104	48	48	57	86	-	0,56	0,18
WR	Falcon	D1	0,611±0,027	100	53	2,831±0,035	100	101	100	154	84,4	0,66	0,23
1995													
WW	Orestis	D0	0,234±0,010	63	16	1,262±0,0198	61	59	62	75	-	0,79	0,62
WW	Orestis	D1	0,269±0,010	100	25	1,352±0,043	100	97	100	121	38,8	0,80	0,58
WG	Alpaca	D0	0,244±0,010	66	10	1,101±0,032	49	45	51	55	-	0,82	0,74
WG	Alpaca	D1	0,280±0,018	100	15	1,383±0,030	100	92	100	107	43,6	0,86	0,62
WR	Falcon	D0	0,459±0,022	62	15	2,355±0,084	62	42	62	57	-	0,74	0,31
WR	Falcon	D1	0,446±0,018	100	24	2,339±0,046	100	68	100	91	42,8	0,74	0,32

Tab. 3.3.2: Parzellenversuch 1993-1995: Stickstoffmassen im Erntegut und Kenngrößen der Stickstoffnutzung für Winterweizen (WW), Wintergerste (WG) und Winterraps (WR)

Der Wert der NUE ist entscheidend abhängig von der Düngermenge. So fanden GÜNTHER-BORSTEL et al. (1993) bei hohem N- Einsatz für Weizen eine NUE zwischen 33 und maximal 43 %, für Raps von 32 %. LICKFETT (1994) ermittelte für die N-Ausnutzung, hier als apparente N-Ausnutzung bezeichnet, bei erheblicher Variabilität der Werte zwischen den Standorten und Versuchsjahren mittlere Größen von 60 % für Weizen, 52 % für Gerste sowie 60 % für Raps. Zugleich stellte er für die Getreidearten, vornehmlich für Weizen, mögliche erhöhte maximale Entzüge bei extensiveren Anbaubedingungen fest. Die in Tab. 3.3.2 ausgewiesenen Größen für den N-HI liegen gleichfalls auf einem hohen Niveau bei einer nur unwesentlichen Differenzierung zwischen den Düngungsvarianten. Durch die strenge Bevorzugung der N-Akkumulation im Korn liegen die Werte des N-HI grundsätzlich höher als diejenigen des HI und heben dessen stärkere Differenzierung weitgehend auf. Für neuere Weizensorten in England wurden bei konventioneller, hoher Stickstoffdüngung Werte für den N-HI von 0,51 bis 0,89 ermittelt (HAY 1995). Vergleichbare Werte für den N-HI sind anscheinend nur bei vereinheitlichten Düngungsregimes zu erhalten, denn wie Experimente von FISCHER (zit. in HAY 1995) zeigen, führte eine nach Zeit und Höhe variierte N-Düngung zu Werten des N-HI in einem Schwankungsbereich zwischen 0,64 und 0,86. Die je Kilogramm aufgenommenem Stickstoff produzierte Kornmasse (dt/ha), als Werte der N-Nutzungseffizienz in Tab. 3.3.2 ausgewiesen, zeigt relativ einheitliche Werte mit einer abnehmenden mittleren Ausnutzungseffizienz in der Reihenfolge der Kulturarten Gerste - Weizen - Raps. Diese Reihenfolge verläuft gleichsinnig zum HI der Kulturarten. Die N-Nutzungseffizienz weist für die Getreidearten grundsätzlich höhere Werte in der D0-Variante aus und kennzeichnet somit geringere Verluste im System sowie eine stärkere Nutzung der pflanzeneigenen N-Pools, die ihren Ausdruck findet in den niedrigeren N-Restgehalten ihrer vegetativen Biomasse. Für die Kulturart Raps lassen sich aus den zweijährigen Versuchsergebnissen noch keine gesicherten Beziehungen ableiten.

Boden

Ab 1992 wurden am Standort Quedlinburg Bodenuntersuchungen ganzjährig und zeitgleich zur Entnahme pflanzlichen Probenmaterials durchgeführt. Damit konnten wichtige experimentelle Voraussetzungen und Datensätze für eine erfolgreiche Kopplung von Boden- und Pflanzenmodellen erarbeitet werden. Die Untersuchungen konzentrierten sich dabei auf die Erfassung und Charakterisierung der Makronährstoffe Stickstoff, Phosphor und Kalium, wobei die Beschreibung der N_{min}-Dynamik des Versuchsstandortes im Vordergrund stand. Bedingt durch die Bodenstruktur (Flußschotter im Unterboden) war es zwingend, die Probenahme auf zwei Bodenschichten (0-30 cm, 30-60 cm) zu beschränken.

Die seit 1992 durchgeführten Analysen des Boden-N ($N_{NH4} + N_{NO3} = N_{min}$) weisen für den Standort ein hohes Niveau der N-Gehalte aus, dargestellt in Abb. 3.3.5. Der mineralische Bodenstickstoff der Versuchsfläche besteht fast ausschließ-

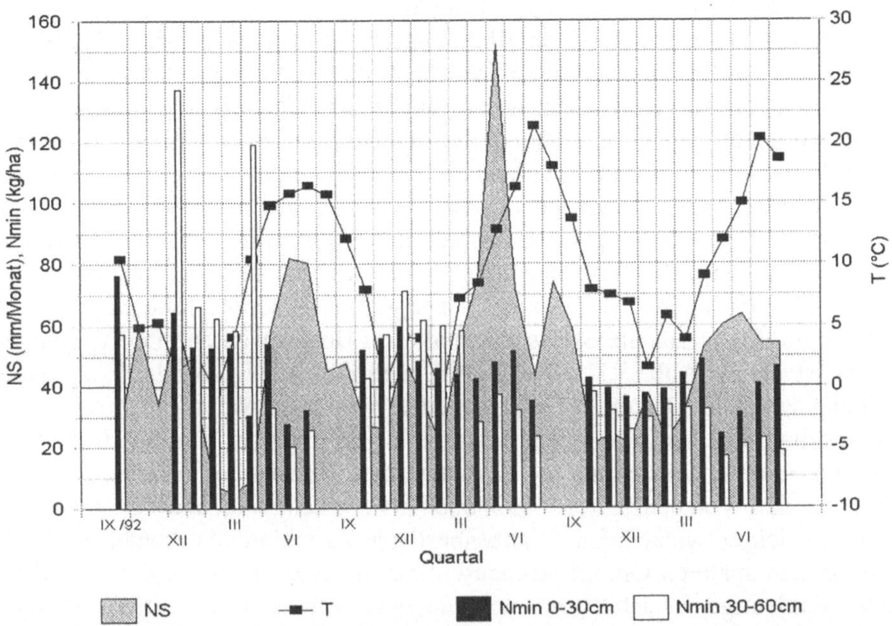

Abb. 3.3.5: Parzellenversuch 1992-95: Nmin-Verlauf in den Bodenschichten in Beziehung zu Niederschlag (NS) und Lufttemperatur (T); Variante D0

lich aus Nitrat-N. In der Winterperiode 1992/93 wird der von KRETSCHMER et al. (1990) für sandige Lehmböden vorgeschlagene Bodenkontrollwert für Bodenstickstoff von <55-60 kg·ha^{-1} unter den Standortbedingungen überschritten.

Im Verlaufe der Winter 1992/93 und 1993/94 erreichten die Nmin-Gehalte jeweils im Dezember/Januar ein Maximum, wobei der Anteil in der Schicht 30-60 cm infolge der Auswaschung aus dem Oberboden durch die Winterniederschläge ständig anstieg. Interessant ist dabei der unter günstigen Temperatur- und Bodenfeuchtigkeitsbedingungen in der Winterphase 1993/94 länger dauernde Prozeß der Mineralisierung im Oberboden mit einer ständigen Verlagerung des Nitrats in die darunterliegende Bodenschicht.

Nach Untersuchungen von JÄGGI & OBERHOLZER (1992) verläuft der Mineralisierungsprozeß zwischen etwa 5-25 °C als logarithmische Funktion der Temperatur, während schon im Bereich zwischen 0 und 1 °C ein sprunghafter Anstieg des mikrobiellen Zelluloseabbaus zu beobachten ist. Beide Vorgänge haben ein Feuchtigkeitsoptimum zwischen 40 - 70 % der Wasserkapazität (WK) und kommen oberhalb 90 % der WK zum Erliegen. Ein höheres Stickstoffangebot beeinflußt dabei nicht den Mineralisierungsprozeß, intensiviert aber sehr stark den mit N-Entzug verbundenen Zelluloseabbau. Die geringen Mineralisierungsraten und ihr Verlauf im Winterhalbjahr 1994/95 lassen auf eine bodenklimatisch bedingte Mineralisierungshemmung schließen, besonders, da die Bodenfeuchten erst im Monat Februar in beiden Schichten 80 % der WK erreichten.

Durch Einsatz eines flüssigen Blattdüngers wurde eine gezielte Stickstoffaufnahme durch die Pflanzenbestände erreicht. Daher waren keine längerfristig wirksamen Stickstoff-Düngungseinflüsse auf die Stickstoffgehalte im Boden festzustellen. So erreichten die N_{min}-Gehalte in den Bodenschichten zum Erntetermin nahezu identische Größen, unabhängig von den Stickstoff-Düngungsvarianten (D0/D1) und ihrem differierenden, ertragsabhängigen N-Entzug durch die Pflanzen. Ähnlich fand auch BAUMGÄRTEL (1994) nach dreijährig geprüfter, verschiedenartig reduzierter N-Düngung, die stark unterschiedlichen Salden der N-Bilanz nicht in den N_{min}-Restwerten zum Erntezeitpunkt ausgeprägt. Auf Grund fehlender Stickstoff-Düngungseinflüsse auf die Stickstoffgehalte im Boden während des Versuchszeitraumes ist der in Abb. 3.3.5 dargestellte mehrjährige N_{min}-Verlauf für beide N-Düngungsvarianten D0 und D1 repräsentativ. Weiterhin waren Fruchtfolgewirkungen innerhalb der Versuchsanlage noch nicht nachweisbar, was durch die erst im Jahr 1992 erfolgte Umstellung des Anbauregimes erklärt werden kann.

Die in den Versuchsjahren 1993 und 1994 erkennbare und mit dem Entzug durch die sich entwickelnden Pflanzenbestände zu erklärende Abnahme der N_{min}-Werte in den späteren Ontogenesephasen trat in beiden Bodenschichten auf (Abb. 3.3.5). Eindeutige Beziehungen zwischen dem Verlauf des N-Entzuges und der Veränderung der N_{min}-Gehalte des Bodens sind auf Grund der begleitenden Prozesse von Nettomineralisierung und -immobilisierung nicht zu erwarten. SCHELLER & VOGTMANN (1992) stellten in Abhängigkeit von Bodeneigenschaften, Zeitpunkt der Bodenbearbeitung und Witterungsverlauf je drei Maxima für beide Vorgänge während der Vegetationsperiode fest. Sie weisen dabei auf das Verhältnis von Dauer und Intensität der Nettomineralisierung im ersten Maximum (Mai/ Juni) zur anschließenden Nettoimmobilisierung hin, wodurch die N-Verfügbarkeit und damit die Ertragsbildung wesentlich beeinflußt werden. Messungen der mikrobiellen Biomasse auf einem Weizenschlag (Stickstoffdüngung: 150 kg·ha^{-1}) von BASTEN & LAMP (1992) zeigen, daß die mikrobiell gebundene Stickstoffmenge bis zum Termin Mitte Mai dabei 60-80 kg·ha^{-1} erreichen kann. Gleichzeitig beobachteten die Autoren einen nach N-Düngungsereignissen auftretenden kurzfristigen und starken Anstieg der Immobilisierung, der auf stark humosem Boden und geringer N-Stufe bis zu 80 % der ausgebrachten N-Menge festlegte. Dieser Stickstoff wurde später remineralisiert.

Die Verläufe der N_{min}-Bodengehalte zeigen für die Hauptwachstumszeit Mai / Juni durch ansteigende Werte bei zunehmendem N-Entzug durch die Pflanzen den vorliegenden Mineralisierungseinfluß an. Im gleichen Zeitraum des Versuchsjahres 1993 scheint dieser Prozeß durch niedrige Bodenfeuchten (ca 55 % der WK für das Profil von 0-60 cm) für den Monat Juni begrenzt zu sein.

Beispielhaft für die im Parzellenversuch durchgängig erfaßten Wechselwirkungen im System "Boden-Pflanze-Atmosphäre", werden in Abb. 3.3.6 der Entwick-

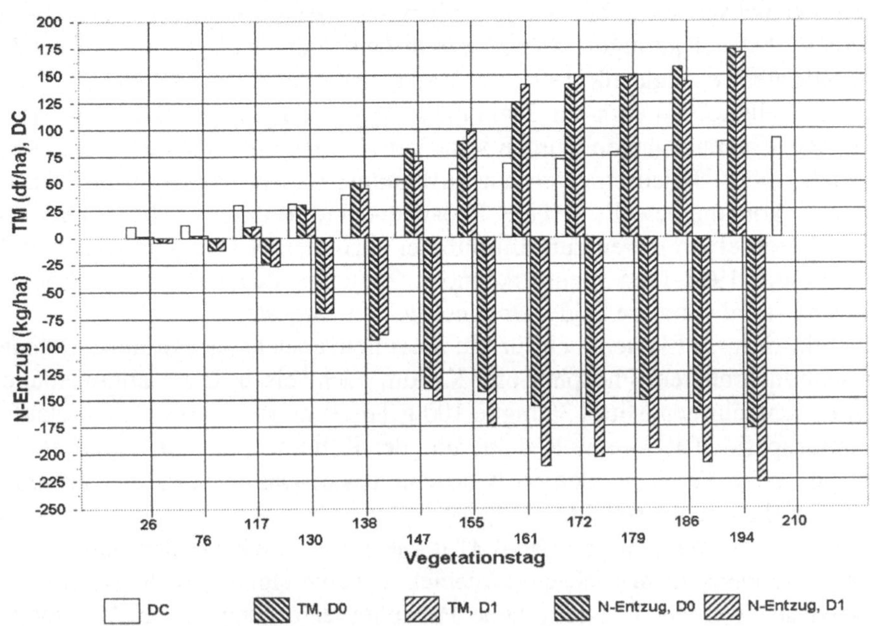

Abb. 3.3.6: Parzellenversuch 1993: Entwicklungsverlauf (DC), Gesamttrockenmasse (TM) und N-Entzug; Winterweizen Orestis, Vergleich Variante D0/D1

lungsverlauf, die Trockenmassezunahme sowie der zugehörige N-Entzug der Winterweizensorte "Orestis" für beide Düngungsvarianten im Versuchsjahr 1993 dargestellt. Deutlich sind nahezu gleiche Verläufe an Gesamttrockenmasse, bei unterschiedlicher Kornertragsmasse, zu erkennen.

Demgegenüber steigt die N-Aufnahme in der D1-Variante schon zum Ende des Schossens über den Entzug der Pflanzen in der D0-Variante an, und erreicht bis zum Erntezeitpunkt ca. 22 % höhere Werte. Die Stickstoffgehalte des Bodens (N_{min}) waren dagegen zum Erntezeitpunkt des Versuchsjahres 1993 in beiden Düngungsvarianten nahezu identisch. Daraus kann einerseits geschlußfolgert werden, daß die stickstoffgedüngten Pflanzen nicht nur in der Reifephase, sondern über einen längeren Zeitabschnitt der Vegetationsperiode die pflanzeneigenen N-Pools ungünstiger nutzen, wie es sich auch in den in Tab. 3.3.2 ausgewiesenen Kenngrößen der Stickstoff-Nutzung ausdrückt. Andererseits sind bei der Interpretation einer vergleichbaren N_{min}-Ausschöpfung bei dem im Parzellenversuch vorliegenden sehr unterschiedlichen Stickstoffeinsatz die von KÖRSCHENS & MAHN (1995) beschriebenen „Vorteilswirkungen" insbesondere für N0-Parzellen über atmogene N-Einträge zu berücksichtigen, die nach Angaben der Autoren gegenwärtig mit ca. 50 $kg \cdot ha^{-1} \cdot a^{-1}$ bilanziert werden können, bei regionalen Schwankungen von ±10 $kg \cdot ha^{-1} \cdot a^{-1}$.

Hinsichtlich der Makronährstoffe Phosphor und Kalium ergibt sich für den gesamten Versuchszeitraum ein relativ einheitliches Bild. Da in den Versuchsjahren 1993 und 1994 nur geringe Unterschiede in den Bodengehaltswerten dieser Nährstoffe auftraten, erfolgte für 1995 aus Kapazitätsgründen bisher nur eine Bestimmung der Nährstoffsituation zu Beginn der Vegetationsperiode und zum Erntezeitpunkt. Alle Untersuchungen wurden schichtenbezogen durchgeführt, wobei sich im Vergleich beider Bodenschichten nur Niveauunterschiede ergaben. Im Oberboden (0-30 cm) konnten jeweils höhere Phosphor- und Kaliumgehalte nachgewiesen werden. Wechselwirkungen zum Einfluß der variierten N-Düngung waren im Versuchszeitraum 1992-1995 nicht erkennbar. Zusammenfassend sind in Abb. 3.3.7 die Ergebnisse als Summe beider Bodenschichten dargestellt.

Übereinstimmend lassen sich für die Parzellenversuchsflächen hohe Gehalte an pflanzenaufnehmbarem Phosphor und Kalium nachweisen. Die Kaliumgehalte betragen im langjährigen Mittel 36 mg je 100 g Trockenboden, wobei im Verlaufe der Vegetationsperiode 1994 eine Reduzierung der Kaliumgehalte auf durchschnittlich 17 mg je 100 g Trockenboden zu beobachten war. Damit wurde die gewünschte Nährstoffaushagerung erreicht.

Für Phosphor (langjähriges Mittel 31 mg je 100 g Trockenboden) konnten dagegen in der Bodenschicht 0-60 cm (Auenlehm) keine signifikanten Veränderungen nachgewiesen werden. Die sehr hohe Phosphorversorgung war bisher durch die

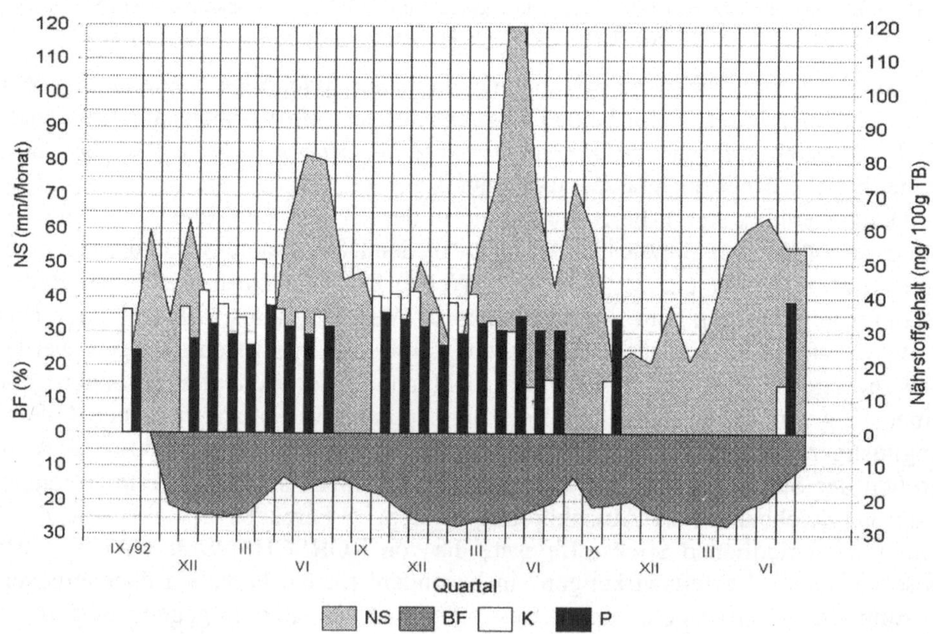

Abb 3.3.7: Parzellenversuch 1992-1995: Gehalte an Phosphor (P), Kalium (K), Bodenfeuchte 0-30 cm (BF) und Niederschlag (NS); Variante D0

geprüften Einflußfaktoren, z.B. Aushagerung, Fruchtfolge, N-Düngung, Fruchtart oder Witterung nicht zu beeinflussen. Dieses Ergebnis wird durch vergleichbare Angaben anderer Autoren gestützt. So fanden STUMPE et al. (1992) auf dem P-reichen halleschen Standort nach 20-jähriger Versuchsdauer mit unterschiedlichem P-Einsatz (0 bis 45 kg·ha^{-1}) keine signifikanten Ertragsunterschiede zwischen den Düngungsvarianten und bilanzierten ein jährliches P-Nachlieferungsvermögen in der P0-Stufe von 24 kg·ha^{-1}. Ähnliche Versuche von HEGE (1994) ergaben nach 12-14 jähriger Versuchsdauer zwischen den P-Düngungsstufen von 0 und 150 kg·ha^{-1} Differenzen in den Bodengehaltswerten von lediglich 9 mg je 100 g Boden.

3.4 Ökophysiologische Wechselbeziehungen zwischen Pflanze und Boden

W. MERBACH, G. KNOF, J. AUGUSTIN, H.-J. JACOB, R. JÄGER,
V. TOUSSAINT

Einführung und Zielstellung

Bekanntlich laufen in der Kontaktzone von Wurzeln und Boden (Rhizosphäre)
intensive Wechselbeziehungen zwischen Pflanzen, Mikroorganismen und Boden-
bestandteilen ab, die große Bedeutung für die Entwicklung, die Gesundheit und den
Ertrag der Pflanzen besitzen (CURL & TRUELOVE 1986; MERBACH et al.
1990). In diesem Zusammenhang spielen wurzelbürtige organische C- und N-
Verbindungen eine essentielle Rolle, da sie Löslichkeit, Sorption und Transport
von Nähr- und Schadelementen (DINKELLAKER et al. 1989, MENCH et al. 1987,
MERBACH 1985), den Umsatz organischer Substanzen (CLARHOLM 1985) sowie Aktivität und „turnover" von Mikroorganismen (JAGNOW 1987) und somit
auch die Stoffflüsse im durchwurzelten Bodenraum beeinflussen.

Trotzdem wird diese C- und N-Nettoabgabe der Wurzeln während der Vegetation bei der Erstellung von C- und N-Bilanzen in agrarischen und natürlichen Ökosystemen derzeit kaum berücksichtigt. Die Hauptursache dafür ist mangelnde
Kenntnis über die Menge und Zusammensetzung der durch die Wurzeln in den Boden abgegebenen organischen Verbindungen. Die meisten verfügbaren Informationen stammen nämlich aus (z.T. sterilen) Nährlösungsversuchen. Es ist jedoch bekannt, daß Pflanzen in festen Substraten größere Stoffmengen abgeben als in Flüs-
sigkeiten (BARBER & GUNN 1974) und daß Mikrobenbesiedlung Einfluß auf die
Rhizodeposition besitzt (BIONDINI et al. 1988). Verläßliche Daten lassen sich daher nur in Versuchen mit dem natürlichen Substrat, dem Boden, gewinnen. Diese
stehen aber - vorwiegend wohl wegen methodischer Schwierigkeiten - bislang nur
sehr unvollkommen zur Verfügung (SCHULZE 1987). Das vorliegende Teilprojekt
sollte einen Beitrag zur Abhilfe leisten. Sein Hauptziel bestand darin, mit Hilfe mo-
dellartiger Labor- und Gefäßversuche und unter Nutzung von Isotopen (^{14}C, ^{15}N)
die Verteilung des in der CO_2-Assimilation fixierten Kohlenstoffs bzw. des durch
die Pflanzen absorbierten Stickstoffs auf Sprosse, Wurzeln, Atmung und
insbesondere auf die durch die Wurzeln „freigesetzten" Substanzen zu untersuchen.

Material und Methoden

Versuchspflanzen und Pflanzenanzucht

Als Versuchsobjekt diente vornehmlich Weizen (*Triticum aestivum* L.), und
zwar sowohl Winter-(Alcedo) als auch Sommerweizen (Mario). Zum Vergleich
wurden daneben auch Luzerne, Mais, Erbsen, Ölrettich, Knaulgras sowie die Un-

kräuter *Chenopodium album*, *Amaranthus retroflexus* und *Stellaria media* einbezogen.

Die Pflanzenanzucht erfolgte entweder in sogenannten Doppelkompartimentgefäßen (Abb. 3.4.1) mit 350 g Boden oder in Mitscherlichgefäßen mit 6 kg Boden (lehmiger Sand aus Müncheberg bzw. Substrat aus Quedlinburg) bei 60 % der maximalen Wasserkapazität.

Als Grunddüngung erhielten die Pflanzen (bezogen auf 1 kg Versuchsboden) 95 mg P als $CaHPO_4 \cdot 2\,H_2O$, 240 mg K als K_2SO_4, 110 mg N als NH_4NO_3, 54 mg Mg als $MgSO_4 \cdot 7\,H_2O$, 0,4 ml 5 %ige $FeCl_3$-Lösung und 0,18 ml A-Z-Lösung nach HOAGLAND (a + b) (HOAGLAND & SNYDER 1933). Die Pflanzenanzahl betrug 3 (kleine Gefäße) bzw. 12 (große Gefäße).

Merkmal	Müncheberg	Quedlinburg
Bodenform	Tieflehmfahlerde	Auendecklehm-Schwarzgley
Körnungsart	ls = schwach lehmiger Sand	sandiger Lehm
Textur	5 % Ton, 25 % Schluff, 79 % Sand	20 % Ton, 45 % Schluff, 35 % Sand
N_t	52 mg $\cdot (100\,g)^{-1}$	80 mg $\cdot (100\,g)^{-1}$
C_t	548 mg $\cdot (100\,g)^{-1}$	1327 mg $\cdot (100\,g)^{-1}$
P (DL)	11,4 mg $\cdot (100\,g)^{-1}$	5,6 mg $\cdot (100\,g)^{-1}$
K (DL)	12,3 mg $\cdot (100\,g)^{-1}$	23,9 mg $\cdot (100\,g)^{-1}$
Mg	3,7 mg $\cdot (100\,g)^{-1}$	11,14 mg $\cdot (100\,g)^{-1}$
pH	5,9	6,7

Tab. 3.4.1: Angaben zu den Versuchsböden

Versuchsanstellungen und Behandlungen

Quantifizierung der C-Verteilung einschließlich der C-Freisetzung durch Wurzeln

Die C-Bilanzierung erfolgte nach zwei Grundprinzipien:

a) Verabreichung von $^{14}CO_2$, um die (primär) wurzelbürtigen $^{(14)}$C-Verbindungen von den im Boden befindlichen $^{(12)}$C-Substanzen unterscheiden zu können. Dabei wurde den in Doppelkompartimentgefäßen (luftdichte Trennung von Sproß- und Wurzelraum, Prinzip vgl. Abb. 3.4.1) herangezogenen Pflanzen über die Sprosse $^{14}CO_2$-haltige Luft angeboten. Der Sproßraum kann durch eine gemeinsame Markierungskammer für mehrere „Untergefäße" ersetzt werden. Dies war vor allem bei größeren Pflanzen und längerer Versuchsdauer der Fall, in denen Mitscherlichgefäße mit Deckeln zum gasdichten Abschluß verwendet wurden. Die $^{14}CO_2$-Applikation geschah im geschlossenen System (Freisetzung des $^{14}CO_2$ aus $NaH^{14}CO_3$ mittels H_3PO_4, automatische Regulierung der $^{14}CO_2$-Konzentration, eingesetzte spezifische ^{14}C-Radioaktivität, angebotene CO_2-Konzentration bzw. Versuchsbedingungen.

Die $^{14}CO_2$-Begasung erfolgte zu unterschiedlichen Zeitpunkten (3-4-Blatt-Stadium, Bestockung, Schossen, Ährenschieben, Milchreife bei Weizen; 3-4-Blatt- bis 8-10-Blatt-Stadium bei anderen Pflanzenarten) und dauerte in der Regel 3 Tage. Dann wurde entweder sofort geerntet, oder die Pflanzen blieben noch 4, 8 bzw. 12 Wochen stehen. Zu Versuchsende erfolgte die Bilanzierung der Verteilung des assimilierten ^{14}C auf die Pflanzensubstanz (Sproß, Wurzel), die Wurzelatmung (periodisches „Ausblasen" des $^{14}CO_2$ aus dem Wurzelraum, vgl. Abb. 3.4.1) und den Boden.

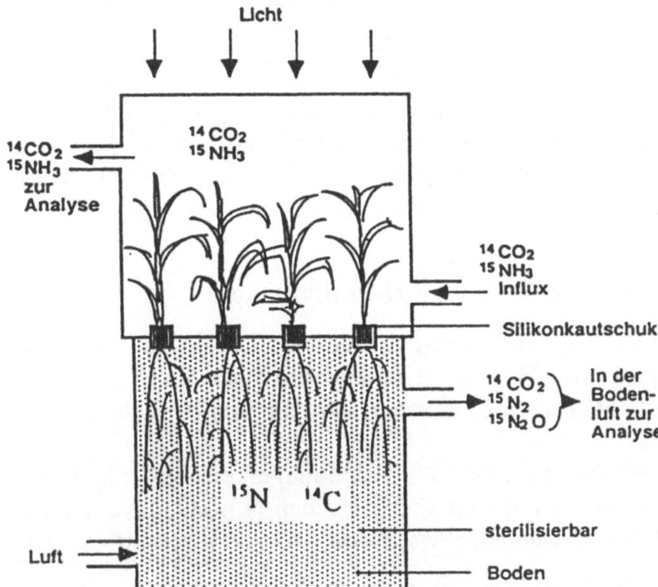

Abb. 3.4.1: Prinzip der Gefäße zur $^{15}NH_4$- bzw. $^{14}CO_2$-Begasung der Pflanzensprosse. Der Sproßraum (oberes Gefäß), der gegebenenfalls auch als Küvette für mehrere Untergefäße dienen kann, ist vom Wurzelraum (unteres Gefäß) gasdicht abgetrennt. Der Wurzelraum ist sterilisierbar und für Gase „durchblasbar" (in Anlehnung an MERBACH 1992).

b) Vergleich steriler und nicht steriler Anzuchten, um die eigentliche Wurzelatmung von der sekundären Wurzelexsudatveratmung durch Mikroben unterscheiden zu können (durchgeführt nur bei Kurzzeitversuchen). Dabei wurde die $^{14}CO_2$-Wurzelatmung der Sterilvariante (Rs) als eigentliche Wurzelatmung (Rw) und diejenige der unsterilen Anzucht (R$_{NS}$) als Summe der Wurzelatmung (Rw) und der mikrobiellen Exsudatveratmung (E$_R$) angenommen.

Es galt also :   Rs = Rw   (3.4.1)

                       R$_{NS}$ = Rw + E$_R$.   (3.4.2)

Hieraus ergab sich der veratmete Exsudatanteil als

                       E$_R$ = R$_{NS}$ - Rs.   (3.4.3)

E$_R$ wird zu der im Boden der Nichtsterilvariante befindlichen ^{14}C-Menge addiert, und man erhält so den tatsächlichen Betrag der primär wurzelbürtigen C-Verbindungen. Die Bodensterilisation erfolgte durch fraktioniertes Autoklavieren mit zwischenzeitlicher Bebrütung, ihre Kontrolle durch mikroskopische Keimzahlbestimmung bzw. durch Beimpfen von Agarplatten mit nachfolgender Kolonienauszählung. In den Sterilvarianten wurden die Samen vor der Aussaat oberflächensterilisiert.

Quantifizierung der N-Verteilung im System Pflanze - Boden (nur Weizen)

Um den durch die Wurzeln abgegebenen N von dem bereits vorher im Boden befindlichen N zu unterscheiden, kam ^{15}N zum Einsatz. Als ^{15}N-Applikationsmethode diente eine $^{15}NH_3$-Sproßbegasung (Doppelkompartimentgefäße nach Abb. 3.4.1), da sich in früheren Versuchen herausgestellt hatte, daß Pflanzen signifikante N-Mengen aus diesem Gas absorbieren können (JANZEN & BRUINSMA 1989, REINING et al. 1992). Der Weizen wurde ab Bestockungsstadium 6 mal in viertägigen Abständen für die Dauer von jeweils 6 h mit $^{15}NH_3$ begast. Die Herstellung des ^{15}N-haltigen Gases erfolgte durch Einleitung von gelöstem $(^{15}NH_4)_2SO_4$ (95 at-% $^{15}N_{exc.}$) in NaOH (methodische Einzelheiten vgl. bei MERBACH et al. 1992). Diese NH_3-Konzentrationen waren in Vorversuchen nicht phytotoxisch (REINING et al. 1992). Auch hier wurde nach Versuchsende die ^{15}N-Verteilung auf Sproß, Wurzel und Boden bilanziert.

Teilcharakterisierung wurzelbürtiger C- und N-Verbindungen

Die (primär) wurzelbürtigen $^{(14)}C$-Verbindungen wurden weiter aufgetrennt in a) veratmetes $^{14}CO_2$ (Auffangen in NaOH) und im Boden verbleibenden ^{14}C, b) nach unterschiedlicher Wasserlöslichkeit und c) in sauer, neutrale und basische Anteile (nur wasserlösliche Exsudate).

Bei den durch die Wurzeln freigesetzten ^{15}N-Verbindungen erfolgte eine Grobtrennung in a) löslichen und austauschbaren anorganischen N und b) hydrolysierbaren organischen N. Die dabei verwendeten Methoden sind im Abschnitt „Methoden" aufgeführt.

Ernte und Probenaufbereitung

Zu Versuchsende wurden die Pflanzen geerntet, mechanisch in Sproß und Wurzeln getrennt (bei ^{14}C-Bilanzierung vorher fraktionierte Extraktion des an den Wurzeln haftenden Bodens durch mehrmaliges Tauchen), bei 60° C bis zur Massenkonstanz getrocknet (Trockensubstanz (TS) - Feststellung) und fein vermahlen (0,2 mm Korngröße). Das Bodenmaterial erfuhr die gleiche Vorbehandlung. Je nach Versuchsansatz wurde das Material danach weiter aufgetrennt (vgl. Abschnitt „Versuchsanstellungen und Behandlungen") und der N-, ^{15}N- bzw. ^{14}C-Analytik zugeführt.

Methoden

Die Auftrennung der H_2O-löslichen ^{14}C-Exsudate erfolgte durch Ionenaustauscherchromatographie (Dowex 50 W x 8; Dowex 1 x 8). Dabei wurde die basische Fraktion vereinfacht als Aminosäure (AS)-Fraktion, die saure als OS (org. Säuren)-Fraktion und die neutrale als Zuckerfraktion (KH) bezeichnet. Die Wiederfindungsquote betrug 88 - 94 % (MERBACH et al. 1990). Die Extraktion des löslichen und austauschbaren N (NO_3^--N, NH_4^+-N) erfolgte mittels 2 M KCl und diejenige der hydrolysierbaren organischen N-Verbindungen durch Säurehydrolyse (12 h Kochen am Rückfluß mit 6 N HCl). Der KCl-Extrakt wurde auf Ammonium und Nitrat, das Hydrolysat auf Ammonium, Hexosamin und Aminosäuren untersucht, wobei die üblichen Wasserdampfdestillationsmethoden zur Anwendung gelangten (BREMNER 1965, BREMNER & KEENEY 1966).

Die Gesamt-N-Bestimmung in der Pflanzensubstanz erfolgte nach Kjeldahl, diejenige im Bodenmaterial nach BREMNER (1960) durch Aufschluß mit Salicylschwefelsäure und Oxidation mit Natriumthiosulfat und Selenreaktionsgemisch. Die ^{15}N-Analyse wurde emissionsspektrometrisch, z.T. massenspektrometrisch (FAUST et al. 1981), die ^{14}C-Radioaktivitätsbestimmung szintillationsspektrometrisch durchgeführt. Die statistische Verrechnung der Resultate erfolgte durch Varianzanalyse mit nachfolgendem TUKEY-Test.

Ergebnisse und Diskussion

^{14}C-Verteilung in Kurzzeitversuchen

Tab. 3.4.2 weist aus, daß zwischen 60 und 84 % des in der Nettoassimilation (Spalte 1) fixierten ^{14}C in das Pflanzengewebe eingebaut (Spalte 2) und zwischen 5 bis 40% durch die Wurzeln wieder veratmet wurden (Spalte 3). Dabei lassen sich Tendenzen einer relativ hohen Atmung und eines niedrigeren ^{14}C-Einbaus in die Trockensubstanz bei Leguminosen erkennen (hohe Kosten für N_2-Fixierung, MERBACH 1990). Ins Auge fällt ferner die niedrige Wurzelatmung bei Ölrettich und den Unkräutern (möglicherweise größere C-Effektivität). Die ^{14}C-Freisetzung der Wurzeln erreichte Werte zwischen 10 % (Ölrettich) und 30 % (Erbsen, Weizen) des in die Pflanzensubstanz (Sproß und Wurzel) eingebauten ^{14}C (Spalte 2 und 4). Die in der Literatur verfügbaren Daten für junge Gersten-, Weizen- und Maispflanzen bewegen sich ebenfalls in dieser Spanne (BARBER & MARTIN 1976, HELAL & SAUERBECK 1989, WHIPPS & LYNCH 1983).

Unterstellt man einmal einen „C-Ertrag" (Gesamtpflanzenmasse einschließlich Wurzel- und Ernterückstände) von 60 dt·ha^{-1} für Luzerne, 40 dt·ha^{-1} für Weizen und 5-10 dt·ha^{-1} für die übrigen hier untersuchten Arten, so ergäbe sich unter Zugrundelegung der Werte aus Tab. 3.4.1 während der Vegetation eine C-Freisetzung zwischen 1 dt·ha^{-1} (Unkräuter, Anfangsbestand z.B. im Mais) und 12 bzw. 15 dt·ha^{-1} (Getreide, Luzerne). Damit steht ein beträchtliches Energiepotential für die verschiedenen Rhizosphärenprozesse zur Verfügung. Ein Beispiel mag dies belegen. Bei Annahme einer N-Assimilation von 4,2 mg N je g C-Substrat (unter Feldbedingungen bei uneingeschränkter Konkurrenz anderer Mikroben ermittelt (SEIDEL 1984)) könnten assoziierende Mikroben (*Azospirillum*) mit diesem C-Dargebot bis zu 50 kg N je ha fixieren.

Pflanzenart Vegetationsstadium	^{14}C-Verteilung im System Pflanze/Boden [Bq/gTS]					
	1 Zu Versuchsende im System befindliche ^{14}C-Radioaktivität (Netto-CO2-Assimilation)	**2** ^{14}C-Einbau in das Pflanzengewebe	**3** $^{14}CO_2$-Wurzel-atmung Rw[1]	**4** ^{14}C-Freisetzung aus Wurzeln	**5** $^{14}CO_2$-Veratmung durch Mikroben ER[2]	**6** In der Wurzel-umgebung verbliebener ^{14}C
		(rel. zu 1) (rel. zu 2)	(rel. zu 1) (rel. zu 2)	(rel. zu 1) (rel. zu 2)	(rel. zu 4)	(rel. zu 2) (rel. zu 4)
Sommerweizen Mario (4-6-Blatt-Stadium, kleine Gefäße)	663881 100%	477449 71,9% 100%	65194 9,8% 13,7%	121238 18,3% 25,4	104881 **86%**	16357 **3,4%** 14%
Sommerweizen Mario (Schoßstadium, große Gefäße)	5452742 100%	3882886 71,2% 100%	400776 7,3% 10,3%	1169080 21,5% 30,1	911882 **78%**	257198 **6,6%** 22%
Sommerweizen Mario (blühende, große Gefäße)	55388 100%	40009 72,2% 100%	5144 9,3% 12,9%	10235 18,5% 25,6	8188 **80%**	2047 **5,1%** 20%
Luzerne (6-8-Blatt-Stadium, kleine Ge-fäße)	1173741 100%	713414 60,8% 100%	290732 24,8% 40,8%	169553 14,4% 23,8	108513 **64%**	61040 **8,6%** 36%
Luzerne (2. Schnitt, 12-14 Blätter, große Gefäße	553330 100%	355792 64,3% 100%	98740 17,8% 27,8%	98798 17,9% 27,8	61366 **62%**	37432 **10,5%** 38%

Tab. 3.4.2:   Bilanzierung der C-Verwertung im System Pflanze/Boden nach $^{14}CO_2$-Begasung der Pflanzensprosse

(Gefäßversuche mit Boden, 3 d Begasung mit $^{14}CO_2$-haltiger Luft (0,035 Vol-% CO2, spez. ^{14}C-Radioaktivität 21,6 kBq · mg C^{-1}), 12 h hell, 12 h dunkel, 24 °C, Mittel aus 5 Wiederholungen)

Fortsetzung Tab.3.4.2:

Pflanzenart Vegetationsstadium	^{14}C-Verteilung im System Pflanze/Boden [Bq/gTS]					
	1	**2**	**3**	**4**	**5**	**6**
	Zu Versuchsende im System befindliche ^{14}C-Radioaktivität (Netto-CO2-Assimilation)	^{14}C-Einbau in das Pflanzengewebe	^{14}CO2-Wurzelatmung Rw[1]	^{14}C-Freisetzung aus Wurzeln	^{14}CO2-Veratmung durch Mikroben ER[2]	In der Wurzel-umgebung verbliebener ^{14}C
		(rel. zu 1) (rel. zu 2)	(rel. zu 1) (rel. zu 2)	(rel. zu 1) (rel. zu 2)	(rel. zu 4)	(rel. zu 2) (rel. zu 4)
Erbse (4-6 Blätter, kleine Gefäße)	205260 100%	126626 61,7% 100%	45942 22,4% 36,3%	32692 15,9% 25,8	17654 **54%**	15038 **11,8%** 46%
Erbse (8-10 Blätter, große Gefäße)	489757 100%	306470 62,5% 100%	89406 18,3% 29,2%	93881 19,2% 30,6	58206 **62%**	35675 **11,6%** 38%
Ölrettich (4 Blätter, kleine Gefäße)	422333 100%	350005 82,9% 100%	24262 5,7% 6,9%	48066 11,4% 13,7	n. b.	n. b.
Ölrettich, (8 Blätter, große Gefäße)	327878 100%	286784 87,5% 100%	13222 4,0% 4,6%	27872 8,5% 9,7	19650 **70,5%**	8222 **2,9%** 29,5%
Chenopodium album (6-8 Blätter, große Gefäße)	363163 100%	288001 79,3% 100%	19740 5,4% 6,9%	55422 15,3% 19,2	31036 **56%**	24386 **8,5%** 44%
Amaranthus retro-flexus (6-8 Blätter, große Gefäße)	543469 100%	457001 84,1% 100%	31325 5,8% 6,9%	55143 10,1% 12,1	23711 **43%**	31432 **6,9%** 57%

[1] Rw ist die Wurzelrespiration der sterilen Vergleichsvariante, die als reale Wurzelatmung angenommen wurde

[2] ER wurde errechnet aus der Differenz zwischen der Respiration der sterilen (RNS) und derjenigen der nicht sterilen Variante (Rs)

Dies vermittelt eine Vorstellung von der ökologischen Potenz wurzelbürtiger C-Verbindungen und kennzeichnet die Relevanz entsprechender Forschungen.

Es verwundert daher nicht, daß 43 bis 86 % der (primär) wurzelbürtigen C-Verbindungen während der Versuchszeit durch Mikroben wieder veratmet wurden (Tab. 3.4.2, Spalte 5). Trotzdem blieben noch beträchtliche ^{14}C-Mengen in der Wurzelumgebung zurück (3-12 % des in die Pflanzensubstanz eingebauten ^{14}C je nach Spezies, vgl. Tab. 3.4.2, Spalte 6). Bei Annahme der oben angeführten C-Freisetzung von 1 bis 15 dt·ha^{-1} sind das immerhin noch ca. 30 (Unkräuter) bis 500 kg ·ha^{-1} (Leguminosen). Die beschriebene C-Verteilung traf grundsätzlich auch für ältere Wachstumsstadien zu, wenngleich die spezifische ^{14}CO$_2$-Nettoassimilation mit zunehmendem Pflanzenalter deutlich absank (Tab. 3.4.2, Weizen).

Nr.	Meßgröße	^{14}C-Applikation und Ernte zum Entwicklungsstadium			
		DC 23 - 29 Bestockung	DC 23 - 29 Bestockung	DC 54 - 59 Ährenschieben	DC 75 Milchreife
1	TS　　　[g·Gefäß$^{-1}$]	7,64	48,44	133,80	166,70
2	Spezif. ^{14}C-Radioakt. der CO$_2$-Nettoassimilation$^{1)}$　　[kBq]	4699,60 100%	350,0 100%	107,60 100%	20,23 100%
3	davon ^{14}C-Inkorporation in Pflanzengewebe [kBq]	4653,60 99%	341,30 97,4%	106,40 98,9%	19,87 98,2%
4	davon im Boden verbliebener wurzelb.^{14}C$^{1)}$　　[kBq]	46,00 1%	9,00 2,6%	1,20 1,1%	0,36 1,8%

Tab. 3.4.3:　Spezifische ^{14}C-Radioaktivität von Winterweizenpflanzen (Alcedo) je g Pflanzen-Trockensubstanz (TS) und ihre Verteilung auf Pflanze und Boden nach ^{14}CO$_2$-Ganzpflanzen-begasung zu verschiedenen Ontogenesestadien mit nachfolgender sofortiger Ernte (3 d ^{14}CO$_2$-Appl.; 0,03 Vol-% CO$_2$; 20° C; 400 W·m^{-2}; spez. Radioaktivität 119 MBq·g^{-1}·C^{-1}) (JACOB et al. 1995)

$^{1)}$ Veratmung von ^{14}C-Exsudaten während der Versuchszeit nicht gemessen

Tab. 3.4.3 bekräftigt diese Aussagen für Winterweizen in unsterilen Mitscherlichgefäßversuchen und bei verschiedenen Ontogenesestadien. Sie zeigt, daß die ^{14}C-Radioaktivität je g TS (ohne veratmete ^{14}C-Exsudate) bei sofortiger Analyse nach Begasungsende kontinuierlich abnahm. Der größte Teil davon befand sich in den Pflanzen. Nur 1 bis 2,6 % verblieben während der Versuchszeit in der Wurzelumgebung. Dieser Wert liegt zwar niedriger, aber doch noch in der gleichen Größenordnung, wie in Tab. 3.4.2 aufgeführt. Bei Annahme von einer C-Masse von 40 dt·ha^{-1} in den Pflanzen entspräche dies etwa 40-100 kg·ha^{-1} C-Masse in der Wurzelumgebung.

^{14}C-Verteilung in Langzeitversuchen

Die bisherigen Kalkulationen gelten nur unter der Voraussetzung gleicher spezifischer Radioaktivität in Sproß, Wurzeln und Exsudaten. Dies ist aber in der Regel bei Kurzzeitversuchen nicht der Fall: So wiesen Wurzeln unmittelbar nach Begasungsende einen viel geringeren ^{14}C-Anteil auf, als es ihrem Trockenmasseanteil entsprach (Tab. 3.4.4, Spalte 1). Es war also anzunehmen, daß die Höhe des im Boden verbleibenden C bei sofortiger Aufarbeitung unterschätzt wird.

Meßgröße	1 ^{14}C-Verteilung zu Begasungsende (DC 23 - 29)		2 ^{14}C-Verteilung 12 Wochen später (Milchreife) (DC 75)				3 [2-1]	
Pflanzen-TS [g]	7,64	100%	121,00	100%			+113,36	+1484%
davon Sproß	6,25	81,8%	94,80	78,3%			+ 88,55	+1420%
Wurzel	1,39	**18,2%**	26,20	**21,7%**			+ 24,81	+1780%
^{14}C-Radioaktivität			**rel. zu 1**					
[kBq]	35904,8	100% 100%	5175,0	100%		14,4%	-30729,0	-85,6%
davon Pflanze	35553,2	99,0% 100%	4598,8	88,9%	100%	12,9%	-30954,4	-87,1%
Sproß	34890,8	97,2% 100%	3545,6	68,5%	77%	10,2%	-31345,2	-89,8%
Wurzel	662,4	**1,8%** 100%	1053,2	**20,4%**	23%	**159%**	+ 390,8	+59%
davon im Boden verbliebener wurzelbürtiger ^{14}C	351,6	**1,0%** 100%	577,0	**11,1%** **12,5%**[1]		164%	+ 225,4	+64%

Tab. 3.4.4: ^{14}C-Radioaktivität und Pflanzentrockenmasse je Gefäß bei Winterweizen (Alcedo) und ihre Verteilung auf Pflanze und Boden nach ^{14}CO$_2$-Begasung zur Bestockung und Ernte sofort danach bzw. 12 Wochen später (Milchreife); (weitere Angaben vgl. Tab. 3.4.3) (JACOB et al. 1995).
[1] bezogen auf ^{14}C-Inkorporation in die Pflanze

Dieser Frage wurde in Gefäßversuchen mit Winter- und Sommerweizen (Alcedo bzw. Mario) nachgegangen. Dabei erfolgte die ^{14}CO$_2$-Verabreichung zu einem frühen Ontogenesestadium (3-4 Blätter bzw. Bestockung) und die Messung der ^{14}C-Verteilung zur Milchreife. Die Ergebnisse zeigt Tab. 3.4.4. Beim Winterweizen war nach einer ^{14}CO$_2$-Begasung zur Bestockung die ^{14}C-Radioaktivität bis zur Milchreife im Vergleich zur sofortigen Ernte auf etwa 14% abgesunken, höchstwahrscheinlich als Folge der Atmung, die aber nicht gemessen wurde. Diese Abnahme bezog sich jedoch ausschließlich auf die Pflanzensprosse, wohingegen die ^{14}C-Markierung der Wurzeln deutlich anstieg. Dies war offensichtlich die Folge einer im Laufe der Zeit eintretenden gleichmäßigen „^{14}C-Durchmarkierung" der Pflanzen, denn das Wurzel/Sproß-Verhältnis der ^{14}C-Radioaktivität glich sich von der Bestockung (Begasungszeitpunkt) bis zur Milchreife demjenigen der TS an. Als Resultat stieg der Anteil des im Boden verbliebenen wurzelbürtigen ^{14}C auf 11,1 % der ^{14}C-Gesamtradioaktivität bzw. 12,5 % des in der Pflanze befindlichen ^{14}C an.

Ganz ähnliche Verhältnisse wurden für den Sommerweizen gefunden (Tab. 3.4.5). Hier schwankte der Anteil des im Boden verbliebenen ^{14}C am ^{14}C-Einbau in die Pflanze zwischen 10 und 25 %. Die Rhizodeposition von wurzelbürtigem C liegt also offensichtlich höher, als aus Kurzzeitversuchen bisher geschlossen wurde. Bei einer Annahme einer C-Masse in der Pflanzenernte von 40 dt·ha^{-1} läge sie bei einem Wert von mindestens 4 -5 dt·ha^{-1}.

Meßgröße	Quedlinburger Boden 1994			Müncheberger Boden 1995		
Pflanzen-TS [g]	54,3	100%		76,9	100%	
davon Sproß	46,5	85,6%		57,4	74,6%	
davon Wurzeln	7,8	**14,4%**		19,5	**15,4%**	
^{14}C-Radioaktivität$^{1)}$ [kBq]	4151,7	100%		7655,8	100%	
davon Pflanze	3297,6	79,4%	100%	6893,0	90,0%	100%
Sproß	3091,0	74,5%	93,7%	5384,6	70,3%	78,1%
Wurzel	206,6	**5,0%**	**6,3%**	1508,4	19,7%	**21,9%**
davon im Boden verbliebener wurzelbürtiger ^{14}C	854,1	**20,5%**	**25,9%**	762,8	**10,0%**	**11,1%**

Tab. 3.4.5: ^{14}C-Verteilung und Pflanzentrockenmasse je Gefäß bei Sommerweizen (Mario) nach $^{14}CO_2$-Begasung im 3-4-Blatt-Stadium (DC 14) und Ernte zur Milchreife (DC 75) (Begasung für 5 Mitscherlichgefäße gleichzeitig in einer Großküvette mit 100 MBq·g^{-1}·C^{-1}, 0,03 Vol-% CO2, Begasungsdauer 1 d, 20°C, 400 W·m^{-2}).
[1] abzüglich des veratmeten ^{14}C (5,3% der ^{14}C-Radioaktivität der Pflanzen)

^{15}N-Verteilung im System Pflanze - Boden

Die Resultate zur ^{15}N-Verteilung nach $^{15}NH_3$-Begasung der Weizenpflanzen sind in Tab. 3.4.6 zu sehen. Es zeigt sich, daß die Weizenpflanzen beträchtliche N-Mengen (4,9 bis 5,6 % des im Gesamtsystem befindlichen ^{15}N bzw. 5,1 bis 6,1 % des in die Pflanzen eingebauten ^{15}N) in den Boden abgegeben hatten. Diese Werte unterschreiten deutlich die N-Freisetzungsraten, die JANZEN & BRUINSMA (1989) nach NH$_3$-Begasung von Weizen gefunden haben. Eine Interpretation ist aber derzeit wegen des Fehlens von Literaturbefunden nicht möglich. Immerhin erreichen die hier vorgestellten Freisetzungswerte praktisch signifikante Größenordnungen. Legt man z.B. eine Nettoabgabe von 6 % des in den Pflanzen befindlichen ^{15}N (Tab. 3.4.2) zugrunde, so ergäbe sich bei einem angenommenen N-Entzug des Weizens von 250 kg·ha^{-1}·a^{-1} (Korn, Stroh und Wurzeln) eine Stickstoffmenge von ca. 15 kg·ha^{-1}·a^{-1}, die während der Vegetationszeit in den Boden freigesetzt würden. Diese Kalkulationen werden gestützt durch Schätzungen von BIONDINI et al. (1988), wonach Präriegräser jährlich 7 bis 10 kg·ha^{-1}·a^{-1} durch die Wurzeln in das Substrat abgeben.

Meßgröße (jeweils mg ^{15}N pro Gefäß)	100 ppm ^{15}NH3-N		200 ppm ^{15}NH3-N	
^{15}N im System	2,45	100%	3,49	100%
^{15}N im Sproß	2,14	87,4%	3,02	86,6%
^{15}N in Wurzeln	0,19	7,7%	0,27	7,7%
^{15}N im Boden (primär wurzelbürtig)	0,12	**4,9%**	0,20	**5,6%**
Anteil des wurzelbürtigen ^{15}N am ^{15}N in der Pflanze		5,1%		6,1%

Tab. 3.4.6: ^{15}N-Verteilung im System Pflanze-Boden bei Weizenpflanzen nach ^{15}NH3-Begasung der Sprosse; Zwischen Bestockung und Schossen 6 x 6 h NH3-Begasung (jeweils 4 h), 3 Pflanzen pro Gefäß, Mittel aus 3 Gefäßen, ^{15}N-Abundanz des NH3 95 at-% ^{15}N$_{exc}$. Substrat: anlehmiger Sandboden. Unterschiede zwischen den Varianten nicht signifikant (Varianzanalyse, TUKEY-Test) (MERBACH et al. 1994)

Teilcharakterisierung wurzelbürtiger C- und N-Verbindungen

In Tab. 3.4.7 sind erste Resultate einer stofflichen Auftrennung der wurzelbürtigen ^{14}C-Verbindungen unter Bodenbedingungen dargestellt. Zunächst wird ersichtlich, daß ca. 75 % davon in löslicher Form vorlagen, die sich (hier nicht dargestellt) in unmittelbarer Wurzelnähe befanden. Die durch Ionenaustauscherchromatographie vorgenommene Grobauftrennung der wasserlöslichen Exsudate zeigt, daß diese sich zum größten Teil aus Kohlenhydraten (KH) und organischen Säuren (OS) zusammensetzten, während Aminosäuren (AS) nur in geringerer Menge vorkamen.

Meßgröße	Bq		relativ	
Gesamtradioaktivität	16357			100%
wasserunlöslich	4154			25,4%
wasserlöslich	12203	100%		74,6%
davon org. Säuren	4149	34,0%		25,3%
Kohlenhydrate	5979	49,0%		36,6%
Aminosäuren	732	6,0%		4,4%

Tab. 3.4.7:   Teilfraktionierung der durch Weizenwurzeln je g Pflanzentrockensubstanz abgegebenen und im Boden verbleibenden (primär) wurzelbürtigen ^{14}C-Verbindungen (Versuchsdaten vgl. Tab. 3.4.2)

Diese Ergebnisse müssen in weiteren Versuchen reproduziert und durch detaillierte quantitative Auftrennungen ergänzt werden. Legt man die oben postulierte C-Freisetzung von ca. 4 dt·ha^{-1}·a^{-1} zugrunde, so liegen davon etwa 3 dt C in löslicher Form (davon 1,5 dt als KH, 1 dt als OS und 0,18 dt als AS) vor.

Tab. 3.4.8 zeigt schließlich das Ergebnis einer (vorläufigen und noch unvollständigen) stofflichen Teilcharakterisierung der im Boden zu Versuchsende vorgefundenen ^{15}N-Verbindungen. Der größte Teil des von den Pflanzenwurzeln „abgeschiedenen" ^{15}N fand sich in der Fraktion des hydrolysierbaren organischen N und lag dort nach der Säurehydrolyse mit 6N HCl vor allem als Aminosäure- und

NH_4^+-N vor. Dies findet eine gewisse Parallele in Versuchen von MARTIN (1977), bei denen nach $^{14}CO_2$-Begasung ca. 17 % des ^{14}C in dieser Fraktion (als AS-^{14}C) gefunden wurden. Im KCl-Extrakt (vor allem Fraktionen der löslichen und austauschbaren anorganischen N-Verbindungen) wurden 3 bis 5 % des Gesamt-Boden-^{15}N nachgewiesen, davon etwa ein Drittel als Nitrat und zwei Drittel als Ammonium.

Boden-^{15}N-Fraktion [$\mu g \cdot Gefäß^{-1}$]	$^{15}NH_3$-Begasung der Sprosse					
	100 ppm NH_3-N			200 ppm NH_3-N		
1 Gesamt-^{15}N im Boden	120		100%	200		100%
2 KCl-Extrakt (2M)	5,4	100%	4,5%	6,0	100%	3,0%
davon NO3--N	1,8	33%		2,0	33%	
NH4+-N	3,6	67%		4,0	67%	
3 6N HCl-Hydrolysat	85,2	100%	71,0%	130,1	100%	65,0%
davon NH4+-N	23,7	28%		28,4	22%	
Hexosamin-N	4,2	5%		10,7	8%	
Aminosäure-N	28,1	33%		45,6	35%	

Tab. 3.4.8: Verteilung des von Weizenpflanzen in den Boden abgegebenen ^{15}N auf einzelne Boden-N-Fraktionen nach $^{15}NH_3$-Begasung der Sprosse;
Methodische Details siehe Tab. 3.4.6. Zwischen den beiden Varianten keine signifikanten Unterschiede (nach MERBACH et al. 1994)

Unter Zugrundelegung der im Abschnitt „^{15}N-Verteilung im System Pflanze-Boden" getroffenen Annahme einer Netto-N-Abgabe von 15 $kg \cdot ha^{-1} \cdot a^{-1}$ wären dies ca. 10 $kg \cdot ha^{-1}$ leicht hydrolysierbarer organischer N (davon 3,5 kg AS-N) und weniger als 1 $kg \cdot ha^{-1}$ Nmin.

Weitere stoffliche Fraktionierungen mit dem Ziel einer vollständigen Bilanzierung der (primär) wurzelbürtigen $^{(15)}N$-Verbindungen sind erforderlich.

Zusammenfassende Abschätzung der C- und N-Freisetzung durch Weizenwurzeln

Eine zusammenfassende Darstellung der in den Tab. 3.4.2 bis 3.4.8 ausgewiesenen Werte erlaubt vielleicht folgende quantitative Grobabschätzung (Tab. 3.4.9): Bei Annahme eines „C-Ertrages" von 40 $dt \cdot ha^{-1} \cdot a^{-1}$ ergäbe sich eine Gesamt-C-Freisetzung von mehr als 10 $dt \cdot ha^{-1} \cdot a^{-1}$, wovon der größere Teil durch Mikroben schnell zu $^{14}CO_2$ veratmet wird. Je nach Versuchsansatz lassen sich die im Boden verbleibenden C-Mengen zwischen 160 und 400 $kg \cdot ha^{-1} \cdot a^{-1}$ beziffern, wovon ca. 120 - 300 kg wasserlöslich sind und vornehmlich aus Kohlenhydraten (mehr als 100 kg C) und organischen Säuren (mehr als 50 kg C) bestehen. Der C-Anteil der Aminosäurefraktion nimmt sich dagegen gering aus (7 - 18 $kg \cdot ha^{-1} \cdot a^{-1}$). Die Netto-N-Abgabe der Weizenwurzeln scheint mit 15 $kg \cdot ha^{-1} \cdot a^{-1}$ relativ niedrig zu liegen. Der Stickstoff befindet sich offenbar vorwiegend in hydrolysierbarer organischer Form mit einem hohen AS-Anteil, der in seiner Größenordnung relativ gut mit den

Resultaten der C-Verteilung übereinstimmt. Genauere stoffliche Fraktionierungen sind nötig.

Parameter	%-Anteil am ^{14}C- bzw. ^{15}N-Einbau in die Pflanze		kg·ha^{-1}·a^{-1} C bzw. N	
Gesamt-C-Freisetzung (lt. Tab. 3.4.2)	27		1080	
CO$_2$-Exsudatveratmung Mikroben (78%,Tab.3.4.2)	21		840	
	Kurzzeitversuch (Tab. 3.4.1)	Langzeitversuch (Tab. 3.4.4 u. 5)	Kurzzeitversuch (Tab. 3.4.1)	Langzeitversuch (Tab. 3.4.4 u. 5)
Im Boden verbleibender C	4	10	160	400
Wasserlöslicher C (75 % lt. Tab. 3.4.7)	3	7,5	120	300
davon als KH OS AS	1,5 1,0 0,10	3,8 2,55 0,45	60 40 7	150 100 18
Gesamt-N-Freisetzung (lt. Tab. 3.4.6)	6		15	
davon lt. Tab. 3.4.8 hydrolysierbarer org. N davon AS-N lösl. + austauschb. anorg. N	4,2 1,5 0,3		10 4 max. 1	

Tab. 3.4.9: Zusammenfassende Abschätzung der C- und N-Freisetzung aus Weizenwurzeln (Annahme 40 dt·ha^{-1}·a^{-1} C-Ertrag Gesamtpflanzen bzw. 250 kg·ha^{-1}·a^{-1} N-Aufnahme)

4 Ökosystem-Monitoring

4.1 Anforderungen an Meßsysteme für das Ökosystem-Monitoring zur Untersuchung agrarischer Ökosysteme

H. MÜHLE, W. LIEDECKE, S. CLAUS

Ziel des Ökosystem-Monitoring im Rahmen von Forschungsarbeiten zur Öko-system-Modellierung ist die Bereitstellung der erforderlichen Datenbasis zur Quantifizierung der Wechselwirkungen zwischen Ökosystemen und der Umwelt. Dazu müssen die Zustandsgrößen der Umwelt und die Stoff- und Energieflüsse an den Systemgrenzen (Atmosphäre, Boden) und z.T. auch innerhalb des Systems erfaßt werden. Der Aufgabenbereich des Ökosystem-Monitoring umfaßt damit sowohl das Umwelt-Monitoring im Sinne der klassischen Agrarmeteorologie, d.h. die Aufnahme von Langzeitreihen klimatischer Kenngrößen des Versuchsstandortes, als auch die detailliertere Erfassung mikroklimatischer Kenngrößen im System Boden-Pflanzenbestand-Atmosphäre bis hin zur Bereitstellung von Daten zur Charakterisierung der Energie- und Stoffflüsse zwischen den Kompartimenten dieses Systems.

Diese umfangreichen, im Rahmen des Ökosystem-Monitoring zu lösenden Meß-aufgaben erfordern den kombinierten Einsatz verschiedener Meßsysteme, die an die unterschiedlichen technischen Anforderungen für einen Langzeitbetrieb, für eine flexible periodische Nutzung oder für nur kurzzeitig anstehende Meßaufgaben optimal angepaßt sein müssen.

Für einen Langzeitbetrieb vorgesehene Meßsysteme sollten den folgenden Kriterien entsprechen:

- Die Sensoren müssen umwelt- und langzeitstabil sowie wartungsarm sein.
- Das Meßsystem muß einen Selbsttest und eine Selbstkalibrierung eigener Systemkomponenten durchführen können. Kalibrierdaten der Sensoren sollten in Koeffizicntentabellen abgespeichert werden können.
- Die anfallenden Daten sind zu speichern, der Datenspeicher muß sicher sein, Möglichkeiten der Fernabfrage sind vorzusehen.
- Die Zykluszeiten der Messungen sind festzulegen. Im Falle des Standortes Quedlinburg werden Messungen in zehnminütigem Abstand mit Integration und Speicherung der Minimum- und Maximumwerte durchgeführt.
- Das Meßsystem ist so zu konfigurieren, daß es Möglichkeiten zur Erweiterung bietet.
- Vor dem Einsatz von Sensoren an unterschiedlichen Standorten in einem Meßnetz ist zu testen, ob der einzelne Sensor über eine Potentialtrennung verfügt. In diesem Falle ist die Erdung eines jeden Sensors empfehlenswert. Weiterhin ist die elektromagnetische Verträglichkeit (EMV) der eingesetzten Gerätesysteme zu überprüfen und gegebenenfalls durch entsprechende

Abschirmungsmaßnahmen zu verbessern.

An Meßsysteme, die nur periodisch eingesetzt werden (z.B. während einer Vegetationsperiode), sind folgende Anforderungen zu stellen:

- Die Sensoranschlüsse sollen universell konfigurierbar sein.
- Die Energieversorgung der Sensoren ist durch das Meßsystem sicherzustellen.
- Das Meßsystem sollte begrenzt autonom funktionieren, über einen Datenspeicher verfügen und an ein Datennetz anschließbar sein.
- Das System sollte PC-gesteuert, manuell kalibrier- und prüfbar sowie visuell in bezug auf die Funktionen kontrollierbar sein.
- Wie bereits für die kontinuierlichen Messungen ausgeführt, sind die Sensoren auch hier auf Potentialtrennung zu prüfen und danach über die Erdung zu entscheiden. Auch hier ist die EMV der Gerätesysteme zu überprüfen.

Meßsysteme für Kurzzeitmessungen, die stunden- oder tageweise durchgeführt werden, sind wie folgt einzurichten:

- Sie sollten direkt am Gerät oder über eine serielle Schnittstelle von einem Laptop-Rechner aus schnell und einfach konfigurierbar sein;
- Es ist für einen möglichst direkten Zugriff von den Datenverarbeitungssystemen aus zu sorgen;
- Das System sollte akkumulatorbetrieben und von der Spannungsversorgung durch das Netz abgekoppelt sein.

Noch vor wenigen Jahren bestanden Meßsysteme aus einem Sensor und einem Meß- und Verarbeitungsblock; derzeit findet ein Wandel statt. Durch die Entwicklung von Mikrokontrolertechnik und Mikromechanik können analoge und digitale Schaltungen auf einem Chip untergebracht werden. Ein Teil der Informationsverarbeitung wird dabei direkt an den Sensor verlagert. Verstärkung, A/D-Wandlung, Parametrisierung und weitere Funktionen werden durch den im Sensor integrierten Mikrokontroler übernommen. Ein digitales Signal kann, galvanisch entkoppelt, über ein Bussystem ohne Erdungsprobleme fehlerfrei übertragen werden.

Diese Enwicklung führt auf dem Gebiet der Meßsensorik zu kleineren komplexen Systemen. Um eine Zielgröße als Meßwert darzustellen, werden teilweise mehrere Einzelgrößen gemessen und verarbeitet. Das wirkt sich insbesondere auf die Verbesserung der Meßgenauigkeit von Sensoren aus, bei denen mehrere Korrekturgrößen berücksichtigt werden. Derartige „intelligente" Sensorelemente, die die genannten Eigenschaften in sich vereinen, werden deshalb zunehmend verwendet.

Durch die dargestellten Methoden der Fehlervermeidung und Steuerung von Meßsystemen mit Mikrokontrolern können neuartige Meßmethoden eingesetzt und eine Reihe von Meßverfahren angewendet werden, die sich bisher auf Grund der Komplexität der Einflußfaktoren nur unbefriedigend realisieren ließen.

Im Rahmen der Arbeiten zum Ökosystem-Monitoring am Standort Quedlinburg wurden in den letzten Jahren eine Reihe von Meßanordnungen entwickelt und betrieben, bei denen die vorangehend angegebenen Kriterien für den Aufbau derartiger Meßsysteme und der technische Entwicklungsfortschritt im Bereich der Meßsensorik weitgehend Berücksichtigung gefunden haben.

Einige dieser Meßsysteme und die damit erzielten Ergebnisse werden in den folgenden Kapiteln vorgestellt.

4.2 Automatisierte Erfassung von Umweltgrößen

W. LIEDECKE

Meßsysteme der Agro-Ökosystemforschung-Quedlinburg

Zur ganzjährigen Erfassung von Klimadaten dient eine meteorologische Meßstation der Firma Lambrecht/Göttingen, die an die besonderen Erfordernisse bei der Erfassung modellrelevanter Umweltgrößen angepaßt wurde.

Die Datenarchivierung erfolgt auf einem Personalcomputer (PC). Für folgende Meßgrößen stehen Datenfiles (Mittelwerte über 10 min) zur Verfügung:

Bodentemperatur:	100 cm, 50 cm, 30 cm, 20cm, 10 cm, 5 cm Tiefe
Lufttemperatur:	2 cm, 50 cm, 200 cm
	200 cm Wetterhütte
	50 cm Wetterhütte
Bodenfeuchte:	20 cm Tiefe, Standardmeßfeld
	20 cm Tiefe, Grasnarbe
relative Luftfeuchte:	200 cm Wetterhütte
	50 cm Wetterhütte
	50 cm Haarhygrometer
Strahlung:	Globalstrahlung
	Photosynthetisch aktive Strahlung (PAR)
	Strahlungsbilanz.

Während der Vegetationsperiode wird zusätzlich ein variabel einsetzbares Meßsystem konfiguriert, das auf dem IMKO-Feldbus (Firma IMKO Mikromodultechnik / Ettlingen) basiert. Mit diesem Meßsystem werden alle für diese Zeit zu erfassenden Zustandsgrößen mit der für sie erforderlichen Sensorik registriert. Das mittels seriellem Datenaustausch arbeitende Feldbussystem auf der Basis „intelligenter" Module führt unmittelbar am Sensor die Verstärkung, die A/D-Wandlung und Parametrisierung durch. Zur Inbetriebnahme werden die Sensoren mit dem jeweiligen Modul kalibriert und die berechneten Parameter in dem EEProm des Moduls eingetragen. Die Systeminformationen bleiben auch bei Stromausfall erhalten. Zu den ganzjährig gemessenen Standardgrößen kommen Bodentemperaturen, Lufttemperaturen, Luftfeuchten, Windgeschwindigkeiten und Strahlungen in und über den Versuchsbeständen hinzu. Einige Sondergrößen, wie Wärmeströme und Strahlungen, Wasserdampfflüsse und andere spezielle Zustandsgrößen werden mit selbstentwickelten und konfigurierten Sensoren erfaßt und ebenfalls an das Meßsystem angeschlossen.

Zur Realisierung kurzfristig angesetzter und zeitlich begrenzter Meßeinsätze wird auf einen Datalogger zurückgegriffen. Dieser kann auf Grund seiner technischen Ausstattung per Software mit Hilfe eines PC konfiguriert werden. Er ist somit universell einsetzbar und leicht für die vorgesehene Aufgabe zu strukturieren.

Durch den eingebauten Akkumulator ist ein begrenzter autonomer Betrieb möglich.

Für Temperaturmessungen werden hauptsächlich als Sensoren kalibrierte PT100-Meßwiderstände eingesetzt, die der Meßgröße entsprechend wasserdicht armiert oder mit einem Strahlungsschutz versehen sind. Weiterhin werden in selbstentwickelten Meßfühlern Si-Sensoren mit Spannungsausgang verwendet. Die Luftfeuchte wird mit einem Haarhygrometer, nach dem psychrometrischen Prinzip und mit kapazitiven Sensoren gemessen. Bei letzteren sind sowohl einzelne als auch On-Chip-Sensoren mit zugehöriger analoger Vorverarbeitung getestet und verwendet worden. Eine auf dem Chip befindliche Meßstelle liefert die Temperatur als Korrekturgröße, wodurch Genauigkeiten um $\Delta rF = \pm 2\,\%$ im Bereich von 0 % bis 100 % relative Feuchte erreicht werden.

Zur Messung der Bodenfeuchte sind für den kontinuierlichen Betrieb Time-Domain-Reflexion (TDR)-Sensoren im Einsatz. Zu ausgewählten Zeitpunkten werden Messungen mit einer Neutronensonde und Bohrstockbeprobungen vorgenommen.

Global- und Bilanzstrahlung werden mit Hilfe thermoelektrischer Empfänger gemessen. Für die photosynthetisch aktive Strahlung (PAR) werden im Eigenbau hergestellte Strahlungsempfänger auf der Basis von SI-Photodioden mit entsprechenden Filtern verwendet. Die Kalibrierung erfolgt an einer amtlich kalibrierten Halogenlampe oder an einem als Sekundärnormal dienenden Meßgerät.

Datenerhebung mit einem variabel einsetzbaren Meßsystem

In den Vegetationsperioden von 1993 bis 1995 wurden 36 zusätzliche Meßstellen im Bestand aufgebaut, um die Umweltbedingungen des betrachteten Systems umfassend beschreiben zu können. Folgende Meßgrößen wurden erfaßt:

Bodentemperatur:	30 cm, 20 cm, 10 cm Bodentiefe
Lufttemperatur:	Bestandesuntergrenze
	Bestandesobergrenze
	über dem Bestand
Bestandstemperatur:	Bestandesobergrenze
relative Luftfeuchte:	Bestandesuntergrenze
	Bestandesobergrenze
Bodenfeuchte:	20cm Tiefe
Strahlungsbilanz:	1 m über Weizen
	1 m über Raps
PAR:	0,5 m über Bestand
Windgeschwindigkeit:	0,3 m über Bestand

Die Genauigkeit der Messungen wird wesentlich durch die Meßfühler und das Meßverfahren bestimmt. Die Abweichungen liegen je nach Typ zwischen ±1 % bis zu ± 4 %. Größere Differenzen zeigen sich dort, wo mit unterschiedlichen physikalischen Wirkprinzipien die gleiche Meßgröße erfaßt werden soll. Dies wird bei der Luftfeuchtemessung mit Psychrometer und kapazitivem Fühler ($\Delta rF = \pm 3...4$ %), sowie der Bodenfeuchte mit TDR-Sonde und Neutronensonde ($\Delta F = \pm 4...6$ %) deutlich. Während die TDR-Sonde eine indirekte Meßmethode darstellt, bei der die Dielektrizitätskonstante als Funktion des Wassergehaltes des Bodens gemessen wird, werden bei der Neutronensonde schnelle Neutronen abgebremst und rückgestreut. Die Anzahl der pro Zeiteinheit rückgestreuten Neutronen ist eine Funktion des Bodenwassergehaltes und wird mit einem Zählrohr ermittelt. Bei beiden physikalischen Wirkprinzipien sind nicht alle Einflußfaktoren scharf auf die Auswertungsfunktionen abgebildet, wodurch sich die genannten Differenzen ergeben.

Für kontinuierliche ganzjährige Messungen der CO_2-Konzentration in der Luftschicht unmittelbar über den Versuchsparzellen wurde ein für OEM-Betriebsweise vorgesehener Infrarot-Gasanalysator auf Modulbasis (CO_2Card, Edinburgh Sensor Ltd., UK) eingesetzt. Eine Stabilitätsprüfung erfolgte durch den Vergleich mit einem Analysator des Typs LI 6262 (LICOR, USA) bei konstanter Prüfgaskonzentration. Die Langzeitschwankungen der CO_2Card lagen mit ± 8 ppm (120 h) bzw. ± 4 ppm (24 h) nur geringfügig über denen des Vergleichsgerätes (± 5 ppm bzw. ± 3 ppm) und können für die vorliegende Meßaufgabe als tolerierbar betrachtet werden. Die Kurzzeitschwankungen betrugen bei der CO_2Card etwa ± 6 ppm und waren bei dem LICOR-Analysator vernachlässigbar. Zur Stabilitätskontrolle der CO_2Card erfolgt im Routinemeßbetrieb täglich eine automatische Einspeisung von Prüfgas. Bei Bedarf kann eine zusätzliche Kontrolle des Nullpunktes vorgenommen werden.

Ein Schema des Meßaufbaus ist in Abb. 4.2.1 dargestellt. Die Steuerelektronik gewährleistet die zyklische Vergleichsmessung mit Prüfgas durch Umschalten der Magnetventile. Das Meßmodul (CO_2Card) besteht aus einem Einküvettensystem mit getaktetem IR-Sender und einem Halbleiterempfänger. Verstärkung, A/D-Wandlung, digitale Verarbeitung und Überwachung werden durch einen Mikrokontroler im Modul vorgenommen.

Durch Addition der absoluten Fehler ergibt sich ein zu erwartender Fehlerbereich von $\Delta CO_2 = \pm 9...12$ ppm für einen Zeitbereich größer 100 Stunden. Bezogen auf eine mittlere Grundkonzentration von 350 ppm kann der relative Fehler mit $\Delta CO_{2rel} = 2,6...3,5$ % angegeben werden. Als Prüfgas kann bei entsprechender Kontrolle der CO_2-Konzentration Preßluft eingesetzt werden. Die CO_2-Konzentration in der Preßluftflasche wird bei voller und leerer Preßluftflasche mit einem auf der Basis von Wösthoff-Gasmischpumpen kalibrierten LICOR-Analysator (LI 6262) gemessen, um gegebenenfalls einen gleitenden Korrekturfaktor berücksichtigen zu können. Die bisher festgestellten Änderungen der CO_2-Konzentration erreichten Werte um ± 10 ppm. Für die betroffenen Daten wurde durch eine gleitende Nullpunktverschiebung eine Anpassung zwischen den Datensätzen berechnet.

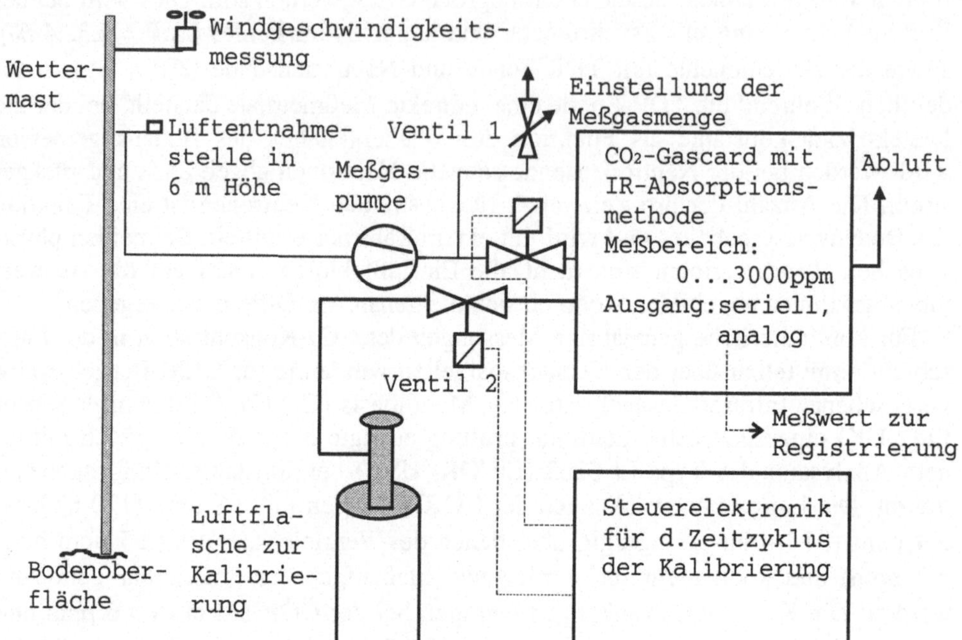

Abb. 4.2.1: Meßsystem für CO2-Langzeitmessungen

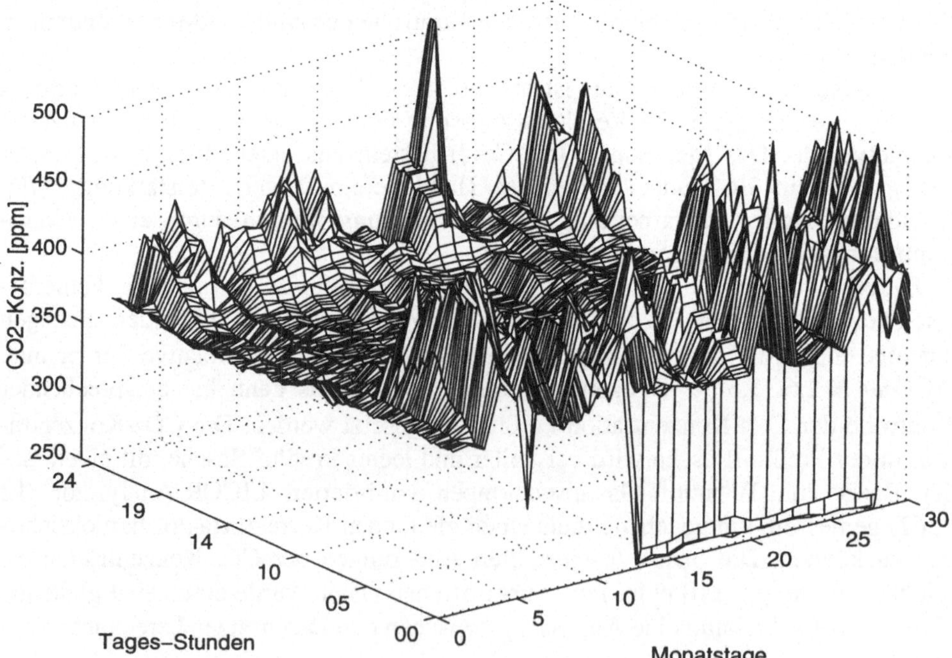

Abb.4.2.2: Langzeitversuch der CO2-Messungen mit Kalibrierung, Juni 1995

Da die Dichte von CO_2 mit 1,96 kg·m^{-3} um etwa 35 % höher ist als die von Stickstoff, ist bei längerem Verharren mit einer Entmischung der Luft zu rechnen. Daher empfiehlt es sich, die Flasche in liegendem Zustand in das System einzubinden, um den Entmischungseffekt klein zu halten.

Die in Abb 4.2.2 dargestellten Ergebnisse der Messungen der CO_2-Konzentration über dem Versuchsfeld für den Monat Juni 1995 zeigen einen deutlichen Tagesgang, der dem Verlauf des CO_2-Gasaustausches zwischen der Vegetation und den bodennahen Atmosphärenschichten folgt. Tagsüber stabilisiert sich der CO_2-Gehalt infolge des CO_2-Entzuges durch die Photosynthese auf einem annähernd konstanten Niveau von 360 ± 12 ppm, während die CO_2-Freisetzung durch die Atmung in den Abend- und Nachtstunden zu einem Anstieg der CO_2-Konzentration führt. Der nächtliche Konzentrationsanstieg ist von der Intensität des Luftaustausches in den bodennahen Atmosphärenschichten abhängig und kann bei geringer Luftbewegung Maximalwerte von 400 ppm bis 450 ppm erreichen. Bei bedeckter und austauscharmer Wetterlage kann sich der Abbau der nächtlichen Spitzen bis zum späten Vormittag hinziehen. Die in Abb. 4.2.2 ebenfalls dargestellten, bei einer CO_2-Konzentration der Preßluft von 250 ppm registrierten Prüfwerte (ab 16.6.1995) dokumentieren die Stabilität des Meßsystems über den betrachteten Zeitraum.

4.3 Thermovisionsmessungen an Pflanzenbeständen

W. LIEDECKE

Ziel der Arbeiten

Neben der Untersuchung der Umgebungskenngrößen mit konventionellen Sensoren, die im allgemeinen einen punktförmigen Meßwert repräsentieren, ist die berührungslose und flächenhafte Erfassung von Kenngrößen zukünftig von immer stärkerer Bedeutung. Als dafür praktikabel können zur Zeit nur auf optischen Prinzipien beruhende Verfahren bezeichnet werden. Da die Temperatur der Pflanzen einen wesentlichen Einfluß auf physiologische Prozesse ausübt, waren Untersuchungen mit einer Thermovisionskamera naheliegend. Von Interesse sind Unterschiede der Oberflächentemperatur, die mit der Thermovisionskamera oder mit einem IR-Thermometer gemessen wurden, und deren Verhältnis zur aktuellen Lufttemperatur. Aber auch zwischen verschiedenen Kulturen auftretende Differenzen bei unterschiedlichen Entwicklungszuständen und Strahlungsbedingungen sind beim Aufstellen von Bilanzen größerer Flächenelemente von Bedeutung.

Zur Untersuchung der Temperaturverteilung bei ganzen Pflanzen oder einzelnen Pflanzenteilen ist die Thermovision ebenfalls geeignet, da gleichzeitig die Temperatur aller einstrahlenden Flächenelemente abgebildet wird. Somit können Unterschiede sichtbar gemacht und analysiert werden.

Die Auswertung von Thermovisionsbildern ist an entsprechende Software gebunden. Zu einer vom Gerätehersteller zur Verfügung gestellten Grundversion sind eine Reihe zusätzlicher Auswertungsprogramme unter Nutzung des Programmiersystems Matlab/Simulink (THE MATHWORKS 1994) erarbeitet worden.

Gerätetechnik und Meßmethode

Thermovisionskameras arbeiten zumeist im Spektralbereich von 2 µm bis 5 µm oder 8 µm bis etwa 14 µm des atmosphärischen Fensters, so daß Fehler durch die in der Luft vorkommenden, absorbierenden Stoffe weitgehend unterdrückt werden. Durch eine spezielle Optik mit einer Abtastmechanik werden die einfallenden Wärmestrahlen für jedes Pixel des Bildes von einem Sensor abgetastet, anschließend digitalisiert und einer Farbtabelle zugeordnet, so daß ein Falschfarbenbild entsteht. Am weitesten verbreitet sind die sogenannten Slowscan-Kameras, die zwischen 1..2 Bilder je Sekunde mit etwa 60000 Pixeln (z.B.: Varioscan von Jenoptik 200 x 320 Pixel) bei einer Digitalisierungstiefe von 8 Bit realisieren. Dies entspricht 256 möglichen Temperaturabstufungen, wobei sowohl der Beginn des Bereiches als auch die Temperaturauflösung (meist von 0,1 K·Bit^{-1} bis 1 K·Bit^{-1}) eingestellt werden können. Die Bilder werden digitalisiert als Datenfiles auf Diskette oder anderen Speichermedien abgelegt. Wesentliche Unterschiede der Kameras ergeben sich aus dem verwendeten Sensor (Punkt-, Zeilen- oder Arraysensor) mit seinem Kühlsystem (Stickstoff-, Peltier- oder Stirlingkühler) und seiner Auflösung (8, 12 oder

14 bit) sowie dem damit verbundenen Spektralbereich und deren Abtastgeschwindigkeit für ein Bild.

Ergebnisse: Vergleich der Oberflächentemperaturen

Die Messung der Oberflächentemperatur einer stark heterogenen Struktur, wie
sie ein Getreidebestand darstellt, sollte in einem flachen Winkel (<30°) erfolgen,
um tiefere Strukturelemente von Beständen auszublenden. Ziel der folgenden Betrachtungen ist die Darstellung ökosystemarer Zustände anhand einiger Aufnahmen
mit Hilfe der Thermovisionstechnik.

Es ist zu erwarten, daß sich die Oberflächentemperatur in Abhängigkeit von der
Lufttemperatur und den wechselnden Strahlungsbedingungen im Freiland ändert.
Betrachtet man einen natürlichen Tagesverlauf mit wolkenbedingtem Wechsel zwischen diffuser Strahlung und direkter Sonnenstrahlung (Abb. 4.3.1), so wird ein
nahezu paralleler Verlauf von Oberflächen- und Lufttemperatur deutlich. Klassifiziert man grob in sonnige und diffuse Abschnitte, so lassen sich Differenzen zwischen Oberflächen- und Lufttemperatur von etwa 1,5 K am Morgen und 2,5...3 K
am Mittag erkennen. Da der Wechsel zwischen diffusen und sonnigen Abschnitten
in sehr kurzen Zeitintervallen (Minutenbereich) erfolgte, die Globalstrahlung

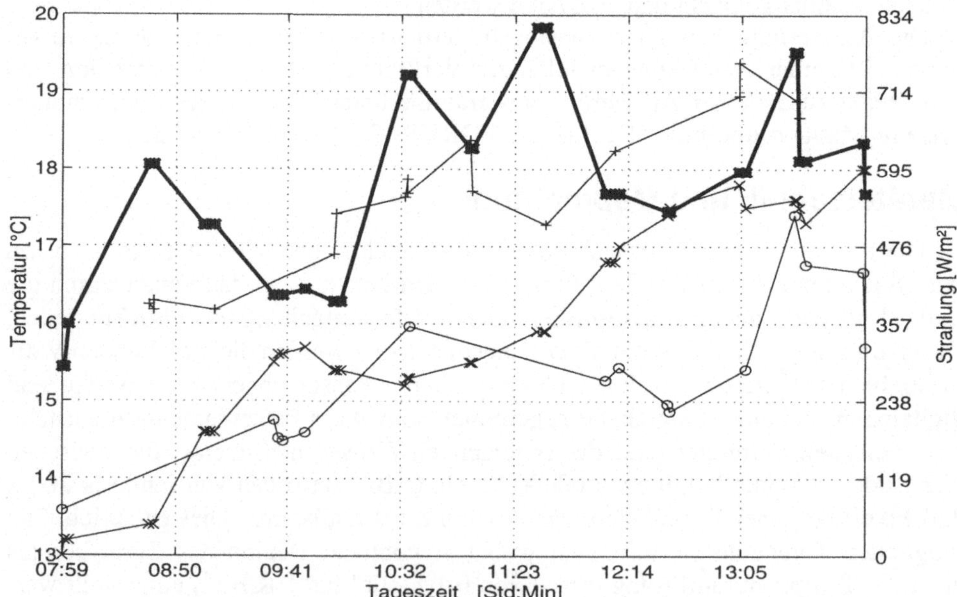

Abb. 4.3.1:   Temperaturen und Globalstrahlung über einem Weizenbestand; 15.06.1996
—x— Lufttemperatur 200 cm (Wetterhütte)
—+— Mittlere Oberflächentemperatur bei direkter Sonnenstrahlung
—o— Mittlere Oberflächentemperatur bei diffuser Sonnenstrahlung
—*— Globalstrahlung

jedoch nur als Mittelwert zur Verfügung steht, kann deren Einfluß auf die Oberflächentemperatur im Komplex aller unter natürlichen Bedingungen wirkenden Einflußgrößen zwischen 12 und 13 Uhr als geringfügig bezeichnet werden.

Um den Einfluß der Lufttemperatur auf die Darstellungsform zu verringern, wurden in Abb 4.3.2 die Oberflächentemperaturen für Weizen (Varianten „gedüngt" und „ungedüngt") auf diese normiert und die Kassifizierung in diffus und sonnig beibehalten. Die Unterschiede zwischen den Varianten (ungedüngt: jeweils die obere Kurve) sind gering. Sie liegen im Bereich bis 5%. Dies entspricht 0.9 K bei 18 °C Lufttemperatur. Für frühere Phasen der Entwicklung liegen einzelne Meßserien vor. Bei diesen scheint die Differenzierung der Varianten „gedüngt" und „ungedüngt" stärker ausgeprägt zu sein

Größere Unterschiede in der Oberflächentemperatur ergeben sich beim Vergleich unterschiedlicher Kulturen. In Abb. 4.3.3 erfolgt die Gegenüberstellung von Weizen, Gerste und Luzerne in einer Meßreihe. Die Oberflächentemperaturen wurden wie in Abb. 4.3.2 in gleicher Weise auf die Lufttemperatur normiert, um ihren Einfluß auf die Darstellungsform zu unterdrücken und den der Strahlung zu verdeutlichen. Auffallend ist, daß die Oberflächentemperatur der sich in der Reifepha-

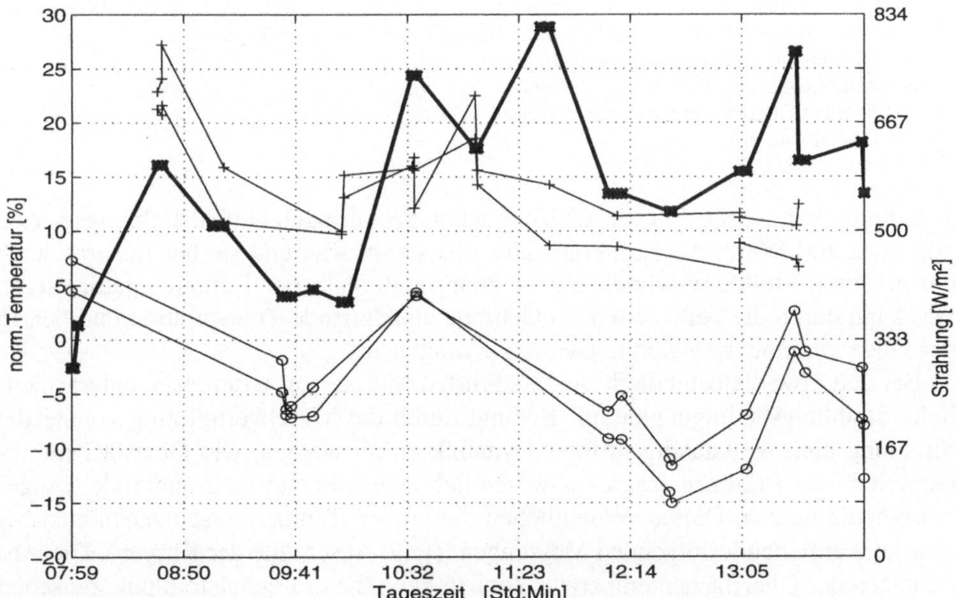

Abb. 4.3.2:   Mittlere Oberflächentemperaturen, normiert auf die Lufttemperatur, über einem Weizenbestand, Varianten gedüngt und ungedüngt (jeweils obere Kurve) und Globalstrahlung; 15.06.95
—+— Mittlere Oberflächentemperatur bei direkter Sonnenstrahlung
—o— Mittlere Oberflächentemperatur bei diffuser Sonnenstrahlung
—*— Globalstrahlung

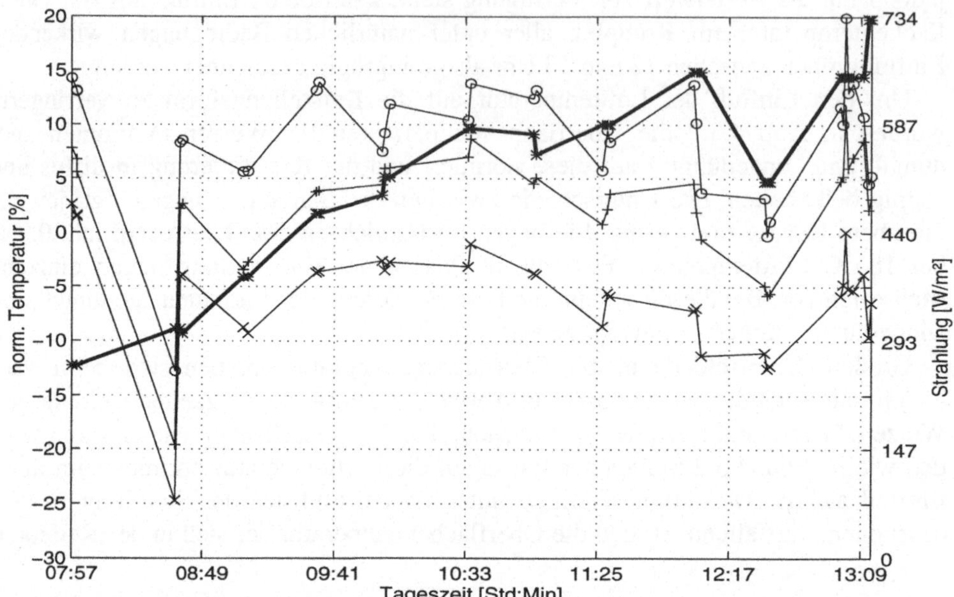

Abb. 4.3.3:   Mittlere Oberflächentemperaturen, normiert auf die Lufttemperatur, über Weizen,
Gerste und Luzerne bei unterschiedlichen Strahlungsbedingungen; 15.06.1995
—+— Mittlere Oberflächentemperatur Weizen
—o— Mittlere Oberflächentemperatur Gerste
—x— Mittlere Oberflächentemperatur Luzerne
—*— Globalstrahlung

se befindlichen Gerste und des Weizens schon bei geringen Globalstrahlungswerten
von etwa 300 $W \cdot m^{-2}$ die Lufttemperatur übersteigt, während sie bei Luzerne auch
bei größeren Strahlungswerten immer knapp unterhalb der Lufttemperatur bleibt.
Das kann durch die beim reifenden Getreide abnehmende Transpiration und den in
der Folge verminderten Kühlungseffekt bedingt sein.

Bei den etwa halbstündlich durchgeführten Messungen traten sehr unterschiedliche Strahlungsbedingungen auf. Bedingt durch die Mittelwertbildung konnte die
Strahlung nicht vollständig in ihrer Dynamik erfaßt werden. Die Oberflächentemperaturen von Pflanzen reagieren wesentlich schneller auf sich ändernde Umgebungsbedingungen. Dieses verdeutlichen die großen Temperaturschwankungen bei
sehr kurz aufeinanderfolgenden Messungen (steile Abschnitte der Kurven). Die Änderungen der Oberflächentemperatur können bei höherer Globalstrahlung zwischen
5..10 % der Umgebungstemperatur betragen.

In Abb. 4.3.4 wird die Streuung der Oberflächentemperatur eines Weizenbestandes anhand der Häufigkeitsverteilung dargestellt. Die Streuung der Oberflächentemperatur ist ein wesentlicher Parameter zur Einschätzung der Homogenität eines
Bestandes.

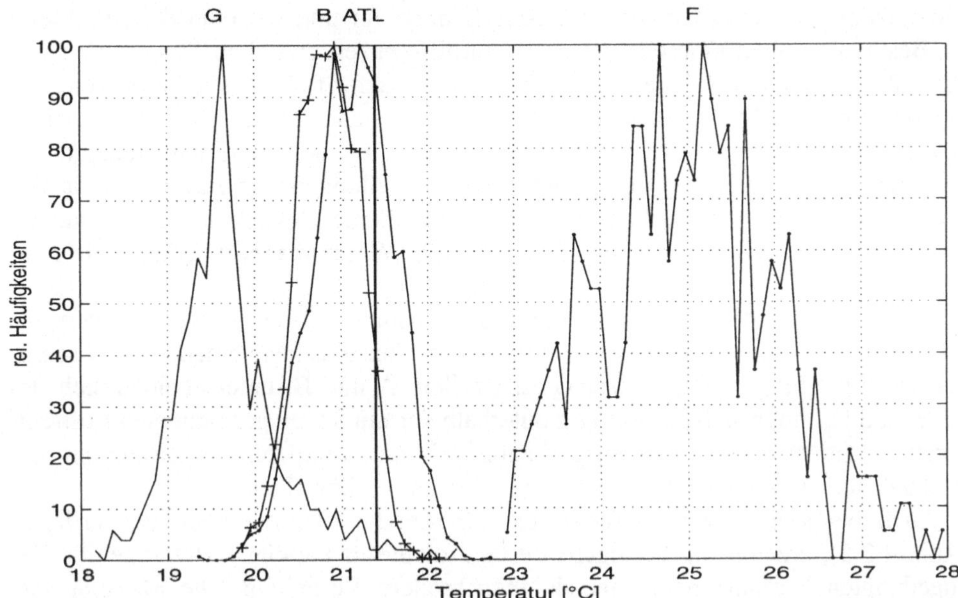

Abb. 4.3.4:   Relative Häufigkeiten der Oberflächentemperatur von Weizenparzellen; 19.06.1995
Globalstrahlung: 657,3 W·m^{-2}; TL: Lufttemperatur
Oberflächentemperaturen: A: Weizen - ungedüngt G: Weizen - untere Schicht
                                B: Weizen - gedüngt   F: leicht bewachsener Boden

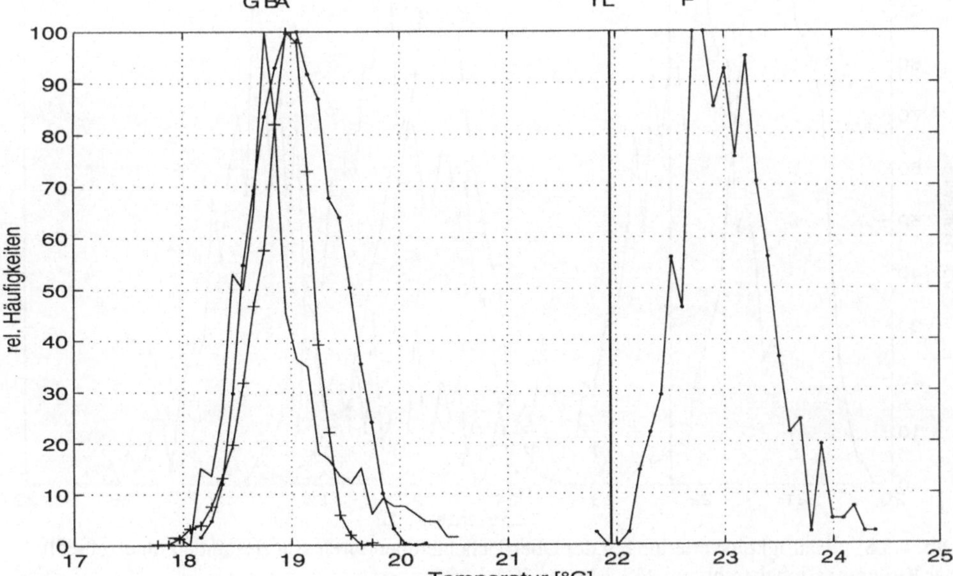

Abb. 4.3.5:   wie Abb.4.3.4, jedoch mit geringerer Globalstrahlung: 281,4 W·m^{-2}

Thermovisionsuntersuchungen an Einzelpflanzen vor und während der Milchreife im Bestand ergaben Oberflächentemperaturdifferenzen zwischen Stengel in Höhe des Fahnenblattes und Ähre von 1K bis 2 K je nach Strahlungsverhältnissen. Ein dichter, gleichmäßig gewachsener Bestand sollte daher in der Basisbreite seiner Häufigkeitsverteilung ±1 K nicht überschreiten. Es ist somit naheliegend, bei größeren Basisbreiten und unsymmetrischen Verteilungen von Inhomogenität des Bestandes zu sprechen, da diese durch Bestandesdichteschwankungen oder andere, über den Boden indirekt wirkende Faktoren (z.B. Wassermangel) bedingt sein können.

Bei symmetrischer Verteilung zeigt das Maximum auf den Erwartungswert des in bezug auf die Oberflächentemperatur betrachteten Flächenelementes. Die Maxima der Verteilungen beider Versuchsparzellen A und B unterscheiden sich um 0,5 K und befinden sich geringfügig unterhalb der mit TL eingezeichneten Lufttemperatur. Mit rund 2,5 K niedriger hebt sich die Temperaturverteilung an der Bestandesuntergrenze deutlich von derjenigen an der Oberfläche ab.

Auch bei kleinen Strahlungswerten, für die die Maxima übereinanderliegen (Abb. 4.3.5), erzeugt die geringere Bestandsdichte und größere Heterogenität der ungedüngten Variante noch eine deutlich breitere Verteilung. Die Maxima verschieben sich entsprechend dem Verlauf der mittleren Temperatur in der Abb. 4.3.3. Die Breite der Häufigkeitsverteilung ist mit maximal ±1 K schmal gegenüber

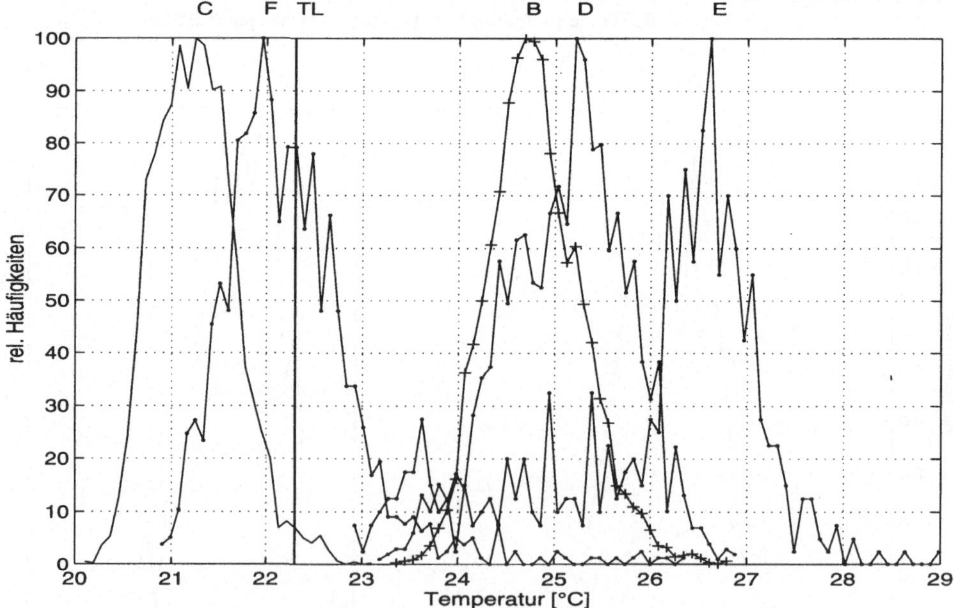

Abb. 4.3.6:   Häufigkeitsverteilungen der Oberflächentemperaturen von Öständen unterschiedlicher Kulturen; Globalstrahlung: 453,4 W·m⁻²; TL: Lufttemperatur
B: Weizen   C: Luzerne   D: Gerste   E: unbewachsener Boden   F: natürlicher Bewuchs

Flächen mit natürlichem Bewuchs, nimmt aber mit größer werdender Globalstrahlung und fortschreitender Reife zu.

Vergleicht man die Kulturen Weizen, Gerste, Luzerne und natürlichen Bewuchs (Abb. 4.3.6), so zeigt sich, daß bei der vorhandenen Globalstrahlung und dem Entwicklungszustand des Getreides (Reifephase) die Oberflächentemperatur der Luzerne und des natürlichen Bewuchses unter der Lufttemperatur und im Bereich einer Häufigkeitsverteilung von ±1 K bleibt. In weit vor der Reife liegenden Entwicklungsstadien ist dies durchgehend bei allen Kulturen der Fall. Im fortgeschrittenem Reifestadium nähern sich die Oberflächentemperaturen der reifen Kulturen denen unbewachsener Flächen an. Sie können diese bei kurzzeitigen sehr hohen Globalstrahlungen (>700 W·m^{-2}) auch überschreiten. Reife Bestände tragen somit durch ihre Eigenerwärmung entscheidend zur allgemeinen Temperaturerhöhung durch Konvektion und Strahlung in die Umgebung bei.

Die Eigenstrahlung einer Vegetationsfläche läßt sich auf der Grundlage ihrer Oberflächentemperatur nach dem Gesetz von STEFAN-BOLTZMANN berechnen. Die in Richtung Atmosphäre abgegebene Wärmestrahlung des Bestandes als Differenz zu der Strahlung, die Körper gleichen Emissionsgrades aussenden, die sich auf Umgebungstemperaturniveau befinden, zeigt Abb. 4.3.7.

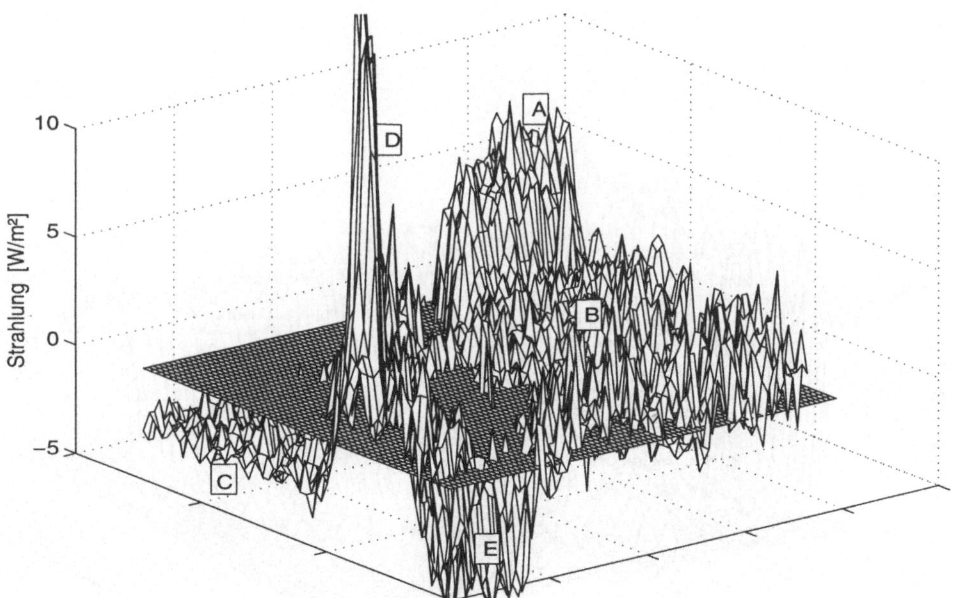

Abb. 4.3.7:   Abgegebene Wärmestrahlung über unterschiedlicher Kulturen; 17.07.96
Globalstrahlung: 285,6 W·m^{-2}
A: Gerste   D: wildbewachsener Boden des Weges
B: Weizen   E: Stück eines Weges mit natürlichem Bewuchs
C: Luzerne

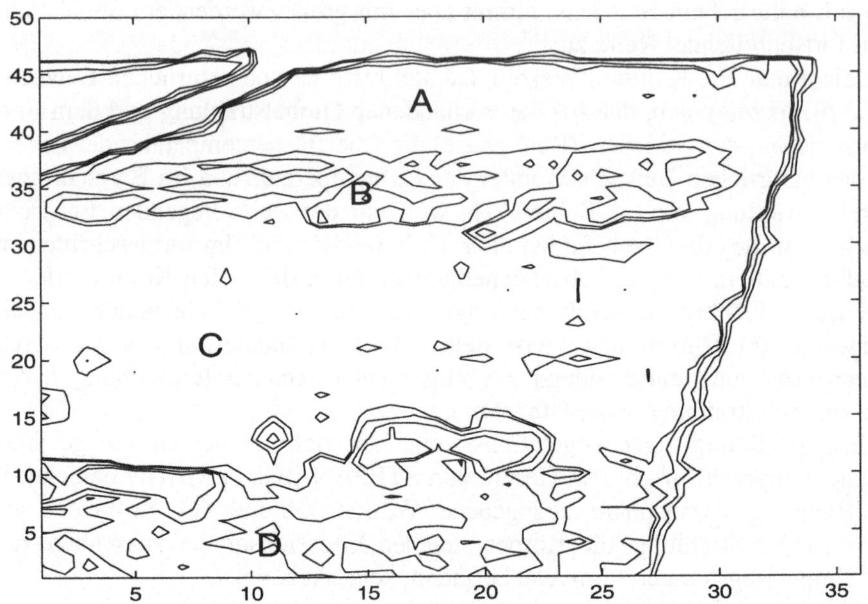

Abb. 4.3.8:   Isothermendarstellung eines Weizenbestandes; Globalstrahlung: 690 W·m⁻²

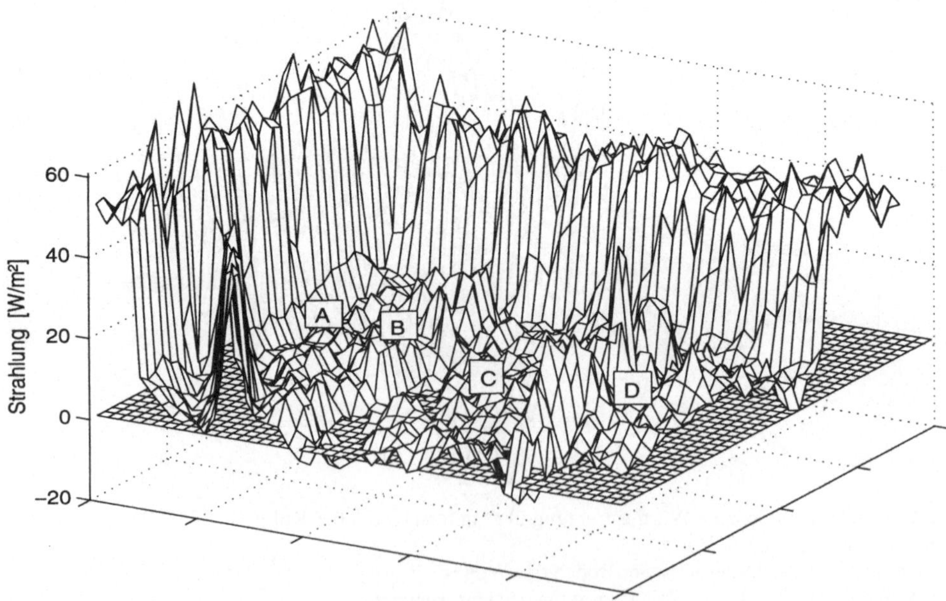

Abb. 4.3.9:   Abgegebene Wärmestrahlung des in Abb. 4.3.8 dargestellten Weizenbestandes

Die eingeblendete „0"-Ebene stellt das Strahlungsniveau dar, das alle Körper, die Umgebungstemperatur annehmen, erreichen würden (etwa $P = 390$ W·m⁻²).

Relativ deutlich ist die Einteilung in vier Ebenen der Rückstrahlung zu erkennen. Obwohl eine geringere Globalstrahlung herrscht als bei den in Abb. 4.3.6 dargestellten Messungen, sind die Relationen der Fruchtarten untereinander in bezug auf ihre Rückstrahlung ähnlich. Während sich die in der Vollreife befindlichen Pflanzen und wenig bewachsene Bodenflächen stark erwärmen und ihre aufgenommene Energie nahezu vollständig an die Umgebung zurückstrahlen, wird diese von aktiven grünen Pflanzen (hier Luzerne [E]) zum Teil absorbiert und im wesentlichen über die Transpiration abgegeben. Dies ist überall dort der Fall, wo die Strahlungswerte sich unterhalb der eingeblendeten „0"-Ebene absenken, wodurch die Gebiete deutlich voneinander unterscheidbar sind. Gut zu erkennen ist der steile Abwärtsgradient zwischen Bestandesgrenze und Weg [C]. Durch die leicht schattige Lage erreicht die Strahlung fast Umgebungsniveau. Der sich anschließende sonnige Abschnitt zwischen Weg [C] und Luzerne [E] weist an freien Bodenstellen Strahlungsspitzen von 30 W·m⁻² über Umgebungsniveau auf.

Um durch die Düngung bedingte Strukturunterschiede nachzuweisen, wurden in Abb. 4.3.8 in das Thermovisionsbild eines Weizenbestandes Isothermen eingezeichnet.

Die starken Gradienten zwischen den Versuchsfeldern und dem wesentlich wärmeren Weg heben sich durch mehrere dicht beieinanderliegende Isothermen hervor. Deutlich unterscheidbar sind die Düngungsvarianten [A] und [C] von den ungedüngten Varianten [B] und [D].

Um die Gradienten besser veranschaulichen zu können, wurde das aus Abb. 4.3.8 berechnete Profil der vom Bestand abgegebenen Wärmestrahlung in Abb. 4.3.9 räumlich dargestellt.

Es ist eine gute Differenzierung der wärmeren und damit stärker zurückstrahlenden ungedüngten Weizenflächen [B] und [D] erkennbar. Die stärkere Abschattung eines Teiles des Weges erzeugt einen fließenderen und strukturierteren Übergang als dies auf dem der direkten Einstrahlung ausgesetzten Weizenteilstück der Fall ist.

Verallgemeinernd läßt sich zusammenfassen: In verschiedenen pflanzlichen Entwicklungsstadien ausgeführte Thermovisionsmessungen liefern ein in Zeit und Raum differenziertes Verteilungsmuster von zwei für den Energie- und Wasserhaushalt von Pflanzenbeständen wesentlichen Größen: der Bestandes-Oberflächentemperatur und der thermischen Eigenstrahlung. Zeitgleiche Messungen anderer wichtiger Einflußgrößen, wie der Lufttemperatur und der Strahlung, sollten mit dem Einsatz des Thermovisionsystems gekoppelt werden. Solche Messungen sind unerläßlich, um eindimensionale Energie- und Wasserhaushaltsmodelle räumlich und zeitlich optimal an jene Testparzellenflächen anpassen zu können, die im vorliegenden Bericht als Repräsentanten der Kategorie "weitgehend homogenes Areal" betrachtet wurden. Parallel dazu können mit Thermovisionsmesssungen wesent-

liche Aussagen darüber bereitgestellt werden, wie sich verschiedenartige Pflanzenbestände (verschiedenartig z.B. hinsichtlich ihrer Stickstoffversorgung) in ihrem
aktuellen Energie- und Wasseraustauschverhalten unter ansonsten gleichen Umweltbedingungen unterscheiden.

In bezug auf zukünftige Arbeiten wird eingeschätzt, daß bei einem Übergang
von punktueller oder kleinräumiger Betrachtungsweise zu größeren Flächen, der
bei Energie- und Wasserhaushaltsmodellen nur unter Einbeziehung von Fernerkundungsdaten (als "Ersatz" für fehlende Modell-Eingangsgrößen) erfolgen kann,
Thermovisionsmessungen als Bindeglied zwischen bodengebundenen Punktmes-
sungen und remote-sensing-Verfahren eine bedeutsame Rolle zukommen wird. Mit
Thermovision lassen sich die Temperaturfelder von Vegetationsflächen aus Höhen
messen, die zwischen denen der genannten Verfahren liegen und die für die Interpretation der Ergebnisse geeignet gewählt werden können.

4.4 Meßtechnische Voraussetzungen für die Erfassung des CO₂-Gasaustausches „Pflanzenbestand - Atmosphäre"

W. LIEDECKE, J. MÜLLER

Einleitung

Bei Messungen des Gasaustausches an Pflanzen und Pflanzengruppen haben sich bisher vor allem Verfahren auf der Grundlage von Assimilationsküvetten bewährt (SCHÄFER et al. 1980, GARCIA et al. 1990, OECHEL et al. 1992). Mikrometeorologische Methoden (z.B. Eddy-Korrelationsverfahren, Gradientenverfahren), bei denen ein zunächst nur als Punktmessung über einer Fläche bestimmter Fluß als repräsentativ für die umgebende Fläche betrachtet wird, können nur bei hinreichend großen, homogenen und ebenen Vegetationsflächen eingesetzt werden (DENMEAD & RAUPACH 1993, LAUBACH 1995).

Gaswechselmeßsysteme mit Assimilationsküvetten können in verschiedenen Konfigurationen aufgebaut werden, die sich insbesondere in bezug auf die Möglichkeiten der Regelung der mikroklimatischen Bedingungen in der Küvette und dem damit verbundenen technischen Aufwand unterscheiden:

offene Meßverfahren
- hoher Volumendurchsatz, um Änderungen der CO₂-Konzentration und der relativen Luftfeuchte in der Küvette gering zu halten und die in Wärme umgewandelte Strahlungsenergie abzuführen,
- keine oder nur eingeschränkte Regelung der CO₂-Konzentration und der relativen Luftfeuchte,
- einfache und robuste Konstruktion, minimaler Aufwand;

halboffene Meßverfahren
- hoher Volumendurchsatz,
- Regelung von Umgebungsgrößen, wie z.B. der CO₂-Konzentration und der relativen Luftfeuchte,
- höherer Aufwand zugunsten einer verbesserten Einstellbarkeit von verschiedenen Arbeitspunkten;

geschlossene Meßverfahren
- Regelung der CO₂-Konzentration und der relativen Luftfeuchte in der Küvette durch Zuführung bzw. Abführung des durch die Pflanzen aufgenommenen bzw. freigesetzten Kohlendioxids und Abführung des bei der Transpiration abgegebenen Waserdampfes,
- relativ kleiner Volumendurchsatz bei größerem Meßeffekt,
- hoher Steuerungs-, Regelungs- und Meßaufwand,
- verbesserte Möglichkeiten der Einstellung verschiedener Arbeitspunkte und der Nachregelung der Küvettenklimas in bezug auf die äußeren Umgebungsbedingungen.

Während für Gaswechselmessungen an Pflanzenteilen verschiedene kommerzielle Systeme verfügbar sind (z.B. WALZ, LICOR, ADC, CID) werden für Messungen an ganzen Pflanzen und an Pflanzengruppen bisher keine entsprechenden Meßanlagen angeboten. Nachfolgend werden mehrere für derartige Untersuchungen geeignete Meßanordnungen beschrieben, die in der Gruppe Agro-Ökosystemforschung zur Gewinnung von Basisdaten für die Entwicklung und Validisierung eines CO_2-Gasaustauschmodells für Pflanzenbestände eingesetzt werden (vgl. Kap 2.4).

Gaswechselmeßsystem für intakte Pflanzen in Topfkulturen

Das in Abb. 4.4.1 schematisch dargestellte Meßsystem ermöglicht Untersuchungen zum CO_2-Gaswechsel und zur Transpiration an Einzelpflanzen und Mikrobeständen (Pflanzengruppen in Anzuchtgefäßen) unter kontrollierten Umweltbedingungen (MÜLLER et al. 1991, LIEDECKE et al. 1993). Bei der Systementwicklung war besonders hohen Anforderungen Rechnung zu tragen, da Meßdaten zur Kalibration von Modellen des CO_2-Gasaustausches unter Berücksichtigung eines möglichst großen Variationsbereiches der Umweltfaktoren für verschiedene Kultur-

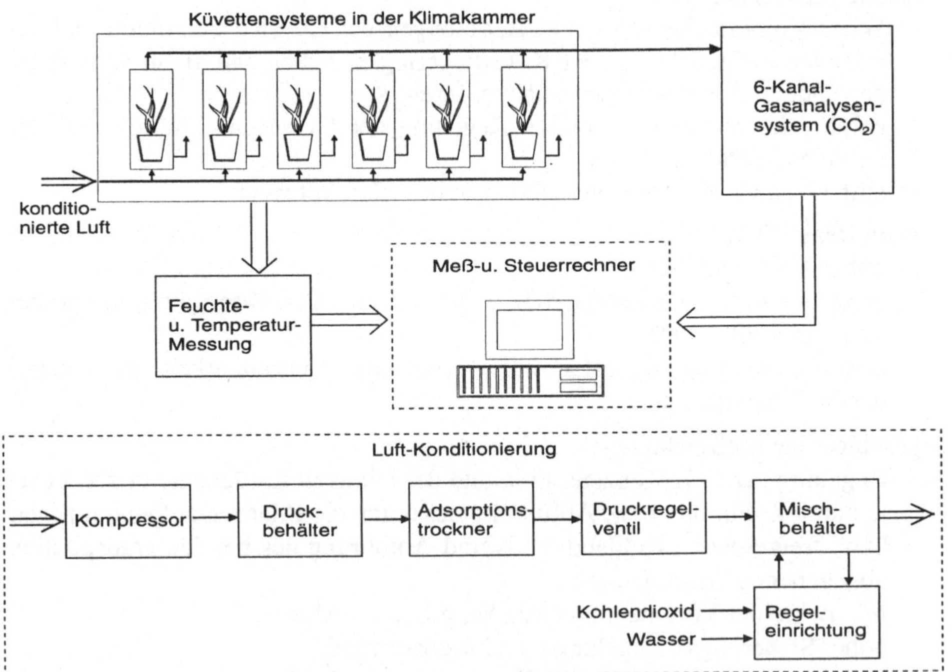

Abb. 4.4.1: Schematische Darstellung des Gaswechselmeßplatzes für Einzelpflanzen und Mikrobestände

pflanzenarten und Anzuchtbedingungen sowie zu mehreren für die Ontogenese der Pflanzen repräsentativen Entwicklungsstadien bereitgestellt werden sollten. Die daraus resultierenden umfangreichen Meßprogramme konnten mit der nachfolgend beschriebenen Anordnung in effizienter Weise realisiert werden.

Da die Messungen mit mehreren Assimilationsküvetten im Parallelbetrieb durchzuführen waren, wurde auf eine direkte Küvettenklimatisierung verzichtet und die Möglichkeit der indirekten Klimatisierung durch den Aufbau der Küvetten in einer begehbaren Klimakammer genutzt. Die Strahleranordnung der Klimakammer wurde so verändert, daß über den Küvetten bei einem nahezu homogenen Strahlungsfeld eine Photonenflußdichte der photosynthetisch aktiven Strahlung von I_{PAR} = (1800 ± 30) $\mu E \cdot m^{-2} \cdot s^{-1}$ erreicht werden kann. Die Temperaturregelung der Klimakammer erlaubt unter diesen Bedingungen eine Absenkung der Lufttemperatur in den Assimilationsküvetten auf etwa 5° C. Die CO_2-Konzentration und die Luftfeuchte in dem in die Assimilationsküvetten eintretenden Luftstrom können durch ein Konditionierungssystem geregelt werden. Dabei wird die Luft zunächst von einer Kompressorstation einem Adsorptionstrockner zugeführt, mit dem praktisch wasserfreie Luft mit einer CO_2-Konzentration von etwa 30 ± 10 ppm erzeugt werden kann. Über nachgeschaltete Einheiten zur Feuchteregelung (Wasser-Ultraschallzerstäuber) und zur CO_2-Regelung (CO_2-Gasanalysator und Massendurchflußregler) werden dann die Eingangskonzentrationen für die Assimilationsküvetten eingestellt. Die Luft in den Assimilationsküvetten wird mit zwei Walzenlüftern durchmischt. Die relative Luftfeuchte wird mit kapazitiven Sensoren (1 Meßstelle je Küvette) und die Luft- und die Blattemperatur mit einer speziellen Anordnung von Thermoelementen (3 Meßstellen je Küvette) gemessen. Zur Bestimmung der Transpirationsrate wird eine weitere Feuchtemessung im eintretenden Luftstrom durchgeführt. Zur Messung der CO_2-Gasaustauschrate wird die CO_2-Konzentrationsdifferenz zwischen Lufteintritt und Luftaustritt der Assimilationsküvetten mit je einem Infrarot-Gasanalysator pro Küvette nach dem Differenzverfahren registriert. Durch eine spezielle Konfiguration des Küvettensystems der Analysatoren kann alternierend auch die Absolutkonzentration am Ausgang der Assimilationsküvetten bestimmt werden.

Das System wird durch einen Meßplatzrechner gesteuert. Für die sechs im Parallelbetrieb arbeitenden CO_2-Gasanalysatoren lassen sich mit Hilfe von ca. 50 Magnetventilen und 8 Gaspumpen, die in das System integriert sind, verschiedene Betriebszustände (Schaltzustände der Magnetventile und Pumpen) zur automatischen Durchführung von Systemüberprüfungen, von Kalibrationen und zur Abarbeitung von unterschiedlichen Meßprogrammen realisieren. Für den routinemäßigen Meßbetrieb sind etwa 20 Betriebszustände vordefiniert. Diese können in einem übergeordneten Programmteil zu Meßprogrammen mit der benötigten Abfolge von Betriebszuständen zusammengestellt werden. Dabei lassen sich die Parameter für die Verweilzeiten und die Zykluszeit der Datenerfassung in den einzelnen Meßzuständen innerhalb bestimmter Grenzen frei wählen. Diese und weitere Einstellungen werden vom Versuchsansteller über eine spezielle Nutzeroberfläche durch Eintragungen in sogenannte Steuertabellen vorgenommen, die eine übersichtliche und flexible Bedienung des Systems erlauben. Den verschiedenen Betriebszuständen sind die entsprechenden Auswertungsroutinen zugeordnet. Ein weiterer Meßplatzrechner übernimmt die Steuerung der Klimaeinstellungen, so daß eine vollständige rechnergesteuerte Durchführung der Experimente erreicht wird.

Die mit dieser Versuchsanlage gewonnenen Ergebnisse haben wesentlich zur Entwicklung und Validisierung des unter Kap. 2.4. beschriebenen Gasaustauschmodells beigetragen. Ein Beispiel für Meßergebnisse zur Abhängigkeit der CO_2-Gasaustauschrate eines Weizenbestandes von den Umweltbedingungen zeigt Abb. 4.4.2. Die während des Betriebes gewonnenen Erkenntnisse bildeten eine wichtige Grundlage für die Konstruktion der nachfolgend beschriebenen Meßsysteme.

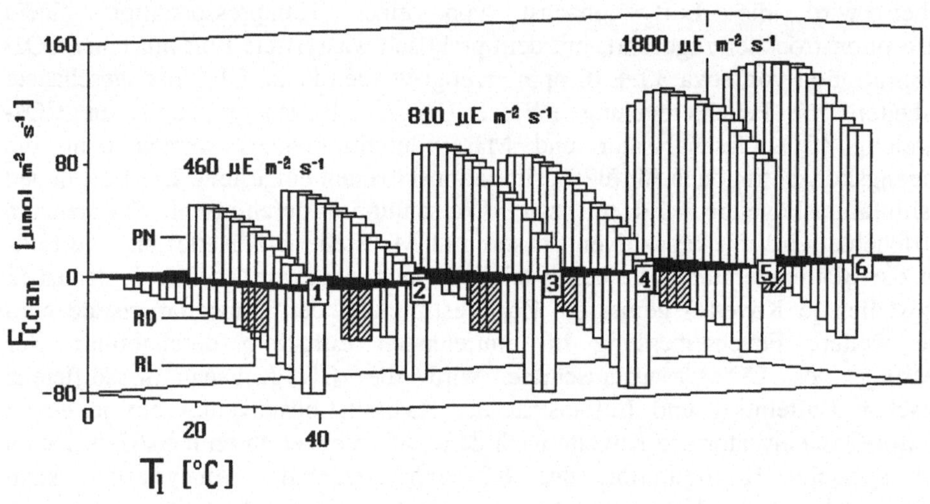

Abb. 4.4.2: CO_2- Gasaustauschrate F_{Ccan} eines Winterweizenbestandes zum Zeitpunkt des Schossens (Küvette 1...6, pro Küvette ein Anzuchtgefäß mit jeweils 12 Pflanzen, Abdichtung des Wurzelraums durch Beschichtung mit Paraffin)

PN: Temperaturabhängigkeit von F_{Ccan} bei verschiedenen Stufen der Photonenflußdichte der photosynthetisch aktiven Strahlung (IPAR). Äußere CO_2-Konzentration der Luft in den Assimilationsküvetten C_a =(330 ± 5) ppm , relative Luftfeuchte in den Assimilationsküvetten rF = (57 ± 2) %.

RD: Temperaturabhängigkeit von F_{Ccan} im Dunkeln (Dunkelatmung) für die Küvetten 1-6.

RL: Meßwerte der CO_2-Freisetzung in annähernd CO_2-freie Luft zur Berechnung der Lichtatmungsrate (18 ppm < C_a < 32 ppm, IPAR = (1800 ± 30) µE·m⁻²·s⁻¹).

Gaswechselküvette für Messungen an Kleinparzellen

Das nachfolgend vorgestellte Freiland-Meßsystem wurde in der Vegetationsperiode 1994/95 erfolgreich zur Messung des CO_2-Gasaustausches von Pflanzenbeständen auf Versuchsparzellen eingesetzt. Um für Messungen an verschiedenen Versuchsvarianten einen schnellen Standortwechsel vornehmen zu können, mußte das Meßsystem hinreichend kompakt und robust aufgebaut werden. Für den mechanischen Aufbau der Küvette (Abb. 4.4.2) wurde daher eine Rahmenkonstruktion aus verzinktem Stahlblech gewählt, die mit einer Spezialfolie bespannt wurde. Dadurch ließ sich das Gesamtgewicht der eigentlichen Küvette bei einer Grundfläche von 1,5 x 1,0 m² auf ca. 38 kg beschränken, so daß die Küvette durch zwei Personen umgesetzt werden kann. Dabei wird die Küvette über die im Bestand installierten Sensoren für die Messung von Luft- und Blattemperatur in einen zuvor angelegten Graben von ca. 5...8 cm Tiefe gesetzt, durch den auch die Meßkabel geführt werden. Zur Abdichtung gegen die Außenluft wird der Graben wieder fest mit Erde verfüllt.

Das Gesamtsystem ist entsprechend dem sogenannten „offenen Verfahren" konfiguriert. Die Umgebungsluft wird mit einem Gebläse oberhalb des Bereiches der turbulenten Grenzschicht über dem Bestand aus ca. 4 m Höhe angesaugt und mit einem geringen Überdruck über eine im Einströmkanal angeordnete Geschwindigkeitsmeßeinrichtung, eine elektrisch verstellbare Blende und mehrere Luftverteilbleche in Längsrichtung durch die Küvette gefördert. Durch eine zyklische Blendensteuerung wird ein wechselndes Betriebsregime mit einem hohen Volumenstrom, bei dem nur ein vernachlässigbarer Abfall der CO_2-Konzentration in der Küvette auftritt, und einem niedrigen Volumenstrom, der als Meßzyklus dient, realisiert (Abb. 4.4.3). Die seitlich unterhalb des Küvettendaches angeordnete Querstromlüfterleiste überlagert die Grundströmung in der Küvette mit einer kreisenden Bewegungskomponente, so daß auch bei geringem Luftdurchsatz ein Grundwert der Windgeschwindigkeit und eine gute Luftdurchmischung gegeben sind. Kondensationserscheinungen können so bis zu relativ geringen Durchflußraten auch bei höheren Eingangsfeuchten vermieden werden. Auf Grund der inneren Luftumwälzung, der hohen Infrarot-Transmission der für die Küvettenwände verwendeten Folie und des speziellen Betriebsregimes mit alternierenden Meß- und Spülzyklen ist der Anstieg der Lufttemperatur in der Küvette gegenüber der Umgebung auch bei starker Sonneneinstrahlung gering.

Die Wahl des Meßverfahrens und des Gasanalysators für die Bestimmung der CO_2-Gaswechselrate wurde wie im Fall der Küvette vor allem durch die Forderung nach Kompaktheit und Robustheit für den Freilandeinsatz bestimmt. Da dies bei dem vom Meßprinzip her besonders genauen sogenannten Differenzverfahren auf Grund des erforderlichen Parallelbetriebs von zwei Gasanalysatoren (für die kontinuierliche Messung der Konzentrationsdifferenz und der Grundkonzentration) schwierig zu realisieren ist, wurde ein Verfahren mit alternierender Absolutmessung der Konzentrationen am Küvetteneingang und -ausgang (Zykluszeit ca. 2..3

min) gewählt. Hierzu wird ein CO_2/H_2O-Gasanalysator CI 301 (CID Inc., Vancouver, USA) eingesetzt, mit dem die erforderliche Meßgenauigkeit erreicht werden kann. Weitere Vorteile des verwendeten Analysators bestehen darin, daß das erforderliche System von Analysenpumpen, Gasventilen und Massendurchflußreglern bereits integriert ist, über die geräteinterne Software verschiedene Betriebsmodi des Analysensystems gewählt und modifiziert werden können und daß das System mit einer integrierten Datenerfassung einschließlich zusätzlicher Meßkanäle für die benötigten mikroklimatischen Sensoren, ausreichender Speicherkapazität und RS 232-Schnittstelle ausgestattet ist.

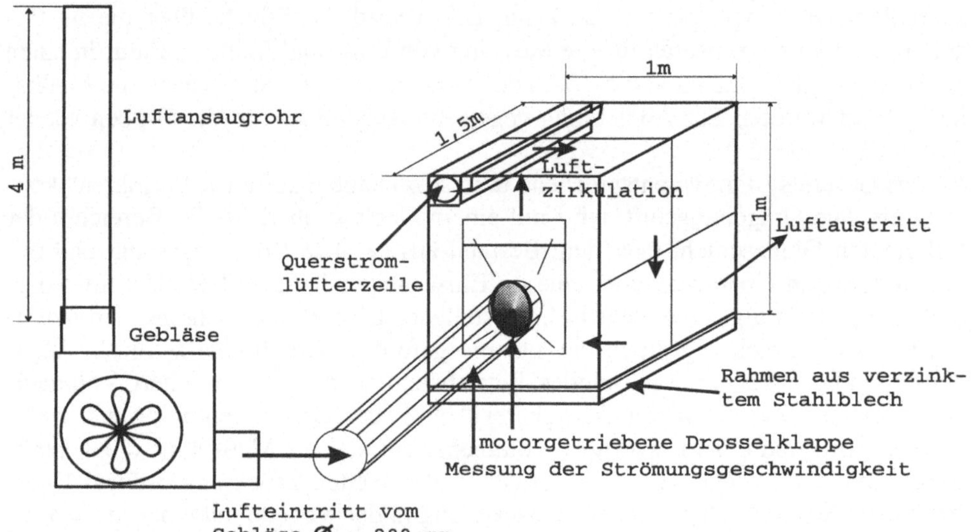

Abb. 4.4.3: transportables Küvettensystem

Zur Messung der Blattemperatur werden auf Halbleiterbolometern beruhende IR-Strahlungsempfänger verwendet, während die Lufttemperatur mit miniaturisierten PT100-Widerständen in strahlungsgeschützten Gehäusen erfaßt wird. Zur Strahlungsmessung werden auf die PAR kalibrierte und mit einem Filter versehene Si-Empfänger verwendet. Der Luftdurchsatz wird mit einem entsprechend kalibrierten Hitzkugel-Anemometer im Einströmkanal gemessen. Mit Hilfe einer speziell konstruierten Elektronik werden die Sensorsignale auf die Datenloggerfunktion des verwendeten Analysators angepaßt und dort während des Versuches gespeichert.

Zur Abschätzung der Meßgenauigkeit und des Arbeitsbereiches des Systems kann man eine mittlere CO_2-Aufnahmerate von ca. 11 $g \cdot h^{-1} \cdot m^{-2}$ bei optimal versorgten Weizenpflanzen zum Zeitpunkt der Blüte und bei Lichtsättigung ansetzen (Meßdaten). Unter diesen Bedingungen wird in der Küvette bei einem Volumen-

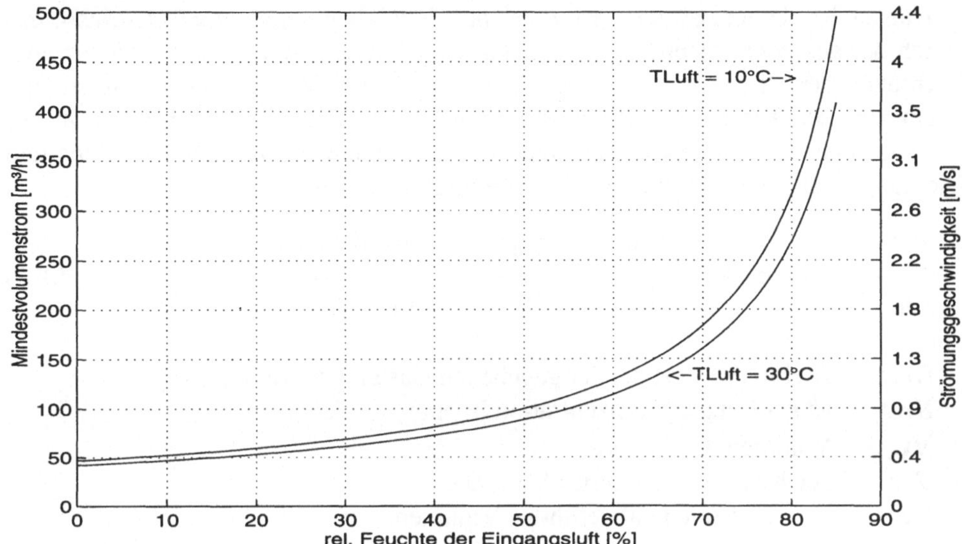

Abb. 4.4.4: Arbeitskennlinien der Parzellenküvette

strom von 140 m³·h⁻¹ eine CO_2-Konzentrationsdifferenz zwischen ein- und aus-
strömender Luft von ca. 40 ppm erreicht. Diese Differenzen können im Absolut-
meßverfahren mit ausreichender Genauigkeit $(\Delta C = \pm 1..2 \text{ ppm})$ gemessen werden.

Weiterhin ist zu berücksichtigen, daß die Transpiration der Pflanzen eine erhöhte Luftfeuchte in der Küvette erzeugt, die zu Kondensatbildung und zu Meßfehlern
infolge der Aufnahme von CO_2 im Kondensat führen kann. Um Kondensatbildung
an den Küvettenwänden zu vermeiden, muß daher ein Meßregime gewählt werden,
bei dem die Taupunkt-Temperatur der Luft in der Küvette stets unterhalb der Temperatur der Innenseiten der Küvettenwände bleibt. Nimmt man als Minimalwert für
die Temperatur der Küvettenwände die äußere Lufttemperatur an und setzt man
weiterhin die Transpirationsrate der Pflanzen als gegeben voraus, so kann der erforderliche Mindestvolumenstrom als Funktion der Umgebungstemperatur und der
Eingangsfeuchte berechnet und das entsprechende Arbeitskennlinienfeld angeben
werden (Abb. 4.4.4). Der Einfluß der Umweltfaktoren auf den stomatären Leitwert
und damit indirekt auch auf die Transpiration wurde bei der hier vorgenommenen
Betrachtung vernachlässigt.

Neben der Untersuchung der stationären Arbeits- und Grenzbedingungen ist das
Verhalten bei einer Änderung von Betriebskenngrößen interessant. Zur theoreti-
schen Simulation des dynamischen Verhaltens der Parzellenküvette wurde das Bi-
lanzsystem Gl. 4.4.1 verwendet.

$$\frac{dm}{dt} = \frac{dm_{zu}}{dt} - \frac{d(m_{ab} + m_{pfl})}{dt} \qquad (4.4.1)$$

Danach ist die dem System „Küvette" pro Zeiteinheit zugeführte CO_2-Masse m_{zu} gleich der aus dem System abströmenden CO_2-Masse m_{ab} und dem sich aus dem Verbrauch der Pflanzen ergebenden CO_2-Anteil m_{pfl}. Vereinfachend wurden der Druck und die Temperatur als konstant sowie eine ideale Durchmischung in der Küvette angenommen. Ersetzt man die Masse durch die zugehörigen Volumina und Dichten, so läßt sich Gleichung 4.4.1 wie folgt umstellen:

$$\frac{dm}{dt} = (Di_{CO2} \cdot X_e) \cdot \frac{dV_{zu}}{dt} - \frac{dm_{pf}}{dt} - \frac{m}{V_k} \cdot \frac{dV_{ab}}{dt} \qquad (4.4.2)$$

mit

Di_{CO2}:   Dichte des CO_2 bei der gegebenen Gastemperatur in $g \cdot m^{-3}$
X_e: CO_2 - Eingangskonzentration in ppm
V_k: Volumen der Küvette
V_{zu}:   der Küvette zugeführtes Volumen
V_{ab}:   von der Küvette abgeführtes Volumen.

Um Fallstudien mit unterschiedlichen Randbedingungen bei der Differential-gleichung 4.4.2 in einfacher Form durchführen zu können, wurde diese in das Programmsystem Matlab/Simulink (THE MATHWORKS 1994) überführt. Folgendes Blockschaltbild diente zur Erarbeitung eines Simulationsalgorithmus in Matlab/ Simulink:

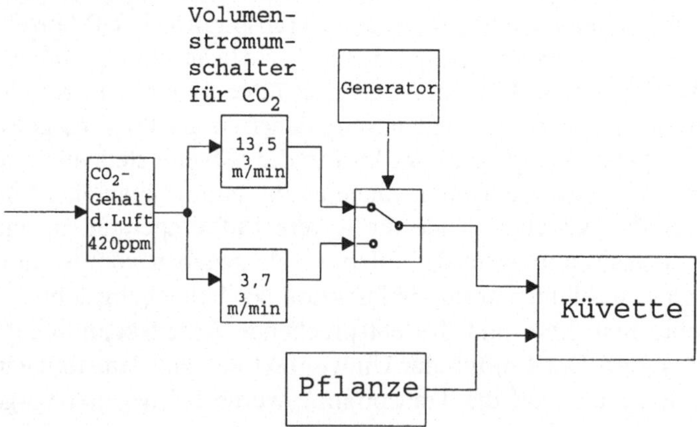

Abb. 4.4.5: Blockschaltbild zur dynamischen Simulation der Küvette

Die Eingangssignale bei der Simulation des Systems sind der umschaltbare Luft-durchsatz und die CO_2-Konzentration am Küvetteneingang. Zusätzlich kann durch den Block „Pflanze" eine Quelle oder Senke an CO_2 in das Öystem „Küvette" ein-gebracht werden. Um einen Vergleich zwischen den Berechnungen des Simula-tionsmodells und den experimentellen Untersuchungen an der Parzellenküvette

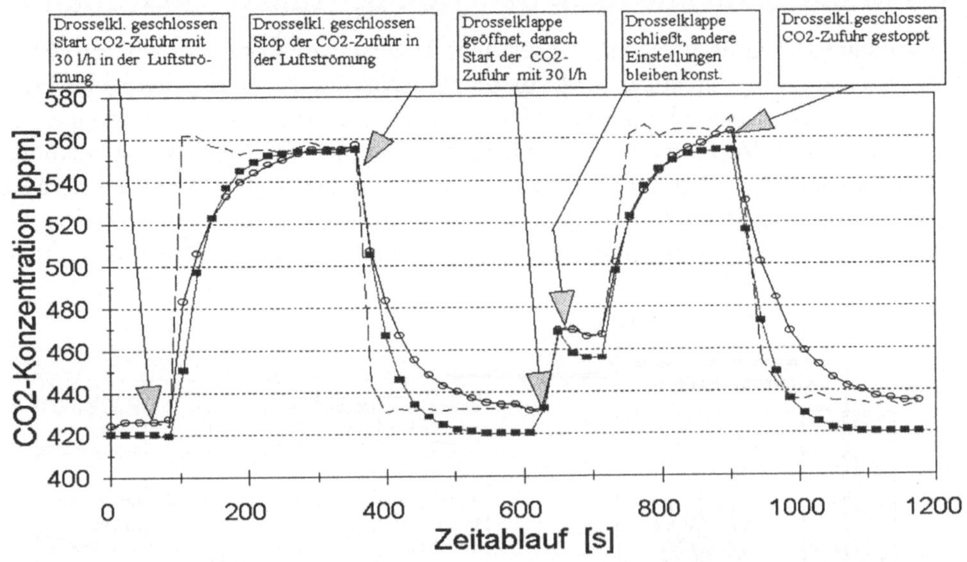

Abb. 4.4.6: Untersuchungen zum dynamischen Verhalten der Küvette. Vergleich von Experimenten und Simulation.

– – – CO_2-Konzentration am Küvetten-Eingang

–o– CO_2-Konzentration in der Küvette

–■– simulierter Verlauf

durchführen zu können, wurde eine schaltbare CO_2-Quelle in das Simulationsmodell eingebaut. Das Umschalten zwischen den beiden Eingangsvolumenströmen wurde experimentell durch eine motorgetriebene Drosselklappe realisiert, für die im Modell vereinfachend ein Umschalten ohne Zeitverzögerung angenommen wurde.

In Abb. 4.4.6 sind die bei gleichem zeitabhängigen Eingangssignal experimentell ermittelten und die simulierten Konzentrationsänderungen gegenübergestellt. Die simulierte Änderung der CO_2-Konzentration folgt den Meßdaten bis auf eine Abweichung von etwa 15 ppm im Bereich der größten Gradienten bei abfallender Konzentration, die im wesentlichen auf die idealisierenden Annahmen zurückzuführen ist. Die Unterschiede im Bereich der Endwerte bei t = 600 s und t =1200 s sind, wie am Eingangssignal erkennbar, durch einen geringfügigen Anstieg der Eingangskonzentration von etwa 8 ppm verursacht. Wie die Abbildung zeigt, werden mit dem unter Matlab/Simulink implementierten Simulationsalgorithmus Änderungen der CO_2-Konzentration am Küvetteneingang hinreichend genau auf das dynamische Verhalten in der Küvette abgebildet.

Gaswechselküvette nach dem Kompensationsmeßverfahren

Einleitend wurde versucht, wesentliche Unterscheidungsmerkmale von Küvettensystemen zu systematisieren. In diesem Abschnitt soll auf eine geregelte Pflanzenküvette als Beispiel für eine Meßanordnung entsprechend dem sogenannten „geschlossenen Verfahren" näher eingegangen werden. Ziel dieser Entwicklungsarbeiten war der Aufbau eines rechnergesteuerten transportablen Gaswechsel-Meßsystems für die Bestimmung des CO_2-Austausches und der Transpiration von Pflanzen nach dem Kompensationsprinzip an wechselnden natürlichen Standorten.

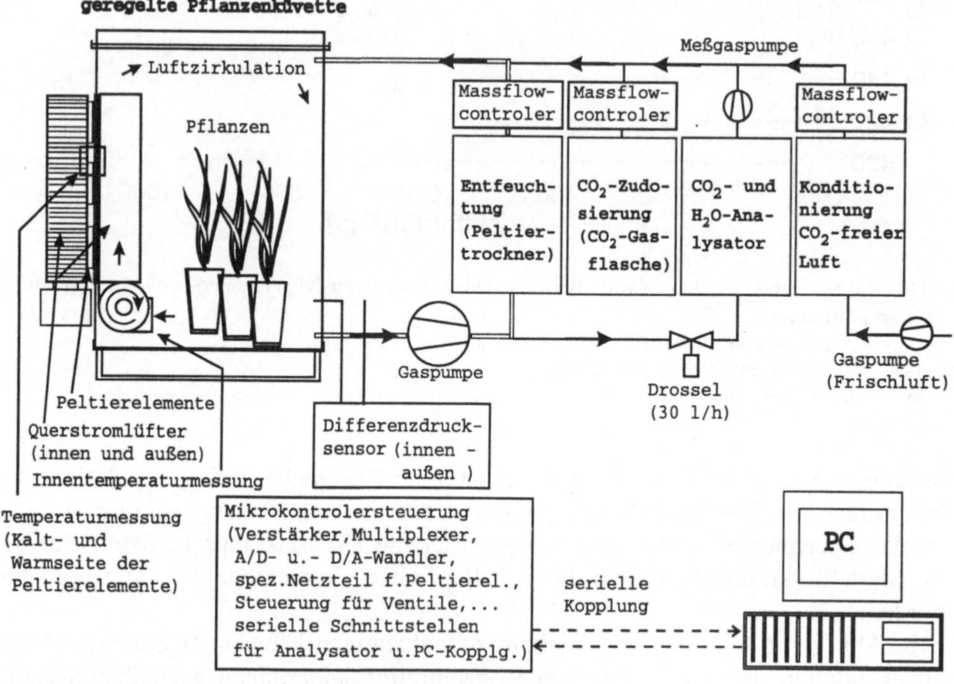

Abb. 4.4.7: Schematische Darstellung der geregelten Küvette

Im Blockschaltbild Abb. 4.4.7 sind alle wesentlichen Funktionseinheiten des Systems dargestellt. Der Küvettengrundkörper wurde aus einem Messingrahmen mit Wänden aus Plexiglas gefertigt. Der Querschnitt des Rahmens ist im unteren Bereich so ausgeführt, daß durch sein Absenken in den Boden eine Abdichtung des Küvetteninnenraumes erreicht werden kann. Nach oben kann die Küvette durch aufsetzbare Segmente aus infrarotdurchlässiger Folie an Pflanzen mit unterschiedlicher Wuchshöhe angepaßt werden. Die Küvette ist mit einer Temperaturregelung auf der Basis von Peltierelementen ausgerüstet. Durch eine Anordnung von 14 Elementen mit je 16 cm² Austauschfläche wird in Abhängigkeit von der Temperatur der Warmseite ein Wärmeentzug von 150 W bis 180 W aus dem Küvetteninnenraum erreicht. Damit kann bei einer Globalstrahlung von 600...700 $W \cdot m^{-2}$ die Lufttemperatur in der Küvette um 4 bis 5 K unter die Außentemperatur abgesenkt werden. Der aktuelle Betriebszustand wird über entsprechende Thermometer durch einen Microkontroller ständig überwacht, um ungünstige Arbeitspunkte des Peltierkühlers zu vermeiden. Die Ansteuerung eines dazu notwendigen 900 W - Netzteiles erfolgt über einen D/A-Kanal der auf einem 80535 Microkontroller-Kern (Hersteller: Siemens, OKI u.a.) basierenden Steuerelektronik. Zur Übertragung der Kühlleistung auf den Küvetteninnenraum wird ein leistungsarmer Querstromlüfter verwendet. Weiterhin ist der Kühlerblock mit einer großen Wärmeübergangsfläche ausgestattet, um bei höheren Luftfeuchten auch mit geringerer Temperaturdifferenz ohne Taubildung eine ausreichende Kühlleistung in das Küvetteninnenvolumen übertragen zu können. Die Luftumwälzung in der Küvette sorgt für eine Verringerung des Grenzschichtwiderstandes an der Oberfläche der Pflanzen. Um die Fehlereinflüsse durch die Bodenatmung gering zu halten, wird das System mit einem Überdruck von 150 Pa bis 200 Pa gegenüber der Umgebung durch die gesteuerte Zufuhr CO_2-freier Luft stabilisiert. Der über einen Massendurchflußregler gesteuerte Zustrom muß in die Bilanz des Systems mit einbezogen werden.

Zur Messung der CO_2-Konzentration und der absoluten Feuchte wird ein Zweikanalanalysator verwendet. Ein Peltiertrockner ermöglicht die vorrangig notwendige Entfeuchtung des Küvettengases, wobei das mit CO_2 versetzte Kondensat in die Bilanz des Systems einbezogen werden kann. Der Peltiertrockner arbeitet in autonomer Betriebsweise mit fest eingestelltem geregelten Taupunkt. Mit Hilfe eines durch einen digitalen Regelalgorithmus gesteuerten Massendurchflußreglers wird der Wasserdampfdruck im Küvettenvolumen konstant gehalten und gleichzeitig über die zeitliche Integration der Entzug ermittelt. Analog ist die CO_2-Regelung aufgebaut, wobei die Menge des zugeführten Kohlendioxids den durch den CO_2-Gasaustausch der Pflanzen bedingten CO_2-Flüssen entspricht. Um die Fehler zu minimieren, sind die Volumina des Gasentfeuchters, des Kondensates und der zur Druckstabilisierung zugeführten CO_2-freien Luft ebenfalls in die Bilanz des Systems einzurechnen.

Vom Microkontroller werden alle Funktionseinheiten zeitzyklisch überwacht, neue Steuergrößen berechnet und ausgegeben. Meßwerte werden parametrisiert und über mehrere Zyklen integriert. Damit kann für festgelegte Abschnitte eine Berechnung der CO_2-Gaswechselrate und der Transpirationsrate erfolgen. Die Steuer- und Regelalgorithmen für den 80535 Microkontroller wurden in der Programmiersprache C erstellt und mit Assemblerprogrammen vorrangig für Treiberfunktionen ergänzt. Über eine serielle Schnittstelle werden die Daten vom Controller zu einem PC gesandt.

Das Meßsystem ist geeignet, den CO_2-Gasaustausch und die Transpiration von kleineren Pflanzenbestände am natürlichen Standort in Abhängigkeit von den Umweltfaktoren zu erfassen. Dabei können verschiedene mikroklimatische Bedingungen in der Küvette schnell und innerhalb eines weiten Bereiches auch nahezu unabhängig von den äußeren Bedingungen eingestellt werden. Damit ergeben sich neue, bei Untersuchungen an ganzen Pflanzen im Freiland bisher nicht verfügbare Möglichkeiten für die Erfassung des Einflusses von Umweltfaktoren auf den CO_2-Gasaustausch und die Transpiration. Von besonderem Interesse sind dabei auch Untersuchungen zur Wirkung von extremen Umweltbedingungen (Streßbedingungen), die Aufschluß über die Belastbarkeit der Pflanzen unter diesen Bedingungen geben können.

5 Reaktion von agrarischen Ökosystemen ausgewählter Standorte auf Witterungs- bedingungen und Stickstoffversorgung

H. MÜHLE, P. WERNECKE, S. CLAUS, G. DUBSKY

Modelle sollen den Nutzer in die Lage versetzen, Zustandsänderungen des betrachteten Systems möglichst „wirklichkeitsnah" zu simulieren, d.h. Reaktionsverläufe unter variierten Umweltbedingungen nachzuvollziehen, die experimentellen Ergebnissen sehr nahe kommen, welche unter ähnlichen Bedingungen ermittelt wurden.

In Kapitel 2.1 wird ein dynamisches mathematisches Modell für Wachstum und Entwicklung von Kulturpflanzen ausführlich vorgestellt, das objektorientiert aufgebaut ist, und das sich programmtechnisch aus Objekten für die einzelnen Kompartimente und für die verbindenden Stoffflüsse zusammensetzt. Spezielle Wirkungsfunktionen für die auf die Kulturpflanzen wirkenden meteorologischen Größen wurden in die Gleichungen für die Wachstums-, Transport- und Umlagerungsprozesse eingekoppelt und beschreiben den Beginn, das Optimum und das Abklingen dieser Prozesse.

Das Modell für Kulturpflanzen bildet gewissermaßen das „Kernstück" des Modellierungssystems (siehe Kap.2.8), dessen Zusammensetzung aus verschiedenen Teilmodellen und deren Verbindung durch Interfaces zu einem Komplexmodell in Kapitel 2.7 beschrieben wird. Bedingt durch die Konstruktion des Modells sowie durch die Tatsache, daß es sich um ein dynamisches mathematisches Modell handelt, können die Interaktionen zwischen Pflanzenbestand, Boden und Atmosphäre als Prozeß sowohl während einer Vegetationsperiode als auch eingebunden in eine Fruchtfolge abgebildet und quantifiziert werden. Es ist aber auch die Darstellung einzelner Prozesse möglich.

Damit ist ein Instrumentarium vorhanden, das einen Vergleich zwischen Experiment und Simulation ermöglicht; der Nutzer eines derartigen Modells wird aber auch in die Lage versetzt, Änderungen des Standortes, der meteorologischen Bedingungen oder auch der Konzentration von CO_2 in der Atmosphäre im Rahmen von Fallstudien zu simulieren und anschließend zu interpretieren. Auf diese Art von Fallstudien wird nachfolgend eingegangen.

Ob ein Modell die Realität angemessen widerspiegelt, erweist sich an Vergleichen zwischen experimentellen Ergebnissen und Modellsimulationen für konkrete Versuchsjahre. Als „genau" kann ein Modell bezeichnet werden, das eine Reihe von Zustandsgrößen des betrachteten Ökosystems unter sehr unterschiedlichen jährlichen Witterungsbedingungen relativ gut simuliert.

Übereinstimmung zwischen Experimenten und Simulationsergebnissen

Zur Demonstration der Modellgenauigkeit werden die Versuchsergebnisse aus den Jahren 1991 - 1994 mit den auf den Witterungsverläufen dieser Jahre basierenden Simulationen wichtiger Zustandsgrößen verglichen. Beispielhaft wird der Verlauf dieser Zustandsgrößen aus den Varianten „Mit Düngung" (D1 = 120 kg·ha^{-1} mineralischer Stickstoff) sowie „Ohne Düngung" (D0 = ohne Verabreichung von mineralischem Stickstoff) in den Abbildungen 5.1 bis 5.10 des Versuchsjahres 1992/93 dargestellt. Dieses Jahr wurde ausgewählt, weil es von den Witterungsbedingungen her am ehesten dem langjährigen Mittel des Standortes Quedlinburg entspricht. Die Abszisse auf den Abbildungen beginnt jeweils mit dem Tag „0", der Aussaat.

Um die Heterogenität des Versuchsstandortes Quedlinburg und die daraus resultierenden Abweichungen zwischen den Versuchswiederholungen zu verdeutlichen, werden nicht die Mittelwerte, sondern alle experimentell ermittelten Einzelwerte zu den jeweiligen Terminen der Probenahmen auf den Abbildungen dargestellt. Es fällt auf, daß die Einzelwerte der Wiederholungen stark streuen. Das ist ein Hinweis auf die Schwierigkeit der Modellierung, ein reales Bild des Verlaufes der Zustandsgrößen nachzubilden. Die Abbildungen zeigen jedoch, daß dies mit Hilfe des Komplexmodells gut möglich ist.

An den Trockenmassen „Sproß" (Abb. 5.1 und 5.2) und „Korn" (Abb. 5.3 und 5.4) wird zunächst die Übereinstimmung zwischen Simulationen und experimentell ermittelten Werten überprüft. Es zeigt sich, daß die Simulationen diese gravimetrisch leicht zu bestimmenden Größen im Verlauf des Wachstums und der Entwicklung gut abbilden. Auch die Trockenmassen von Stroh und Korn zur Vollreife bzw. Ernte werden vom Modell recht gut getroffen. Die Abweichung zwischen Simulation und Experiment zur Schlußernte der Kornmasse ist durch Vogelfraß auf den Versuchsparzellen zu erklären, der nach Grobeinschätzung zu einer Ertragsminderung zwischen 20 und 30 % führte. In den beiden Varianten D0 und D1 liegt der berechnete Verlauf der Sproßtrockenmasse leicht unter den experimentellen Werten, zur Schlußernte trifft die Simulation diese jedoch recht genau. Die etwas größeren Abweichungen in den „D0"-Varianten zwischen experimentell ermittelten und simulierten Verläufen wurden auch in anderen Versuchsjahren beobachtet.

Die Größen „Sproß" und „Korn" stellen integrale, mehrere pflanzliche Inhaltsstoffe zusammenfassende Zustandsgrößen dar. Wie bereits in Kap. 2.1 dargestellt wurde, bestimmen solche pflanzeninternen Zustandsgrößen, wie die Masse an Gesamtstickstoff oder an Proteinstickstoff wesentlich die Bildung an Sproß- und Kornmasse, teils direkt, teils indirekt als wichtige Größe, die Dauer und Intensität z.B. der photosynthetischen Prozesse maßgeblich beeinflußt. Die Abbildungen 5.5 bis 5.10 zeigen den Vergleich zwischen experimentellen Werten und Simulations-

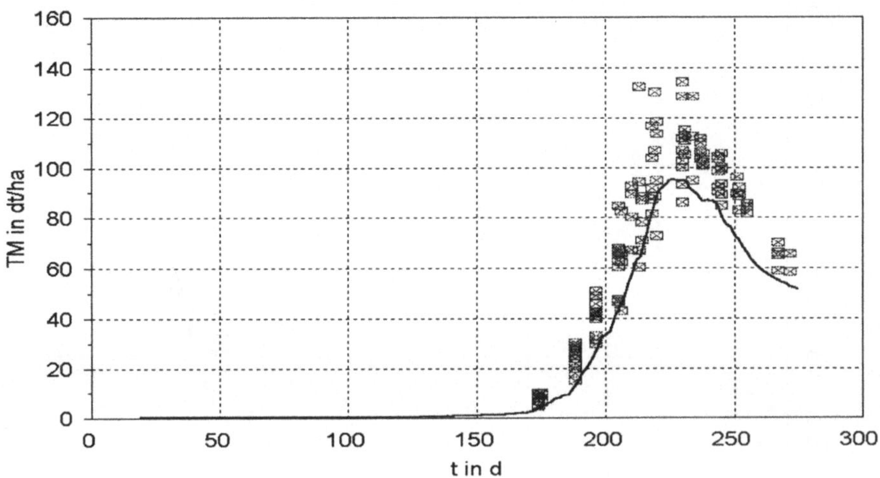

Abb. 5.1: Verlauf der Sproß-Trockenmasse;
Winterweizen, D1, Vegetationsperiode 1992/93, Standort Quedlinburg
——— Modell □ Experiment

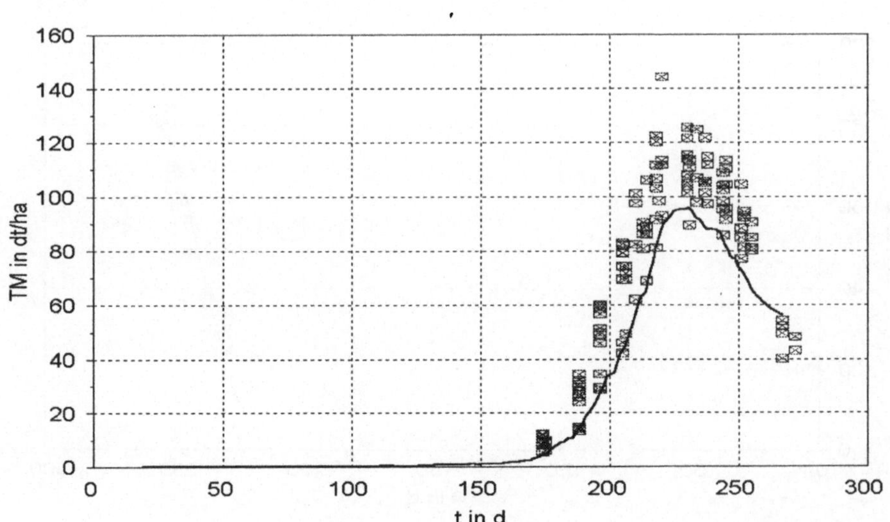

Abb. 5.2: Verlauf der Sproß-Trockenmasse
Winterweizen, D0, Vegetationsperiode 1992/93, Standort Quedlinburg
——— Modell □ Experiment

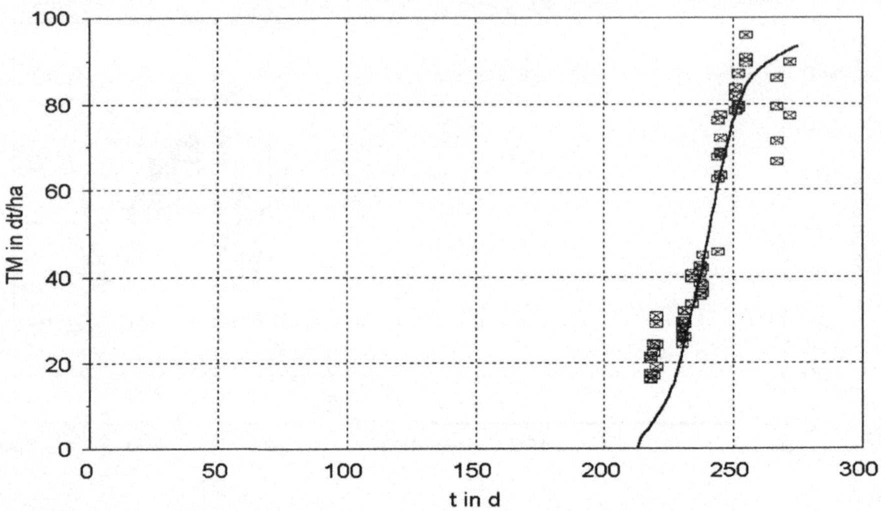

Abb. 5.3: Verlauf der Korn-Trockenmasse
Winterweizen, D1, Vegetationsperiode 1992/93, Standort Quedlinburg
—— Modell   □ Experiment

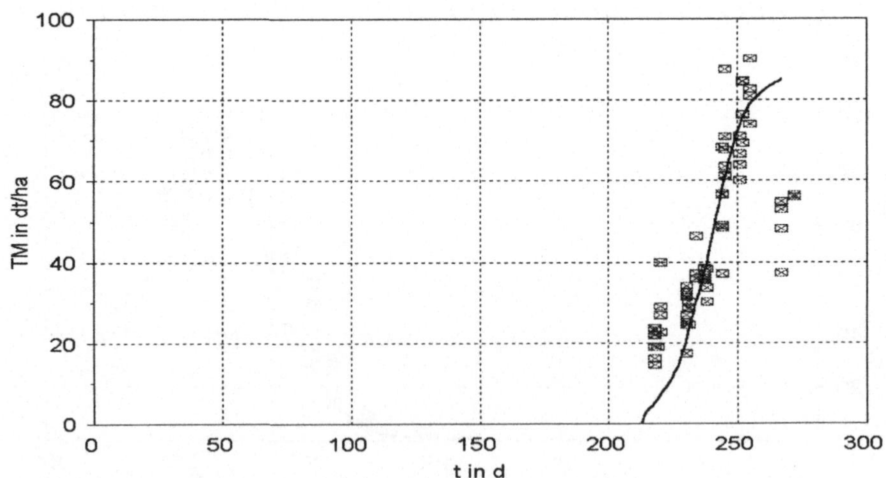

Abb. 5.4: Verlauf der Korn-Trockenmasse
Winterweizen, D0, Vegetationsperiode 1992/93, Standort Quedlinburg
—— Modell   □ Experiment

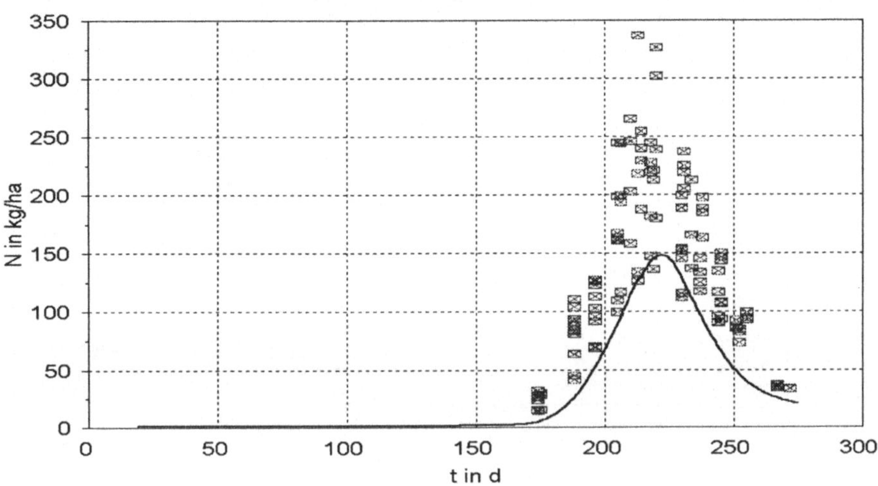

Abb. 5.5: Verlauf der Masse an Gesamtstickstoff im Sproß
Winterweizen, D1, Vegetationsperiode 1992/93, Standort Quedlinburg
—— Modell　　　□ Experiment

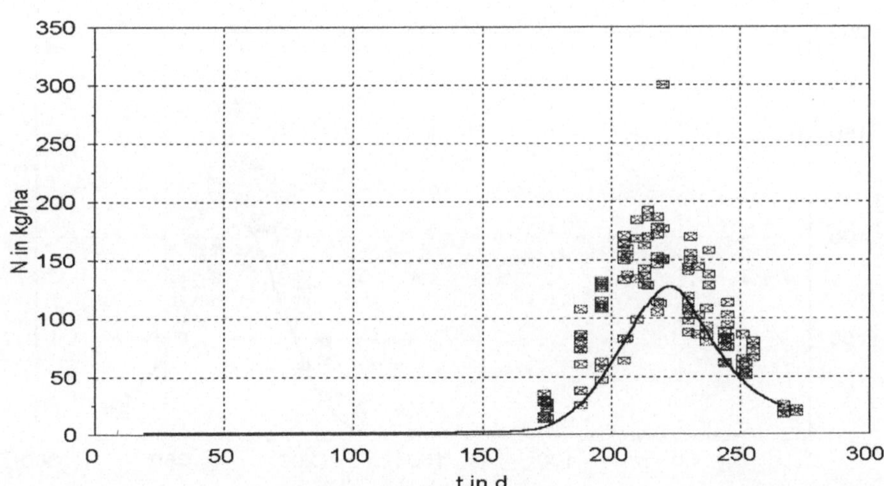

Abb. 5.6: Verlauf der Masse an Gesamtstickstoff im Sproß
Winterweizen, D0, Vegetationsperiode 1992/93, Standort Quedlinburg
—— Modell　　　□ Experiment

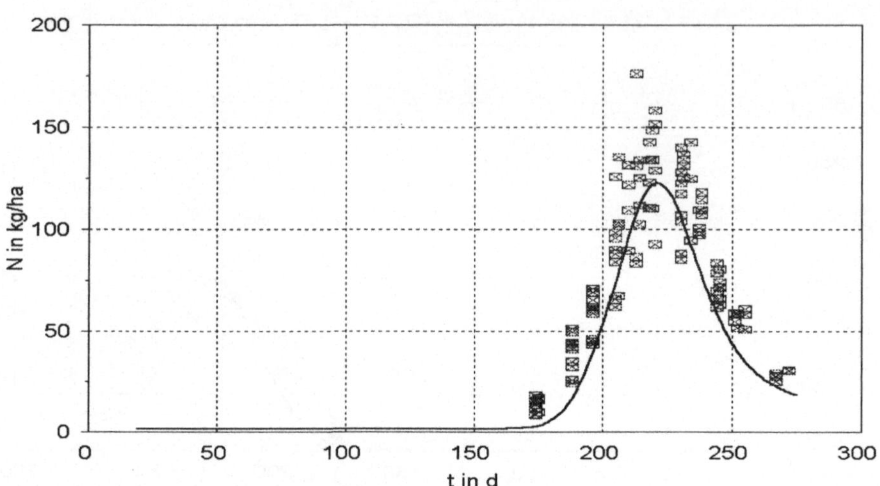

Abb. 5.7: Verlauf der Masse an Stickstoff im Protein des Sprosses
Winterweizen, D1, Vegetationsperiode 1992/93, Standort Quedlinburg
—— Modell   □ Experiment

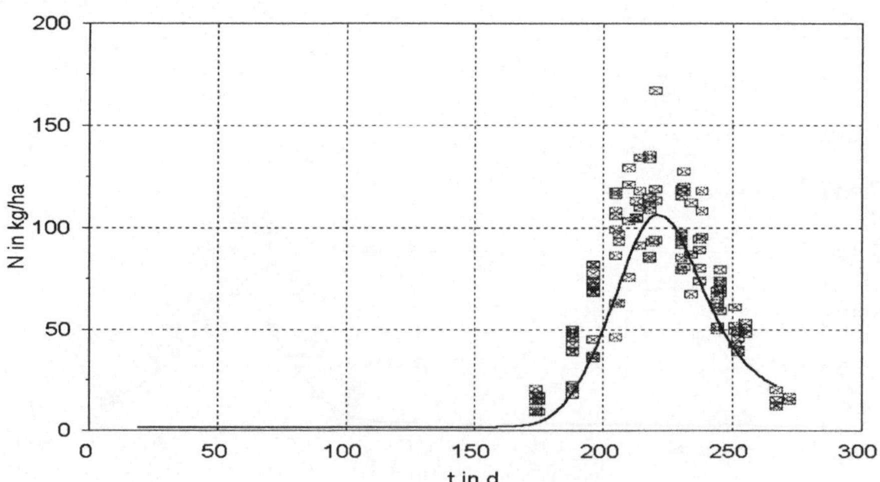

Abb. 5.8: Verlauf der Masse an Stickstoff im Protein des Sprosses
Winterweizen, D0, Vegetationsperiode 1992/93, Standort Quedlinburg
—— Modell   □ Experiment

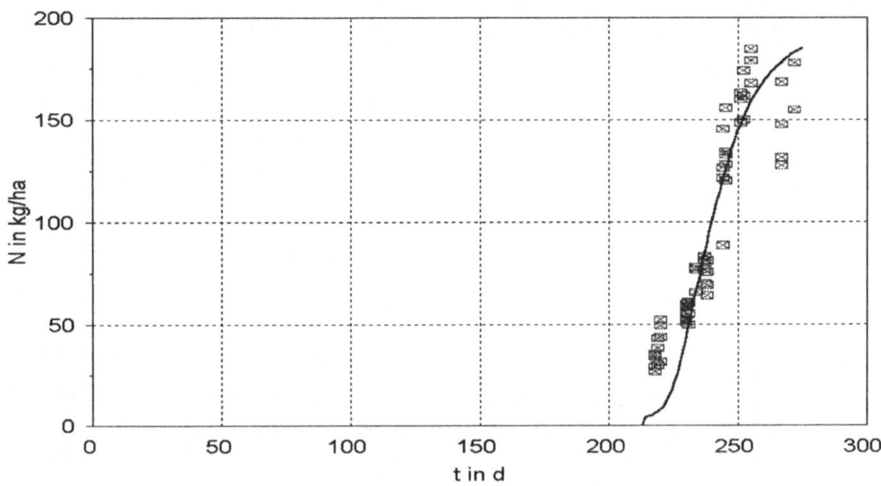

Abb. 5.9: Verlauf der Masse an Gesamtstickstoff im Korn
Winterweizen, D1, Vegetationsperiode 1992/93, Standort Quedlinburg
—— Modell □ Experiment

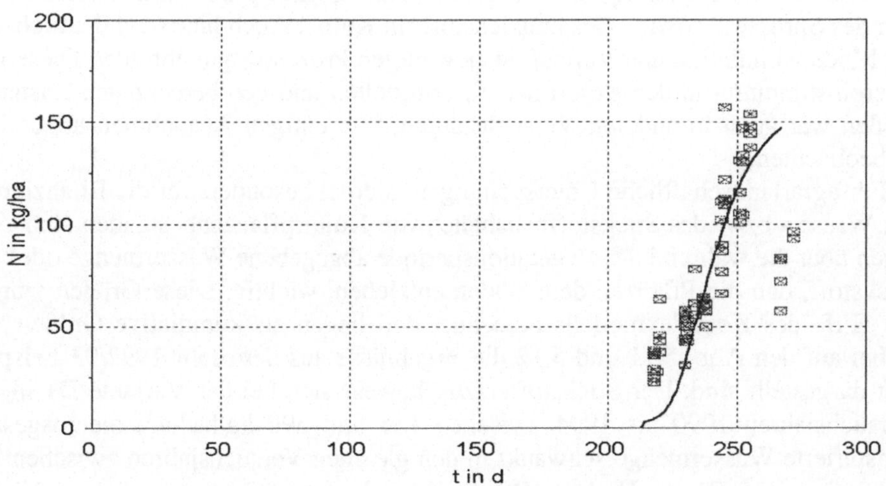

Abb. 5.10: Verlauf der Masse an Gesamtstickstoff im Korn
Winterweizen, D0, Vegetationsperiode 1992/93, Standort Quedlinburg
—— Modell □ Experiment

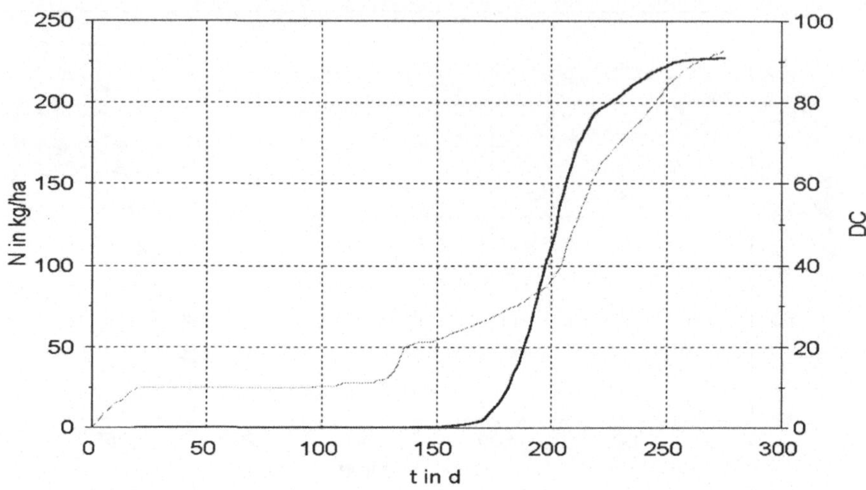

Abb. 5.11:   Stickstoffentzug (kumulativ) (————) und Ontogenese (··········)
Winterweizen, D1, Vegetationsperiode 1992/93, Standort Quedlinburg

verläufen für die Zustandsgrößen „Gesamtstickstoff im Sproß", „Stickstoff im Protein des Sprosses" sowie „Gesamtstickstoff im Korn". Auch hier wird deutlich, daß
die Modellsimulation den Verlauf des jeweiligen Prozesses gut abbildet. Diese gute
Übereinstimmung in den experimentell ermittelten und den berechneten Zustandsgrößen war auch in anderen Versuchsjahren, von einigen Ausnahmen abgesehen,
zu beobachten.

Für agrarlandschaftliche Untersuchungen, hierbei besonders für die Bilanzierung
des Wasser- bzw. des Stickstoffhaushaltes von Kulturpflanzenbeständen sind Aussagen über die während der Vegetationsperiode abgegebene Wassermenge oder den
Stickstoff, den die Pflanzen dem Boden entziehen, wichtig. Diese Größen wurden
mit Hilfe des Komplexmodells berechnet und liegen als kumulative Größen vor,
wobei auf den Abb. 5.11 und 5.12 die Ergebnisse aus dem Jahr 1992/93 beispielhaft dargestellt sind. Der Stickstoffentzug bewegt sich bei der Variante D1 in den
Versuchsjahren 1990 bis 1994 zwischen 155 und 390 kg·ha^{-1}·a^{-1}, die insgesamt
transpirierte Wassermenge schwankt in den gleichen Versuchsjahren zwischen 210
und 255 mm·a^{-1}. Für die Variante D0 wird eine Transpiration auf ähnlichem Niveau
wie bei der gedüngten Variante berechnet. Der Stickstoffentzug schwankt dagegen
stärker und liegt in den Prüfjahren zwischen 38 und 275 kg·ha^{-1}·a^{-1}.

Mit dem Modell sind demnach recht genaue Berechnungen der Stickstoffentzü-
ge und der abgegebenen Wassermasse unter differenzierten Witterungsbedingungen
möglich, was insbesondere für die Simulation möglicher Klimaänderungen bzw.

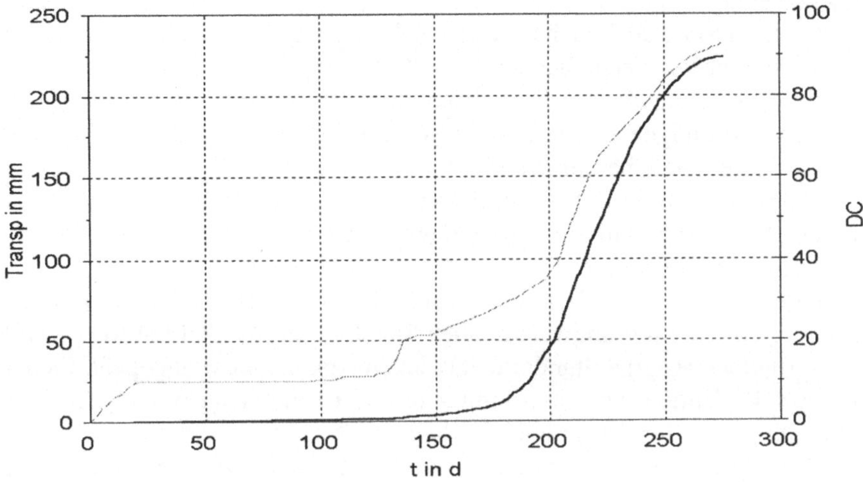

Abb. 5.12: Transpiration (kumulativ) (———) und Ontogenese (············)
Winterweizen, D1, Vegetationsperiode 1992/93, Standort Quedlinburg

der vermuteten klimabedingten Verschiebung der Biome auf der Erdoberfläche Bedeutung haben wird.

Prüfung der Übertragbarkeit des Komplexmodells auf verschiedene Standorte

Nachdem der Parametersatz des Modells offensichtlich die Reaktionen des Agrarökosystems auf unterschiedliche Witterungsbedingungen angemessen abbildet, wird im Folgenden überprüft, ob das an den Standort Quedlinburg angepaßte Modell auch auf andere Standorte übertragbar ist. Für die Standorte Neuenkirchen in Niedersachsen (Versuchsstandort der TU Braunschweig) und Bad Lauchstädt in Sachsen/Anhalt (Versuchsstandort des Umweltforschungszentrums Leipzig-Halle) liegen Angaben zum Kornertrag und zum Stickstoffentzug während der Vegetationsperiode vor. Während am Standort Neuenkirchen die Kornerträge mit einer Abweichung zwischen 5 bis maximal 10 dt·ha^{-1} (mit einer Ausnahme) im Vergleich zum experimentell ermittelten Kornertrag berechnet werden, stimmen die Werte zwischen angegebenem und berechnetem Stickstoffentzug kaum überein. Die berechneten liegen in jedem Fall unter den experimentell ermittelten Werten. Hierbei ist allerdings zu berücksichtigen, daß die Angaben einen Ackerschlag aus einem bäuerlichen Betrieb betreffen, und in diesem Fall Differenzen zum angegebenen Zeitpunkt der Düngung und der bonitierten Ontogenese sowie nicht zu vermeidende Ungleichmäßigkeiten in der Ausbringung des mineralischen Düngers nicht auszuschließen sind.

Für den Standort Bad Lauchstädt liegen Bodenszenarien für die Jahre 1989 bis 1995 vor. Aus diesen Versuchen sind der Kornertrag sowie die Masse an Gesamtstickstoff bekannt, an denen die Genauigkeit der Modellsimulationen überprüft werden kann. In einigen Jahren besteht zwischen experimentellen und simulierten Ergebnissen eine gute Übereinstimmung, wie z.B. im Jahr 1989. Die tatsächlich erzielte Kornmasse von 77 dt·ha^{-1} wird von dem Komplexmodell mit 74 dt·ha^{-1} gut abgebildet. In anderen Jahren sind stärkere Abweichungen zwischen Experiment und Simulation zu beobachten.

Wie bereits in Kapitel 3 dargestellt wurde, befindet sich das Versuchsgelände in Quedlinburg auf einem grundwassernahen Standort, das Modell CANDY wurde jedoch für grundwasserferne Standorte entwickelt bzw. an diese angepaßt. Es berücksichtigt eine Bodentiefe von insgesamt 2 m und ist damit für die ungesättigte Bodenzone gültig, was für den größten Teil agrarisch genutzter Standorte ausreichend ist. Das Grundwasser am Standort Bad Lauchstädt steht z.B. in einer Tiefe von 12 m unter der Bodenoberfläche an. Möglicherweise konnten am Standort Quedlinburg die Pflanzenwurzeln das Grundwasser erreichen und waren somit trotz geringer Niederschläge bei durchschnittlichen Tagestemperaturen ausreichend mit Wasser versorgt. Das führte wiederum zu hohen Erträgen an vegetativer Biomasse und an Korn auch bei belastenden Witterungsbedingungen. Hier besteht zukünftig noch Forschungsbedarf, insbesondere im Hinblick auf die Adaptation des Bodenmodells an grundwassernahe Standorte bzw. die Anpassung des Komplexmodells, insbesondere des Pflanzenbestandsmodells, an grundwasserferne Standorte.

Leider standen vom Standort Bad Lauchstädt keine Zeitreihen von Zustandsgrößen zur Verfügung, so daß der Zeitpunkt für das Auftreten der Differenzen zwischen Simulation und Experiment nicht bekannt ist und somit nicht der Ontogenese der Pflanzenbestände zugeordnet werden kann. In diesem Fall ist der Zusammenhang zwischen Ursache und Wirkung dieser Abweichungen nur schwer aufzuklären.

Einfluß variierter Witterungsbedingungen auf das Ökosystem

Es gibt verschiedene Möglichkeiten, die Reaktion des untersuchten agrarischen Ökosystems auf unterschiedliche Witterungsbedingungen zu überprüfen. Im vorliegenden Fall wurden für den Standort Quedlinburg aus 15-jährigen Datenreihen stündlicher Werte (1980 - 1994) Varianten für mögliche Witterungen generiert. Die Varianten (A,B,C) sollen zur Untersuchung des Einflusses veränderter Lufttemperaturen auf das Ökosytem dienen (Abb. 5.13):

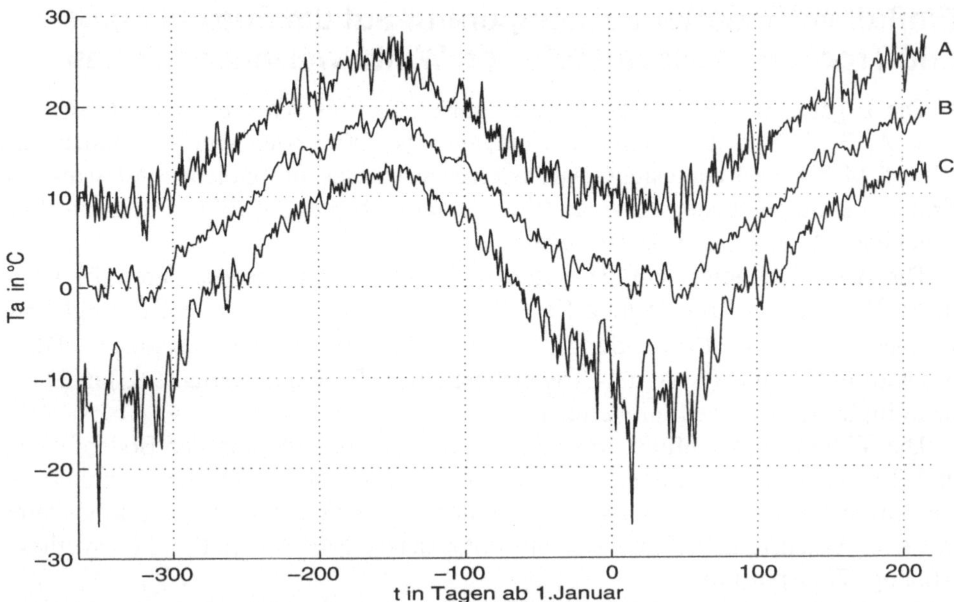

Abb. 5.13:   Maximale (A), mittlere (B) und minimale (C) stündliche Lufttemperatur Ta im Jahres-
verlauf; Zeitraum der Mittelung: 1980-95; Standort Quedlinburg (Kurven sind geglättet dargestellt)

(A)   „TLUFT_Maximum"-Variante, bestehend aus den stündlichen Maximum-
      Werten der Lufttemperatur sowie den stündlichen Mittelwerten der Global-
      strahlung, Luftfeuchtigkeit, Niederschlag, Schneehöhe u. Windgeschwindig-
      keit

(B)   „mittleres" Wetter, bestehend aus den stündlichen Mittelwerten der Luft-
      temperatur, sonst wie (A)

(C)   „TLUFT_Minimum"-Variante, bestehend aus den stündlichen Minimum-
      Werten der Lufttemperatur, sonst wie (A).

Drei weitere Witterungsvarianten (R100, R067, R060) sollen zur Untersuchung
der Reaktion des „Modell-Ökosystems" auf Belastung eingesetzt werden, wobei
der Niederschlag variiert wurde:

(R100): stündliche Werte der Lufttemperatur (Maximum), Globalstrahlung
         (Maximum), Luftfeuchtigkeit (Minimum), Niederschlag (Mittelwert),
         Schneehöhe (Maximum) und Windgeschwindigkeit (Maximum)

(R067): wie R100, aber mit 67 % des stündlichen Niederschlagsmittelwertes

(R060): wie R100, aber mit 60 % des stündlichen Niederschlagsmittelwertes.

Im weiteren werden auf der Basis dieser Witterungsszenarien und zweier Düngungsstufen (D0: keine Düngung; D1: Düngung den Vorgaben des Versuchsjahres
1992/93 entsprechend) die Ergebnisse der Simulationsrechnungen diskutiert.

Einfluß veränderter Lufttemperatur auf die Entwicklungs- und Trockenmasseverläufe von Winterweizenbeständen

Die Ergebnisse der Simulationsrechnungen, die mit den drei Witterungsszenarien (A, B, C) und den Düngungsvarianten (D1, D0) erzielt wurden, sind in den Abb. 5.14 bis 5.16 dargestellt. Alle Szenarien wurden mit gleichen Aussaat- und Ernteterminen gerechnet (Aussaat: 02. November, Ernte: 05. August), um die Vergleichbarkeit der Ergebnisse zu sichern.

Die Abb. 5.14 zeigt, daß die Geschwindigkeit der Ontogenese durch die Erhöhung (B → A) und Erniedrigung (B → C) der Lufttemperaturen beschleunigt bzw. verzögert wird. Der Entwicklungszustand: „Blüte des Pflanzenbestandes" (DC = 61) wird in Variante (A) um 24 Tage früher als in (B) und in Variante (C) nicht mehr im Simulationszeitraum erreicht.

Die Witterung beeinflußt vor allem über eine Veränderung der Bodenfeuchte und Bodentemperatur in der oberen Bodenschicht (0 bis 10 cm) die Keimung und das Auflaufen der Saat und über die Veränderung der Lufttemperatur alle weiteren mit dem Wachstum verbundenen physiologischen Prozesse (z.B. Photosynthese, Atmung, Transportprozesse).

Aus den Abbildungen 5.15 und 5.16 ist zu entnehmen, daß mit der beschleunigten bzw. verzögerten Ontogenese eine zeitliche Verschiebung der Verläufe der Tockenmassen verbunden ist. Die Maxima sowie die Massen zum Simulationsende

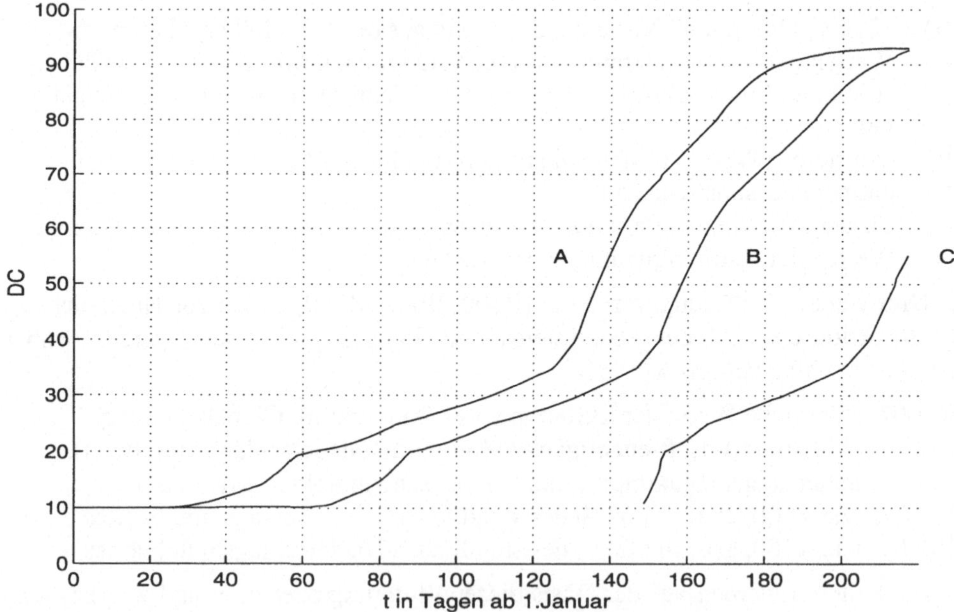

Abb. 5.14:   Ontogeneseverlauf DC Winterweizen; D0 und D1, Standort Quedlinburg
A: maximale, B: mittlere und C: minimale Lufttemperatur Ta

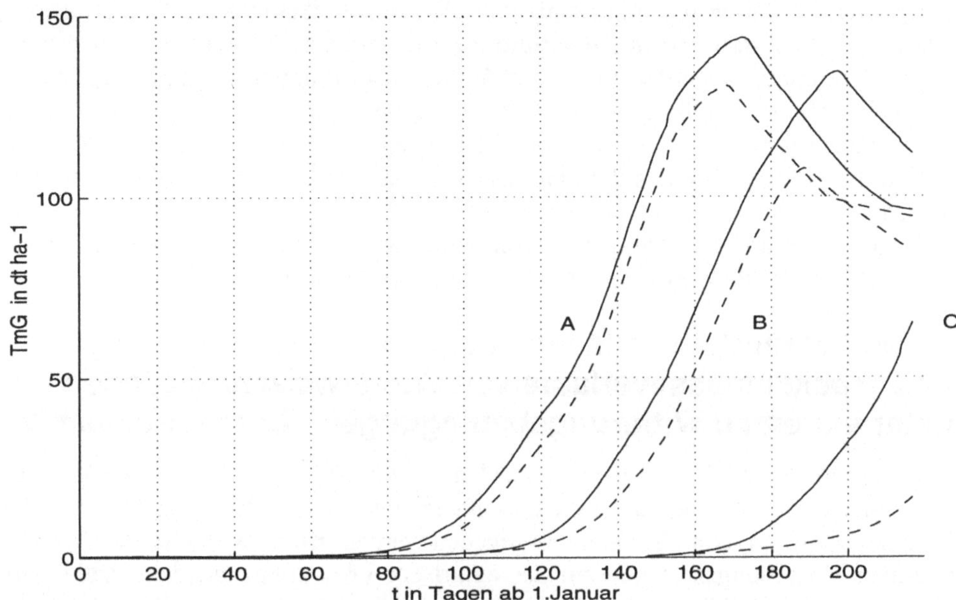

Abb. 5.15:   Verlauf der Trockenmasse gesamt (Sproß+Korn) TmG;
Winterweizen, D0: ----, D1: ——, Standort Quedlinburg
A: maximale, B: mittlere, C: minimale Lufttemperatur Ta

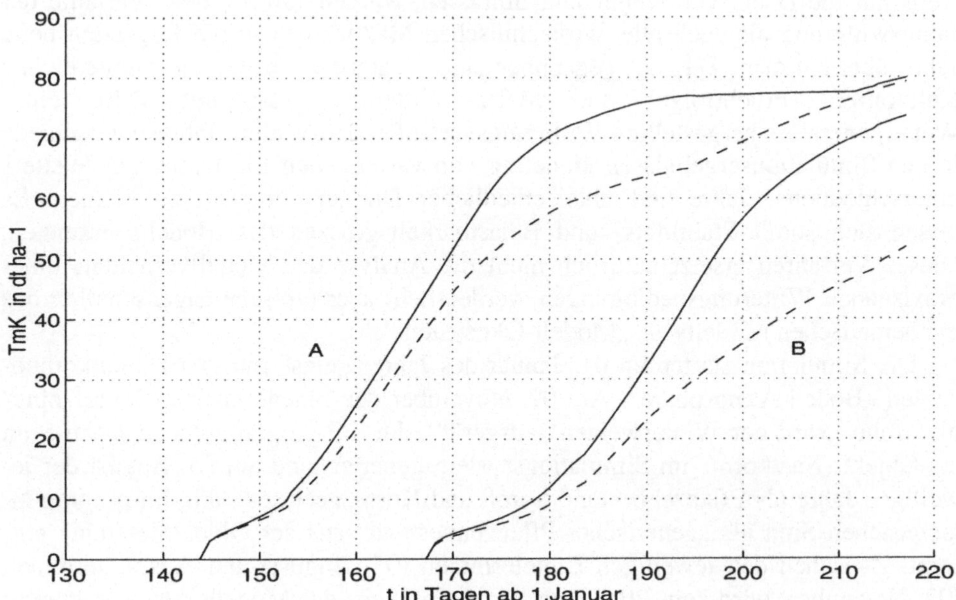

Abb. 5.16:   Verlauf der Trockenmasse (Korn) TmK;
Winterweizen, D0: ----, D1: ——, Standort Quedlinburg
A: maximale, B: mittlere Lufttemperatur Ta ; C(minimale Ta): TmK nicht gebildet

verändern sich durch die unterschiedliche Witterung ebenfalls. In Szenarium (A) werden die höchsten und in Szenarium (C) die geringsten Trockenmassewerte erreicht. Kornmassen werden unter den Witterungsbedingungen gemäß Szenarium (C) nicht gebildet, da die Blüte des Pflanzenbestandes nicht erreicht wird. Entsprechend Szenarium (A) ist die Vollreife (DC = 92) des Winterweizenbestandes bereits weit vor dem Ende des Simulationszeitraumes erreicht. Der Einfluß von unterschiedlichen Düngungsmaßnahmen wirkt sich nur auf die Trockenmassebildung aus, nicht aber auf die Ontogenese von Winterweizen. Aus diesem Grund sind in Abb. 5.14 beide Düngungsvarianten (D1, D0) im zeitlichen Verlauf identisch.

Einfluß veränderter Niederschläge auf die Entwicklungs- und Trockenmasseverläufe von Winterweizenbeständen unter extremen Witterungsbedingungen - Langzeitdynamik

In diesem Abschnitt soll geprüft werden, welche Werte die Zustandsgrößen des mathematischen Modells annehmen, wenn extreme Werte der Umgebungsgrößen für einen Zeitraum von 10 Jahren vorgegeben werden. Kurz: Wie wird die Wirkung extremer Umgebungszustände auf das agrarische Ökosystem mit dem mathematischen Modell abgebildet. Die Simulationsrechnungen wurden auf Grundlage der drei bereits beschriebenen extremen Witterungsszenarien (R100, R067, R060) durchgeführt. Da die Witterungsverläufe auf Grund des Generierungsverfahrens jeweils nur die Dauer von einem Jahr umfassen, wurden sowohl diese Verläufe der Jahreswitterung als auch alle agrotechnischen Maßnahmen in die folgenden neun Jahre übernommen. Das hat gegenüber einer Jahresdekade mit unterschiedlichen Kulturarten (Fruchtfolge) und realer Witterung oder mit Hilfe eines Wettergenerators hergestellten Witterungsverläufen den Vorteil, Jahresunterschiede in den Simulationsergebnissen eindeutig von variierenden Einflüssen des Wetters unterschiedlicher Jahre und unterschiedlicher Düngung trennen zu können. Es lassen sich somit Stabilitäts- und Belastbarkeitsgrenzen des Modells erkennen. Dieses Verfahren ersetzt natürlich nicht die Analyse des Modellverhaltens unter praxisnahen Witterungsbedingungen, verdeutlicht aber typische Eigenschaften des mathematischen Modells als „Modell-Ökosystem".

Die Simulation startet am 01. Januar des Jahres „eins" mit den Objektkomponenten „Boden-Atmosphäre". Am 02. November der angenommenen Jahre „eins" bis „zehn" wird der Winterweizen „ausgesät", d.h. im programmtechnischen Sinn als Objekt „Saatkorn" im Simulationssystem generiert und am 05. August der jeweiligen Jahre als Pflanzenbestand Sproß und Korn „geerntet", d.h. im programmtechnischen Sinn als „generischer Pflanzenbestand" aus der Objekthierarchie entfernt. Zwischen den jeweiligen Ernteterminen (05. August) und Aussaatterminen (02. November) wird kein Pflanzenbestand simuliert; das Modellsystem beschreibt in diesem Zeitabschnitt den Zustand der „Brache". Nur die Prozesse im Boden sowie die Interaktionen zwischen Boden und Atmosphäre werden berücksichtigt.

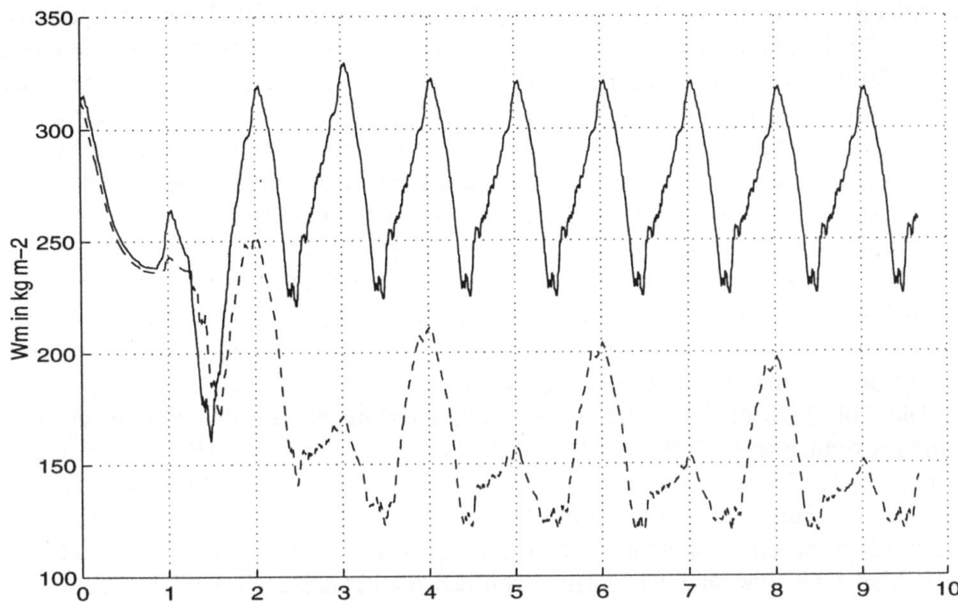

Abb. 5.17: Verlauf der Wassermasse Wm im Boden;
Winterweizen, Jahresdekade, Standort Quedlinburg, (R067,D0): ----, (R100,D1): ——

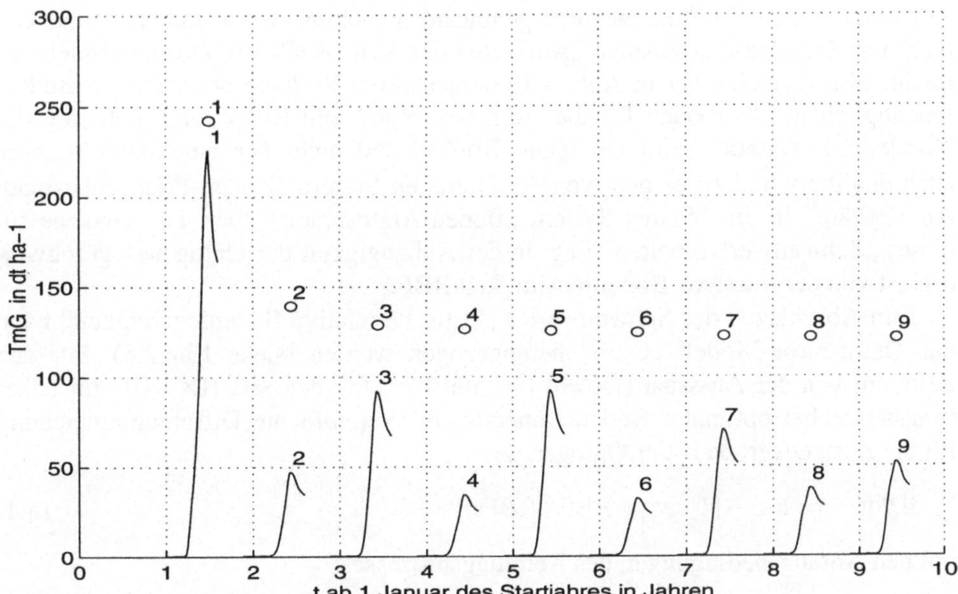

Abb. 5.18: Verlauf der Gesamt-Trockenmasse TmG (Sproß u. Korn)
Winterweizen, Jahresdekade, Standort Quedlinburg
o : Variante (R100,D1), nur die Jahres-Maxima der TmG-Verläufe dargestellt
—— : Variante (R100,D0):

In Abb. 5.17 sind die Verläufe der in der 2m-Bodenschicht enthaltenen Wassermasse W_m für die zehn Jahre dargestellt. Deutlich ist der Jahresrhythmus zu erkennen. Die Minima der Kurvenverläufe der Wassermasse befinden sich auf Grund der temperaturabhängigen Evapotranspiration in der Jahresmitte, die der Maxima am Jahresanfang. Die Variante (R100, D1) zeigt einen stabilen, sich gleichartig wiederholenden Jahresgang, wenn man von den ersten zwei Jahren absieht, in denen sich die Prozesse erst „einpegeln" müssen. In der Variante (R067, D0) erreicht die Amplitude des Wassermasse-Verlaufes der Jahre mit gerader Zahl die Amplitude der Variante (R100, D1); die der Jahre mit ungerader Zahl ist nur halb so groß. Das Verhältnis der über die Jahre sechs bis zehn gemittelten Wassermasse W_m im Boden beider Varianten entspricht näherungsweise dem Verhältnis (=0.67) der vom Boden aufgenommenen Niederschlagsmengen.

Die Abb. 5.18 demonstriert die Wirkung der Düngung auf den Verlauf der Gesamttrockenmasse TmG bei gleichen Niederschlägen von 100 % (R100) in den beiden Varianten D0 und D1. In beiden Abb. 5.17 und 5.18 ist ein gleichartiger arhythmischer Verlauf der Kurven zu erkennen, die den D0-Varianten entsprechen. Vermutlich führen die abnehmenden Einflußgrößen für Stickstoffdüngung und Niederschlagsintensität an Stabilitätsgrenzen des mathematischen Modells. Denn das Systemverhalten ändert sich grundsätzlich, wenn die Niederschlagsintensität von 67 auf 60 % des mittleren Niederschlags (Witterung R067$\rightarrow$R060) vermindert wird. Der Oberboden trocknet im Zeitraum der Brache so weit aus, daß die Weizenkörner nach ihrer Aussaat nicht genügend Feuchtigkeit vorfinden, um zu keimen. Der Entwicklungszustand „Auflaufen der Saat" (DC=10) wird nicht mehr erreicht. Ein Vergleich der in Abb. 5.19 dargestellten Verläufe der relativen Bodenfeuchtigkeit in Oberboden für die Varianten R067 und R060 zeigt, daß sich das "Modell-Ökosystem" beim Übergang R067$\rightarrow$R060 nicht nur quantitativ sondern auch qualitativ ändert: es geht von dem ternären System „Boden-Pflanzenbestand-Atmosphäre" in ein binäres System „Boden-Atmosphäre" über. Die Ursache für dieses „Schwellwertverhalten" liegt in der Abhängigkeit der Ontogenesegeschwindigkeit von der relativen Bodenfeuchtigkeit RBF.

Zum Abschätzen des Schwellwertes „kritische relative Bodenfeuchtigkeit" kann das Ontogenese-Modell „Onto" herangezogen werden (siehe Kap.2.5). Für den Zeitraum von der Ausssaat (DC=0) bis zum Aufgang der Saat (DC=10) gilt näherungsweise bei optimaler Bodentemperatur die vereinfachte Differentialgleichung für die Zustandsgröße D der Ontogenese:

$$dD/dt \quad = k_{1D} \cdot [1 - \exp(-RBF / RBF_0)] \tag{5.1}$$

mit den Anfangsbedingungen des Keimungsprozesses:

$$D = 0 \qquad \text{für } t = t_{Aussaat}, DC = 0$$

und der Relation zwischen dem Wert DC = 10 der Dezimalskala und dem Ontoge-

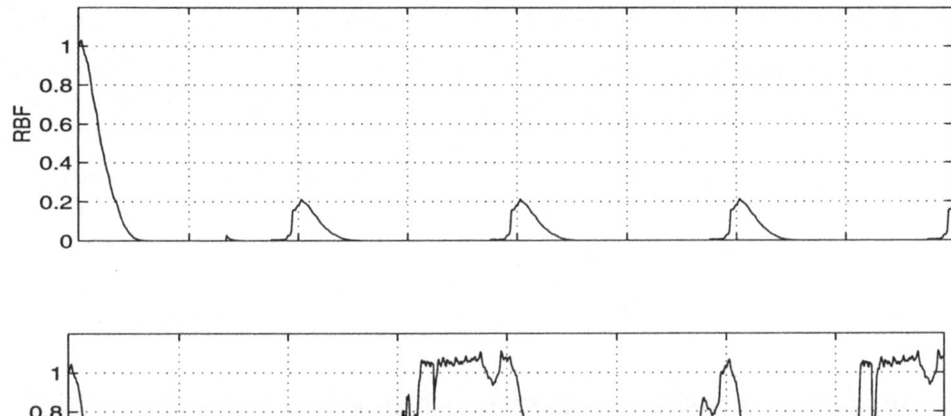

Abb. 5.19: Verlauf der relative Feuchtigkeit im Oberboden (0 bis 10 cm Tiefe);
Winterweizen, Jahresdekade, Standort Quedlinburg, oben: (R060,D0), unten: (R067,D0)

nesezustand D:

$$D = k_{10} \cdot DC \quad \text{für} \quad t = t_{Aufgang} , \tag{5.2}$$

Modellparameter: k_{1D}, RBF_0, k_{10}.

Für kleine Werte der relativen Bodenfeuchtigkeit ($RBF \ll 1$) läßt sich die Dgl (5.1)
weiter vereinfachen. Durch Reihenentwicklung ergibt sich näherungsweise:

$$dD/dt = k_{1D} \cdot RBF / RBF_0. \tag{5.3}$$

Wird in Anlehnung an das Tempratursummen-Konzept das Integral

$$RBF_{SUM} = \int_{t=\,t_{Aussaat}}^{t=t_{Aussaat}+\Delta t} RBF \, dt, \tag{5.4}$$

als „Feuchtesumme" definiert, so ergibt sich durch Integration der Gleichung 5.3:

$$D = k_{1D} \cdot RBF_{SUM} / RBF_0.$$

Die notwendige Bedingung für das Auflaufen der Saat wird durch folgende Unglei-
chung beschrieben:

$$RBF_{SUM} > RBF_{SumMin} = DC10 \cdot RBF_0 \cdot k_{10} / k_{1D}, \tag{5.5}$$

wobei die Größe RBF_{SumMin} die kritische Feuchtesumme darstellt, die im Verlaufe des Keimungsprozesses erreicht werden muß. Der Parameter $k_{1D} = 0{,}0119\ d^{-1}$ wurde aus Kap. 2.5, Tab 2.5.1 entnommen, $k_{10} = 0{,}03$ für das Intervall $0 \leq DC \leq 10$ aus der Tabellenfunktion (Abb. 2.5.2) abgeleitet und $RBF_0 = 0{,}86$ durch Parameterschätzung (Kap. 2.5) bestimmt. Es ergibt sich:

$$RBF_{SUM} > RBF_{SumMin} = 0{,}0594\ a.$$

Nach Abb. 5.19 gilt für die Feuchtesummen der beiden Witterungsvarianten mit $\Delta t = 0{,}6\ a$:

$$RBF_{Sum67} = 0{,}0855\ a \qquad \text{für Witterung: (R067,D0)}$$
$$RBF_{Sum60} = 0{,}0247\ a \qquad \text{für Witterung: (R060,D0)}$$

mit

$$RBF_{Sum67} > RBF_{SumMin} > RBF_{Sum60}. \tag{5.6}$$

Die Überprüfung des Schwellwertverhaltens anhand einer einfachen Abschätzung zeigt, daß für bestimmte Systemzustände einzelne Modellkomponenten ausreichen, das Gesamtverhalten des komplexen Pflanzenmodells zu charakterisieren.

Betrachtungen zum Reaktionsvermögen des Modell-Ökosystems - Einfluß veränderter Niederschläge und mineralischer Düngung auf den Wasserstreß-Faktor

Das Reaktionsvermögen des komplexen „Modell-Ökosystems" ist durch umfangreiche Simulationsrechnungen ermittelbar, die jedoch viel Aufwand erfordern und Verallgemeinerungen nur bedingt erlauben, da numerische Lösungen nur Einzelfälle detailliert beschreiben. Das Schwellwert-Verhalten des Systems, bei dem große Änderungen in den Resultaten der Simulationen durch kleine Störungen (Variation der Modellparameter, der Witterung u.a.) verursacht werden, erfordert genauere Analysen, die aber auf Grund der Komplexität und starken Nichtlinearität des Modells nur schwierig durchzuführen sind.

Am Beispiel der im Modell abgebildeten Stomata-Leitfähigkeit soll die Wirkung des Wassermangels beschrieben werden. Der Wasserstreß-Faktor SF wird hier als Verhältnis der Werte des stomatären Widerstands bei zwei unterschiedlichen Wasserpotentialwerten definiert: dem aktuellen Wasserpotential wPot des Bestandes und dem Bezugswert wPot0 = 0, der näherungsweise Bodenwasserpotential entspricht. Der Verlauf des Wasserstreß-Faktors SF ist in Abb. 5.20 dargestellt. In den vier Varianten SF1 bis SF4 sind verschiedene Zeitmuster zu erkennen. Die der Düngungsvariante D1 zugeordneten Streßvarianten SF3 und SF4 zeigen mit Ausnahme der beiden ersten Jahre (siehe auch Abb. 5.17 und 5.18) in allen Folgejahren ein näherungsweise unverändertes Einjahres-Zeitmuster. Die der Düngungsvariante

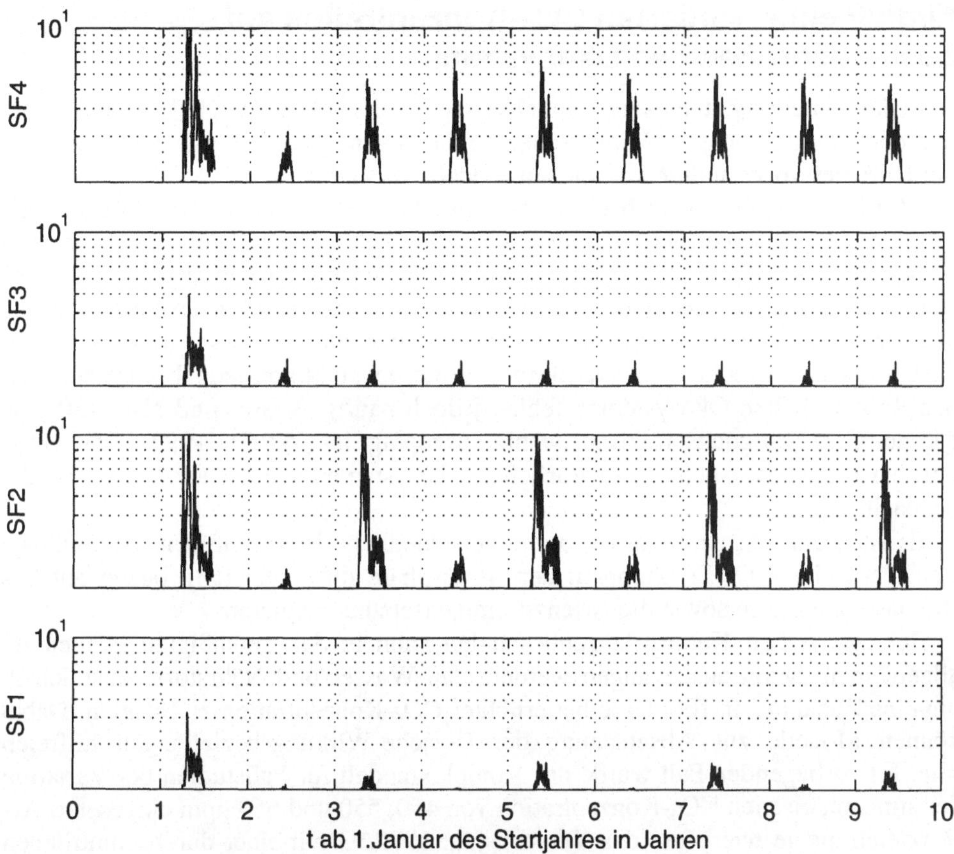

Abb. 5.20: Verlauf des Wasserstreß-Faktors SF; Winterweizen, Standort Quedlinburg

SF1: D0, mittlerer Niederschlag (R100, D0)
SF2: D0, 2/3 des mittleren Niederschlages (R067, D0)
SF3: D1, mittlerer Niederschlag (R100, D1)
SF4: D1, 2/3 des mittleren Niederschlages (R067, D1)

D0 zugeordneten Streßvarianten SF1 und SF2 zeigen dagegen ein ausgeprägtes, sich zyklisch wiederholendes Zweijahres-Muster, was auf ein bistabiles Regelverhalten des mathematischen Modells „Boden-Pflanzenbestand" hinweist. Es entwickeln sich abwechselnd Pflanzenbestände mit großer und kleiner Gesamttrockenmasse. Ähnliche Muster im Zeitverlauf finden sich auch bei anderen Zustandsgößen des Pflanzenmodells. Geringe Niederschläge, die sich im Wasserstreß-Faktor mit Werten z.T. weit größer als zehn ausprägen (Varianten SF2 und SF4), verursachen Wasserstreß.

Einfluß einer variierten CO₂-Konzentration auf Zustandsgrößen des Ökosystems

In der Einleitung zu diesem Kapitel wurde bereits auf die Möglichkeit hingewiesen, den Einfluß variierter klimatischer Bedingungen auf das agrarische Ökosystem mit Hilfe des vorgestellten komplexen Modells zu studieren.

CO_2 in der Atmosphäre beeinflußt unmittelbar die Vegetation durch den sogenannten CO_2-Düngeeffekt; darunter wird die mehrfach nachgewiesene positive Wirkung eines erhöhten CO_2-Gehaltes auf das Wachstum von Pflanzen verstanden. Das trifft für Pflanzenbestände dann zu, wenn sie ausreichend mit Nährstoffen und Wasser versorgt sind. Sie bilden pro Zeiteinheit mehr Biomasse, wenn der CO_2-Gehalt der Luft erhöht wird, die übrigen Witterungsfaktoren jedoch konstant bleiben. In natürlichen Ökosystemen fehlen jedoch häufig Wasser und Nährstoffe, so daß der CO_2-Düngungseffekt nur wenig ausgeprägt ist (WBGU 1993). Das wurde z.B. bei Freilandversuchen an natürlichen Ökosystemen wie der arktischen Tundra beobachtet.

Es ist außerdem zu erwarten, daß unterschiedliche Pflanzentypen bzw. Ökosysteme auf eine CO_2-Erhöhung in der Atmosphäre differenziert in bezug auf das Biomassewachstum sowie die Artenzusammensetzung reagieren.

Bei agrarischen Kulturpflanzenbeständen kann in den gemäßigten Breiten im allgemeinen davon ausgegangen werden, daß Wasser und Nährstoffe ausreichen, um eine Zunahme an Biomasse bei erhöhter CO_2-Konzentration zu erzielen. Dabei können Modelle zur Abschätzung der Ursache-Wirkungsbeziehungen hilfreich sein. Im vorliegenden Fall wurde das Komplexmodell für Fallstudien bei Variation der atmosphärischen CO_2-Konzentration von 450, 550 und 650 ppm eingesetzt. Als Vergleich diente wiederum das Versuchsjahr 1992/93 mit einer durchschnittlichen jährlichen CO_2-Konzentration von ca. 350 ppm am Standort Quedlinburg. Der Witterungsverlauf dieses Jahres wurde mit den erhöhten CO_2-Konzentrationen kombiniert. In Tab. 5.1 sind die Ergebnisse dieser Simulationen dargestellt.

	Vergleich (350 ppm)		**450 ppm**	**550 ppm**	**650 ppm**
Trockenmasse Sproß	57 dt·ha⁻¹	100 %	100 %	107 %	107 %
Trockenmasse Korn	84 dt·ha⁻¹	100 %	112 %	118 %	124 %
Trockenmasse gesamt	141 dt·ha⁻¹	100 %	109 %	116 %	120 %
Gesamt-N Sproß	25 kg·ha⁻¹	100 %	100 %	100 %	100 %
Gesamt-N Korn	148 kg·ha⁻¹	100 %	103 %	106 %	105 %

Tab. 5.1:   Einfluß einer erhöhten CO_2-Konzentration auf Zustandsgrößen von Winterweizen zur Vollreife; Winterweizen, D0, Vegetationsperiode 1992/93

Aus der Tabelle geht hervor, daß vor allem die Korntrockenmasse mit Erhöhung der CO_2-Konzentration steigt, während die Sproßtrockenmassen zwar während der Ontogenese bei CO_2-Erhöhung höhere Maxima als die Vergleichsvariante aufweisen. Bedingt durch Umlagerung von Kohlenstoff- und Stickstoffverbindungen in die sich bildenden Körner treten jedoch zur Ernte entweder keine (450 ppm) oder vergleichsweise geringe Unterschiede von nur 7% bei simulierten CO_2-Konzentrationen von 550 bzw. 650 ppm auf. Damit scheint das Optimum für die Bildung von Biomasse und vor allem für den Kornertrag, noch nicht erreicht zu sein. Das bestätigt Angaben anderer Autoren, die für Gewächshauskulturen ein Optimum für das Wachstum von 700 bis 900 ppm CO_2 - Konzentration in der umgebenden Luft angeben (MORTENSEN 1987), während CO_2-Konzentrationen von mehr als 1000 ppm in der Atmosphäre zu einer Wachstumsreduktion und zu Blattschädigungen führen. FRANK (1988) beobachtete eine Störung der Differenzierungsprozesse an sich entwickelnden Gerstenähren und daraus resultierenden Ertragsminderungen bei einer Begasung der in Gefäßen angezogenen Pflanzen mit einem Luftgemisch bei einer CO_2-Konzentration von 1500 ppm. Pflanzen sollen weltweit die vorhergesagten Klimaänderungen sehr gut kompensieren können (IDSO 1989); CO_2-Erhöhung in der Atmosphäre trägt zu vermehrtem Wachstum bei erhöhten wirtschaftlich nutzbaren Erträgen bei. Die simulierten Steigerungen der Erträge sollten jedoch nicht verallgemeinert werden; sie gelten nur bei gleichbleibenden Rahmenbedingungen. Im Falle der hier vorgestellten Szenarien wurde eine normale, dem langjährigen Durchschnitt des Quedlinburger Standortes entsprechende Witterung mit der CO_2-Erhöhung kombiniert, es wurden gewissermaßen lokal begrenzte Aussagen getroffen. Damit soll lediglich demonstriert werden, daß die Anwendung des Komplexmodells auch für Simulationen von Klimaänderungen und deren lokal oder regional begrenzten Auswirkungen prinzipiell möglich ist. Derartige Simulationen sollten jedoch immer vor dem Hintergrund möglicher, durch das Treibhausgas CO_2 mitverursachter Klimaänderungen, interpretiert werden, damit ein Anstieg des CO_2-Gehaltes in der Atmosphäre nicht etwa als vorteilhaft im Sinne der Sicherung der Welternährung ausgelegt wird. Vielmehr sind die möglichen, von den globalen Klimaveränderungen ausgehenden Gefahren mit zu berücksichtigen. CO_2 gehört zu den langlebigen Treibhausgasen; es verbleibt mehr als 100 Jahre in der Atmosphäre und wird wegen dieser Langlebigkeit und der weltweiten Verteilung global wirksam. Als Treibhausgas wird das CO_2 zur Erhöhung der mittleren globalen Temperatur beitragen. Zu diesem Thema hat der Wissenschaftliche Beirat der Bundesregierung Globale Umweltveränderungen ein sogenanntes „Inversszenarium" vorgestellt (WBGU 1995). Dabei werden Temperaturänderungen im Schwankungsbereich des jüngeren Quartär von T_{min} (Würmkaltzeit) = 10,4 °C bis T_{max} (Eemwarmzeit) = 16,1°C für vertretbar gehalten. Das tolerierbare Temperaturfenster kommt durch eine beiderseitige Erweiterung des natürlichen Extrembereiches um jeweils 0,5°C zustande, um den Akzeptanzbereich möglichst großzügig abzustecken. Die Grenzen für die tolerierbare mittlere globale Temperatur werden wie folgt definiert:

$$T_{min} \leq T \leq T_{max}$$

mit

$$T_{min} = T_{min}(Würm) - 0,5 = 9,9$$
$$T_{max} = T_{max}(Eem) + 0,5 = 16,6.$$

Damit sind die Grenzen für die globalen Klimabedingungen definiert, die die Koevolution von Menschheit und Natursphäre geprägt und damit die heutige Umwelt hervorgebracht haben. Die heutige globale Durchschnittstemperatur beträgt 15,3 °C.

Unklar sind allerdings noch die zu erwartende Temperaturverteilung auf der Erde sowie die Auswirkungen auf die Erdoberfläche, die Weltmeere oder auf die Polkappen. Derartige Szenarien können am ehesten mit Hilfe von Klimamodellen abgeschätzt werden, die dann allerdings für ein engmaschigeres Gitternetz als bisher gelten müßten, und die für die Abbildung der Reaktionen ausgewählter terrestrischer Ökosysteme mit solchen Modellen wie dem in diesem Buch vorgestellten oder mit ähnlichen Modellierungssystemen gekoppelt werden sollten.

Reaktionsverhalten des Systems "Weizenpflanze-Getreideblattlaus-Marienkäfer": Einfluß des Wetters während der Kornfüllungsphase

Ergänzend zum Kapitel 2.6 soll in Fallstudien mit besonderen Szenarien für die Umgebungsgrößen der zeitliche Verlauf der Zustandsgrößen für die Abundanzen der Blattläuse und der Marienkäfer ermittelt werden, und zwar unter der Voraussetzung, daß das Modell GTLAUS in den Komplex "Bodenprozeßmodell, Pflanzenmodell, CO_2-Gasaustauschmodell" mit eingebunden ist (vgl. Kap. 2.7). Zum Vergleich wird auch hier die Vegetationsperiode 92/93 als Normalvariante (gedüngte Parzellen) zugrunde gelegt. Untersucht werden soll das Befallsgeschehen bei hoher Immigrationsrate der Blattläuse, wenn während der Kornfüllungsphase der Weizenpflanzen im Vergleich zur Normalvarianten warm-trockenes oder feucht-kaltes Wetter herrscht. Im einzelnen wird mit Bezug auf die Bezeichnungen im Interface SitConnex (vgl. Kap. 2.7) festgelegt:

- Immigrationsraten (Anzahl·ha^{-1}):
  Blattlaus: SitoImigPot   = $2,50 \cdot 10^6$; (SitoImigPot_norm = $0,5 \cdot 10^6$)
  Marienkäfer: CoccImigPot   = $0,03 \cdot 10^6$;

- Umgebungsbedingungen: "warm-trocken":
  Lufttemperatur: TeLu_wt   = TeLu_norm + 3,0 °C;
  Luftfeuchte: rLuft_wt   = rLuft_norm · 0,85;
  Niederschlag: Rain_wt   = Rain_norm · 0,10;

"feucht-kalt":

Lufttemperatur: TeLu_fk   = TeLu_norm - 3,0 °C;

Luftfeuchte: rLuft_fk   = rLuft_norm· 1,15;   (rLuft_norm ≤ 1)

Niederschlag: Rain_fk   = Rain_norm · 2,00;

- Beginn der Wetteränderung: DC ≥ 69.

Das Ergebnis der Simulationsrechnung zeigt die Abb. 5.21. Wenn die Zustandsgröße für die Ontogenese der Pflanzen den Wert DC = 69 erreicht hat, dann setzen
die unterschiedlichen Wetterverläufe ein und die Kurven für die Abundanzen
fächern auf. Bei der hohen, gegenüber der Normalvariante verfünffachten Anzahl

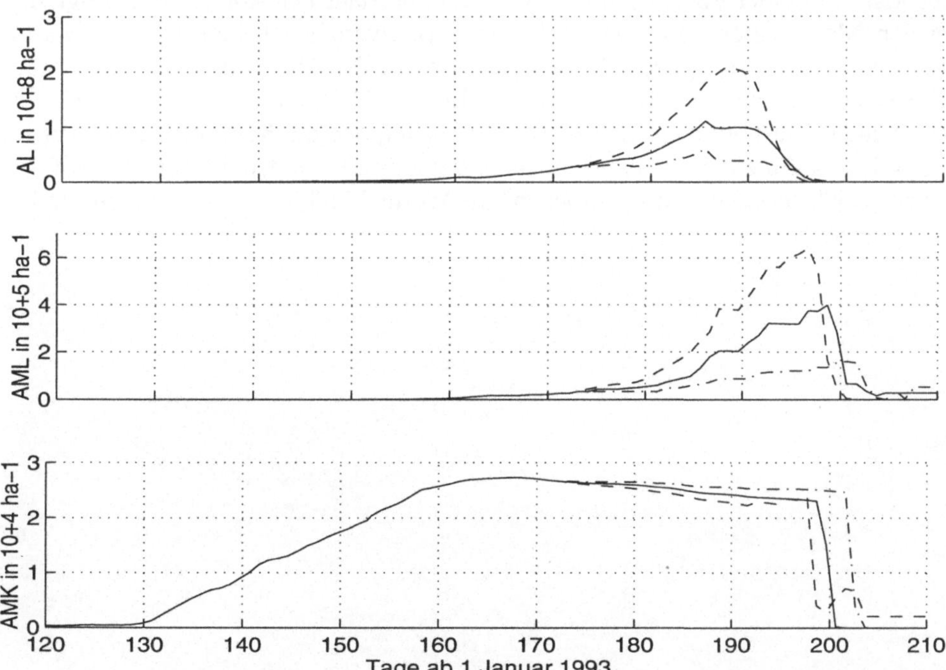

Abb. 5.21: Abundanzverlauf bei verschiedenen Wetterszenarien in der Kornfüllungsphase von
Weizenpflanzen. Vegetationsperiode: 1992/93; Standort: Quedlinburg; gedüngte Parzellen; Erhöhte
Immigrationsrate für die Blattläuse (2,5·10^6 ha^{-1})
AL: Abundanz der Blattläuse (Summe der Abundanzen aller Entwicklungsstadien)
AML: Abundanz der Marienkäfer-Larven
AMK: Abundanz der Marienkäfer
———— Normalverlauf des Wetters
- - - - - - - - -   warm-trockenes Wetter in der Kornfüllungsphase
- - · - - · - -   feucht-kaltes Wetter in der Kornfüllungsphase
(Hinweis: Ordinaten in verschiedenen Einteilungen)

der einfliegenden Blattläuse (SitoImigPot) nehmen bei dem angenommenen warm-trockenem Wetter wie erwartet sowohl die Abundanzen für die Blattläuse (Summe der Abundanzen aller Entwicklungsstadien) als auch die der Marienkäferlarven im Vergleich zur Normalvariante stark zu. Im Gegensatz zu dem in Abb. 2.6.4 darge-stellten Befallsverlauf (b) für trocken-warmes Wetter und Anfangsbedingungen, die "normalen" Feldverhältnissen entsprechen, zeichnet sich bei der hier diskutier-ten Simulationsvariante mit extremen Anfangsbedingungen für die Blattlauspopula-tion bei einem ebenfalls als trocken-warm angenommenen Wetter eine andere Situ-ation ab. Da sich die Blattlauspopulation so extrem vermehrt, reicht das Fraßver-mögen der Marienkäfer und ihrer Larven nicht mehr aus, die Entwicklung der Blattlauspopulation zu hemmen; die Blattläuse entwickeln sich fast so, als ob keine Gegenspieler vorhanden wären. Bei feucht-kaltem Wetter reduzieren sich die Abundanzen beider Populationen. Ein anderer Verlauf der Abundanzen zeigt sich bei den Marienkäfern: Im Vergleich zur Normalvariante deutete sich bei warm-trockenem Wetter eine geringfügige Verminderung der Abundanz an, und die Käfer verlassen etwas eher den Pflanzenbestand. Bei feucht-kaltem Wetter dagegen bleibt die Abundanz fast auf dem Maximalwert konstant, und die Käfer bleiben länger im Bestand. Als Entzüge an Trockenmasse Phloemsaft werden in der Reihenfolge "feucht-kalt", "normal", "warm-trocken" die Werte 2,3; 3,5; 4,6 dt ha^{-1} vom Modell ausgewiesen.

6 Zusammenfassung und Ausblick

H. MÜHLE, S. CLAUS

Zusammenfassung

Im vorliegenden Buch werden Ergebnisse mitgeteilt, die in dem vom BMFT von 01.01.1993 bis zum 30.04.1996 geförderten Verbundprojekt „Stabilität und Belastbarkeit von agrarischen Ökosystemen homogener Areale" erreicht worden sind. Das Ziel des Forschungsvorhabens bestand darin, das Reaktionsvermögen dieser offenen Systeme zu charakterisieren und zu quantifizieren, die ständigen atmosphärischen Einflüssen aus ihrer Umgebung ausgesetzt sind und außerdem über Bewirtschaftungsmaßnahmen gesteuert werden. Es galt die auf Stoff- und Energieflüssen beruhenden Wechselwirkungsprozesse zwischen Boden, Pflanzenbestand und Atmosphäre sowie die der tritrophischen Beziehungen „Pflanzenbestand-Schädling-Nützling" aufzuklären, wobei die biotischen Komponenten des agrarischen Ökosystems und die Biomassebildung der Pflanzen im Mittelpunkt der Untersuchungen standen. Mit dynamischen mathematischen Modellen gelang es, wesentliche Aspekte der Wechselwirkungsprozesse zu beschreiben und damit das Reaktionsverhalten agrarischer Ökosystem zu charakterisieren.

Das Forschungsprojekt umfaßte eine Reihe von Teilvorhaben, von denen die folgenden von Projektpartnern übernommen worden sind. Die Untersuchungen zum Teilprojekt „Aufklärung wesentlicher ökophysiologischer Zusammenhänge zur Beschreibung und Quantifizierung der Wechselwirkungen zwischen Pflanze, Boden und Atmosphäre unter besonderer Berücksichtigung der C-Bilanz im betrachteten System" wurden vom Institut für Rhizosphärenforschung und Pflanzenernährung im Zentrum für Agrarlandschafts- und Landnutzungsforschung e. V. (ZALF) Müncheberg ausgeführt. Die hierbei erzielten Ergebnisse im besonderen über die Exsudation von Substanzen aus den Pflanzenwurzeln in die wurzelnahe Bodenschicht wurden direkt in die Kompartimentobjekte des Pflanzenmodells für die Wurzeln eingearbeitet und die damit verbundene Massenbilanz translozierbarer Substanzen der Pflanzen vervollständigt. Das Teilprojekt „Aufklärung der Interaktion zwischen Prädatoren/Parasiten und Getreideblattläusen und ihres Einflusses auf Wachstum und Entwicklung von Weizen in Modellversuchen als Grundlage für Simulationsmodelle" wurde im Institut für Integrierten Pflanzenschutz Kleinmachnow der Biologischen Bundesanstalt für Forst- und Landwirtschaft Braunschweig bearbeitet in Kooperation mit dem vom Institut für Pflanzenzüchtung und Pflanzenschutz der Martin-Luther-Universität Halle-Wittenberg ausgeführten Teilprojekt „Erarbeitung bzw. Weiterentwicklung und Vervollkommnung von Populatiosmodellen für wichtige Schädlinge und deren Gegenspieler im Getreide; Definition von Schnittstellen zu den Pflanzenmodellen". Das Modell wurde als Prozedur einer sogenannten Laufzeitbibliothek (dynamic link library) - wie die anderen externen Modelle auch - über ein problemspezifisches Interface mit dem Pflanzenmodell gekoppelt. Die

Wechselwirkungen zwischen Pflanze und Boden sind mit dem in der Sektion Bodenforschung des Umweltforschungszentrumss Leipzig-Halle GmbH grundfinanziert entwickelten Bodenprozeßmodell CANDY berücksichtigt worden. Die Kopplung des Modells CANDY für den Wasser-, Stickstoff- und Wärmetransport im Boden und des Pflanzenmodells erfolgte in der gleichen Weise über ein Interface.

Alle Teilprojekte waren in interdisziplinärer Weise aufeinander bezogen und wurden auf die Entwicklung eines Komplexes von Modellen konzentriert, der insgesamt die Modelle umfaßt:

- das aus Kompartimenten für Wurzeln, Sproß und Korn aufgebaute objekt- und ereignisorientierte Pflanzenmodell zum Beschreiben des Wachstums von Winterweizenpflanzen,

- das Ontogenesemodell für die Entwicklung von Kulturpflanzen,

- das Modell für den Energie- und Wasseraustausch von Pflanzenbeständen,

- das externe Modell für den CO_2-Gasaustausch zwischen Pflanzenbestand und umgebender Luft,

- das externe Bodenprozeßmodell CANDY und

- das externe Interaktionsmodell „Getreideblattlaus - Marienkäfer".

Mit dem komplexen Modell ist es möglich, verschiedene Standorte hinsichtlich der Reaktionen von Kulturpflanzenbeständen zu vergleichen, den Einfluß variierter Witterungsbedingungen auf das betrachtete agrarische Ökosystem zu quantifizieren oder auch die Wirkungen abzuschätzen, die erhöhte CO_2-Konzentrationen der Atmosphäre in diesem System verursachen. Damit gewinnen derartige Komplexmodelle an Bedeutung im Zusammenhang mit Untersuchungen von Klimaeffekten, die mit dem in der Atmosphäre erwarteten Anstieg der Konzentrationen sogenannter Treibhausgase verbunden sind. Da das Pflanzenmodell auf stoffwechselphysiologischen Zustandsgrößen basiert, kann in diesem Zusammenhang den stofflich und energetisch begründeten pflanzeninternen Änderungen und deren Auswirkungen auf das pflanzliche Wachstum sowie auf die Austauschprozesse im System nachgegangen werden. Es können aber auch kombinierte Klimaeinflüsse und deren Folgen, z.B. erhöhte Temperaturen und damit verbundene niedrige Wasserversorgung in verschiedenen Entwicklungsphasen von Pflanzenbeständen abgeschätzt werden.

Die modular aufgebauten Teilmodelle können zur Charakterisierung und Quantifizierung von biotischen und abiotischen Prozessen im betrachteten System eingesetzt werden. Bei der Entwicklung der Teilmodelle, die von vornherein zum Einbinden in das Komplexmodell konzipiert worden sind, wurde darauf geachtet, daß diese sich nicht nur innerhalb des Komplexmodells sondern auch autonom zur Simulation der betreffenden Prozesse verwenden lassen. Damit konnte die Plausibilität der Teilmodelle geprüft werden, ohne diese in das Komplexmodell einbeziehen zu müssen. Außerdem können diese Modelle in Metadatenbanken aufgenommen und auf diese Weise interessierten Nutzern zur Verfügung gestellt werden.

Allerdings steht dem Vorteil der separaten Nutzung eines Teilmodells der Nachteil gegenüber, die zur Simulation erforderlichen Eingangsgrößen, die sonst vom Komplexmodell bereitgestellt werden, durch andere ersetzen zu müssen, z.B. durch experimentell bestimmte oder durch Größen aus anderen Anschlußmodulen.

Die externen Modelle sind in Laufzeitbibliotheken gekapselt und werden vom Pflanzenmodell über spezielle Interfaces als Prozeduren aufgerufen.

Das Simulationssystem ESS und das Pflanzenmodell sind objekt- und ereignisorientiert aufgebaut. Damit ist dieses System nicht nur in der Lage, auf äußere Steuerereignisse zu reagieren und Nachrichten an die Kompartimentobjekte weiterzuleiten, sondern auch Nachrichten zwischen den Kompartimenten selbst austauschen zu lassen. Auf Gund des Generierens und Löschens von Objekten während der Simulation verändert sich das Netz der Kompartiment- und Flußobjekte; die Struktur des Pflanzenmodells verändert sich. Deswegen erhält auch das mit dem Komplex der Modelle verbundene System von Differentialgleichungen für die Zustandsgrößen eine variable Struktur, die sich im Laufe einer Vegetationsperiode in Abhängigkeit von der Ontogenese ändern kann. Somit kann das Modell auch flexibel auf äußere Einflüsse reagieren.

Zur Handhabung des Simulationssystems ESS wurde eine Simulationsumgebung entwickelt, mit der
- die Simulationsszenarien zusammengestellt und aktiviert,
- die Modellparameter eingegeben und modifiziert,
- die Dateien für die Umgebungsgrößen bereitgestellt und
- die Simulationsergebnisse in verschiedenen Modi dargestellt

werden können. Außerdem können Verfahren zur Parameteroptimierung aktiviert werden.

Sowohl die Experimente als auch das Ökosystem-Monitoring erfüllen die Forderung nach Validisierungsdaten für die Teilmodelle und das Komplexmodell. Es liegen Langzeitreihen zu Wachstum und Entwicklung, zu den biochemischen Inhaltsstoffen in den pflanzlichen Kompartimenten, zu Bodenuntersuchungen und zu meteorologischen Größen vor, die in einer Datenbank gespeichert wurden. Es wurden aber auch spezielle, dem jeweiligen Teilvorhaben entsprechende Meßdaten erhoben und gespeichert, die zur Validisierung einzelner Teilmodelle dienen.

Als wichtig erwies sich die bodenkundliche Charakterisierung der Versuchsfläche am Standort Quedlinburg. Neben den für eine derartige Charakterisierung üblichen Größen wie z.B. Bodenprofil, geologisches Substrat, Bodenkörnung, Feldkapazität, Grundwasserstand (siehe Kap.3.2) wurden unter Nutzung von Georadar und Geoelektrik die Verläufe der Bodenschichten verfolgt. Außerdem wurde an drei verschiedenen Stellen eine Rammkernsondierung durchgeführt. Durch die Verknüpfung der Methoden wurden für 200 Stützstellen Wertetripel ermittelt, die die Lage auf der Versuchsfläche sowie die Tiefe der Horizont-Grenzfläche im Boden darstellen. Diese wurden über ein einheitliches Koordinatensystem miteinander verbunden. Die Ergebnisse weisen auf eine große Bodenheterogenität, vor allem in der

Oberbodenschicht, hin. Mit den Koordinaten ist eine genauere Zuordnung der experimentell an den Pflanzen ermittelten Ergebnisse zur Lage im Versuchsfeld möglich.

Mit dem Komplexmodell wurden in Fallstudien die Reaktionen des agrarischen Ökosystems auf variierte Witterungs- und Umgebungsbedingungen untersucht. Die experimentellen Ergebnisse am Standort Quedlinburg werden den Szenarien entsprechend gut wiedergegeben. Davon ausgehend wurden das Verhalten des agrarischen Ökosystems auf extreme Witterungsverhältnisse sowie auf variierte CO_2-Konzentrationen der Luft untersucht. Langzeitsimulationen mit Niederschlagsvarianten weisen auf erhebliche Unterschiede im Systemverhalten in bezug auf die Kopplung zwischen Wasser- und Stickstoffversorgung hin. Die sich einstellenden Systemzustände lassen ein unterschiedliches Stabilitätsverhalten des Systems erkennen. Die Simulationsergebnisse aus Szenarien mit erhöhter CO_2-Konzentration zeigen eine deutliche Zunahme an Biomasse und entsprechen damit den experimentellen Ergebnissen anderer Autoren. Im Zusammenhang damit wird darauf verwiesen, daß diese Ergebnisse nur im Kontext möglicher globaler Umweltveränderungen zu interpretieren sind.

Ausblick

Mit den ausgearbeiteten Modellen steht ein Instrumentarium zur Verfügung, das die Charakterisierung und Quantifizierung von ökosystemaren Prozessen in agrarischen Ökosystemen homogener Areale gestattet. Während der Simulationsstudien vor allem zum Stabilitätsverhalten des Systems zeigte sich eine Reihe neuer Aspekte, die eine Weiterentwicklung dieser Ansätze rechtfertigt. Außerdem hat es sich als zweckmäßig erwiesen, einige Teilmodelle so zu entwerfen, daß sie auch separat ohne Bindung an das komplexe Pflanzenmodell verwendet werden können, sofern die erforderlichen Eingangsdaten bereitgestellt werden.

Das betrifft z.B. das Modell für die Bestandestranspiration. Dieses Modell wird bereits an den Standorten Quedlinburg und Hohenschulen (bei Kiel) erprobt. Die Ergebnisse werden zur weiteren Modellpräzisierung herangezogen. Die Gültigkeit dieses Modells für die beiden, sehr unterschiedlichen Standorten erhöht dessen Verallgemeinerungsgrad. Das ist eine wesentliche Voraussetzung für die Übertragung auch auf weitere Standorte. Zu prüfen ist weiterhin, ob ein Ansatz, der mehrere Schichten des Pflanzenbestandes berücksichtigt, zur Verbesserung der Quantifizierung von Wasser- und Energieaustausch im Ökosystem beiträgt.

Auch das Modell für den CO_2-Gasaustausch kann sowohl eigenständig als auch als Komponente eines komplexen Modells zu Studien des Reaktionsverhaltens von Ökosystemen genutzt werden. Die Übertragbarkeit dieses Modells auf größere Areale („scaling up") ist im Hinblick auf die Kopplung an Klimamodelle zu prüfen. Da das Modell die Beziehungen zwischen Stickstoff- und Chlorophyllgehalt und die Abhängigkeit der Gasaustauschprozesse von diesen Größen bereits erfaßt, könnte auf dieser Grundlage eine Schnittstelle für die Einbeziehung von Fernerkundungsdaten als Eingangsgrößen für dieses Modell ausgearbeitet werden.

Das Pflanzenmodell sollte im Sinne der Entwicklung von sogenannten „Modellfamilien" in mehrfacher Hinsicht modifiziert werden. In diesem Zusammenhang sind Methoden zu entwickeln, die die Übertragung des Modells auf unterschiedlich große Flächen ermöglichen. Gleichzeitig sollten Modelle unterschiedlichen Detailliertheitsgrades und differenzierter Struktur für verschiedene Kulturarten sowie für stoffwechselphysiologisch unterschiedliche Typen (C3-, C4-Pflanzen) ausgearbeitet werden. Es ist zu prüfen, ob daraus Modelle für sogenannte "funktionale Pflanzentypen" abgeleitet werden können, die sich auf relativ grobe morphologische Merkmale (krautartige, grasartige oder strauchartige) Typen beziehen. Mit diesen Modellen sollten sich die landschaftshaushaltlichen Folgen einer Neustrukturierung agrarischer Regionen im Sinne einer gewünschten größeren Diversität quantifizieren lassen. Dabei ist auch der Wirkung unterschiedlicher Fruchtfolgen auf das Ökosystem nachzugehen. Als experimentelle Voraussetzung sind für die Entwicklung und Validisierung von Modellen weitere Kulturpflanzenarten, aber auch naturnähere Biotope in die künftigen Untersuchungen einzubeziehen.

Weiterhin ist zu prüfen, inwieweit sich mit den vorhandenen Modellen „synthetische" Datensätze zur Kalibrierung bzw. Validisierung höher aggregierter Modelle generieren lassen.

Eine Reihe von wichtigen zukünftigen Aufgaben läßt sich nur in Kooperation mit anderen Einrichtungen in bewährter interdisziplinärer Zusammenarbeit lösen. Ausgehend von dem vorliegenden Instrumentarium der Modellierung und in enger Kopplung mit dem Ökosystem-Monitoring sowie experimenteller Untersuchungen sind die Modelle so weiterzuentwickeln und zu verallgemeinern, daß Aussagen zum Landschaftshaushalt von Agrarlandschaften unterschiedlicher Diversifizierung getroffen werden können. Wichtig werden sich Simulationsstudien erweisen, mit deren Hilfe die Folgen einer wie auch immer gearteten Neustrukturierung der Region abgeschätzt werden können.

Literatur

AMTHOR JS (1994): Scaling CO_2-photosynthesis relationships from the leaf to the canopy. Photosynth.Res. 39, 321-350

AMTHOR JS, GOULDEN ML, MUNGER JW, WOLFSY SC (1994): Testing a mechanistic model of forest-canopy mass and energy exchange using eddy correlation: carbon dioxide and ozone uptake by a mixed oak-maple stand. Aust.J.Plant Physiol. 21, 623-651

ANDERSSON B, LARSSON S (1989): Seeds rates and nitrogen fertilization to winter wheat with and without fungicide treatment. Växtodling 12, 1-33

APHALO PJ, JARVIS PG (1993): An analysis of Ball's empirical model of stomatal conductance. Ann.Bot. 72, 321-327

AUSTIN RB, FORD MA, EDRICH JA, BLACKWELL RD (1977): The nitrogen economy of winter wheat. J.Agric.Sci. Cambridge 88,159-167

BADGER MR, COLLATZ GJ (1977): Studies on the kinetic mechanism of ribulose-1,5-bisphosphate carboxylase and oxygenase reactions, with particular reference to the effect of temperature on kinetic parameters. Carnegie Inst. Washington Yearbook, 76, 355-361

BALDOCCHI DD (1993): Scaling water vapour and carbon dioxide exchange from leaves to a canopy: rules and tools. In: EHLERINGER JM, FIELD CB (EDS.): Scaling Physiological Processes. Leaf to Globe. Academic Press San Diego-New York-Boston-London-Sydney-Tokyo-Toronto, 77-114

BALDOCCHI DD, HARLEY PC (1995): Scaling carbon dioxide and water vapour exchange from leaf to canopy in a deciduous forest. II. Model testing and application. Plant Cell & Environ., 1157-1173

BALL JT, WOODROW IE, BERRY JA (1987): A model predicting stomatal conductance and its contribution to the control of photosynthesis under different environmental conditions. In: BIGGINS J (ed.): Progress in Photosynthesis Research. Proceedings of the VII. International Congress on Photosynthesis. Martinus Nijhoff Publishers, Dordrecht-Boston-Lancaster, 4, 221-224.

BARBER DA, GUNN KB (1974): The effect of mechanical forces on the exudation of organic substances by the roots of cereal plants grown under sterile conditions. New Phytol. 73, 39-45

BARBER DA, MARTIN JM (1976): The release of organic substances by cereal roots into soil (wheat, barley). New Phytol. 76, 69-80

BASTEN M, LAMP J (1992): Bedeutung der N-Immobilisierung und Remineralisierung für N-Düngung und Nitrataustrag. 104. VDLUFA- Kongreß Göttingen, Kurzfassung der Vorträge, 45

BAUER NA (1993): DYMPHOR: Ein dynamisches Photosynthesemodell zur Analyse von Poolgrößen und des Regulationsverhaltens von C3-Pflanzen basierend auf stöchiometrische Bilanzgleichungen. Diss. 1993 TU München Fak. für Brauwesen und Lebensmitteltechnologie

BAUMGÄRTEL G (1994): Auswirkungen suboptimaler N- Düngung auf Ertrag, N-Bilanz und Nmin-Rest nach der Ernte. 106. VDLUFA-Kongreß 1994, Kurzfassung der Vorträge, VDLUFA-Verlag Darmstadt, 33

BELLMANN K, EBERT W, FREIER B, MATTHÄUS E, WENZEL V, WETZEL T (1985): AGROSIM-W, a simulation model of an agro-ecosystem „winter wheat" for interactive model-aided decision making in pest management. Wiss. Beitr. Martin-Luther-Univ. Halle-Wittenberg 61, 89-100.

BELLMANN K, EBERT W, FREIER B, KÜNKEL V, MATTHÄUS E, SCHULTZ A, WENZEL V (1986): Agroecosystem modelling and simulation - The winter wheat agroecosystem model AGROSIM-W. Tag.-Ber.Akad.Landw.-Wiss. Berlin 242, 5-28.

BICHELE Z, MOLDAU C, ROSS J (1981): Modellierung der Photosynthese und der Transpiration von Pflanzen unter Berücksichtigung von Wasserstreß. Teil 1: Begründung und Beschreibung der Modelle. (russ.) In: UNGER K, STÖCKER G: Biophysikalische Ökologie und Ökosystemforschung, Akademie-Verlag Berlin, 25-39

BIONDINI M, KLEIN DA, REDENTE EF (1988): Carbon and nitrogen losses through root exudation by *Agropyron cristatum, A. smithii* and *Bouteloua gracilis*. Soil Biol.Biochem. 20, 477-482

BOOTE KJ, PICKERING NB (1994): Modeling photosynthesis of row crop canopies. Hortsience 29, 1423-1433

BORLAND (1992a): Borland Pascal. Borland GmbH Langen

BORLAND (1992b): Borland Paradox Engine - Pascal Reference. Borland International, Inc, Scotts Valley, USA

BORLAND (1992c): Borland Paradox Engine - Database Framework Reference. Borland International Inc, Scotts Valley, USA

BORLAND (1993): Borland Paradox für Windows. Borland GmbH Langen

BORLAND (1994a): Borland dBase für Windows. Borland GmbH Langen

BORLAND (1994b): Borland Quattro Pro für Windows. Borland GmbH Langen

BORNHÖFT D (1993): Simulation des Bodenwasserhaushaltes mit dem eindimensionalen Standortmodell VAMOS (pers. Mitteilung).

BRADEN H (1982): Simulationsmodell für den Wasser-, Energie- und Stoffhaushalt in Pflanzenbeständen. Berichte des Instituts für Meteorologie und Klimatologie der Universität Hannover, 23, Diss. Technische Universität Braunschweig, 1982.

BRADEN H (1995): The model AMBETI. A detailed description of a soil-plant-atmosphere model. Berichte des Deutschen Wetterdienstes 195, Offenbach am Main, Selbstverlag des Deutschen Wetterdienstes.

BRAUD I, DANTAS-ANTONINO AC, VAUCLIN M, THONY JL, RUELLE P (1993): A simple soil-plant-atmosphere transfer model (SiSPAT) development and field verification. J Hydrology 166, 213-250

BREMNER JM (1960): The determination of nitrogen in soil. J.Agric.Sci. Cambridge 55, 11-31

BREMNER JM (1965): Organic forms of nitrogen. In: BLACK CA (ed.): Methods of soil analysis, part 2: Chemical and microbial properties. Amer.Soc.Agron.Inc. Madison, Wisconsin (1965)

BREMNER JM, KEENEY DR(1966): Determination and isotope ratio analysis of different forms of nitrogen in soils. 3. Exchangeable ammonium, nitrate and nitrite by extraction - distillation methods. Soil Sci.Soc.Amer.Proc. 30, 577-582

BROOKS A, FARQUHAR GD (1985): Effects of temperature on the CO_2/O_2 specifity of ribulose-1,5-bisphosphate carboxylase/oxygenase and the rate of respiration in the light. Planta 165, 397-406

BURKE JJ, UPCHURCH DR (1989): Leaf temperature and transpirational control in cotton. Environm. & Exp.Bot. 29, 4, 487-492

BURNS IG (1974): A model for predicting the redistribution of salts applied to fallow soil after excessive rainfall or evaporation. J.Soil Sci. Oxford 25, 165-174

CAMPBELL GS (1977): An Introduction to Environmental Biophysics. Springer-Verlag, New York

CAMPBELL GS (1985): Soil Physics with BASIC: Transport Models for Soil-Plant-Systems. Elsevier, Amsterdam

CARTER N, DIXON AFG, RABBINGE R (1982): Cereal aphid populations: biology, simulation and prediction. Pudoc, Wageningen

CARTER N, RABBINGE R (1980): Simulation models of the population development of *Sitobion avenae*. IOBC/WPRS Bull. 3, 93-98.

CHRISTEN O, SIELING K, RICHTERHARDER H, HANUS H (1995): Effects of temporary water stress before anthesis on growth, development and grain yield of spring wheat. European J.Agron. 4: 1, 27-36

CLARHOLM S (1985): Possible roles for roots, bacteria, protozoa, and fungi in supplying nitrogen to plants. Ecological interactions in soil, Oxford, 355-365

CLAUS S, WERNECKE P, MÜHLE H (1992): Ontogenese und Vernalisation von Winterweizen (Experimente und dynamisches Modell). In: MÖLLER DPF, RICHTER O (eds.): Fortschritte der Simulation in Medizin, Biologie und Ökologie, 5. Ebernburger Gespräch, GI-AK 4.5.2.1 (ASIM), Informatik-Bericht 92/6,153-161, Technische Universität Clausthal

CLAUS S, WERNECKE P, MÜHLE H, SCHOOP P (1993): Ein dynamisches Modell für die Ontogenese von Winterweizen als Voraussetzung für die Prozeßsteuerung in Wachstumsmodellen. In: ENGEL T, BALDIOLI M (eds.): Expert-N und Wachstumsmodelle Referate des Anwenderseminars im März 1993 in Weihenstephan, Agrarinformatik 24, 109-121. Verlag Eugen Ulmer Stuttgart

CLAUS S, WERNECKE P, PIGLA U, DUBSKY G (1995): A dynamic model describing leaf temperature and transpiration of wheat plants. Ecol.Model. 81: 1-3, 31-40

COLLATZ JG, BALL JT, GRIVET C, BERRY JA (1991): Physiological and environmental regulation of stomatal conductance, photosynthesis and transpiration: A model that includes a laminar boundary layer. Agricult.Forest Meteorol. 54, 107-136

CURL EA, TRUELOVE B (1986): The Rhizosphere. Springer Berlin-Heidelberg-New York-Tokyo

DAAMEN RA (1991): Experiences with the cereal pest and disease management system EPIPRE in the Netherlands. Danish J.Plant & Soil Sci. 85, 77-87.

DEAN GJW (1974): The effect of temperature on the cereal aphids, *Metopolophium dirhodum* (WLK.), *Rhopalosiphum padi* (L.) and *Macrosiphum avenae* (F.) (Hem., Aphididae). Bull.Ent.Res. 63, 401-409.

DEDRYVER CA, FOUBEROUX A, MEISSELIERE C, PIERRE JS, TAUPIN P (1987): Resultats preliminaires concernant l'etablissement d'un modele de previsions des risques de pullulation de *Sitobion avenae* F. sur ble au printemps dans le bassin Parisien et le nord de la France. Bull.SROP 10, 133-142.

DENMEAD OT, RAUPACH MR (1993): Methods for measuring atmospheric gas transport in agricultural and forest systems. In: Agricultural Ecosystem Effects on Trace Gases ans Global Climate Change. ASA Special Publication no. 55, 19-43

DE JONG (1980): En karakterisering van de zonnestraling in Nederland. Doctoraalverslag Vakgroep Fysische Aspecten van de Gebouwde Omgeving afd. Bouwkunde en Vakgroep Warmte- en Stromingstechnieken afd. Werktuigbouwkunde, Technische Hogeschool (Tech. Univ.) Eindhoven, Netherlands

DE WIT CT, RABBINGE R (1979): System analysis and dynamic simulation. EPPO Bull. 9, 149-153.

DINKELLAKER B, RÖMHELD V, MARSCHNER H (1989): Citric acid excretion and precipitation of calcium citrate in the rhizosphere of white lupin (*Lupinus albus L.*). Plant Cell Environ. 12, 285-292

DIERSCHKE H (1994): Pflanzensoziologie. Verlag Eugen Ulmer Stuttgart, 441-443

DUBSKY G, CLAUS S, WERNECKE P (1995): Nutzung von Datenbankobjekten zur Kopplung von Datenbanken an objektorientierte Ökosystemmodelle. In: KELLER HB, GRÜTZNER R, ANGELUS A (eds.): 4. Treffen des Arbeitskreises Werkzeuge der Simulation und Modellbildung in Umweltanwendungen der Gesellschaft für Informatik. Wissenschaftliche Berichte FZKA 5552, Forschungszentrum Karlsruhe GmbH, 39-44

DUBSKY G, LIEDECKE W, CLAUS S (1994): Eine lokale Datenbank als Basis für die Modellierung agrarischer Ökosysteme. In: KREMERS H (ed.): Umweltdatenbanken. Praxis der Umwelt-Informatik, Band 5, Metropolis-Verlag Marburg, 177-188

EBERT W, MATTHÄUS E, SCHULTZ A, WETZEL T (1985): Nutzung des Agroökosystemmodells Winterweizen zur Beurteilung komplexer Befallssituationen. Wiss.Beitr. Martin-Luther-Univ. Halle-Wittenberg 61, 131-132.

EBERT W, MATTHÄUS E, SCHULTZ A (1986): Use of the agroecosystem model winter wheat (AGROSIM-W) for assessment of complex infestation situations. Tag.-Ber.Akad.Landw.-Wiss. Berlin 242, 113-127.

EKBOM BS, WIKTELIUS S, CHIVERTON PA (1992): Can polyphagous predators control the bird cherry-oat aphid (*Rhopalosiphum padi*) in spring cereals? A simulation study. Ent.exp.appl. 65, 215-223.

ESCHRICH, W (1984): Untersuchungen zur Regulation des Assimilattransportes (Investigations on the regulation of assimilate transport). Ber.Dt.Bot.Ges. 97: 1/2, 5-14

ESCHRICH W (1992): Über die Richtung des Assimilattransportes im Phloem. Pers. Mitteilung

EVANS JR, VON CAEMMERER S, SETCHELL BA, HUDSON GS (1994): The relationship between CO_2 transfer conductance and leaf anatomy in transgenic tobacco with a reduced content of Rubisco. Aust.J.Plant Physiol. 21, 475-495

FARQUHAR GD, VON CAEMMERER S (1980): Electron transport limitations on the CO2 assimilation rate of leaves: A model and some observations in Phaseolus vulgaris L. In: Abstracts of the Fifth International Congress on Photosynthesis. Halkidiki (Greece), 176

FARQUHAR GD, VON CAEMMERER S (1982): Modelling of photosynthetic response to environmental conditions. In: LANGE OL, NOBEL PS, OSMOND CB, ZIEGLER H: Physiological Plant Ecology II. Water Relations and Carbon Assimilation. 549-587

FARQUHAR GD, VON CAEMMERER S, BERRY JA (1980): A biochemical model of photosynthetic CO_2 assimilation in leaves of C3 species. Planta 149, 78-90

FAUST H, BORNHACK H, HIRSCHBERG K, JUNG K, JUNGHANS P, KRUMBIEGEL P (1981): ^{15}N-Anwendung in der Biochemie, Landwirtschaft und Medizin - Eine Einführung. Schriftenreihe Anwendung von Isotopen und Kernstrahlungen in Wissenschaft und Technik, Isocommerz Berlin Nr. 5, 1-93

FEEKES W (1941): De tarwe en haar milieu. Verl.techn.tarwe commiss. 17, Groningen

FIELD CB, BALL JT, BERRY JA (1989): Photosynthesis: principles and field techniques. In: PEARCY RW, EHRLERINGER JR, MOONEY HA, RUNDEL PW (eds.): Plant Physiological Ecology. Chapman and Hall London-New York. 209-255

FLERCHINGER GN, PIERSON FB (1991): Modeling plant canopy effects on variability of soil temperature and water. Agric.Forest Meteor. 56, 227-246

FRANK R (1988): Influence of Ambient Carbon Dioxide Concentration and Nitrogen Nutrition on the Growth of two Spring Barley Cultivars. I. Initiation and Reduction of Spikelet Primordia. Arch. Züchtungsforsch., Berlin 18: 2, 63-69

FRANKO U (1989): C- und N- Dynamik beim Umsatz organischer Substanzen im Boden. Diss B, Akad.Landw.-Wiss. Berlin

FRANKO U (1992): CANDY - Bedienungsanleitung. Umweltforschungszentrum Leipzig-Halle GmbH

FREIER B (1983): Untersuchungen zur Struktur von Populationen und zum Massenwechsel von Schadinsekten des Getreides als Grundlage für ihre Überwachung, Prognose und gezielte Bekämpfung sowie für die Entwicklung von Simulationsmodellen. Diss. B, Martin-Luther Universität Halle/Wittenberg

FREIER B, HOLZ F, ROSSBERG D, WENZEL V, WETZEL T (1985): Darstellung populationsdynamischer Prozesse bei *Macrosiphum avenae* (FABR.) mit Hilfe des Simulationsmodelles PESTSIM-MAC. Wiss.Beitr. Martin-Luther-Univ. Halle-Wittenberg 61, 101-107

FREIER B, MÖWES M, TRILTSCH H, RAPPAPORT V (1996): Investigations on the predatory effect of coccinellids in winter wheat fields and problems of situated-related evaluation. IOBC/WPRS Bull. 19 (im Druck):

FREIER B, TRILTSCH H (1996): Climate chamber experiments and computer simulations on the influence of increasing temperature on wheat-aphid-predator interaction. Asp.Appl.Biol. 45, Implications of „Global Environmental Change" for crops in Europe, 293-298

FREYTAG HE, LÜTTICH M (1985): Zum Einfluß der Bodenfeuchte auf die Bodenatmung unter Einbeziehung der Trockenraumdichte. Arch.Acker-Pflanzenbau Bodenkd. 29: 8, 485-492

FRIEND AD (1995): PGEN - an integrated model of leaf photosynthesis, transpiration, and conductance. Ecol.Model. 77, 233-255

GARCIA RL, NORMAN JM, MCDERMITT DK (1990): Measurements of canopy gas exchange using an open chamber system. Remote Sens.Rev. 5, 141-162

GATES DM (1980): Biophysical Ecology. Springer Verlag, New York-Heidelberg-Berlin, 26-47

GAUER L, GRANT CA, GEHL DT, BAILEY LD (1992): Effects of nitrogen fertilization on grain protein content, nitrogen uptake and nitrogen use efficience of six spring wheat (T. aestivum L.) cultivars in relation to estimated moisture supply. Can.J.Plant Sci. 72, 235-241

GHANIM A, FREIER B, WETZEL T (1981): Zum Einfluß von konstanten und Wechseltemperaturen auf die Entwicklungsdauer der Getreidelaus (*Macrosiphum avenae* (FABR.)) und der Haferlaus (*Rhopalosiphum padi* (L.)). Arch. Phytopath.Pflanzensch. 17, 47-52

GHANIM A, FREIER B, WETZEL T (1984): Zur Nahrungsaufnahme und Eiablage von *Coccinella septempunctata* L. bei unterschiedlichem Angebot von Aphiden der Arten *Macrosiphum avenae* (FABR.) und *Rhopalosiphum padi* (L.). Arch. Phytopath.Pflanzensch. 20, 117-125

GIUNTA F, MOTZO R, DEIDDA M (1995): Effects of drought on leaf area development, biomass production and nitrogen uptake of durum wheat grown in a Mediterranean environment. Austr.J.Agric.Res. 46: 1, 99-111

GLUGLA G (1969): Berechnungsverfahren zur Ermittlung des aktuellen Wassergehaltes und Gravitationswasserabflusses im Boden. A.-Thaer-Archiv Berlin 13, 371-376

GOUDRIAAN J (1986): A simple and fast numerical method for the computation of daily totals of crop photosynthesis. Agric.Forest Meteorol. 38, 249-254

GRANT RF, ROCHETTE P, DESJARDINS RL (1993): Energy exchange and water use efficiency of field crops: validation of a simulation model. Agron. J. 85, 916-928

GRANTZ DA, MEINZER FC (1991): Regulation of transpiration in field-grown sugarcane: evaluation of the stomatal response to humidity with the Bowen ratio technique. Agric. & Forest Meteor. 53, 169-183

GRIMM V (1995): A Down-To-Earth Assessment of Stability Concepts in Ecology: Dreams, Demands, and the Real Problems. Senckenbergiana maritima (im Druck)

GRIMM V (1994): Stabilitätskonzepte in der Ökologie: Terminologie, Anwendbarkeit und Bedeutung für die ökologische Modellierung. Diss. A, Philipps-Universität Marburg

GRIMM V, SCHMIDT E, WISSEL C (1992): On the application of stability concepts in ecology. Ecol.Model. 63, 143-161

GROSS LJ, KIRSCHBAUM MUF, PEARCY RW (1991): A dynamic model of photosynthesis in varying light taking account of stomatal conductance, C3-cycle intermediates, photorespiration and RuBisCO activation. Plant Cell Environ. 14, 881-893

GÜNTHER-BORSTEL O, FINK M, HANUS H (1993): N-Dynamik im Boden und N-Aufnahme von Winterweizen und Winterraps unter besonderer Berücksichtigung von mineralischer Stickstoff- und Gülledüngung - Versuch einer Bilanzierung. 105. VDLUFA-Kogreß 1993, Kurzfassung der Vorträge, VDLUFA-Verlag Darmstadt, 37

GUTIERREZ AP, BAUMGAERTNER JU, HAGEN KS (1981): A conceptual model for growth, development and reproduction in the ladybird beetle, *Hippodamia convergens* (Col., Coccinellidae). Can.Ent. 113, 21-33

GUTSCHE V (1988): Die Entwicklung und Nutzung von Schaderregermodellen in Forschung und Praxis des Pflanzenschutzes. Akad. Landw.-Wiss. Berlin

HAHN BD (1991): Photosynthesis and photorespiration: Modelling the essentials. Journ.Theoret.Biol. 151, 123-139

HAY RKM (1995): Harvest index: A review of its use in plant breeding and crop physiology. Ann.Appl.Biol. 126, 197-216

HECTOR DJ, GREGSON K, MCGOWAN M (1993): A computer simulation describing water extraction by crop root systems. Field Crops Res. 32, 287-304

HEGE U (1994): Auswirkung unterschiedlicher P-Düngung auf Ertrag und Bodengehalte. 106. VDLUFA- Kongreß Jena, Kurzfassung der Vorträge, 41

HELAL HM, SAUERBECK D (1989): Carbon turnover in the rhizosphere. Z. Pflanzenernährung & Bodenkd. 152, 211-216

HEMPTINNE J-L, DIXON AFG, DOUCET J-L and PETERSEN J-E (1993): Optimal foraging by hoverflies (Dipt., Syrphidae) and ladybirds (Col., Coccinellidae): Mechanisms. Eur.J.Ent. 90, 451-455

HEYLAND KU (1978): Vergleichende Übersicht über verschiedene Entwicklungsskalen für Getreide und Dikotyle. Bericht über die Arbeitstagung der Arbeitsgemeinschaft der Saatzuchtleiter in Gumpenstein. Verl. u. Druck der Bundesversuchsanstalt für alpenländische Landwirtschaft Gumpenstein, 75-79

HOAGLAND DR, SNYDER WC (1933): Nutrition of strawberry under controled conditions. Proc.Am.Soc.Horticult.Sci. 30, 288-294

HODEK I (1958): Influence of temperature, relative humidity and photoperiodicity on the speed of development of *Coccinella septempunctata* L. Act. Soc.Ent. Cechslov. 55, 121-141

HODEK I (1967): Bionomics and ecology of predaceous Coccinellidae. Ann.Rev. Ent. 12, 79-104

HODEK I (1973): Biology of Coccinellidae. Academic Prag

HODEK I, IPERTI G and HODKOVA M (1993): Long-distance flights in Coccinellidae (Col.). Eur.J.Ent. 90, 403-414

HODGES T (1991): Predicting Crop Phenology. CRC Press Inc. Boston

HÖRMANN B, PIGLA U (1995): Messungen des Blattwasserpotentials mit der Scholanderbombe an Winterraps und Winterweizen. Persönliche Mitteilung

HONEK A (1980): Population density of aphids at the time of settling and ovariole maturation in *Coccinella septempunctata* (Col., Coccinellidae). Entomophaga 25, 427-430.

HOOKE R, JEEVES TA (1962): „Direct Search" solution of numerical and statistical problems. J.Assoc.Comp.Mach. 8, 212-229

IDSO SB (1989): Carbon Dioxide, Soil Moisture, and Future Crop Production. Soil Sci. 147: 4, 305-307

JACKSON RD, KUSTAS WP, CHOUDHURY BJ (1988): A Reexamination of the Crop Water Stress Index. Irrig.Sci. 9, 309-317

IPERTI G (1991): Abiotic and biotic factors influencing distribution of aphidophagous Coccinellidae. In: POLGAR L, CHAMBERS RJ, DIXON AFG, HODEK I (eds.): Behaviour and impact of Aphidophaga. Academic Publ., The Netherlands, 163-166.

JACOB HJ, AUGUSTIN J, MERBACH W, TOUSSAINT V (1995): ^{14}C-Verwertung von Weizen im Verlauf der Ontogenese, ZALF-Berichte (Müncheberg) 23, 53-55

JÄGGI W, OBERHOLZER HR (1992): Einfluß von Temperatur, Feuchtigkeit und N- Angebot auf die Stickstoffmineralisierung und den Zelluloseabbau im Boden. 104. VDLUFA- Kongreß Göttingen, Kurzfassung der Vorträge, 75

JAGNOW G (1987): Inoculation of cereal crops and forage grasses with nitrogen - fixing rhizosphere bacteria. Possible causes of success and failure with regard to yield response - A review. Z. Pflanzenernährung & Bodenkd. 150, 361-368

JANETSCHEK H (1983): Ökologische Feldmethoden. Verlag Eugen Ulmer, Stuttgart, 117-124

JANZEN HH, BRUINSMA Y (1989): Methodology for the quantification of root and rhizosphere nitrogen dynamics by exposure of shoots to N-labelled ammonia. Soil Biol.Biochem. 21, 189-196

JARVIS PG (1976): The interpretation of the variations in leaf water potential and stomatal conductance found in canopies in the field. Phil.Trans.R.Soc.London Ser.B 273, 593-610

JÖHNSSEN A (1930): Beiträge zur Entwicklungs- und Ernährungsbiologie einheimischer Coccinelliden unter besonderer Berücksichtigung von *Coccinella septempunctata* L. Z.angew.Ent. 16, 87-155

JOHNSON IR (1990): Plant respiration in relation to growth, maintenance, ion uptake and nitrogen assimilation. Plant Cell Environ. 13, 319-328

JOHNSON IR, MELKONIAN JJ, THORNLEY JHM, RIHA MJ (1991): A model of water flow through plants incorporating shoot/root „message" control of stomatal conductance. Plant Cell Environ. 14, 531-544

JOLLIET O, BAILEY BJ (1992): The effect of climate on tomato transpiration in greenhouses: measurements and models comparison. Agric. & Forest Meteor. 58,43-62

KARTSCHALL T (1986): Simulationsmodell der Bodenstickstoffdynamik. Diss.A, Akad.Landw.-Wiss. Berlin

KERSEBAUM KCH (1993): HERMES. In: ENGEL T, KLÖCKING B, PRIESACK E, SCHAAF T: Simulationsmodelle zur Stickstoffdynamik - Analyse und Vergleich. Agrarinformatik Bd. 25, Verlag Eugen Ulmer Stuttgart, 265-278

KIRBY EJM, APPLEYARD M (1987): Cereal development guide. NAC Cereal Unit, Stoneleigh, UK

KHANNACHOPRA R, RAO PSS, MAHESWARI M, XIAOBIG L, SHIVSHANKAR KS (1994): Effect of water deficit on accumulation of dry matter, carbon and nitrogen in the kernel of wheat genotypes differing in yield stability. Ann.Bot. 74: 5, 503-511

KÖRSCHENS M, MAHN EG (1995): Strategien zur Regeneration belasteter Agrarökosysteme des mitteldeutschen Schwarzerdegebietes. B.G.Teubner-Verlagsgesellschaft Stuttgart-Leipzig

KOITZSCH R (1977): Schätzung der Bodenfeuchte aus meteorologischen Daten, Boden- und Pflanzenparametern mit einem Mehrschichtenmodell. Z. Meteorol. 27, 302-306

KOITZSCH R (1990): Bodenfeuchte- und Verdunstungsmodell BOWA. Interner Bericht, Forsch.-Zentr. Bodenfruchtbarkeit Müncheberg, Müncheberg

KOITZSCH R, GÜNTHER R (1990): Modell zur ganzjährigen Simulation der Verdunstung und der Bodenfeuchte landwirtschaftlicher Nutzflächen mit und ohne Bewuchs. Arch.Acker-Pflanzenbau Bodenkd. 34, 803-810

KOITZSCH R, HELLING R, VETTERLEIN E (1980): Simulation des Bodenfeuchteverlaufes unter Berücksichtigung der Wasserbewegung und des Wasserentzuges durch Pflanzenbestände. Arch.Acker-Pflanzenbau Bodenkd. 24, 717-725

KOLBE H (1995): Einflußfaktoren auf die Inhaltsstoffe der Kartoffel. Kartoffelbau, 46: 10, 404-411

KRAHMER U, HENNINGS V, MÜLLER U, SCREY HP (1995): Ermittlung bodenphysikalischer Kennwerte in Abhängigkeit von Bodenart, Lagerungsdichte und Humusgehalt. Z.Pflanzenernährung Bodenkd. 158, 323-331.

KRETSCHMER H, BERGER G, KLANK I, KÜNKEL K, MARCHAND P, SABLOTNY R, STRASSBURG M (1990): Bodenkontrollwerte zur Verringerung der Grundwasserbelastung mit Nitrat für das Land Brandenburg. Wiss. Jahresber. 1990, Forsch.-Zentr. Bodenfruchtbarkeit Müncheberg, Müncheberg, 96-105

KRETSCHMER H, WURBS A, KÜNKEL K (1988): Zur Methodik und Bedeutung detaillierter Ontogenesebonituren für die Bestandsführung von Getreide. Getreidewirtschaft 5/6, 117-120

KRÖBER T, CARL K (1991): Cereal aphids and their natural enemies in Europe - a literature review. Biocontr.News Inform. 12, 357-371.

LAUBACH J (1995): Charakterisierung des turbulenten Austauschs von Wärme, Wasserdampf und Kohlendioxid über niedriger Vegetation anhand von Eddy-Korrelations-Messungen. Diss. A,Universität Leipzig

LAWLOR DW (1994): Relation between carbon and nitrogen assimilation, tissue composition and whole plant function. In: A Whole Plant Perspective on Carbon-Nitrogen Interactions. SPB Academic Publishing, The Hague, The Netherlands, 47-60

LENZ R, KNORRENSCHILD M, HERDERICH C, SPRINGSTUBBE O, FORSTER E, BENZ J, ASSHOF M, WINDHORST W (1994): An information system of ecological models. GSF-Bericht 27/94, GSF-Forschungszentrum für Umwelt und Gesundheit GmbH Neuherberg

LEUNING R, KELLIHER FM, DE PURY DGG, SCHULZE ED (1995): Leaf nitrogen, photosynthesis, conductance and transpiration: scaling from leaf to canopies. Plant Cell Environ. 18: 1183-1200

LICKFETT TH, PRZEMECK E (1994): Ausnutzungsgrad von Mineraldünger-Stickstoff in Fruchtfolgen unterschiedlicher Produktionsintensität.
106. VDLUFA-Kongreß 1994, Kurzfassung der Vorträge, VDLUFA-Verlag Darmstadt, 199

LIEDECKE W, DUBSKY G, CLAUS S (1993): Monitoring Ecosystems - An Essential Basis of Modelling Plant Systems. Modeling Geo-Bioshere Processes 2, 327-336

LORETO F, HARLEY PC, DI MARCO G, SHARKEY TD (1992): Estimation of the mesophyll conductance to CO_2 flux by three different methods. Plant Physiol. 98, 1437-1443

LUTZE G, SCHULTZ A, WENKEL KO (1993): Vom Populationsmodell zum Landschaftsmodell. Z.Agrarinform. 1, 19-25

MAHESWARI M, NAIRTVR, ABROL YP (1992): Ammonia Metabolism in the Leaves and Ears of Wheat (Triticum aestivum L.) during Growth and Development. J.Agron. & Crop Sci. 168, 310-317

MAHON JD (1989): Limitations to the use of physiological variability in plant breeding. Can.J.Plant Sci. 63: 1, 11-21

MAKINO A, MAE T, OHIRA K (1988) Differences between wheat and rice in the enzymic properties of ribulose-1,5-bisphosphate carboxylase/oxygenase and the relationship to photosynthetic gas exchange. Planta 174, 30-38

MANN BP, WRATTEN SD (1987): A computer-based advisory system for the control of *Sitobion avenae* and *Metopolophium dirhodum*. Bull. SROP 10, 143-155.

MANN BP, WRATTEN SD (1991): A computer-based advisory system for cereal aphids - field testing the model. Ann.appl.Biol. 118, 503-512.

MARKKULA M, PULLIAINEN E (1965): The effect of temperature on the lengths of the life period of the English grain aphid *Macrosiphum avenae* (F.) (Hom., Aphididae) and the number and colour of its progeny. Ann.Ent.Fenn. 31, 39-45.

MARTIN JK (1977): Factors influencing the loss of organic carbon from wheat roots. Soil Biol.Biochem. 9, 1-7

MATHES K, WIEDEMANN G (1993): Indikatoren zur Bewertung der Belastbarkeit von Ökosystemen. Berichte aus der Ökologischen Forschung 2, Forschungszentrum Jülich Gmbh, Projektträger Biologie, Energie und Ökologie

MCMURTRIE RE, LEUNING R, THOMPSON WA, WHEELER AM: A model of canopy photosynthesis and water use incorporating a mechanistic formulation of leaf CO_2 exchange. Forest Ecol.Manage. 52, 261-278

MCVOY CW, KERSEBAUM KC, ARNING M, KLEEBERG P, OTHMER H, SCHRÖDER U (1995): A data set from north Germany for the validation of agroecosystem models: documentation and evaluation. Ecol.Model. 81:1-3, 265-300

MENCH M, MOREL JL, GUCKERT A (1987): Metal binding properties of high molecular weight soluble exudates from maize (*Zea mays L.*) roots. Biol.Fertil. Soils 3, 165-169

MERBACH W (1985): Pflanzliche Aluminiumtoleranz und ihre möglichen Ursachen. Mengen- und Spurenelemente (Leipzig) 5, 367-374

MERBACH W (1990): Carbon requirement of leguminous plants receiving different nitrogen nutrition. Agrochem. Soil Sci. (Agrokémia és Talatjan) Budapest 39, 382-384

MERBACH W (1992): Carbon balance in the system plant-soil. In: KUTSCHERA L et al. (eds.): Root ecology and its practical applications, Verein für Wurzelforschung Klagenfurt, 299-301

MERBACH W, AUGUSTIN J, REINING E (1992): ^{15}N-Aufnahme und -Verteilung in Winterweizen aus ^{15}NH$_3$. Mengen- und Spurenelemente (Jena, Leipzig) 12, 238-242

MERBACH W, KNOF G, MIKSCH G (1990): Quantifizierung der C-Verwertung im System Pflanze-Rhizosphäre-Boden. Tag.-Ber.Akad.Landw.-Wiss. Berlin 295, 57-63

MERBACH W, REINING E, KNOF G (1994): Quantifizierung und Teilcharakterisierung wurzelbürtiger ^{15}N-Verbindungen im Boden, untersucht am Beispiel von *Triticum aestivum L.* Mengen- und Spurenelemente (Jena) 14, 485-490

MONTHEITH JL, UNSWORTH M (1990): Principles of Environmental Physics. Arnold, London-New York-Sydney-Auckland

MORISON JIL (1987): Intercellular CO_2 concentration and stomatal response to CO_2. In: ZEIGER E, FARQUHAR GD & COWAN IR(eds.): Stomatal Function. Stanford University Press, Stanford, 229-251

MORTENSEN LM (1987): Review: CO2-Enrichment in Greenhouses. Crop Responses. Scientia Horticult. 33, 1-25

MÜHLE H, BRINKMANN H, STRUTZ M (1996): Erfassung des zeitlichen Verlaufes von Entwicklung und Wachstum landwirtschaftlicher Kulturarten am Standort Quedlinburg (mitteldeutsches Trockengebiet) und Vergleich mit den Ergebnissen von Hohenschulen(Kiel). Arbeits- und Ergebnisbericht zum Teilprojekt A2/YE1 des SFB 192 der CAU Kiel. In: Optimierung pflanzenbaulicher Systeme in Hinblick auf Leistung und ökologische Effekte, Arbeits- und Ergebnisbericht 1994-96, SFB 192 der CAU Kiel

MÜLLER J (1986a): Ecophysiological characterization of CO_2 exchange in leaves of winter wheat (Triticum aestivum L.) I. Model. Photosynthetica 20, 454-465

MÜLLER J (1986b): Ecophysiological characterization of CO_2 exchange in leaves of winter wheat (Triticum aestivum L.) II. Analysis of irradiance and CO_2 response curves by a model. Photosynthetica 20, 466-475

MÜLLER J (1993): Stoffbildung, CO_2-Gaswechsel, Kohlenhydrat- und Stickstoffhaushalt von Winterweizen bei erhöhter CO_2-Konzentration und Trockenstreß, J.Agron. & Crop Sci. 171, 217-235

MÜLLER J, LIEDECKE W, BOCZECK R (1991): A computer aided multichannel gas exchange measurement system for leaves and intact plants. Photosynthetica 25, 241-247

MÜLLER J, WERNECKE P, CLAUS S (1993): A model of canopy gas exchange in winter wheat for agro-ecosystem modelling. I. Model formulation. Modeling Geo-Bioshere Processes 2, 227-243

MÜLLER J, WERNECKE P, CLAUS S, MÜHLE H (1995): A model of canopy gas exchange in winter wheat for agro-ecosystem modelling. Photosynthetica 31,177-187

MÜLLER S (1991): Einfluß der Stickstoffdüngung auf Ertrag, Ertragsstruktur und N-Verwertung von Winterweizen - Möglichkeiten und Grenzen der Bestandesführung. Pflanzenernährung Bodenkd. 154,115-119

MYNENI RB, ROSS J (eds.) (1991): Photon-Vegetation Interactions: Applications in Optical Remote Sensing and Plant Ecology. Springer-Verlag, Heidelberg

NIKOLOV NT, MASSMAN WJ, SCHOETTLE AW (1995): Coupling biochemical and biophysical processes at the leaf level: An equilibrium photosynthesis model for leaves of C-3 plants. Ecol.Model. 80, 205-235

NORMAN JM (1993): Scaling Processes between Leaf and Canopy Levels. In: EHLERINGER JM, FIELD CB (eds.): Scaling Physiological Processes. Leaf to Globe. Academic Press San Diego-New York-Boston-London-Sydney-Tokyo-Toronto, 41-76

OBRYCKI JJ, TAUBER MJ (1981): Phenology of three coccinellid species: Thermal requirements for development. Ann.ent.Soc.Am. 74, 31-36

OECHEL WC, RIECHERS G, LAWRENCE WT, PRUDHOMME TI, GRULKE N, HASTINGS SJ (1992): 'CO2LT' an automated, null-balanced system for studying the effects of elevated CO2 and global climate change on unmanaged ecosystems. Funct.Ecol. 6, 86-100

PATANKAR SV (1976): Numerical Heat Transfer and Fluid Flow. Mc Graw Hill

PEARCY RW, EHRLERINGER JR, MOONEY HA, RUNDEL PW (1989): Plant Physiological Ecology. Chapman and Hall London-New York

PENMAN HL (1948): Natural evaporation from open water, bare soil and grass. Proc. Royal Soc. London, Series A 193, 913-923

PENNING DE VRIES FWT (1972): Respiration and Growth. In: REES AR, COCKSHULL KE, HAND DW, HURD RG (eds.): Crop processes in conrolled environments. Academic Press, London, 327-347

PENNING DE VRIES FWT (1975): Use of assimilates in higher plants. In: COOPER JP (ed.): Photosynthesis and Productivity in Different Environments. Cambridge Univ. Press, Cambridge, 459-480

PENNING DE VRIES FWT, BRUNSTING AB, VAN LAAR (1974): Products, requirements and efficiency of biological synthesis, a quantitative approach. J.Theor.Biol. 45, 339-377

PENNING DE VRIES FWT, JANSEN DM, TEN BERGE HF, BAKEMA A (1989): Simulation of Eophysiological Processes of Growth in Several Crops. Pudoc, Wageningen

PIERRE JS, DEDRYVER CA (1984): Un modele de regression multiple applique a la prevision des pullulations d'un puceron des cereales, *Sitobion avenae* F., sur ble d'hiver. Act.Oecol.Oec.Appl. 5, 153-172

PIERRE JS, DEDRYVER CA (1985): Un modele de prevision des pullulations du puceron *Sitobion avenae* sur ble d'hiver. Phytoma 369, 13-17.

PIGLA U, CLAUS S (1993): Two leaf temperature models of winter wheat. Modeling Geo-Biosphere Processes 2, 67-82

PLACHTER H (1991): Naturschutz. Fischer-Verlag Stuttgart

RABBINGE R, ANKERSMIT GW, PAK GA (1979): Epidemeology and simulation of population development of *Sitobion avenae* in winter wheat. Neth.J. Plant Path. 85, 197-220.

RAUTAPÄÄ J (1975): Control of *Rhopalosiphum padi* (L.) (Hom., Aphididae) with *Coccinella septempunctata* L. (Col., Coccinellidae) in cages, and effect of late aphid infestation on barley yield. Ann.Agric.Fenn. 14, 231-239

REINING E, MERBACH W, AUGUSTIN J (1992): ^{15}N-Bilanzierung im System Pflanze-Boden nach ^{15}NH$_3$-Begasung. In: MERBACH W (ed.): Ökophysiologie des Wurzelraumes (Müncheberg) 3, 58-62

REYNOLDS JF, CHEN JL, HARLEY PC, HILBERT DW, DOUGHERTY RL, TENHUNEN JD (1992): Modeling the effects of elevated CO2 on plants - extrapolating leaf response to a canopy. Agric.Forest Meteor. 61: 69-94

RITCHIE JT, GODWIN DC, OTTER-NACKE S (1986): CERES-Wheat: A simulation model of wheat growth and development, CERES-Modellbeschreibung. Michigan State Univ, Dept Crop & Soil Sci

ROSSBERG D, FREIER B (1993): Probleme bei der Erarbeitung von Simulationsmodellen für Nützlinge. Ber. GIL 5, 232-236

ROSSBERG D, HOLZ F, FREIER B, WENZEL V (1986a): PESTSIM-OUL. A model for simulation of *Oulema* spp. populations. Tag.-Ber.Akad.Landw.-Wiss., Berlin 242, 75-85.

ROSSBERG D, HOLZ F, FREIER B, WENZEL V (1986b): PESTSIM-MAC. A model for simulation of *Macrosiphum avenae* FABR. populations. Tag.-Ber. Akad.Landw.-Wiss., Berlin 242, 87-100

ROSSING WAH (1991): Simulation of damage in winter wheat caused by the grain aphid Sitobion avenae. 3. Calculation of damage at various attainable yield levels. Neth.J.Pl.Path. 97, 87-103

SAWYER A, HAYNES DL (1986): Simulating the spatiotemporal dynamics of the cereal leaf beetle in a regional crop system. Ecol.Model. 30, 83-104.

SCHÄFER W, ARTNER H, KÜNKEL K, BÄHR M, KLANK I (1980): System zur automatischen Erfassung der CO_2-Assimilation und Transpiration unter Feldbedingungen. 1. Mitteilung: Messung der CO_2-Assimilation. Arch. Acker-Pflanzenbau Bodenkd. 24, 475-482

SCHELLER E, VOGTMANN H (1992): Der Einfluß des Prozeßverlaufs von Nettomineralisierung und Nettoimmobilisierung auf den Düngebedarf einer Pflanzenkultur, N-Saldo und den potentiellen Nitrataustrag. 104. VDLUFA- Kongreß Göttingen, Kurzfassung der Vorträge, 277

SCHULZE J(1987): Die Freisetzung organischer C-Verbindungen durch die Wurzeln von Weizen- und Maispflanzen im Hinblick auf Möglichkeiten der Nutzung N_2- fixierender Pflanzen-Bakterium-Assoziationen in der Rhizosphäre. Diplomarbeit Univ. Halle, Sekt. Pflanzenprod.

SCHNYDER H (1993): The role of carbohydrate storage and redistribution in the source-sink relations of wheat and barley during grain filling - a review. New Phytol. 123, 233-245

SCHUSTER C (1994): Ermittlung der N-Aufnahme von Sommergerstenbeständen in einzelnen phänologischen Entwicklungsetappen in Abhängigkeit von Bestandesdichte und pflanzenverfügbarem Boden-N als Grundlage für eine Ertragsmodellierung. Mitt.Ges.Pflanzenbauwiss. 7, 135-138

SCHWARZ HR (1988): Numerische Mathematik. Teubner-Verlag, Stuttgart

SCHYTTE S, STEINBERGER J, MEIER U (1982): Enwicklungsstadien des Rapses. BBA Merkblatt 27 (7)

SEIDEL P (1984): Zur Lebensweise und Luftstickstoffbindung von *Azospirillum*-Arten. Diplomarbeit Univ. Halle, Sektion Pflanzenprod.

SETHI SL, ATWAL AS (1964): Influence of temperature and humidity on the development of different stages of ladybird beetle *Coccinella septempunctata* L. (Col., Coccinellidae). Ind.J.Sci. 34, 166-171

SHARPE PJH (1983): Responses of photosynthesis and dark respiration to temperature. Ann. Bot. 52, 325-343

SHARPE PJH, DE MICHELE DW (1977): Reaction kinetics of poikilotherm development. Journ.Theoret.Biol. 64, 649-670

SKIRVIN DJ (1995): Simulating the effects of climate change on *Sitobion avenae* F. (Hom., Aphididae) and *Coccinella septempunctata* L. (Col., Coccinellidae). University of Nottingham: unpubl. Ph D thesis

SOWERS KE, PAN WL, MILLER BC, SMITH JL (1994): Nitrogen use efficiency of split nitrogen applications in soft white winter wheat. Agr.J. 86: 6, 942-948

SPITTERS CJT (1986): Separating the diffuse and direct component of global radiation and ist implications for modeling canopy photosynthesis. Part II. Calculation of canopy photosynthesis. Agric.Forest Meteorol. 38, 231-242

SRU - RAT VON SACHVERSTÄNDIGEN FÜR UMWELTFRAGEN (1994): Umweltgutachten 1994. Für eine dauerhafte umweltgerechte Enwicklung. Metzler-Poeschel, Stuttgart

STAUSS R (1994): Compendium of Growth Stage Identification Keys for Mono- and Dicotyledoneus Plants. Basel BBCH Publications, unnummeriert.

STIEGER PA, FELLER U (1994): Senescence and protein remobilisation in leaves of maturing wheat plants grown on waterlogged soil. Plant Soil 166:2, 173-179

STUMPE H, GARZ J, SCHARF H (1992): Wirkung der Phosphatdüngung in einem 40jährigen Dauerversuch in Halle. 104. VDLUFA- Kongreß Göttingen, Kurzfassung der Vorträge, 29

STRUTZ M, BECKER KH (1985): Ein Beitrag zur Bestimmung des neutralen Detergenzfasergehaltes bei Winterweizen. Arch. Tierernährung 35: 7, 527-533

SUCKOW F (1986): Ein Modell zur Berechnung der Bodentemperatur unter Brache und unter Pflanzenbestand. Diss. A, Akad.Landw.-Wiss., Berlin

SYRING KM, KERSEBAUM KC (1990): Simulation of the one-dimensional water transport. In: RICHTER J (ed.): Models for processes in the soil - Programms and Exercises. Catena-Verlag, Cremlingen 1990.

TAKAHASHI T, TSUCHIHASHI N, NAKASEKO K (1994): Grain filling mechanisms in spring wheat. II.Growth, accumulation and translocation in the daytime and night during the four grain filling phases. Jap.J.Crop Sci. 63: 1, 75-80

TARDIEU F, DAVIES WJ (1993): Integration of hydraulic and chemical signalling in the control of stomatal conductance and water status of droughted plants: opinion. Plant Cell Environ. 16, 341-349

TENHUNEN JD, SIEGWOLF RTW, OBERBAUER SF (1994): Effects of phenology, physiology, and gradients in community composition, structure, and microclimate on tundra ecosystem CO_2 exchange. In: SCHULZE ED, CALDWELL MM (eds.): Ecophysiology of Photosynthesis. Springer Berlin-Heidelberg-New York-London-Paris-Tokyo-Hong Kong-Barcelona-Budapest, 431-460

THE MATHWORKS (1994): MATLAB User's Guide. The Mathworks Inc., Natick, USA

TLL - THÜRINGER LANDESANSTALT FÜR LANDWIRTSCHAFT (1994): EULANU - Effiziente und umweltverträgliche Landnutzung. Schriftenreihe der Thüringer Landesanstalt für Landwirtschaft Jena, Heft 10

TOTTMANN DR (1987): The decimal code for the growth stages of cereals, with illustrations. Ann.Appl.Biol. 110, 441-454

TRILTSCH H, ROSSBERG D (1996): Cereal aphid feeding of the ladybird Coccinella septempunctata L. (Col., Coccinellidae) - Inclusive simulation in the model GTLAUS. In: Analysis of population processes and modelling of population dynamics of beneficial predators and parasitoids in agroecosystems, Proceedings of the 3rd EU-meeting, 23.-25. Nov. 1995 in Bristol, UK (im Druck)

TUMALLA RL, HAYNES DL, CROFT BA (1976): Modelling for pest management: concepts, techniques and applications. East Lansing Michigan, 247 S.

TURC L (1961): Évaluation des besoins en eau d'irrigation, évapotranspiration potentielle. Annales Agronomique 12, 13-49

VAN BAVEL CHM, LASCANO RJ, STROSNIJDER L (1984): Test and analysis of a model of water use by sorghum. Soil Sci. 137, 443-456.

VAN EMDEN HF (1966): The effectiveness of aphidophagous insects in reducing aphid populations. In HODEK I (ed.): Ecology of aphidophagous Insects. Academia, Prag, 227-235

VAN EVERT FK, CAMPBELL GS (1994): CropSyst: A collection of object-oriented simulation models of agricultural systems. Agron.J. 86, 2, 325-331

VAN ROERMUNG HJW, GROOT JJR, ROSSING WAH, RABBINGE R (1986): Simulation of aphid damage in winter wheat. Neth.J.agric.Sci. 34, 488-492

VDLUFA (1979): Methode A 6.1.1, VDLUFA-Mitteilungen, Heft 2

VEIT U, PETZOLD B, PIEHL H-D (1987): Klimadaten der DDR - Ein Handbuch für die Praxis, Reihe B, Bd. 14 Klimatologische Normalwerte 1951/80. Meteorolog. Dienst d. DDR, Potsdam, 49-67

VICKERMANN GP, WRATTEN SD (1979): The biology and pest status of cereal aphids (Hem., Aphididae) in Europe: a review. Bull.ent.Res. 69, 1-32.

VON CAEMMERER S, FARQUHAR GD (1981): Some relationships between the biochemistry of photosynthesis and the gas exchange of leaves. Planta 153, 376-387

VON CAEMMERER S, EVANS JR, HUDSON GH, ANDREWS TJ (1994): The kinetics of ribulose-1,5-bisphosphate carboxylase/oxygenase in vivo inferred from measurements of photosynthesis in leaves of transgenic tobacco. Planta, 88-97

VON WILLERT DJ, MATYSSEK R, HERPPICH W (1995): Experimentelle Pflanzenökologie - Grundlagen und Anwendungen. Georg Thieme Verlag Stuttgart, New York

WENDLING U, SCHELLIN HG (1986): Neue Ergebnisse zur Berechnung der potentiellen Evapotranspiration. Z.Meteorol. 36, 214-217

WERNECKE P, CLAUS S (1992): Extension and improvement of descriptive models for the ontogenesis of wheat plants. Modeling Geo-Biosphere Processes 1, 131-144

WERNECKE P, CLAUS S (1995): Dokumentation ONTO_WW1. Modelldatenbank UFIS, GSF-Forschungszentrum für Umwelt und Gesundheit GmbH Neuherberg; Internet-Pfad: http://www.gsf.de/UFIS/ufis/modell18/modell.html

WERNECKE P, CLAUS S (1996): ONTO-WW1 Kurzdokumentation. In: PLENTINGER MC, PENNING DE VRIES FWT (eds.): CAMASE - Register of Agro-ecosystems Models, Version II (March 1996) , DLO Research Institut for Agrobiology and Soil Fertility Wageningen, 226-227; Internet-Pfad: http://www.co.dlo.nl/camase

WERNECKE P, MÜLLER J, CLAUS S (1993): A Model of canopy gas exchange in winter wheat for agro-ecosystem modelling. II. Experiments and model calibration. Modeling Geo-Biosphere Processes 2, 245-264

WETZEL T (1995): Getreideblattläuse im Pflanzenschutz und im Agroökosystem (Übersichtsbeitrag): *Arch. Phytopath. Pflanz.sch.* **29**, 437-469.

WETZEL T, HOLZ F, FREIER B, GUTSCHE V (1987): Grundlagen der Modellierung der Populationsdynamik von Schadinsekten. Hochschulstudium Agraringenieurwesen Pflanzenproduktion, 94 S.

WGBU - WISSENSCHAFTLICHER BEIRAT DER BUNDESREGIERUNG GLOBALE UMWELTVERÄNDERUNGEN (1993): Welt im Wandel: Grundstruktur globaler Mensch-Umwelt-Beziehungen. Jahresgutachten 1993. Economica-Verlag Bonn

WGBU - WISSENSCHAFTLICHER BEIRAT DER BUNDESREGIERUNG GLOBALE UMWELTVERÄNDERUNGEN (1994): Welt im Wandel: Die Gefährdung der Böden. Jahresgutachten 1994. Economica-Verlag Bonn

WGBU - WISSENSCHAFTLICHER BEIRAT DER BUNDESREGIERUNG GLOBALE UMWELTVERÄNDERUNGEN (1996): Welt im Wandel: Wege zur Lösung globaler Umweltprobleme. Jahresgutachten 1995. Springer-Verlag Berlin-Heidelberg-New York

WIKTELIUS S, PETTERSON J (1985): Simulations of bird cherry-oat aphid population dynamics: a tool for development strategies for breeding aphid-resistant plants. Agric.Ecosys.Environm. 14, 159-170.

WHIPPS JM, LYNCH IM (1983): Substrate flow and utilization in the rhizosphere of cereals. New Phytol. 95, 605-623

ZADOKS J C, CHANG T T, KONZAK C F (1974): A decimal code for the growth stages of cereals. Eucarpia-Bulletin 7, 49-52

ZASLAVSKY VA, SEMYANOV VP (1986): Migratory behaviour of coccinellid beetles. In: HODEK I (ed.) Ecology of Aphidophaga. Academia Prag, 225-227

ZHOU X, CARTER N (1989): Effects of temperature, feeding position and crop growth stage on the population dynamics of the rose grain aphid, *Metopolophium dirhodum* (Hem., Aphididae). Ann.appl.Biol. 121, 27-37

ZHOU X, CARTER N, POWELL W (1994): Seasonal distribution and aerial movement of adult coccinellids on farmland. Bioc.Sci.Technol. 4, 167-179

Summary

In this book the results are presented of a research project sponsored by the German Federal Ministry of Education, Research and Technology under contract number 0339499. The project's aim was to investigate the behaviour of agro-ecosystems influenced by natural impacts such as weather conditions and increasing CO_2 concentrations on the one hand and by human impacts such as agricultural management on the other hand. The agroecosystem considered for the experimental investigations consists of an homogeneous agricultural area cultivated with winter wheat, winter barley, and winter rape in crop rotation. The experimental field was divided in fertilized and unfertilized subplots. To obtain time series, the plants were harvested corresponding to important development stages from emergence until ripening (end of ontogenesis) and analysed with respect to dry matter, nitrogen compounds and carbohydrates (Chap. 3). In addition, the root exsudation of wheat plants cultivated in pot experiments was investigated. Essential environmental factors such as radiation, temperatures of air and soil, air humidity and soil moisture, wind speed and CO_2 concentration were recorded (Chap. 4).

The main purpose of the project was to set up a comprehensive dynamic model of the system "soil - plant stand - insect pest - antagonists - atmosphere" containing the following submodels and external models respectively:

— an object-oriented and event-controlled plant model consisting of root, shoot and grain compartments connected by flux objects and describing the growth of winter wheat plants especially (Chap. 2.1);

— a model describing the ontogenesis of agricultural plants such as winter wheat, winter barley and winter rape (Chap. 2.5);

— a model describing the energy and water exchange between plants and atmosphere (Chap. 2.3);

— an external model describing the CO_2 gas exchange between plant stand and atmosphere (Chap. 2.4);

— an external model named CANDY (Carbon And Nitrogen DYnamics) describing soil processes such as heat, water and nitrogen transport between neighbouring soil layers as well as the dynamics of organic matter and nitrogen with respect to carbon and nitrogen turnover (Chap. 2.2);

— an external model describing the interaction between cereal aphids (*Sitobion avenae* Fabr.) and ladybirds (*Coccinella septempunctata* L.) including the amount of phloem sap sucked by aphids from the plants (Chap. 2.6).

The external models are implemented in dynamic link libraries (DLL's) and are connected with the plant model by interfaces. In this way a network of plant compartments and external models is used to quantify the processes determining the behaviour of the agroecosystem considered. During simulation runs the network changes its structure by generation and deletion of compartment and flux objects in

accordance with the development stages of the plant stands. The models were vali-
dated based on the time series obtained experimentally from the plant stands and
based on the environmental factors recorded. As a result, the time courses of dry
matter and nitrogen compounds of shoot and grain simulated by the comprehensive
model showed a good agreement with the data.

In case studies the comprehensive model was used to simulate the reactions of
agroecosystems to different environmental conditions (Chap. 5). Therefore, by
means of the model and based on several scenarios, time courses were computed
not only for development and growth of the plants but also for the vertical fluxes of
water, nitrogen compounds and carbohydrates connected with the processes of
growth and development. With respect to a basic scenario (weather and soil conditions from vegetation period 1992/93 at the experimental station Quedlinburg)
the other scenarios were chosen to simulate the influence of extreme weather conditions on the agroecosystem. From time series of global radiation, air temperature,
air humidity, and precipitation registered hourly in the years 1980 until 1994 time
courses of extreme values for these environmental factors were generated, serving
as database for the scenarios mentioned above. Based on these scenarios the time
courses of plant and soil state variables were estimated, in particular, plant development and plant dry mass (shoot and grain) as well as soil water content. Some of
the weather scenarios were also used to estimate the time courses of cereal aphid's
and ladybird's abundances with respect to "normal" and high rates of aphids
immigrating into the agroecosystem at the beginning of a vegetation period.

At the end of Chap. 6 a short survey is given on further problems concerning the
models and their validation by experimental investigations:

- development of plant models describing different plant types such as grass,
  shrub, or herbaceous types;
- extension of model validation to larger areas (scaling up);
- using the water and energy exchange model as well as the CO_2 gas exchange
  model as single models, independent from the plant and soil model;
- using the comprehensive model to derive "synthetic" data for the calibration and
  validation of models describing systems of higher hierarchical levels.

Verzeichnis der Autoren

H. Brinkmann   Martin-Luther-Universität Halle-Wittenberg
S. Claus   Agro-Ökosystemforschung Quedlinburg
G. Dubsky   Postfach 2 / Harzweg 29
W. Liedecke   D-06484 Quedlinburg
J. Müller
U. Pigla
M. Strutz
P. Wernecke

H. Mühle   UFZ-Umweltforschungszentrum Leipzig-Halle GmbH
     Projektbereich Agrarlandschaften
     Permoser Straße 15
     D-4318 Leipzig

U. Franko   UFZ-Umweltforschungszentrum Leipzig-Halle GmbH
B. Oelschlägel   Sektion Bodenforschung
     Hallesche Straße 44
     D-06246 Bad Lauchstädt

J. Augustin   Zentrum für Agrarlandschaftsforschung (ZALF) e.V.
H.-J. Jacob   Müncheberg
R. Jäger   Institut für Ökophysiologie der Primärproduktion
G. Knof   Eberswalder Straße 84
W. Merbach   D-15374 Müncheberg
V. Toussaint

B. Freier   Biologische Bundesanstalt für Land- und Forstwirtschaft
H. Triltsch   Institut für integrierten Pflanzenschutz
     Stahnsdorfer Damm 81
     D-14532 Kleinmachnow

D. Roßberg

Biologische Bundesanstalt für Land- und Forstwirtschaft
Institut für Folgenabschätzung im Pflanzenschutz
Stahnsdorfer Damm 81
D-14532 Kleinmachnow

T. Kreuter
T. Wetzel

Martin-Luther-Universität Halle-Wittenberg
Institut für Pflanzenzüchtung und Pflanzenschutz
Ludwig-Wucherer-Straße 2
D-06108 Halle / Saale

Sachregister